“十三五”普通高等教育规划教材

# 单片机原理与应用

## ——基于 AT89S51+Proteus 仿真

胡凤忠　高金定　廖亦凡　主编
周　龙　黄　科　王　菁　参编

机 械 工 业 出 版 社

本书以 AT89S51/52 单片机为主体，全面、系统地介绍了 MCS-51 内核单片机的工作原理、基本应用与设计开发技术。内容包括单片机概述、单片机的结构及工作原理、单片机的指令系统与汇编语言程序设计、单片机的 C 语言程序设计、中断系统、定时/计数器、单片机的串行接口、单片机的系统扩展及单片机应用系统设计等。

本书将学习和实践单片机的两个重要工具软件 Proteus 和 Keil C 贯穿始终，编程以 C51 语言为主，便于读者理解和掌握单片机的原理与应用，也使单片机的教学不再枯燥无味。本书体系编排合理，内容精炼，实例典型，每章都有小结、习题与思考题，方便读者学习。

本书可作为高等工科院校电气与电子信息类、机械类、计算机类各专业的教材或教学参考书，也可作为单片机技术培训以及从事单片机嵌入式系统设计人员的培训教材及自学参考书。

**图书在版编目(CIP)数据**

单片机原理与应用:基于 AT89S51+Proteus 仿真/胡凤忠,高金定,廖亦凡主编.—北京:机械工业出版社,2019.1
“十三五”普通高等教育规划教材
ISBN 978-7-111-61780-8

Ⅰ.①单… Ⅱ.①胡… ②高… ③廖… Ⅲ.①单片微型计算机-高等学校-教材 Ⅳ.①TP368.1

中国版本图书馆 CIP 数据核字(2019)第 037458 号

机械工业出版社(北京市百万庄大街 22 号 邮政编码 100037)
责任编辑:尚 晨 责任校对:张艳霞
责任印制:孙 炜

北京中兴印刷有限公司印刷

2019 年 3 月第 1 版·第 1 次印刷
184mm×260mm·17.25 印张·417 千字
0001—3000 册
标准书号:ISBN 978-7-111-61780-8
定价:55.00 元

凡购本书,如有缺页、倒页、脱页,由本社发行部调换

电话服务
服务咨询热线:(010)88379833
读者购书热线:(010)88379649

网络服务
机 工 官 网:www.cmpbook.com
机 工 官 博:weibo.com/cmp1952
教育服务网:www.cmpedu.com
金 书 网:www.golden-book.com

# 前 言

作为微型计算机的一个分支，单片微型计算机（简称单片机）在嵌入式应用中扮演着十分重要的角色，成为智能化电子信息系统中最重要的器件之一，广泛应用于工业自动控制、仪器仪表、交通运输、通信设备、办公设备、家用电器等众多领域。

单片机的典型代表是 Intel 公司在 20 世纪 80 年代初推出的 MCS-51 系列单片机，并很快在我国得到推广并广泛应用。虽然在 20 世纪 90 年代后期 Intel 公司把主要精力集中在了 CPU 的研发和生产上，并逐步退出了单片机的市场，但 MCS-51 的核心技术仍是多家半导体公司的单片机竞相采用的内核技术。如 Atmel 公司将其优势的 Flash 存储器技术与 Intel 公司的 80C51 内核技术相结合，生产了 AT89 系列单片机，在继承 MCS-51 单片机的基础上，增加了 Flash 存储器，进一步推动了单片机市场的发展。

AT89S 系列单片机是 Atmel 公司继 AT89C 系列之后推出的可在系统编程的新产品，性能价格比进一步提高，应用更加方便、可靠。本书以 AT89S51/52 单片机为主体，系统地介绍了 MCS-51 内核单片机的片内外结构及工作原理、指令系统与汇编语言程序设计、C51 语言程序设计、中断系统、定时/计数器、串行接口、单片机系统扩展及应用设计。

随着国家工业信息化和智能化建设的迅速发展，对电子信息类专业技术人才的需求也日益扩大。为了适应这种新形式的需要，促进电子电气信息类专业课程教材的发展和改革，编者集多年教学和实践经验编写了本书。本书的特点是紧跟单片机技术的发展，注重单片机的实际应用，将学习和实践单片机的两个重要工具软件 Proteus 和 Keil C 贯穿始终，编程以 C51 语言为主，便于读者理解和掌握单片机的原理与实际应用，也使单片机的教学不再枯燥无味。

本书共 9 章。第 1 章介绍了单片机的概况和学习、实践单片机的两个重要软件工具；第 2 章介绍了单片机的片内外结构与工作原理；第 3 章介绍了 MCS-51 内核单片机的指令系统与汇编语言程序设计；第 4 章结合单片机并行 I/O 口的应用介绍了单片机 C51 语言程序设计；第 5 章介绍了单片机的中断系统及应用；第 6 章详细介绍了单片机的定时/计数器及其应用；第 7 章对单片机串行口及应用进行了介绍；第 8 章为单片机的系统扩展及接口设计；第 9 章为单片机应用系统的设计与开发。为方便读者学习，每章都有归纳小结和习题与思考题。

本书由胡凤忠、高金定、廖亦凡担任主编，周龙、黄科、王菁担任参编，广州粤嵌通信科技股份有限公司参与了本书的编写工作。全书由胡凤忠统稿和定稿，秦国军教授审阅了本书并提出了宝贵意见。

本书的出版得到湖南省教育厅重点科研项目“基于 FPGA 的广域电磁法接收机关键数字信号处理技术研究”（编号：15A106）、中南大学博士后研究基金项目“基于扩频技术的地电观测技术及实验装置”、湖南省自然科学基金面上项目“基于扩频技术的地电观测技术及实验装置”“《EDA 技术》教学内容与课程体系改革”教育部产学合作协同育人项目（编号：201701067016）、“嵌入式技术校企联合实验室”教育部产学合作协同育人项目（编号：201701067076）、“电子信息类专业化众创空间”教育部产学合作协同育人项目（编号：

201702071155）、电子信息类专业湖南省普通高等学校创新创业教育基地建设项目（湘教通［2016］436号）、电子信息类专业湖南省普通高等学校创新创业教育中心建设项目（湘教通［2018］380号）的资助。

在本书的编写过程中，编者参阅了大量的书籍及文献，为此，对有关作者表示衷心的感谢。

本书为编者多年从事单片机教学和科研实践经验的总结，限于编者水平，书中不足之处在所难免，恳请读者批评和指正。

编　者

# 目　录

# 第1章 绪 论

**内容指南**

本章主要介绍单片机的概念、特点、应用领域和发展趋势，目前主流的单片机系列及其特点，学习和实践单片机的两个重要软件工具及仿真开发步骤。

**学习目标**

- 掌握单片机的概念及特点。
- 了解单片机的应用领域及目前主流的单片机系列。
- 初步了解 Proteus 和 Keil uVision 软件的功能及仿真开发步骤。

## 1.1 单片机概述

单片微型计算机（简称单片机）是微型计算机发展的一个分支。单片机以其体积小、控制功能强、性价比高、易于产品化等特点，在机电一体化、汽车电子、智能仪器仪表、工业实时控制、家用电器等各个领域都得到了广泛的应用，对于各个行业的技术进步和产品更新起着重要的推动作用。

### 1.1.1 什么是单片机

单片机是单片微型计算机（Single Chip Microcomputer）的简称，是采用超大规模集成电路技术把具有数据处理能力的中央处理器 CPU、随机存取存储器 RAM、只读存储器 ROM、多种 I/O 接口和中断系统、定时器/计数器等部件（可能还包括显示驱动电路、脉宽调制电路、模拟多路转换器、A-D 转换器、D-A 转换器）集成到一块硅片上构成的一个小而完善的微型计算机。就其组成和工作原理而言，一块单片机芯片就是一台微型计算机。

单片机是微型计算机的一个发展分支，是为嵌入式应用而生的，可以嵌入各种对象（所嵌入的设备或系统）中，如家用电器、计算机外设、仪器仪表、通信设备、汽车电子等。由于其控制能力比较强和嵌入式应用的特点，单片机又称为“微控制器（Microcontroller）”或“嵌入式微控制器（Embedded Microcontroller）”，通常简称为 MCU（Micro Controller Unit）。

### 1.1.2 单片机的特点

单片机之所以在很多领域得到广泛的应用，是因为单片机具有以下显著的特点：

1）控制能力强。单片机的指令系统中有极丰富的转移指令、I/O 口的逻辑操作以及位操作指令，实时控制功能特别强。

2）集成度高、体积小、可靠性强。由于 CPU、存储器及 I/O 接口等功能部件集成在同一芯片内，内部采用总线结构，减小了体积，不易受环境的影响，大大提高了单片机的可靠性与抗干扰能力。

3）低功耗、低电压、性价比高、易于产品化。单片机大部分产品都具有低功耗、低电压的特点，有较高的性能价格比，从而易于产品化，满足各个领域广泛的需要。

4）易于进行系统扩展。单片机既可以采用并行总线进行系统扩展，也可以采用串行总线进行系统扩展。系统配置较典型、规范，容易构成各种规模的应用系统。

近年来推出的单片机产品，增加了 $I^2C$（Inter-Integrated Circuit）串行总线、SPI（Serial Peripheral Interface）串行接口，内部集成有高速 I/O 口、ADC、PWM、WDT 等部件，并在低电压、低功耗和网络接口等方面都有进一步的增强。正是由于单片机的这些特点，使其在各个领域得到广泛的应用。

### 1.1.3 单片机的应用领域

单片机的应用十分广泛，在以下领域都有着广泛的应用：

1）智能仪器仪表。由于单片机具有超微型化的特点，并且有无可比拟的高性能价格比。单片机用于各种仪器仪表，一方面提高了仪器仪表的使用功能和精度，使仪器仪表智能化，另一方面还简化了仪器仪表的硬件结构，从而可以方便地完成仪器仪表产品的升级换代。如各种智能电气测量仪表、智能传感器、智能数字化仪表等。

2）机电一体化产品。机电一体化产品是集机械技术、微电子技术、自动化技术和计算机技术于一体，具有智能化特征的各种机电产品。单片机在机电一体化产品的开发中可以发挥巨大的作用。典型的产品如机器人、数控机床、自动包装机、点钞机、医疗设备、打印机、传真机、复印机等。

3）工业实时控制。单片机还可以用于各种物理量的测量与控制。电流、电压、温度、液位、压力、流量等物理参数的数据采集系统和控制系统均可以利用单片机方便地实现。在这类系统中，利用单片机作为系统控制器，可以根据被控对象的不同特征采用不同的智能控制算法，实现期望的控制性能指标，从而提高生产效率和产品质量。典型应用如电动机转速控制、温度控制、自动生产线、数控机床、智能化机器人等。

4）分布式控制系统。在较复杂的工业系统中，经常要采用分布式测控系统完成大量的分布参数的采集。在这类系统中，采用单片机作为分布式系统的前端数据采集模块，系统具有运行可靠、数据采集方便灵活、成本低廉等一系列优点。

5）家用电器。家用电器是单片机的又一重要应用领域，前景十分广阔。如空调器、电冰箱、洗衣机、微波炉、电饭煲、热水器、遥控电视机、摄像机、数码照相机、智能充电器、各种报警器等都使用单片机进行控制。

6）电信。单片机在电信领域的应用包括电话机、无绳电话机、投币电话机、磁卡电话机、光卡电话机、模拟或数字蜂窝移动通信手持机、无线对话机、业余无线电台、传真机、调制解调器、通话计费器、智能线路、数字滤波、电话密码锁、来电显示器等。

7）计算机外围设备。很多外围设备使用单片机作为控制器，使这些外围设备具有智能化功能。计算机外围设备的应用有键盘、打印机、绘图仪、智能化终端、智能扩充卡、智能化硬盘驱动器、调制解调器、外设控制板等。

8）办公自动化。办公自动化方面的应用包括复印机、智能打字机、传真机、个人数字助理 PDA、智能终端机等。

9）商用电子。商用电子的应用有自动售货机、自动柜员机、电子收款机、电子秤、智能卡、IC 卡读写器等。

10）汽车电子。汽车电子的应用包括点火控制、变速控制、防滑控制、防撞控制、排气控制、最佳燃烧控制、计价器、交通控制、防盗报警、电子地图、车载通信装置等。

11）军用电子。各种导弹和鱼雷的精确制导、智能武器、雷达系统、电子战设备等军用电子设备。

在其他领域中单片机也有着广泛的应用，如汽车自动驾驶系统、航天测控系统、精密机床、健身器械、医疗器械、玩具等。因此可以毫不夸张地说，现代人类生活中几乎所用的电子和机械产品中都会集成有单片机。

### 1.1.4 单片机的发展趋势

从 20 世纪 70 年代单片机诞生以来，至今已发展有 16 位单片机、32 位单片机，但一直是以 8 位机为主流机型。作为面向控制领域应用的单片微型计算机，今后的发展趋势将是进一步向着高性能、低功耗、大存储容量、外围电路集成化等几个方面发展。

1）提高 CPU 处理能力。进一步提高单片机 CPU 的性能，包括增加数据总线的宽度，采用精简指令集（Reduced Instruction Set Computer，RISC）计算机结构和流水线技术等，大幅度提高运行速度，并加强了位处理、中断和定时控制功能。

2）加大存储器容量。以往单片机内的 ROM 和 RAM 较小，存储器容量不够。新型单片机片内 ROM 一般可达 4 KB 至 32 KB 或更多，RAM 为 256 B~1 KB。而且，新型单片机一般采用 EEPROM 或 Flash ROM，方便读写，为在系统编程（In System Programming，ISP）提供了条件，方便了单片机的开发。

3）外围电路集成化。随着芯片集成度的不断提高，有可能把众多的外围功能部件集成在芯片内。这是单片机以后发展的重要趋势。除了一般必须具有的 ROM、RAM、定时/计数器、中断系统以外，根据不同检测系统、控制功能的需求，片内还可以集成 A-D 转换器、监视定时器 WDT、D-A 转换器、脉宽调制器 PWM、DMA 控制器、锁相器、频率合成器、译码驱动电路等。

4）低功耗、低电压。8 位单片机中大部分的产品都已经 CMOS 化，CMOS 芯片的单片机具有功耗小的优点，而且为了充分发挥低功耗的特点，这类单片机都有待机、掉电等低功耗工作方式。很多新型单片机都可以在+5 V 电压以下工作；包括降低外时钟要求和采用引脚的电磁干扰抑制技术，明显提高了单片机的电磁兼容性。

5）小容量、低价格。由于单片机的嵌入式特点，希望它的体积更小，价格更便宜。有的单片机系列具有 8~28 脚封装的产品。

6）串行总线结构。随着 Philips 公司开发的 $I^2C$（Inter-Integrated Circuit）总线以及 Motorola 公司推出的串行外围接口 SPI（Serial Peripheral Interface）等串行总线的引入，采用串行接口可大大减少引脚数量，简化系统结构，使得单片机应用系统中的串行扩展技术有了较大发展。此外，许多单片机已把所需要的外围器件及外设接口集成在芯片内，因此可以不要并行扩展总线，大大减少了封装成本和芯片体积，这类单片机称为非总线型单片机。

## 1.2 主流单片机系列简介

单片机作为微型计算机的一个重要分支，应用很广，发展很快。随着集成电路的发展，单片机已发展到8位、16位、32位，根据近年来的使用情况看，8位单片机使用率最高，其次是32位。这里仅对部分主流的单片机系列进行介绍。

### 1.2.1 基于MCS-51内核的单片机

MCS-51系列单片机是20世纪80年代由Intel公司推出的8位单片机系列。其代表产品型号是80C51，具有1个8位CPU、4KB ROM存储器、128B RAM存储器、32位I/O、2个定时/计数器、1个UART和1个含有5个中断源的中断系统。但后来Intel公司改变了市场方向，专注于通用微型计算机CPU的设计生产，便通过技术转让和技术交换的方式，将自己的单片机内核转让给其他公司使用，所以在市场上可以看到很多基于MCS-51内核的单片机。最典型的就是Atmel公司的AT89系列单片机。AT89系列单片机的引脚和80C51是一样的，可以直接进行代换，新增加型号的功能是向下兼容的。AT89系列单片机最突出的优点是采用快擦写存储器。

**1. Atmel公司的AT89系列**

Atmel公司通过技术交换取得了MCS-51的内核使用权，率先把MCS-51的内核与其擅长的Flash ROM技术相结合，推出了AT89系列单片机。Atmel公司所生产的AT89系列单片机，是与8051兼容且内部含有Flash存储器（闪速存储器）的单片机。它是一种来源于8051而又优于8051的系列，是目前主流的MCS-51内核单片机系列。

Flash存储器的使用加速了单片机技术的发展，基于Flash存储器的ISP/IAP（在系统可编程/在现场可编程）技术，极大地改变了单片机应用系统的结构模式以及开发和运行条件，是8051单片机技术发展的一次重大飞跃。

AT89系列单片机的主要特点如下：

1）内部含Flash存储器。由于内部含Flash存储器，因此在应用系统的开发过程中可以十分容易地进行程序的修改，这就大大缩短了应用系统的开发周期。

2）与80C51引脚兼容。AT89系列单片机的引脚与80C51是兼容的，所以，当用AT89系列单片机取代80C51时，可以直接进行代换。这时，不管采用40引脚还是44引脚的产品，只要用相同引脚的AT89系列单片机取代80C51的单片机即可。

3）错误编程亦无废品产生。一般的OTP（One Time Program）产品，一旦错误编程就成了废品。而AT89系列单片机内部采用了Flash存储器，错误编程之后仍可以重新编程，直到正确为止，故不存在废品。

4）可在系统编程。AT89Sxx系列产品提供了一个通过SPI串行接口对内部程序存储器在系统编程ISP，而不需要从电路板上取下器件，已经编程的器件也可以用ISP方式擦除或再编程。

AT89系列单片机拥有着较庞大的家族系列，每一系列下又有多种型号，而且每一个型号下还有多个具体的型号供用户选择。由于IC制造技术及单片机技术的迅速发展，新的功能更全、性能更好的单片机应运而生，使一些早期的单片机产品渐渐退出市场。为了保证早期开发的产品及应用的设备继续使用，Atmel 公司新推出的产品都会考虑与同类型早期产品的兼容性。有些早期的产品不推荐在新的产品设计中应用，可用替代产品，新产品设计中建议使用推荐产品。表 1-1 列出了部分 Atmel 公司单片机替代产品及推荐产品。

**表 1-1　Atmel 公司单片机替代产品及推荐产品**

| 序号 | 早期产品 | 产品描述 | 替代或推荐产品 |
|---|---|---|---|
| 1 | AT89C51① | 4 KB Flash 的 80C31 系列单片机 | AT89S51 |
| 2 | AT89C52① | 4 KB Flash 的 80C32 系列单片机 | AT89S52 |
| 3 | AT89LV51① | 2.7 V 工作电压，4 KB Flash 的 8031 系列单片机 | AT89LS51 |
| 4 | AT89LV52① | 2.7 V 工作电压，4 KB Flash 的 8032 系列单片机 | AT89LS52 |
| 5 | AT89LV53② | 低电压，可直接下载 12 KB Flash 单片机 | AT89S8253 |
| 6 | AT89LV8252② | 低电压，可直接下载 8 KB Flash，2 KB EEPROM 单片机 | AT89S8253 |
| 7 | AT89S53② | 在线编程，12 KB Flash 单片机 | AT89S8253 |
| 8 | AT89S8252② | 在线编程，12 KB Flash，2 KB EEPROM 单片机 | AT89S8253 |
| 9 | T89C51RB2① | 16 KB Flash 高性能单片机 | AT89C51RB2 |
| 10 | T89C51RC2① | 32 KB Flash 高性能单片机 | AT89C51RC2 |
| 11 | T89C51RD2① | 64 KB Flash 高性能单片机 | AT89C51RD2 |

① 不推荐在新的产品设计中应用，可用替代产品。
② 新产品设计中建议使用推荐产品。

### 2. Silicon Lab 公司的 C8051 系列

Silicon Lab 公司的 C8051F 系列单片机是集成的混合信号片上系统 SoC（System On Chip），具有与 MCS-51 内核及指令集完全兼容的微控制器，C8051F 系列单片机采用具有专利的 CIP-51 内核，与 MCS-51 指令系统全兼容，运行速度高达 25MIPS，除具有标准 8051 的数字外设部件之外，片内还集成了数据采集和控制系统中常用的模拟部件和其他数字外设及功能部件。

C8051F 系列单片机的功能部件包括：

1）模拟多路选择器。

2）可编程增益放大器。

3）ADC（模-数转换器）、DAC（数-模转换器）。

4）电压比较器、电压基准温度传感器。

5）$I^2C$、UART、SPI。

6）可编程计数器/定时器阵列 PCA。

7）定时器数字 I/O 端口。

8）电源监视器、看门狗定时器 WDT。

9）时钟振荡器等。

所有器件都有内置的 Flash 存储器和 256 B 的内部 RAM，有些器件还可以访问外部数据存储器。有效地管理模拟和数字外设，可以关闭单个或全部外设，以节省功耗。Flash 存储器还具有在线重新编程的能力，既可用于程序存储器，又可用于非易失性数据存储应用程序。

C8051F 单片机在以下 3 个方面有突出性能：

1）采用 CIP-51 内核大力提升 CISC 结构运行速度。在保持 CISC 结构及指令系统不变的情况下，对指令运行实行流水作业，推出了 CIP-51 的 CPU 模式。在这种模式中，废除了机器周期的概念，指令以时钟周期为运行单位。平均每个时钟可以执行完 1 条单周期指令，从而大大提高了指令运行速度，使 8051 兼容机系列进入了 8 位高速单片机行列。

2）I/O 从固定方式到交叉开关配置。在 C8051F 中，采用开关网络以硬件方式实现 I/O 端口的灵活配置，在这种通过交叉开关配置的 I/O 端口系统中，单片机外部为通用 I/O 口，如 P0 口、P1 口和 P2 口，内有输入/输出的电路单元通过相应的配置寄存器控制的交叉开关配置到所选择的端口上。

3）从系统时钟到时钟系统。C8051F 提供了一个完整而先进的时钟系统。在这个系统中，片内设置有一个可编程的时钟振荡器（无须外部器件），可提供 2 MHz、4 MHz、8 MHz 和 16 MHz 时钟的编程设定。外部振荡器可选择 4 种方式。当程序运行时，可实现内外时钟的动态切换。编程选择的时钟输出除供片内使用外，还可从随意选择的 I/O 端口输出。

C8051F 系列单片机是真正能独立工作的片上系统 SoC，表 1-2 列出了 C8051F12x/13x 单片机主要产品。

**表 1-2　Silabs 公司 C8051F12x/13x 单片机主要产品**

| 型　号 | I/O 口 | Flash /KB | 16×16 MAC | MIPS | 12 位 100 Kbit/s ADC 输入 | 10 位 100 Kbit/s ADC 输入 | 8 位 500 Kbit/s ADC 输入 | DAC | ADC 输出 |
| --- | --- | --- | --- | --- | --- | --- | --- | --- | --- |
| C8051F120/1 | 64/32 | 128 | 有 | 100 | 8 | — | 8 | 12 | 2 |
| C8051F122/3 | 64/32 | 128 | 有 | 100 | — | 8 | 8 | 12 | 2 |
| C8051F124/5 | 64/32 | 128 | — | 50 | 8 | — | 8 | 12 | 2 |
| C8051F126/7 | 64/32 | 128 | — | 50 | — | 8 | 8 | 12 | 2 |
| C8051F130/1 | 64/32 | 128 | 有 | 100 | — | 8 | — | — | — |
| C8051F132/3 | 64/32 | 64 | 有 | 100 | — | 8 | — | — | — |

### 3. Philips 公司的增强型 80C51 系列和 LPC 系列

Philips 公司首先购买了 8051 内核的使用权，在此基础上增加具有自身特点的 $I^2C$ 总线，推出了一系列增强型 80C51 系列单片机和 LPC 系列单片机。

Philips 公司的 8 位单片机产品具有如下特点：

1）除了基本的中断功能之外特别增加了一个 4 级中断优先级。

2）可以通过关闭不用的 ALE，大大改善单片机的 EMI 电磁兼容性能。不仅可以在上电初始化时静态关闭 ALE，还可以在运行中动态关闭 ALE。

3）很多品种具有 6/12 Clock 时钟频率切换功能，不仅可以在上电初始化时静态切换 6/12 Clock，还可以在运行中动态切换 6/12 Clock。因此 Philips 单片机只需要较低的时钟频率即可达到同样的性能。

4）特有双 DPTR 指针，使设计查表程序更加灵活、方便。

5）UART 串行口增加了从地址自动识别和帧错误检测功能，特别适合单片机的多机通信。

6）可提供 1.8~3.3 V 供电电源，适合便携式产品。

7）LPC 系列十分适用于要求低功耗、低价格、小引脚的应用场合。这是 Philips 单片机主要的发展趋势。

8）Philips 80C51 系列单片机均有 3 个定时/计数器。

表 1-3 列出了 Philips 公司 LPC900 系列单片机主要芯片及特性。

**表 1-3　Philips 公司 LPC900 系列单片机主要芯片及特性**

| 型　号 | 存储器 | | 串行接口 UART，$I^2C$ | I/O | 中断（外部） | 比较器 | ADC | DAC |
|---|---|---|---|---|---|---|---|---|
| | RAM/B | Flash/KB | | | | | | |
| P89LPC901 | 128 | 1 | — | 6 | 6（3） | 1 | — | — |
| P89LPC902 | 128 | 1 | — | 6 | 6（3） | 2 | — | — |
| P89LPC904 | 128 | 1 | UART | 6 | 9（3） | 1 | 2 | 1 |
| P89LPC912 | 128 | 1 | — | 12 | 7（1） | 2 | — | — |
| P89LPC914 | 128 | 1 | UART | 12 | 10（1） | 2 | — | — |
| P89LPC916 | 256 | 2 | UART，$I^2C$ | 14 | 10（1） | 2 | 4 | 1 |
| P89LPC920 | 256 | 2 | UART，$I^2C$ | 18 | 12（3） | 2 | — | — |
| P89LPC922 | 256 | 8 | UART，$I^2C$ | 18 | 13（3） | 2 | — | — |
| P89LPC924 | 256 | 4 | UART，$I^2C$ | 18 | 13（3） | 2 | 4 | 1 |
| P89LPC931 | 256 | 8 | UART，$I^2C$ | 26 | 13（3） | 2 | — | — |
| P89LPC933 | 256 | 4 | UART，$I^2C$ | 26 | 15（3） | 2 | 4 | 1 |

## 1.2.2　TI 公司的 MSP430 系列单片机

TI 公司（Texas Instrument，美国德州仪器公司）生产的 MSP430 系列是一种超低功耗类型的单片机，它的最主要特点是超低功耗，可长时间用电池工作，特别适合应用电池的设备或手持设备。同时，该系列将大量的外围模块整合到片内，也特别适合设计片上系统。

MSP430 有丰富的不同型号器件可供选择，给设计者带来很大的灵活性。MSP430 具有 16 位 CPU，属于 16 位单片机。它采用 16 位的精简指令集结构，有大量的工作寄存器与大量的数据存储器（目前最大 2 KB RAM），其 RAM 单元也可以实现运算。应该说，MSP430 系列在众多单片机系列中是颇具特色的。

MSP430 系列单片机具有以下特点：

1）低电压、超低功耗。MSP430 系列单片机能够实现在 1.8~3.6 V 电压、1 MHz 的时钟条件下运行，耗电电流为 0.1~400 μA（因不同的工作模式而不同）；同时能够在实现液晶显示的情况下，也只耗电 0.8 μA。具有 16 个中断源，可以任意嵌套，用中断请求将 CPU 唤醒只需要 6 μs，在只有 RAM 数据保持的低功能模式下耗电 0.1 μA。由于它的超低功耗的显著特点，目前是国内用量最大的16位单片机。

2）处理能力强。CPU中的16个寄存器和常数发生器使MSP430单片机能够达到最高的代码效率，具有多种寻址方式（7种源操作数寻址、4种目的操作数寻址）、简洁的27条指令以及大量的模拟指令；寄存器以及片内数据存储器都可以参加多种运算；在频率8 MHz下，指令周期为125 μs。在多功能的硬件乘法器（能实现乘加法）配合下甚至能实现数字信号处理器的某些算法（如FFT等）功能。

3）片内资源丰富。MSP430系列单片机集成了丰富的片内外设，包括看门狗（WDT）、定时器A（Timer A）、定时器B（Timer B）、模拟比较器、串行口0~1（USART 0~1）、硬件乘法器、液晶驱动器、10/12/14位ADC、端口0~6（P0~P6）和基本定时器（Base Timer）等外围模块。

### 1.2.3 Microchip公司的PIC系列单片机

美国Microchip公司的PIC系列单片机采用精简指令集RISC、哈佛总线结构、2级流水线取指令方式，使指令具有单字节的特性，具有实用、低价、指令集小、简单、低功耗、高速度、体积小、功能强等特点，体现了单片机发展的一种新趋势。

PIC系列单片机可分为基本级、中级和高级3个系列产品。用户可根据需要选择不同档次和不同功能的芯片，通常无须外扩程序存储器、数据存储器和A-D转换器等外部芯片。

PIC系列单片机具有以下特点：

1）品种多，容易开发，PIC采用精简指令集，指令少（仅30多条指令），且全部为单字长指令，易学易用。PIC系列单片机中的数据总线是8位的，而指令总线则有12位（基本级产品）、14位（中级产品）和16位（高级产品）。低、中、高产品的指令数量分别为33、37、58条。在各档产品的指令中，其指令码向上兼容。

2）执行速度快。PIC的哈佛总线和RISC结构建立了一种新的工业标准，指令的执行速度比一般的单片机要快4~5倍。

3）功耗低。PIC的CMOS设计结合了诸多的节电特性，使其功耗较低。PIC 100%的静态设计可进入休眠（Sleep）省电状态，而不影响任何逻辑变量。

4）实用性强。PIC配备有多种形式的芯片，特别是OTP型芯片的价格很低。

5）增加了掉电复位锁定、上电复位（POR）以及看门狗（WDT）等电路，大大减少外围器件的数量。

### 1.2.4 Atmel公司的AVR系列单片机

Atmel公司的AVR单片机是目前较新的单片机系列之一，其突出的特点在于速度高、片内硬件资源丰富、功能比较强。

AVR系列单片机的主要优点如下：

1）程序存储器采用Flash技术。16位指令，每条指令执行时间可达50 ns（20 MHz）。

2）功耗低，具有Sleep（休眠）功能。

3）具有大电流（灌电流）10~20 mA或40 mA输出，可直接驱动SSR或继电器；有看门狗定时器（WTD），提高了产品的抗干扰能力。

4）具有32个通用工作寄存器，相当于有32个累加器，避免了传统的一个累加器和存储器之间的数据传送造成的瓶颈现象。

5）具有在线下载功能。

6）单片机内有模拟比较器，I/O 口可做 A-D 转换用，可组成廉价的转换器。

7）部分 AVR 器件具有内部 RC 振荡器，可提供 1 MHz 的工作频率。

8）计数/定时器增加了 PWM 输出，也可作为 D-A 用于控制输出。

### 1.2.5 基于 ARM 芯核的 32 位单片机

这类单片机主要是指以 ARM（Advanced RISC Machines）公司设计为核心的 32 位 RISC 嵌入式 CPU 芯片的单片机。ARM 提供一系列 IP（Intelligence Property）内核、体系扩展、微处理器和系统芯片方案。由于其设计的芯片核具有功耗低、成本低等显著优点，因而获得众多的半导体厂家和整机厂商的大力支持，在 32 位嵌入式应用领域获得了巨大成功，目前 32 位 RISC 嵌入式产品市场占有率很高，在低功耗、低成本的嵌入式应用领域确立了市场领导地位。

采用 RISC 架构的 ARM 微处理器具有体积小、低功耗、低成本、高性能；支持 Thumb（16 位）/ARM（32 位）双指令集，能很好地兼容 8 位/16 位器件；大量使用寄存器，指令执行速度更快；大多数数据操作都在寄存器中完成；寻址方式灵活简单，执行效率高；指令长度固定等特点。

ARM 微处理器目前包括 ARM7、ARM9、ARM9E、ARM10E、SecurCore、Inter 的 Xscale、Inter 的 StrongARM 几个系列，除了具有 ARM 体系结构的共同特点以外，每一个系列提供一套相对独特的性能来满足不同应用领域的需求。其中，ARM7、ARM9、ARM9E 和 ARM10 为 4 个通用处理器系列，SecurCore 系列专门为安全要求较高的应用而设计。

## 1.3 学习单片机的两个重要软件

学习单片机和学习通用微型计算机系统是一样的，要特别强调理论与实践相结合。单片机只是一个芯片，自身没有开发能力，要借助于开发软件才能学习和实践。本节介绍两个必不可少的软件工具。

### 1.3.1 单片机仿真软件 Proteus 简介

单片机只是一个芯片，自身没有开发能力，要借助于开发工具才能学习和实践。开发工具无外乎两种：实验板和软件仿真，然而实验器材的限制常常很难使每个学习者都能得到充分练习的机会，近年来出现的单片机仿真设计软件可以克服这种限制。“仿真”就是利用计算机软件来模拟单片机系统真实运行的情况，Proteus 正是这样一种软件。Proteus 不仅可以作为单片机应用的重要开发工具，也可以充当一种非常高效的单片机辅助教学手段。用户只需在 PC 上即可获得接近全真环境下的单片机技能培训，为学习者提供了极大的便利。

Proteus 软件是英国 Lab Center Electronics 公司开发的 EDA 工具软件，可完成从原理图绘制、PCB 设计到单片机与外围电路的协同仿真，真正实现了从概念到产品的完整设计，是目前世界上唯一将电路仿真软件、PCB 设计软件和虚拟模型仿真软件三合一的设计平台，其处理器模型支持 8051、HC11、PIC、AVR、ARM、8086 和 MSP430 等，2010 年又增加了

Cortex 和 DSP 系列处理器，并持续增加其他系列处理器模型。Proteus 软件主要具有以下特点：

1）具有强大的原理图绘制功能。

2）实现了单片机仿真和 SPICE 电路仿真相结合。具有模拟电路仿真、数字电路仿真、单片机及其外围电路的系统仿真、RS232 动态仿真、$I^2C$ 调试器、SPI 调试器、键盘和 LCD 系统仿真的功能；有各种虚拟仪器，如示波器、逻辑分析仪、信号发生器等。

3）支持主流单片机系统的仿真。目前支持的单片机类型有 8051 系列、AVR 系列、PIC12 系列、PIC16 系列、PIC18 系列、Z80 系列、HC11 系列以及各种外围芯片。

4）提供软件调试功能（只支持汇编语言）。具有全速、单步、设置断点等调试功能，同时可以观察各变量以及寄存器等的当前状态，并支持第三方编译和调试环境，如 wave6000、Keil 等软件。

Proteus 软件主要由两个设计平台组成：

1）智能原理图输入系统（Intelligent Schematic Input System，ISIS）——原理图设计与仿真平台，它用于电路原理图的设计以及交互式仿真。

2）高级布线和编辑软件（Advanced Routing and Editing Software，ARES）——高级布线和编辑软件平台，它用于印制电路板的设计，并产生光绘输出文件。

### 1.3.2 程序开发软件 Keil uVision 简介

单片机的运行就是执行程序。无论使用汇编语言编程还是 C 语言编程都要使用编译器，以便把写好的程序编译为机器码程序，并写入单片机内运行。

Keil uVision 是德国 Keil Software 公司开发的专门针对单片机、ARM 等微控制器芯片推出的一个集成开发环境（Integrated Development Environment，IDE），是众多单片机应用软件开发中的优秀软件之一。它支持众多不同公司的 MCS51 架构的芯片，甚至是 ARM，它集程序编辑、编译、模拟调试等于一体，支持汇编和 C 语言程序开发，和常用的微软 VC++界面相似，易学易用，在程序调试方面有很强大的功能。因此很多开发工程师或普通的单片机爱好者，都对它十分喜欢。

Keil uVision 主要有两个平台，分别是 Keil for C51 和 Keil for ARM。其中，Keil for C51 是针对 MCS51 内核单片机的开发平台，较新的编译器版本为 Keil C51 v9.02a，Keil C51 增加了很多与 8051 内核单片机硬件相关的编译特性，使得应用程序的开发更为方便和快捷，生成的程序代码运行速度快，所需要的存储器空间小，完全可以和汇编语言相媲美。

### 1.3.3 应用举例

下面通过一个 AT89S51 单片机的简单应用实例，介绍在 Proteus 和 Keil uVision 软件平台上进行电路设计、程序编译、调试与仿真验证的主要过程。这两个软件的具体用法在后面章节中还有详细介绍。

图 1-1 是一个基于 AT89S51 单片机的计数显示器电路原理图（为了保持清晰，图中省略了单片机的最小工作电路，但不影响仿真），其功能是对按键 BUT 的按压次数进行计数，并将结果显示在两位数码管显示器上。

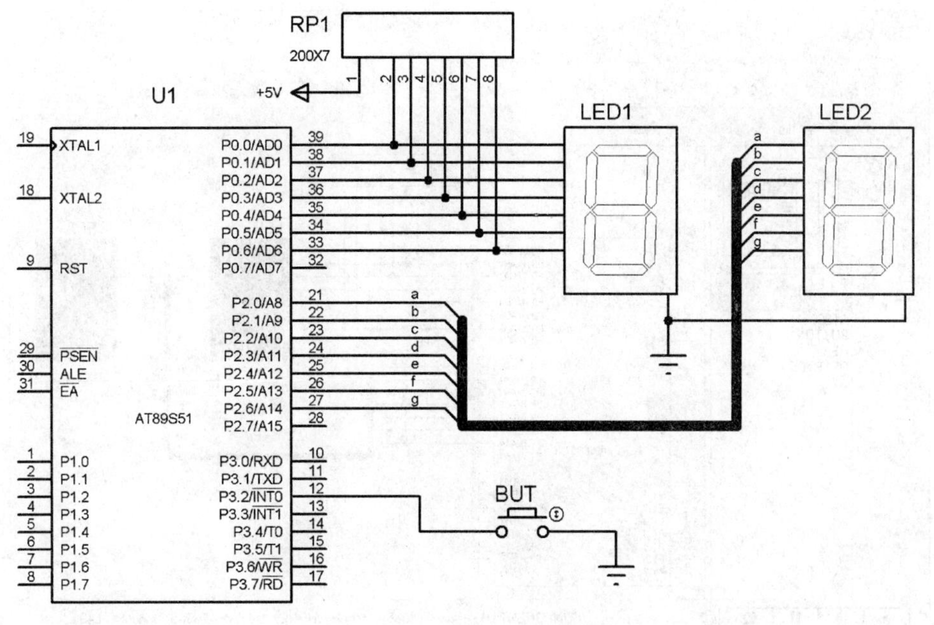


图 1-1　计数显示器电路图

1）启动 ISIS，打开图 1-2 所示的 ISIS 工作界面。ISIS 工作界面主要包括主菜单栏、标准工具栏、绘图工具栏、对象选择按钮、仿真运行控制按钮、对象选择窗口、预览窗口和原理图编辑窗口等。

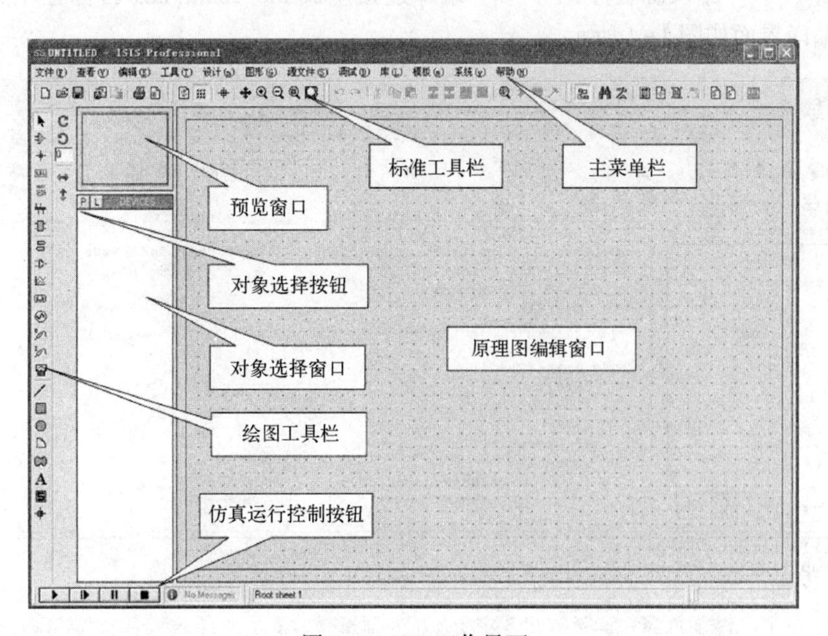


图 1-2　ISIS 工作界面

2）绘制电路原理图。从 ISIS 的元件库中拾取所需要的元器件，并放置在原理图编辑窗口中。利用 ISIS 的连线功能在元器件之间连线，可形成图 1-3 所示的电路原理图。

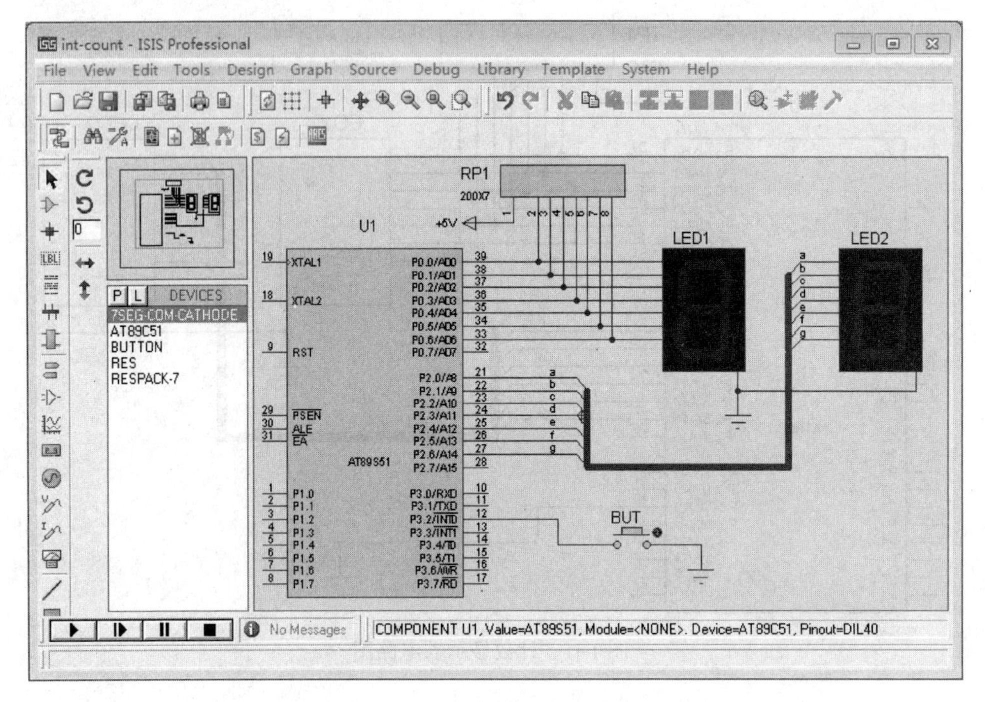


图 1-3　完成的电路原理图

3）启动 Keil uVision，选择命令“建立工程”→“输入源程序”→“保存为 int-count. c 文件”→“加入源程序组”→“编译连接生成 int-count. hex 目标程序文件”。Keil uVision 的编译界面如图 1-4 所示。

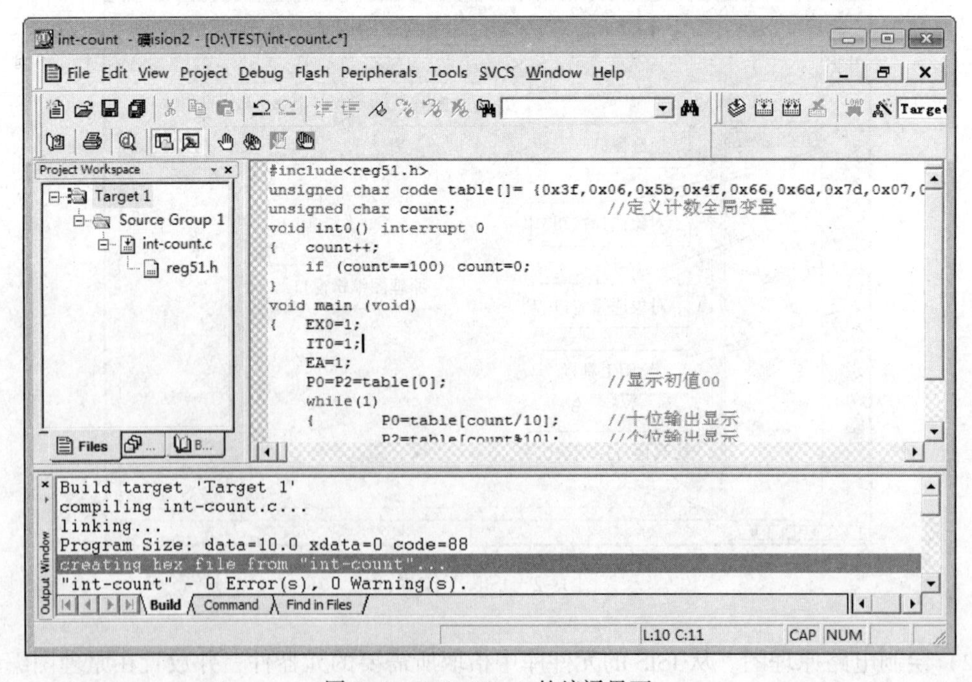


图 1-4　Keil uVision 的编译界面

4）切回 Proteus ISIS 界面，加载 int-count. hex 目标程序文件到 AT89S51 单片机，启动仿真运行，鼠标单击按钮一次则数码管显示的值加一，与真实的效果完全一样。Proteus 仿真运行结果如图 1-5 所示。

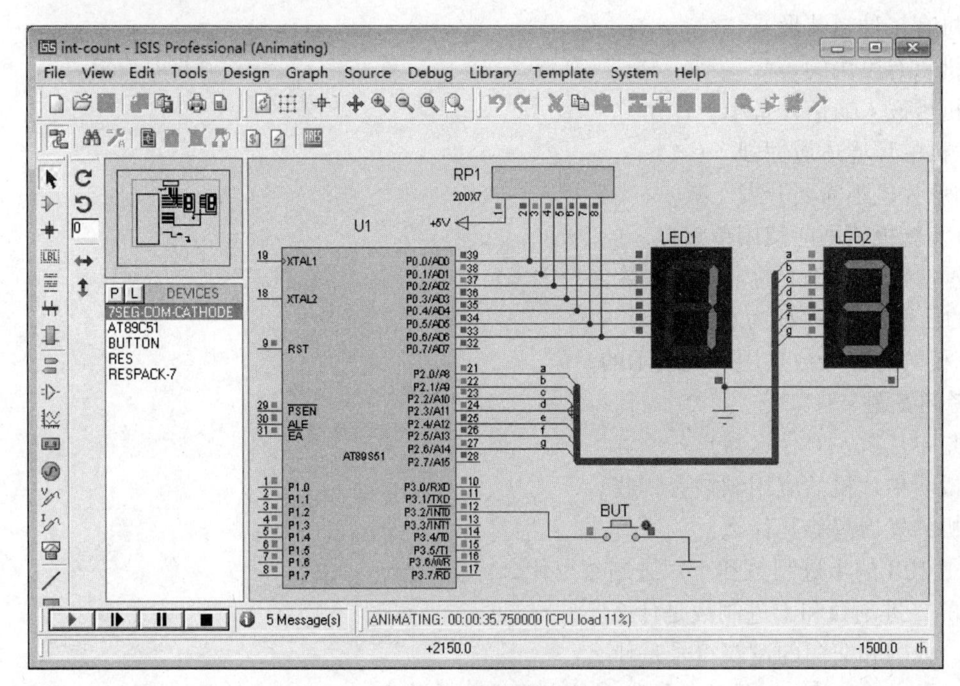

图 1-5　Proteus 仿真运行结果界面

二维码 1-1

至此，一个单片机应用系统的设计与调试过程结束。通常随着单片机应用系统复杂程度的增加，电路设计与程序调试的工作量也会明显增加，要求设计人员必须具有足够的基础知识和经验，因此单片机的学习需要理论与实践相结合的方法。

## 本章小结

单片机是将通用微型计算机的基本功能部件集成在一块芯片上的微型计算机，是嵌入式应用的首选微控制器。单片机具有体积小、控制能力强、低电压、低功耗、扩展性好、可靠性高和价格低廉的特点。单片机的发展趋势是高集成度、高性能、低功耗和高性价比。MCS-51 内核单片机仍是目前主流的机型。单片机的学习要理论与实践相结合，Proteus 和 Keil uVision 是单片机学习与实践的两个重要软件工具。

## 习题与思考题 1

**一、判断题**

1. 单片机就是个芯片。（　　）
2. 单片机内没有 I/O 接口。（　　）
3. 单片机内有中断系统。（　　）

4. 单片机都是 8 位的。(　　)

5. 单片机的控制能力强。(　　)

6. 单片机都是 MCS-51 内核。(　　)

7. 单片机有多种封装形式。(　　)

8. 单片机只有民用的。(　　)

9. 单片机可嵌入通信设备中。(　　)

10. 单片机的环境适应性强。(　　)

11. 使用单片机不需要开发工具。(　　)

12. 没有实验板就不能使用单片机。(　　)

13. 二进制数 11000011 的十六进制数是 C3H。(　　)

14. 67 的压缩 BCD 码记为 67H。(　　)

15. 计算机的有符号数是用补码表示的。(　　)

**二、思考问答题**

1. 什么是单片机？有什么特点？

2. 举例说明单片机的应用领域有哪些。

3. 单片机的发展趋势是什么？

4. 1001 1010B 的十进制数和十六进制数是什么？

5. 4DH 的二进制数和十进制数是什么？

6. 与门、或门和非门的逻辑符号是什么？

7. Proteus 和 Keil uVision 是什么软件？其主要功能是什么？

# 第 2 章　单片机结构及工作原理

### 内容指南

本章以 AT89S51/52 单片机为例，介绍单片机的组成结构及工作原理，包括 AT89S51 的基本硬件结构、工作原理、外部信号引脚、存储器结构、I/O 口结构及单片机时序与工作方式。

### 学习目标

- 掌握 AT89S51 单片机的内部基本结构与外部引脚功能。
- 了解 AT89S51 单片机的主要内部资源。
- 掌握 AT89S51 单片机的存储器结构及工作原理。
- 掌握 AT89S51 单片机 4 个通用 I/O 口的结构与功能。

## 2.1　单片机内部结构

AT89S51 单片机与 Intel 公司 MCS-51 系列的 80C51 单片机在指令系统和芯片结构、功能上完全兼容，主要不同点是 AT89S 系列单片机的程序存储器采用 Flash 闪速存储器，并且支持在系统编程，增加了看门狗（WDT）及采用双数据指针 DPTR。

AT89S51/52 单片机的内部基本结构如图 2-1 所示，由中央处理器（CPU）、程序存储器、数据存储器、I/O 端口、串行口、定时/计数器和中断控制系统等组成，并通过内部系统总线相连接。此外，片内还有时钟振荡器电路用于产生工作时钟。

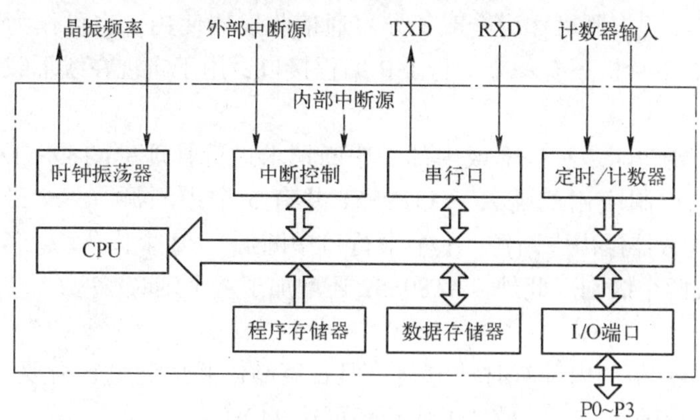


图 2-1　AT89S51/52 单片机的内部基本结构

AT89S51 与 AT89S52 的主要差别是 AT89S51 片内有 4 KB 程序存储器和 128 B 数据存储器，而 AT89S52 片内有 8 KB 程序存储器和 256 B 数据存储器，还增加了一个定时/计数器 T2。

AT89S51/52 单片机的内部资源主要包括以下功能部件。

**1. 中央处理器（CPU）**

中央处理器简称 CPU，是单片机的核心部件，由运算器和控制器组成，主要完成运算和控制功能。运算器主要用于实现算术和逻辑运算功能，控制器主要用于保证单片机各部分能够自动而协调地工作。AT89S51/52 的 CPU 是一个字长为 8 位的中央处理器，所以能直接处理 8 位二进制数据或代码。

**2. 程序存储器（内部 ROM）**

AT89S51 共有 4 KB 程序存储器 ROM，主要用于存储程序、常量数据或表格，因此称为程序存储器，通常采用 Flash EPROM，简称内部 ROM。AT89S52 单片机配置了 8 KB 内部程序存储器。

**3. 数据存储器（内部 RAM）**

数据存储器用于存储可读写的中间结果、数据或标志。AT89S51 芯片内共有 256 个内部 RAM 单元，其中低 128 个单元能作为数据存储器供用户使用，而高 128 个单元则被特殊功能寄存器 SFR 占用，因此通常所说的内部数据存储器就是指供用户使用的低 128 个单元，简称内部 RAM。AT89S52 单片机供用户使用的数据存储器比 AT89S51 多 128 个单元，共有 256 个单元。

**4. 并行 I/O 口**

AT89S51/52 共有 4 个 8 位并行 I/O 口（P0、P1、P2、P3），主要用于实现与外围设备或接口中数据的并行输入/输出。有些 I/O 口还具有其他功能，即第二功能。

**5. 定时/计数器**

AT89S51 共有 2 个 16 位可编程定时/计数器，用于实现定时或计数功能，并以其定时或计数结果对单片机进行控制，以满足控制应用的需要。AT89S52 单片机共有 3 个 16 位的定时/计数器，比 AT89S51 单片机多了一个定时/计数器 T2。

**6. 串行口**

AT89S51/52 单片机有一个全双工串行通信口，即 UART（Universal Asynchronous Receiver/Transmitter，通用异步接收器/发送器），用于实现单片机和其他数据设备之间的串行数据传送。该串行口可编程，既可作为全双工异步通信收发器使用，也可作为同步移位器使用。此外，AT89S51/52 单片机还有一个串行 ISP 编程接口，用于实现在线下载程序。

**7. 中断系统**

中断系统的主要功能是对外部或内部的中断请求进行管理。AT89S51/52 单片机的中断功能较强，以满足控制应用的需要。AT89S51 共有 5 个中断源（2 个外部中断源 $\overline{\text{INT0}}$ 和 $\overline{\text{INT1}}$，2 个定时/计数器溢出中断源，1 个串行口中断源）、2 个优先级。全部中断源分为高优先级和低优先级两个级别。此外，AT89S52 还增加了一个定时/计数器 T2 中断源。

**8. 时钟电路**

AT89S51/52 单片机的内部有时钟电路，但石英晶体和微调电容需要外接。时钟电路为单片机工作产生时钟脉冲序列，最高工作频率可达 24 MHz。

**9. 内部总线**

总线是用于连接计算机各部件的一组公共信号线。可分为地址总线 AB（Address Bus）、数据总线 DB（Data Bus）和控制总线 CB（Control Bus）。单片机内部资源通过内部总线相连接。

**10. 特殊功能寄存器（SFR）**

特殊功能寄存器 SFR（Special Function Register）主要用于管理和控制片内各个功能部件，是一类特殊的寄存器，其地址位于片内数据存储器高 128 单元。

从以上介绍可以看出，AT89S51/52 虽然是一块单芯片，但它已包括了计算机的基本组成部件，如运算器、控制器、存储器与 I/O 口，因此实际上它是一个简单的微型计算机系统。但由于其主要用于控制，所以又称其为微控制器 MCU（Micro Controller Unit）。

## 2.2 单片机工作原理

单片机是通过执行程序来工作的，执行不同的程序就能完成不同的任务。而程序是指令的有序集合，指令是规定计算机执行某种具体操作的命令，中央处理器 CPU 根据指令控制计算机各部分协调地工作，完成规定操作。因此单片机的工作过程就是单片机执行指令的过程。在执行程序中起关键作用的是 CPU，CPU 主要由运算器和控制器两部分组成。运算器用于进行运算术、逻辑运算以及位操作处理等；控制器根据指令码产生相应的控制信号，使运算器、存储器、输入/输出端口等各功能部件之间能自动协调地工作。

图 2-2 是 AT89S51/52 内部更详细的结构框图，由图中可知，单片机内部除了有中央处理器 CPU、数据存储器 RAM、程序存储器 ROM 和定时器、串行口等主要功能部件外，还

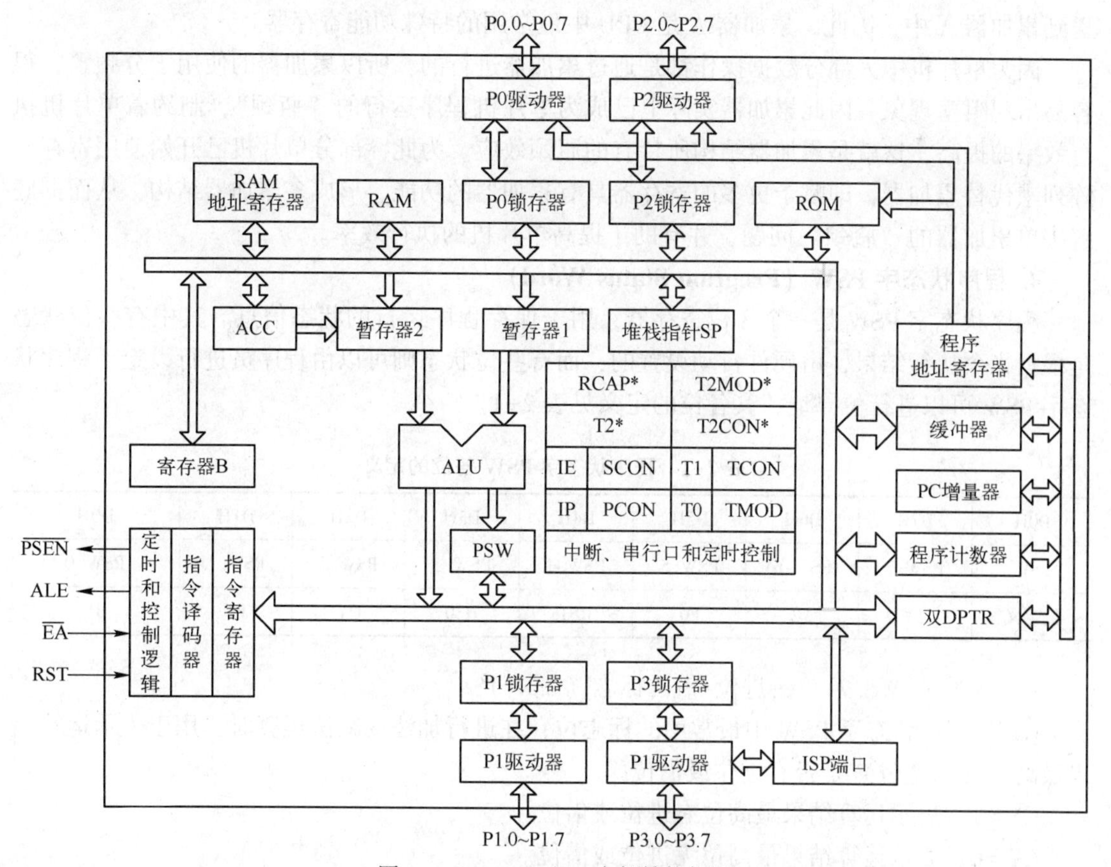


图 2-2　AT89S51/52 内部结构框图

有驱动器、锁存器、指令寄存器、地址存储器等辅助电路部分，以及各功能模块在单片机中的位置和相互关系。

### 2.2.1 运算器

运算器主要用于对数据进行算术运算和逻辑运算，包括算术逻辑单元 ALU、累加器 ACC、暂存寄存器、程序状态字 PSW 寄存器、通用寄存器等，运算器具有很强的数据处理和位处理能力。

**1. 算术逻辑单元 ALU（Arithmetic Logic Unit）**

ALU 用于对二进制数据进行算术运算、逻辑操作、移位操作和位处理等，由加法器和其他逻辑电路等组成。此外，还可以通过对运算结果的测试，影响程序状态字 PSW 的相关标志位。由图 2-2 可知，ALU 的两个操作数，一个通过暂存器 1 输入，另一个经由 ACC 通过暂存器 2 输入，运算结果的状态影响程序状态字 PSW 寄存器。

**2. 暂存寄存器**

由图 2-2 可知，暂存器主要用于暂时保存进入 ALU 之前的数据。

**3. 累加器 ACC（Accumulator）**

累加器 ACC 为 8 位寄存器，通常简称为 A。由图 2-2 可知，累加器 A 通过暂存器与 ALU 相连。在进行算术或逻辑运算时，大多操作数取自累加器 A，而运算的中间结果也多要送到累加器 A 中，因此，累加器 A 是 CPU 中最常用的特殊功能寄存器。

因为单片机中大部分数据操作都是通过累加器进行的，所以累加器的使用十分频繁，很容易出现阻塞现象。因此累加器实际上已成为单片机程序运行的“瓶颈”，制约着单片机执行效率的提高，这就是累加器结构所特有的瓶颈效应。为此，部分单片机已开始使用寄存器阵列来代替累加器，即赋予更多的寄存器具有累加器的功能，形成多累加器结构，从而彻底解决单累加器的“瓶颈”问题，并有助于提高单片机的执行效率。

**4. 程序状态字 PSW（Program Status Word）**

程序状态字 PSW 是一个 8 位寄存器，用于保存程序运行的状态信息。其中有些位状态是根据指令执行结果，由硬件自动设置的，而有些位状态则可以由程序员进行设定。程序状态字 PSW 可以进行位寻址，其各位的定义见表 2-1。

**表 2-1 程序状态字 PSW 各位的定义**

| D0H | D7H | D6H | D5H | D4H | D3H | D2H | D1H | D0H |
|---|---|---|---|---|---|---|---|---|
| PSW | PSW. 7 | PSW. 6 | PSW. 5 | PSW. 4 | PSW. 3 | PSW. 2 | PSW. 1 | PSW. 0 |
| 位定义 | CY | AC | F0 | RS1 | RS0 | OV | F1 | P |

（1）CY（PWS. 7）——进位/借位标志（Carry）

CY 是程序状态字 PSW 中最常用的标志位，在进行加法或减法运算时，用于表示运算结果最高位（第 7 位）是否有进位或借位。

CY=1，表示运算结果最高位有进位或借位；

CY=0，表示运算结果最高位无进位或借位。

此外，在进行位操作时，CPU 也使用 CY 作为位传送、位与、位或等操作的操作数。

（2）AC（PSW.6）——辅助进位标志（Auxiliary Carry）

辅助进位标志也称为半进位标志，在加减法运算中，当运算结果低4位向高4位有进位或借位时，AC被相应由硬件置位。

AC=1，表示运算结果低4位向高4位有进位或借位；

AC=0，表示运算结果低4位向高4位无进位或借位。

在进行BCD码运算时，需要进行二进制至十进制数调整运算，要用到AC位的状态进行判断。

（3）F0（PSW.5）——用户标志位

由用户定义的标志位，可以根据需要用软件方法置位或复位，用以控制程序的转向或作为标志位。

（4）RS1和RS0（PSW.4，PSW.3）——当前工作寄存器组选择位

通用工作寄存器组共有4组，其与RS1、RS0两个标志位对应关系见表2-2，与RS1、RS0的值对应的那一组通用工作寄存器组称为当前工作寄存器组。只有当前工作寄存器组才可以通过寄存器寻址的方式访问。

**表2-2　RS0、RS1对工作寄存器组的选择**

| RS1 | RS0 | 寄存器组 | 片内RAM地址 |
|---|---|---|---|
| 0 | 0 | 第0组 | 00H~07H |
| 0 | 1 | 第1组 | 08H~0FH |
| 1 | 0 | 第2组 | 10H~17H |
| 1 | 1 | 第3组 | 18H~1FH |

单片机在上电或者复位后，RS1RS0=00B，CPU使用第0组为当前工作寄存器组。用户可以根据需要利用传送指令或位运算指令来改变RS1、RS0的值，以改变当前工作寄存器组，这样的结构对于程序中保护现场提供了方便。

（5）OV（PSW.2）——溢出标志位

OV表示在进行算术运算时，运算结果是否发生了溢出。

OV=1，表示运算结果发生溢出；

OV=0，表示运算结果没有溢出。

在有符号数的加减运算中，OV=1表示加减运算结果超出了累加器A所能表示的有效范围（-128~+127），即产生了溢出；OV=0表示运算结果正确，即无溢出。

在乘法运算中，OV=1表示乘积超过255，即乘积分别在B和A中；OV=0表示乘积只在A中。

在除法运算中，OV=1表示除数为0，除法不能进行；OV=0表示除数不为0，除法可正常进行。

溢出与进位是两个不同的概念。溢出是指两个有符号数运算时，结果超出了所能表示的范围，而进位则是指两个数最高位（第7位）相加减时有进位或借位。

（6）F1（PSW.1）——用户标志位

用法同F0。

(7) P (PSW.0)——奇偶标志位

该位用于表示累加器 A 中内容的奇偶性。在 AT89S51 单片机的指令系统中，凡是改变累加器 A 中内容的指令均会影响奇偶标志 P。

P=1，表示累加器 A 中有奇数个 1；

P=0，表示累加器 A 中有偶数个 1。

此标志位在串行通信中可以用来进行奇偶校验，以提高数据传输的可靠性。

运算器中的其他特殊功能寄存器将在下面章节中分别介绍。

### 2.2.2 控制器

控制器主要用于统一指挥和控制计算机协调地工作，它接收来自存储器中的逐条指令，然后进行指令译码，并通过定时逻辑和控制电路，在规定的时刻发出各种操作所需的全部内部控制信息及 CPU 外部所需的控制信号，使各部分协调工作，完成指令所规定的各种操作。控制器由程序计数器 PC、指令寄存器 IR、指令译码器 ID 和定时控制逻辑电路等几部分组成。

**1. 程序计数器 PC（Program Counter）**

程序计数器 PC 是一个 16 位计数器，用于存储下一条将要执行的指令的首地址，也称为程序指针或指令指针。PC 由两个 8 位特殊功能寄存器 PCH（存储地址的高 8 位）和 PCL（存储地址的低 8 位）组成。

PC 具有自动“加 1”的功能，即当一条指令从存储器中取出之后，PC 值就会自动改变，指向下一条将要执行的指令的地址。需要说明的是，单片机中取指令的操作是以字节为单位的，由于 AT89S51/52 单片机的指令长度不是固定的（一般为 1~3 B），因而实际上 PC 在自动加上该条指令的字节个数以后，才会指向下一条将要执行的指令地址。

一般情况下，程序的执行过程是顺序地将存储器中的指令依次执行，要取的指令地址是由程序计数器 PC 提供的，以保证程序顺序执行。而在执行转移指令或者子程序、中断程序时，程序需要进行跳转，此时程序计数器 PC 将被置入新的地址值即子程序或中断程序入口地址值，则程序将转向相应的入口地址，以完成程序的跳转或调用。

PC 没有地址，是不可寻址的，因此用户无法对它进行读写操作。但可以通过转移、调用、返回等指令改变其内容，以改变程序的执行顺序或实现程序的转移。

**2. 指令寄存器（Instruction Register）**

指令寄存器是一个 8 位寄存器，用于暂时保存从程序存储器中取出来的指令操作码。如图 2-2 所示，执行程序时，首先根据 PC 给出的地址从程序存储器中取出指令，送到指令寄存器暂时保存等待译码。

**3. 指令译码器（Instruction Decoder）**

指令译码器用于对送入指令译码器的指令进行译码，译码结果送定时控制逻辑电路。定时控制逻辑电路产生各种定时控制信号，控制计算机正确地执行各种操作。

### 2.2.3 指令执行过程

单片机指令执行过程可分为 3 个阶段进行，即取指令、分析指令和执行指令。

如图 2-2 所示，取指令就是根据程序计数器 PC 的值，将指令从程序存储器读出来，送到指令寄存器；分析指令则是将暂存在指令寄存器中的指令操作码取出后，送入指令译码器进行译码；执行指令则是将取出的操作数按操作码所规定的控制逻辑进行操作。单片机执行程序的过程实际上就是逐条指令地重复上述操作过程，直到停机。

## 2.3 单片机的引脚

AT89S51/52 是标准的 40 引脚集成电路芯片，封装形式采用普通双列直插式 PDIP（Plastic Dual Inline Package）封装形式，引脚图如图 2-3a 所示。此外还有 PLCC（Plastic Leaded Chip Carrier）封装形式和 TQFP（Thin Quad Flat Package）封装形式，这两种封装形式都是具有 44 个“J”形引脚的方形芯片，其有效引脚也为 40 个，如图 2-3b 所示。因为不同封装形式的引脚排列不一致，所以在使用时需要注意。

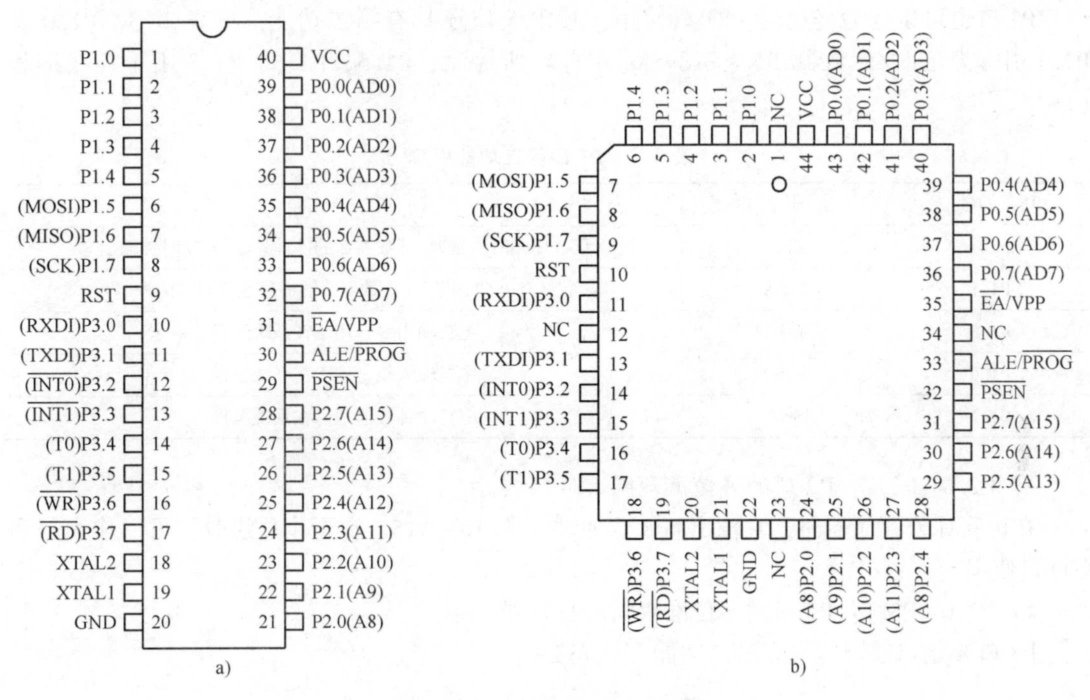


图 2-3 AT89S51 芯片引脚图

a）PDIP 封装引脚 b）PLCC 和 TQFP 封装引脚

由于工艺及标准化等原因，芯片的引脚数目是有限制的。但单片机为实现其功能所需要的信号数目却多于此数目，为此 AT89S51/52 单片机采用引脚功能复用的形式，即给一些信号引脚赋予第二功能。下面介绍说明这些引脚的名称和功能。

**1. 主电源引脚**

1）VCC：接主电源+5 V。

2）GND：接地。

**2. 时钟信号引脚**

XTAL1 和 XTAL2 外接晶体引线端，当使用芯片内部时钟时，此二引线端用于外接石英晶体和微调电容。当使用外部时钟时，用于接收外部时钟脉冲信号。

1）XTAL1：接外部晶体的一端。它是片内振荡器反向放大器的输入端。在采用外部时钟时，外部时钟振荡信号直接送入此引脚作为驱动端。

2）XTAL2：接外部晶体的另一端。它是片内振荡器反向放大器的输出端，振荡电路的频率为时钟频率。若采用外部时钟电路时，此引脚应悬空不连接。

**3. 输入/输出信号引脚**

P0~P3 是 AT89S51/89S52 单片机的 4 个 8 位双向 I/O 引脚。

1）P0.0~P0.7：P0 口的 8 位双向 I/O 口线。

在访问片外存储器时，它分时用作低 8 位地址总线和 8 位双向数据总线，故称为地址/数据总线，简写为 AD0~AD7。在不作总线时，也可以作为普通 I/O 口使用。P0 口是一个漏极开路的 8 位双向 I/O 口。

2）P1.0~P1.7：P1 口的 8 位准双向 I/O 口线。

P1 口也可以作为普通的 I/O 口使用，其中 5 位还具有第二功能，见表 2-3。P1.0 和 P1.1 引脚为定时/计数器 T2（AT89S52 才有）所控制，P1.5、P1.6、P1.7 用于在线编程（ISP）。

**表 2-3　P1 口第二功能引脚**

| P1 口的各位 | 信号名称 | 第二功能 |
|---|---|---|
| P1.0 | T2 | 仅 AT89S52，定时/计数器 2 的外部计数输入/时钟输出 |
| P1.1 | T2EX | 仅 AT89S52，定时/计数器 2 的捕获触发和双向控制 |
| P1.5 | MOSI | 主机输出线，用于在系统编程 |
| P1.6 | MISO | 主机输入线，用于在系统编程 |
| P1.7 | SCK | 串行时钟线，用于在系统编程 |

3）P2.0~P2.7：P2 口的 8 位准双向 I/O 口线。

在访问片外存储器时，它输出高 8 位地址，即 A8~A15。在不作总线时，可以作为普通 I/O 口使用。

4）P3.0~P3.7：P3 口的 8 位准双向 I/O 口线。

P3 口 8 条口线都定义有第二功能，见表 2-4。

**表 2-4　P3 口各位的第二功能**

| P3 口的各位 | 信号名称 | 第二功能 |
|---|---|---|
| P3.0 | RXD | 串行口输入 |
| P3.1 | TXD | 串行口输出 |
| P3.2 | $\overline{INT0}$ | 外部中断 0 输入 |
| P3.3 | $\overline{INT1}$ | 外部中断 1 输入 |
| P3.4 | T0 | 定时/计数器 0 外部输入 |
| P3.5 | T1 | 定时/计数器 1 外部输入 |
| P3.6 | $\overline{WR}$ | 外部 RAM 写选通 |
| P3.7 | $\overline{RD}$ | 外部 RAM 读选通 |

**4. 控制信号引脚**

1）ALE/$\overline{\text{PROG}}$：地址锁存允许（Address Latch Enable）输出/编程脉冲（Program Pulse）输入信号。

在系统扩展或访问片外程序存储器时，ALE 用于输出控制信号，把 P0 口输出的低 8 位地址送入锁存器锁存起来，以实现低 8 位地址和数据的分时传送（隔离）。

对于片内含 EPROM 或 Flash EPROM 的单片机芯片，其 EPROM 存储器程序固化需要提供专门的编程脉冲和编程电源，此信号引脚在离线编程时需要提供编程脉冲。

2）$\overline{\text{EA}}$/VPP：外部程序存储器访问允许（External Access Enable）/编程电源输入控制信号。

当$\overline{\text{EA}}$信号为低电平时，对 ROM 的读操作限定在外部程序存储器，不能访问片内程序存储器；而当$\overline{\text{EA}}$信号为高电平时，则对 ROM 的读操作是从内部程序存储器开始，可延至外部程序存储器。

在对程序存储器离线编程时，此引脚用于施加 12 V 编程电压 VPP。

3）$\overline{\text{PSEN}}$：外部程序存储器读选通（Program Store Enable）控制信号。

在访问外部程序存储器时，$\overline{\text{PSEN}}$有效，以实现外部程序存储器单元的读操作。

4）RST：复位信号。

当输入的复位信号连续两个机器周期以上高电平时即为有效，执行单片机内部的寄存器初始化操作。

## 2.4 存储器

存储器是单片机的主要组成部分，用于存储程序和数据。这些程序和数据在存储器中是以二进制代码表示的。要理解单片机的工作原理首先应了解存储器的结构。AT89S51/52 单片机的芯片内部有数据存储器 RAM 和程序存储器 ROM 两类存储器，即片内 RAM 和片内 ROM，而且与通用计算机不同的是，单片机采用的是程序存储器和数据存储器分开的结构，即哈佛结构。

### 2.4.1 存储器结构

AT89S51/52 系列单片机的存储器结构采用哈佛结构，即程序存储器和数据存储器在物理结构上是分开的，而程序存储器和数据存储器又有片内和片外之分，即 AT89S51/52 系列单片机的存储器在物理上可分为 4 个存储空间：片内程序存储器、片外程序存储器、片内数据存储器和片外数据存储器。AT89S51 单片机存储器空间分布及其地址范围如图 2-4 所示。

这种结构在物理上是把程序存储器和数据存储器分开的，但在逻辑上，即从用户使用的角度上考虑，AT89S51 单片机有 3 个存储空间：片内外统一编址的 64 KB 的程序存储地址空间（用 16 位地址）；片内数据存储器地址空间，寻址范围为 00~FFH；片外数据存储器地址空间，寻址范围为 64 KB。

由图 2-4 可以看出，片内程序存储器的地址空间（0000~0FFFH）与片外存储器的低地址空间是重叠的，片内数据存储器的地址空间（00~FFH）与片外数据存储器的低地址空间是重叠的。AT89S51 单片机通过采用不同的访问指令，产生不同存储空间的选通信号，从而可以访问这 3 个不同的逻辑空间。在访问程序存储器时使用“MOVC”指令助记符，访问片内数据存储器使用“MOV”指令助记符，访问片外数据存储器使用“MOVX”指令助记符。

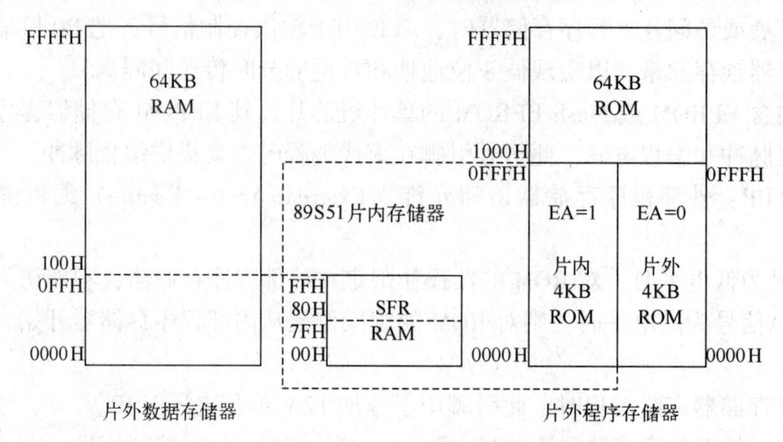


图 2-4　AT89S51 单片机存储空间分布图

## 2.4.2　程序存储器

AT89S51/52 单片机的程序存储器主要用于存储编制好的程序和数据表格，一般由 Flash EPROM 组成。程序存储器可以分为片内和片外两个部分，是统一编址的。

**1. 程序存储器的结构和地址分配**

AT89S51 芯片内部有 4 KB Flash EPROM 存储单元，其地址范围为 0000H～0FFFH，即内部程序存储器。通过片外 16 位地址总线最多可以扩展到 64 KB（0000H～0FFFFH）地址空间，这也是由程序计数器 PC 的位数来决定的。我们知道，单片机是通过控制器中的程序计数器 PC 作为指针来访问程序存储器的，PC 有 16 位，它可以直接寻址的范围是 $2^{16}$，即 64 KB（0000H～0FFFFH）。AT89S52 芯片内部有 8 KB Flash ROM 存储单元，其地址范围为 0000H～1FFFH。

在扩展外部程序存储器时，如果$\overline{EA}$引脚信号为高电平时，则对 ROM 的读操作是从内部程序存储器开始，可延续至外部程序存储器，即当地址为 0000H～0FFFH 时，访问内部 Flash EPROM（对于 AT89S51 而言），当地址为 1000H～0FFFFH 时，则访问外部程序存储器；而如果$\overline{EA}$引脚信号为低电平时，对 ROM 的读操作限定在外部程序存储器，即不论地址是 0000H～0FFFH 还是 1000H～0FFFFH，都是访问外部程序存储器。

AT89S51/52 单片机的片内程序存储器与片外程序存储器是统一编址的，即逻辑上是统一的，但在物理上却是分开的。

在访问外部程序存储器时，还产生外部程序存储器读选通控制信号$\overline{PSEN}$，而在访问内部程序存储器时，不产生$\overline{PSEN}$信号。

**2. 程序存储器的入口地址**

在程序存储器中有 7 个特殊地址，也称为程序入口地址，使用时应予以注意。这 7 个入口地址分别如下。

1）0000H：主程序入口地址，单片机上电复位后自动从此地址执行指令。

2）0003H：外部中断 0 中断服务程序入口地址。

3）000BH：定时器 0 中断服务程序入口地址。

4）0013H：外部中断 1 中断服务程序入口地址。

5）001BH：定时器 1 中断服务程序入口地址。

6）0023H：串行口中断服务程序入口地址。

7）002BH：定时器 2 中断服务程序入口地址（仅 AT89S52 有）。

在上述地址中，其中一组的地址单元是 0000H~0002H。系统复位后，(PC)= 0000H。单片机从 0000H 单元开始取指令执行程序。一般在这 3 个单元中存储一条无条件转移指令，以便直接转去执行指定的主程序入口地址。

其余的地址单元是中断源的中断服务程序地址区，又称为中断入口地址。

中断响应后，系统按中断种类，自动转到各中断源的首地址去执行程序。因此在中断地址区中理应存放中断服务程序。但通常情况下，8 个单元难以存放一个完整的中断服务程序，因此通常也是从中断地址区首地址开始存放一条无条件转移指令，以便中断响应后，通过中断地址区，再转到中断服务程序的实际入口地址去执行。

上述特殊单元除可以作为中断服务程序入口外，在不开放中断源时也可以作为一般的程序存储器使用。

### 2.4.3 数据存储器

单片机的数据存储器主要用于存储经常要修改的运算中间结果、数据暂存或标志位等，通常都是由随机访问存储器 RAM（Random Access Memory）组成的。数据存储器可以分为片内和片外两个部分，片内数据存储器与片外数据存储器不论在逻辑上还是在物理上都是分开的，它们是通过不同的寻址方式来区分的。

AT89S51 的内部 RAM 共有 256 个单元，地址为 8 位，寻址范围为 00~FFH。通常把这 256 个单元按其功能划分为两部分：低 128 个单元（单元地址范围为 00H~7FH）和高 128 个单元（单元地址范围为 80H~0FFH）。其中低 128 个单元能作为数据存储器供用户使用，而高 128 个单元则被特殊功能寄存器 SFR 占用，如图 2-5 所示。

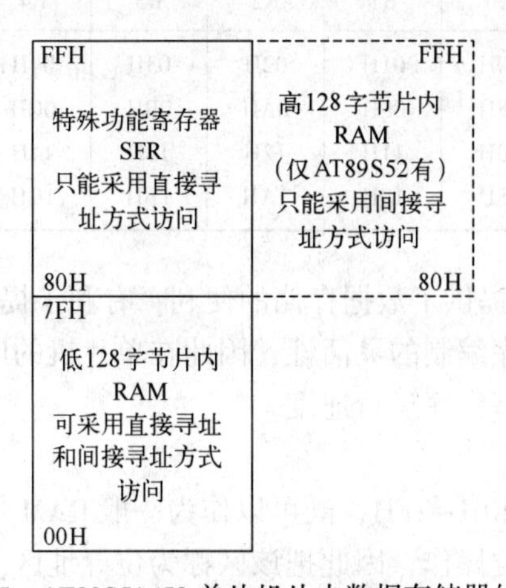


图 2-5　AT89S51/52 单片机片内数据存储器的结构

AT89S52 单片机供用户使用的数据存储器比 AT89S51 多 128 个单元，共有 256 个单元。即除了低 128 个单元和高 128 个单元的 SFR 以外，还有高 128 个单元的片内数据存储器。这样，高 128 单元的数据存储器与 SFR 的地址是重合的。AT89S51/52 单片机是通过不同的寻址方式加以区分的。在访问高 128 B 片内数据存储器时，采用间接寻址方式；在访问特殊功能寄存器 SFR 时，采用直接寻址方式；在访问低 128 B 片内数据存储器时，两种寻址方式都可以采用。

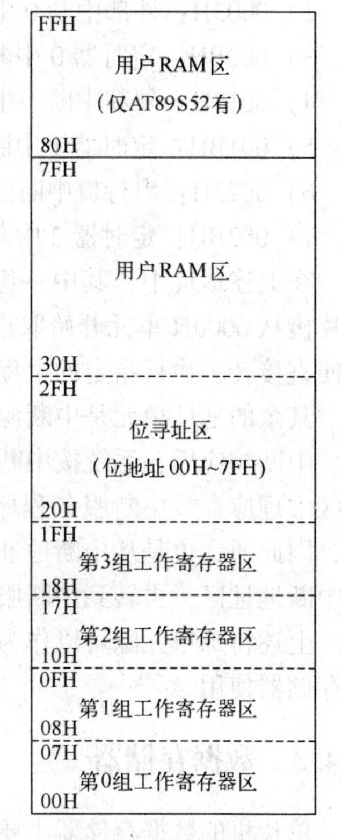


图 2-6 片内数据存储器的配置

**1. 内部数据存储器低 128 单元**

内部数据存储器真正供用户使用的是低 128 单元 RAM，地址范围是 00H~7FH，对其访问可采用直接寻址和间接寻址的方式。按其用途可以划分为 3 个区域，如图 2-6 所示。其中 00H~1FH 地址空间为通用工作寄存器区，20H~2FH 地址空间为位寻址区，30H~7FH 地址空间为用户 RAM 区。

（1）通用工作寄存器区

AT89S51 系列单片机共有 4 组通用工作寄存器，每组有 8 个寄存器单元，各组都以 R0~R7 作为工作寄存器单元编号。通用工作寄存器常用于存储操作数或中间结果等，有时也叫工作寄存器。4 组通用工作寄存器占据内部 RAM 的 00H~1FH 单元地址。

在任一时刻，CPU 只能使用其中的一组工作寄存器，并且把正在使用的那组工作寄存器称为当前工作寄存器组。到底是哪一组，由程序状态字寄存器 PSW 中 RS1、RS0 位的状态组合来决定，见表 2-5。而其余的工作寄存器则作为一般数据存储器使用。

**表 2-5 工作寄存器地址表**

| 组 | RS1 | RS0 | R0 | R1 | R2 | R3 | R4 | R5 | R6 | R7 |
|---|---|---|---|---|---|---|---|---|---|---|
| 0 | 0 | 0 | 00H | 01H | 02H | 03H | 04H | 05H | 06H | 07H |
| 1 | 0 | 1 | 08H | 09H | 0AH | 0BH | 0CH | 0DH | 0EH | 0FH |
| 2 | 1 | 0 | 10H | 11H | 12H | 13H | 14H | 15H | 16H | 17H |
| 3 | 1 | 1 | 18H | 19H | 1AH | 1BH | 1CH | 1DH | 1EH | 1FH |

通用工作寄存器为 CPU 提供了数据存储的便利，有利于提高单片机的运算速度。此外，使用通用寄存器还能提高程序编制的灵活性，因此在单片机的应用编程中应充分利用这些寄存器，以简化程序设计，提高程序运行速度。

（2）位寻址区

位寻址区的地址范围为 20H~2FH，既可以作为一般 RAM 单元使用，进行字节操作，也可以对单元中的每一位进行位操作，因此把该区称为位寻址区。位寻址区共有 16 个 RAM 单元，总计 128 位，位地址范围为 00H~7FH，见表 2-6。

**表 2-6　RAM 位寻址区位地址表**

| 字节地址 | MSB | | | 位地址 | | | LSB | |
|---|---|---|---|---|---|---|---|---|
| 2FH | 7FH | 7EH | 7DH | 7CH | 7BH | 7AH | 79H | 78H |
| 2EH | 77H | 76H | 75H | 74H | 73H | 72H | 71H | 70H |
| 2DH | 6FH | 6EH | 6DH | 6CH | 6BH | 6AH | 69H | 68H |
| 2CH | 67H | 66H | 65H | 64H | 63H | 62H | 61H | 60H |
| 2BH | 5FH | 5EH | 5DH | 5CH | 5BH | 5AH | 59H | 58H |
| 2AH | 57H | 56H | 55H | 54H | 53H | 52H | 51H | 50H |
| 29H | 4FH | 4EH | 4DH | 4CH | 4BH | 4AH | 49H | 48H |
| 28H | 47H | 46H | 45H | 44H | 43H | 42H | 41H | 40H |
| 27H | 3FH | 3EH | 3DH | 3CH | 3BH | 3AH | 39H | 38H |
| 26H | 37H | 36H | 35H | 34H | 33H | 32H | 31H | 30H |
| 25H | 2FH | 2EH | 2DH | 2CH | 2BH | 2AH | 29H | 28H |
| 24H | 27H | 26H | 25H | 24H | 23H | 22H | 21H | 20H |
| 23H | 1FH | 1EH | 1DH | 1CH | 1BH | 1AH | 19H | 18H |
| 22H | 17H | 16H | 15H | 14H | 13H | 12H | 11H | 10H |
| 21H | 0FH | 0EH | 0DH | 0CH | 0BH | 0AH | 09H | 08H |
| 20H | 07H | 06H | 05H | 04H | 03H | 02H | 01H | 00H |

AT89S51 单片机具有布尔处理机功能，布尔处理机的存储空间是指这个位寻址区和特殊功能寄存器 SFR 中的可寻址位。位寻址区的位地址表见表 2-6，可以进行字节操作和位操作。可以使用两种方式访问位寻址区：一种是以位地址的形式，如 5EH 即表示字节 2BH 的第 6 位；另一种是以存储单元地址加位的形式（点号操作符）表示，如 2BH.6 即表示位 5EH。

（3）用户 RAM 区

在内部 RAM 低 128 单元中，通用寄存器占用 32 个单元，位寻址区占用 16 个单元，剩下 80 个单元就是供用户使用的一般 RAM 区，其单元地址为 30H~7FH。对用户 RAM 区的使用没有任何规定或限制，但应当提及，在一般应用中常把堆栈开辟在此区中。

**2. 内部数据存储器高 128 单元**

AT89S51 单片机只有 256 B 内部数据存储器，其中低 128 B 为供用户使用的数据存储器，对其访问可采用直接寻址和间接寻址的方式；高 128 B 用作特殊功能寄存器 SFR，对其访问只能采用直接寻址方式。

而 AT89S52 单片机则有 384 B 内部数据存储器，供用户使用的数据存储器为 256 B，地址范围为 00H~0FFH。对于低 128 B 数据存储器可采用直接寻址和间接寻址的方式；而对于高 128 B 数据存储器，为了与特殊功能寄存器 SFR 区分开来，只能采用间接寻址方式访问。另外还有高 128 B 用作特殊功能寄存器 SFR，对其访问只能采用直接寻址方式。可见 AT89S52 单片机比 AT89S51 单片机多 128 B 内部数据存储器。

### 3. 外部数据存储器

外部数据存储器最多可以扩展至 64 KB。由第 3 章的指令系统可知，访问片外 RAM 只能使用 MOVX 指令，以 DPTR 作为间址寄存器，由于 DPTR 是 16 位的，因此访问的片外 RAM 最多为 $2^{16}$，即 64 KB。

这里还要提到的是，由图 2-4 可知，片内 RAM 与片外 RAM 的低地址部分（00H～0FFH）是重叠的，但是它们却是两个地址空间。区分这两个地址空间的方法是使用不用的寻址指令助记符，访问片内 RAM 使用“MOV”指令，访问片外 RAM 使用“MOVX”指令。其寻址方式也是不同的，访问片外 RAM 只能使用寄存器间接寻址的方式，即@ Ri 或@ DPTR，而访问片内 RAM 则可以使用直接寻址、寄存器间接寻址等多种方式。

在访问外部数据存储器时，CPU 将会发出读信号$\overline{RD}$和写信号$\overline{WR}$。

## 2.4.4 特殊功能寄存器（SFR）

特殊功能寄存器（SFR）主要用于管理片内和片外的功能部件。AT89S51/52 单片机对特殊功能寄存器采取与片内 RAM 统一编址的方法进行管理，可以直接寻址，其中有些寄存器还可以进行位寻址。

AT89S51 共有 26 个特殊功能寄存器，它们的地址分配在 80H～0FFH 中，可以进行字节寻址，有些 SFR 可以进行位寻址，这些寄存器的名称、符号及单元地址列于表 2-7 中。

这 26 个特殊功能寄存器不连续地分布在内部 RAM 高 128 单元之中。尽管还有许多空闲地址，但用户并不能使用，如果对这些单元进行读操作，得到的是一些随机数，写入无效。对特殊功能寄存器只能使用直接寻址方式，在指令中既可使用寄存器符号表示，也可使用寄存器单元地址表示。

特殊功能寄存器中有 11 个寄存器是可以进行位寻址的，一般从 80H 开始每隔 8 个单元有一个可以进行位寻址的寄存器，其地址可以被 8 整除。特殊功能寄存器的可寻址位构成位处理机的部分存储空间，如表 2-7 中所列。AT89S51 单片机布尔处理机的存储空间就是由片内数据存储器的位寻址区和特殊功能寄存器 SFR 中的可寻址位共同组成的。

**表 2-7 AT89S51/52 特殊功能寄存器地址表**

| SFR | MSB | | | 位地址/位定义 | | | LSB | 字节地址 |
|---|---|---|---|---|---|---|---|---|
| B | F7 | F6 | F5 | F4 | F3 | F2 | F1 | F0 | F0H |
| ACC | E7 | E6 | E5 | E4 | E3 | E2 | E1 | E0 | E0H |
| PSW | D7 | D6 | D5 | D4 | D3 | D2 | D1 | D0 | D0H |
| | CY | AC | F0 | RS1 | RS0 | OV | F1 | P | |
| IP | BF | BE | BD | BC | BB | BA | B9 | B8 | B8H |
| | / | / | PT2 * | PS | PT1 | PX1 | PT0 | PX0 | |
| P3 | B7 | B6 | B5 | B4 | B3 | B2 | B1 | B0 | B0H |
| | P3.7 | P3.6 | P3.5 | P3.4 | P3.3 | P3.2 | P3.1 | P3.0 | |
| IE | AF | AE | AD | AC | AB | AA | A9 | A8 | A8H |
| | EA | / | ET2 * | ES | ET1 | EX1 | ET0 | EX0 | |

（续）

| SFR | MSB | | | 位地址/位定义 | | | | LSB | 字节地址 |
|---|---|---|---|---|---|---|---|---|---|
| P2 | A7 | A6 | A5 | A4 | A3 | A2 | A1 | A0 | A0H |
| | P2.7 | P2.6 | P2.5 | P2.4 | P2.3 | P2.2 | P2.1 | P2.0 | |
| SBUF | | | | | | | | | (99H) |
| SCON | 9F | 9E | 9D | 9C | 9B | 9A | 99 | 98 | 98H |
| | SM0 | SM1 | SM2 | REN | TB8 | RB8 | TI | RI | |
| P1 | 97 | 96 | 95 | 94 | 93 | 92 | 91 | 90 | 90H |
| | P1.7 | P1.6 | P1.5 | P1.4 | P1.3 | P1.2 | P1.1 | P1.0 | |
| WDTRST | | | | | | | | | A6H |
| TH2 * | | | | | | | | | (CDH) |
| TL2 * | | | | | | | | | (CCH) |
| RCAP2H * | | | | | | | | | CBH |
| RCAP2L * | | | | | | | | | CAH |
| T2CON * | TF2 | EXF2 | RCLK | TCLK | EXEN2 | TR2 | C/$\overline{T2}$ | CP/RL2 | C8H |
| T2MOD * | | | | | | | DCEN | T2OE | C9H |
| AUXR | | | | WDIDLE | DISETO | | | DISALE | (8EH) |
| AUXR1 | | | | | | | | DPS | (A2H) |
| TH1 | | | | | | | | | (8DH) |
| TH0 | | | | | | | | | (8CH) |
| TL1 | | | | | | | | | (8BH) |
| TL0 | | | | | | | | | (8AH) |
| TMOD | GATE | C/$\overline{T}$ | M1 | M0 | GATE | C/$\overline{T}$ | M1 | M0 | (89H) |
| TCON | 8F | 8E | 8D | 8C | 8B | 8A | 89 | 88 | 88H |
| | TF1 | TR1 | TF0 | TR0 | IE1 | IT1 | IE0 | IT0 | |
| PCON | SMOD | / | / | / | GF1 | GF0 | PD | IDL | (87H) |
| DP1H | | | | | | | | | (85H) |
| DP1L | | | | | | | | | (84H) |
| DP0H | | | | | | | | | (83H) |
| DP0L | | | | | | | | | (82H) |
| SP | | | | | | | | | (81H) |
| P0 | 87 | 86 | 85 | 84 | 83 | 82 | 81 | 80 | 80H |
| | P0.7 | P0.6 | P0.5 | P0.4 | P0.3 | P0.2 | P0.1 | P0.0 | |

注：* 表示仅 AT89S52 所有。

AT89S51 共有 26 个特殊功能寄存器，现把其中部分寄存器介绍如下，其余的将在以后章节中陆续说明。

**1. B 寄存器**

B 寄存器是一个 8 位寄存器，主要用于乘除运算。在乘法运算时，B 是乘数，乘法操作后，乘积的高 8 位存于 B 中。在除法运算时，B 是除数，除法操作后，余数存于 B 中。此外，B 寄存器也可作为一般数据寄存器使用，其地址为 0F0H。

**2. 双数据指针 DPTR**

数据指针 DPTR 为 16 位寄存器。编程时，DPTR 既可以按 16 位寄存器使用，也可以分为两个 8 位寄存器分开使用，即高位字节 DPH 和低位字节 DPL。

DPTR 通常在访问外部数据存储器时做间址寄存器使用，也可以用在变址寻址方式中，用 DPTR 做基址寄存器，用于对程序存储器的访问。由于外部数据存储器的寻址范围为 64 KB，故把 DPTR 设计为 16 位。为更方便地对 16 位地址的片内、片外数据存储器和外部扩展 I/O 器件进行访问，在 AT89S51/52 中提供了两个 16 位的数据指针寄存器 DP0 和 DP1。DP0 位于特殊功能寄存器 SFR 中的地址为 82H、83H，DP1 位于 SFR 中的地址为 84H、85H。可以通过辅助寄存器 AUXR1 的 DPS 位选择 DP0 或者 DP1。

**3. 辅助寄存器 AUXR1**

辅助寄存器 AUXR1 的地址为 0A2H，用于选择数据指针，其各位定义格式见表 2-8。

**表 2-8　辅助寄存器 AUXR1 各位的定义**

| 位序（bit） | 7 | 6 | 5 | 4 | 3 | 2 | 1 | 0 |
|---|---|---|---|---|---|---|---|---|
| 位定义 | — | — | — | — | — | — | — | DPS |

DPS 为数据指针选择位。

DPS=0，选择 DPTR 寄存器为 DP0L、DP0H；

DPS=1，选择 DPTR 寄存器为 DP1L、DP1H。

单片机复位后数据指针寄存器默认选择 DP0。

**4. 堆栈及堆栈指针**

堆栈是一种数据结构，所谓堆栈就是只允许在其一端进行数据插入和数据删除操作的线性表。数据插入堆栈称为入栈（PUSH），从堆栈中读出数据称为出栈（POP）。堆栈的最大特点是后进先出 LIFO（Last In First Out），先入栈的数据由于存储在栈的底部，因此后出栈；而后入栈的数据存储在栈的顶部，因此先出栈。

堆找主要是为子程序调用和中断操作而设立的，用于保护断点地址和保护现场。在单片机中无论是执行子程序调用还是执行中断操作，最终都要返回主程序。为此需要预先把主程序的断点地址保护起来，为程序的正确返回做准备。单片机在转去执行子程序或中断服务程序以后，可能要使用单片机中的某些寄存器单元，这样就会破坏这些寄存器单元中原有的内容。为了能在子程序或中断服务程序中使用这些寄存器单元，又能在返回主程序之后恢复这些寄存器单元的原有内容，在转中断服务程序之前把单片机中各有关寄存器单元的内容保存起来，这就是现场保护。为了使计算机能进行多级中断嵌套及多重子程序嵌套，还要求堆栈具有足够的容量或者足够的堆栈深度。

不论是数据进栈还是数据出栈，都是对堆栈的栈顶单元进行的。为了指示栈顶地址，设置堆栈指针 SP（Stack Pointer），SP 的内容就是堆栈栈顶的存储单元地址。由于 AT89S51/52 单片机堆栈设在内部数据存储器 RAM 中，通过一个 8 位地址就可以访问。因此其 SP 是一个 8 位寄存器，也是一个特殊功能寄存器。系统复位后，SP 的内容为 07H，一般在程序设计时把 SP 值初始化为 30H。SP 的内容一经确定，堆栈的位置也就跟着确定下来，由于 SP 可初始化为不同值，因此堆栈位置是浮动的。AT89S51/52 单片机的堆栈属于向上生长型堆栈，栈底在低地址单元。数据进栈时，SP 的内容加 1，指针上移，后写入数据；数据出栈时，先读出数据，SP 的内容减 1，指针下移。

AT89S51/52 单片机的堆栈只能开辟在芯片的内部数据存储器中，主要优点是操作速度快，但堆栈容量有限。由于堆找的占用，会减少内部 RAM 的用户可利用单元数。堆栈的使用有两种方式，一种是自动方式，即在调用子程序或中断时，返回地址（断点）自动进栈。程序返回时，断点再自动弹回 PC。这种堆栈操作无须用户干预，称为自动方式。另一种是指令方式，即使用专用的堆栈操作指令，进行入栈出栈操作，可用于传送数据。

**5. 端口 P0~P3**

端口 P0~P3 为 4 个 8 位特殊功能寄存器，分别对应 I/O 端口 P0~P3 的锁存器。在 AT89S51/52 单片机中，不设专门的端口操作指令，而是把 I/O 端口当作一般特殊功能寄存器来操作，使用方便。

## 2.5 并行 I/O 口结构

AT89S51/52 单片机具有 4 个 8 位并行 I/O 端口（接口电路中的数据寄存器），分别记作 P0、P1、P2、P3，共 32 位 I/O 口线。每一位 I/O 口线都能独立用作输入或输出，具有字节寻址和位寻址功能。这 4 个端口是单片机与外围设备进行信息（数据、地址、控制信号）交换的通道，在数据传输过程中，是通过对端口的访问来进行读写操作的。

### 2.5.1 P0 口

在 4 个并行口中，P0 口的接口电路最为复杂。在扩展外部总线时，P0 口分时用作低 8 位地址线和 8 位数据线，P0 口先输出片外存储器的低 8 位地址并锁存到地址锁存器中，然后再输出或输入数据；在单片机最小系统（不扩展外部总线的应用系统）中，P0 口可以用作通用输入/输出口使用。

P0 口各位的逻辑结构如图 2-7 所示，8 个 D 触发器构成了 P0 口锁存器（即特殊功能寄存器 P0），字节地址为 80H。接口电路由一个数据输出锁存器、两个三态数据输入缓冲器、数据输出驱动电路和输出控制电路构成。

**1. P0 口用作低 8 位地址/8 位数据总线使用**

在扩展外部总线系统中，P0 口是作为单片机外部系统总线的低 8 位地址/8 位数据分时复用口使用，此时是真正的双向口。

当由 P0 口输出地址或数据时，由 CPU 内部发出控制信号“1”打开上面的与门，并使多路转接电路 MUX 处于内部地址/数据总线与驱动电路场效应晶体管 T2 栅极反相接通状态。输出驱动电路 T1 与 T2 处于反相，形成推拉式电路结构，使负载能力大为提高。

当由 P0 口输入数据时，数据信号则直接从引脚通过输入缓冲器进入内部总线。

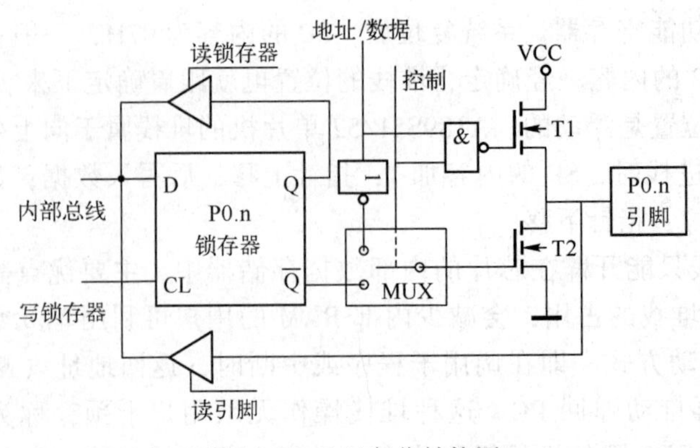

图 2-7　P0 口每位结构图

二维码 2-1

**2. P0 口用作通用 I/O 口使用**

在单片机最小系统中（不扩展外部系统总线），P0 口为通用 I/O 口，此时 CPU 内部发出控制信号“0”封锁与门，使输出场效应晶体管 T1 截止，同时多路开关 MUX 将输出锁存器$\overline{Q}$端与输出场效应晶体管 T2 的栅极接通。

当从 P0 口输出时，内部的写脉冲加在 D 触发器的 CL 端，数据写入锁存器，并向端口引脚输出，由锁存器和驱动电路构成数据输出通路。由于通路中已有输出锁存器，因此数据输出时可以与外设直接连接，而不需要再加数据锁存电路。

当从 P0 口输入时，分为读引脚和读端口两种情况，为此在接口电路中有两个用于读入的三态缓冲器。读引脚就是读芯片引脚的数据，由“读引脚”信号把下方的数据缓冲器打开，把端口引脚上的数据经缓冲器读入内部总线。读端口则是读锁存器 Q 端的状态，这样设计的目的是为了适应“读-修改-写”指令的需要，本来 Q 端与引脚的信号是一致的，不直接读引脚而读锁存器是为了避免可能出现的错误。

需要注意的是，当读引脚时，必须先向电路中对应的锁存器写入“1”，使 T2 截止，以避免锁存器为“0”状态时对引脚读入的错误，因为如果 T2 导通，引脚钳位为低电平，读入总是 0。此外，当 P0 口作为通用 I/O 口使用时，由于输出电路是漏极开路电路，需外接上拉电阻，因此有时也称为准双向口。

## 2.5.2　P1 口

P1 口为准双向 I/O 口，其每位的结构如图 2-8 所示，由锁存器、输出驱动电路和输入缓冲器组成，P1 口引脚内接有上拉电阻。P1 口由 8 个这样的电路组成，其中 8 个 D 触发器构成了 P1 口锁存器（即特殊功能寄存器 P1），字节地址为 90H。

当 P1 口作为输出口使用时，将数据写入 P1 口某一位的锁存器，并向端口引脚输出。如输出“1”，Q=1，T 截止，引脚上拉为 1；如输出“0”，Q=0，T 饱和导通，引脚为“0”。

当 P1 口用作输入口使用时，同样也有读引脚和读锁存器两种情况。对于“读-修改-写”指令，是先读锁存器，再修改锁存器，之后输出；对于读引脚指令，同样需要保证其锁存器锁存“1”，使输出驱动电路的场效应晶体管 T 截止，以免引脚电平读入的错误。

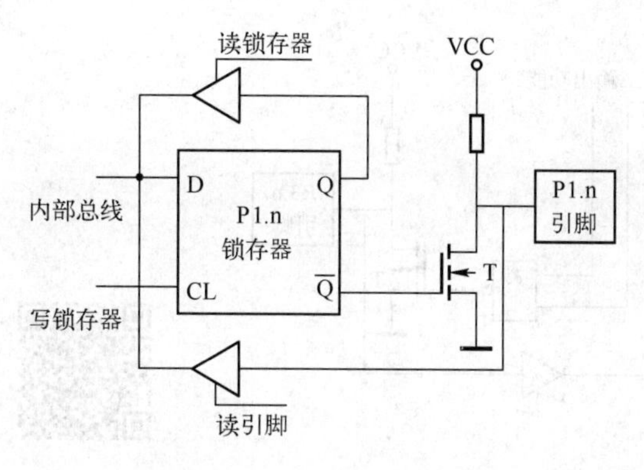

图 2-8　P1 口每位结构图

二维码 2-2

P1 口除了可以作为通用 I/O 口使用外，其 P1.0、P1.1 引脚还可以作为定时/计数器 T2（AT89S52）的控制引脚，P1.5、P1.6、P1.7 还可以用于在系统编程 ISP。

### 2.5.3　P2 口

P2 口每位的结构如图 2-9 所示，由锁存器、多路开关、逻辑门、输出驱动电路和输入缓冲器组成。8 个 D 触发器构成了 P2 口锁存器（即特殊功能寄存器 P2），字节地址为 A0H。

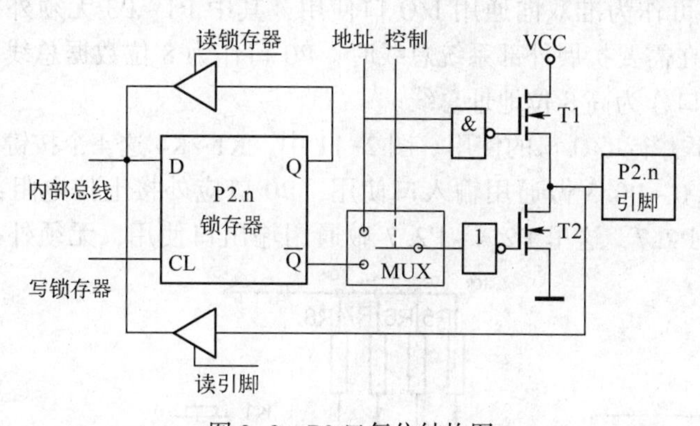

图 2-9　P2 口每位结构图

二维码 2-3

在不扩展外部系统总线时，P2 口可以作为通用 I/O 口使用，此时多路开关 MUX 自动和 Q 端接通，既可以做输入，也可以做输出。做输出时无须外接上拉电阻，做输入时，同样需要保证锁存值为 1（使 T 截止）。

在扩展外部系统总线时，P2 口输出高 8 位地址总线，与 P0 口低 8 位地址线一起构成 16 位地址总线。此时 MUX 在 CPU 的控制下转向内部地址线的一端，引脚输出地址信号。

### 2.5.4　P3 口

P3 口每位的结构如图 2-10 所示，与 P1 口结构相比多了一个与非门和一个三态缓冲器。与非门的作用相当于一个转换开关，实现第二输出功能；三态缓冲器的作用是实现第二输入功能。8 个 D 触发器构成了 P3 口锁存器（即特殊功能寄存器 P3），字节地址为 B0H。

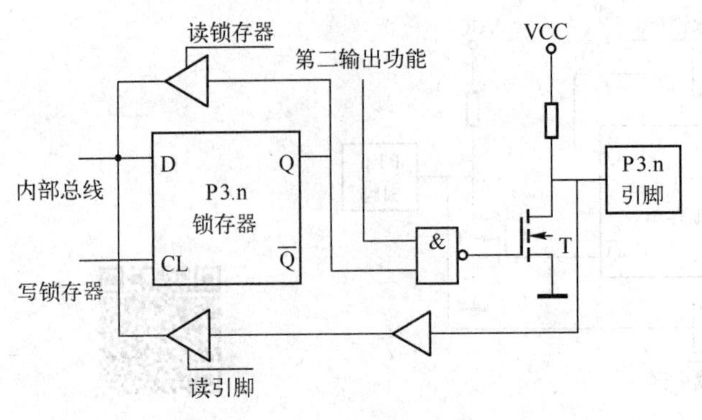


图 2-10　P3 口每位结构图

二维码 2-4

当作为通用 I/O 口输出使用时，第二输出功能端保持高电平，与非门打开，锁存器输出通过与非门和场效应晶体管 T 输出到引脚。做输入时也需要向对应的锁存器写入 1，当 CPU 执行读引脚指令时，第二输入功能自动关闭，读引脚信号有效，引脚信号读入 CPU。

当端口用于第二输出功能时，锁存器输出 Q 为 1，打开与非门，第二输出功能端信号通过与非门和场效应晶体管 T 送至端口引脚，从而实现第二功能信号输出；第二输入功能时，端口引脚的第二功能信号通过缓冲器送到第二输入功能端。

综上所述，P0～P3 口都可作为准双向通用 I/O 口使用，其中 P1～P3 无须外接上拉电阻，P0 口需外接上拉电阻；在需要扩展外部系统总线时，P0 口作为 8 位数据总线和低 8 位地址总线的分时复用口，P2 口作为高 8 位地址总线。

下面通过几张图来看一下并行 I/O 口的使用。图 2-11 中，K1～K4 这 4 个按键分别通过 P0.0～P0.3 接入单片机，P0.0～P0.3 做通用输入口使用，P0 口应外接上拉电阻；D1～D3 这 4 个 LED 分别接入 P2.4～P2.7，这里 P2.4～P2.7 做通用输出口使用，无须外接上拉电

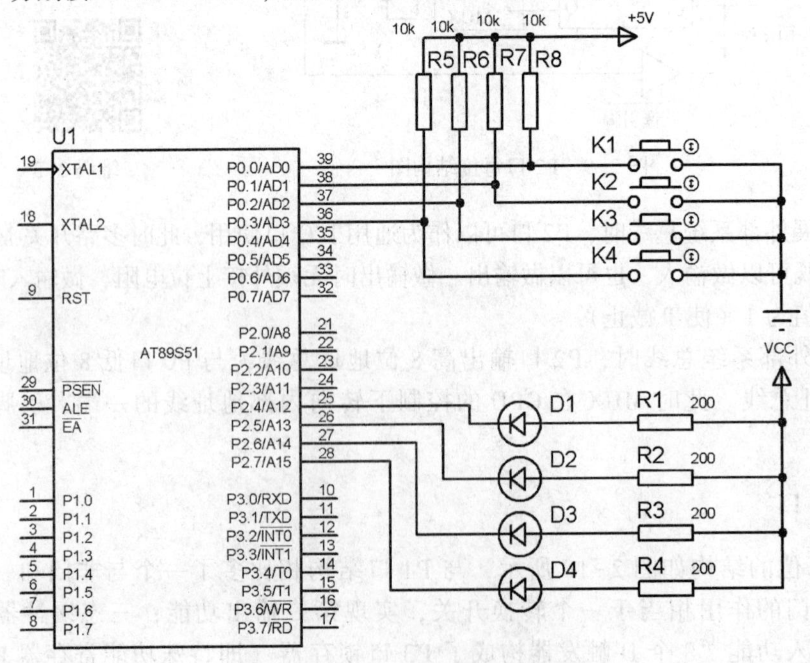


图 2-11　按键、LED 设备的连接

阻。图 2-12 中，按钮 BUT 通过 P3.2 接入单片机，P3.2 做通用输入口；LED1 和 LED2 两个输出显示设备分别使用 P0 口和 P2 口，P0 和 P2 都做通用输出口，但 P0 口需要外接上拉电阻 RP1。图 2-13 是外部扩展存储器，此时 P0 和 P2 是外部总线，不是普通 I/O 口。

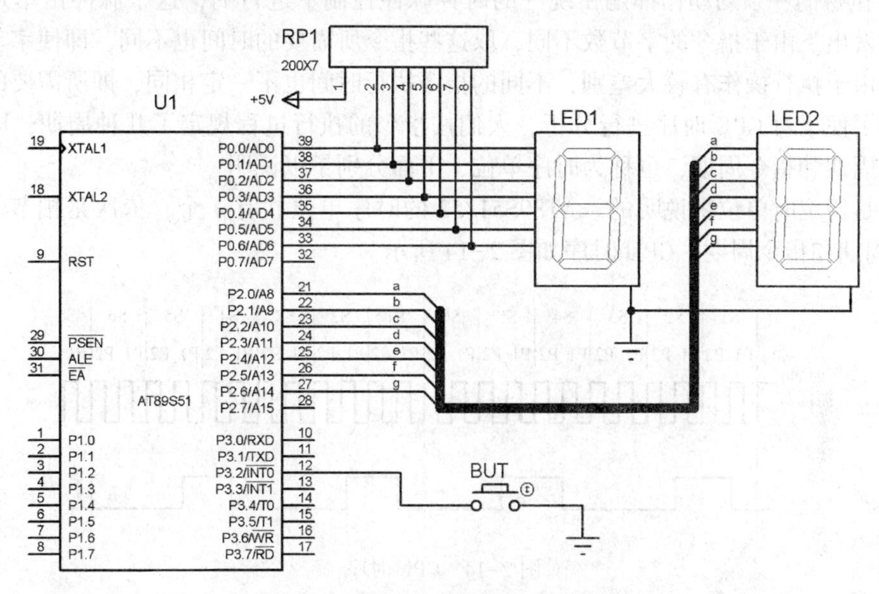


图 2-12　按键、数码管设备的连接

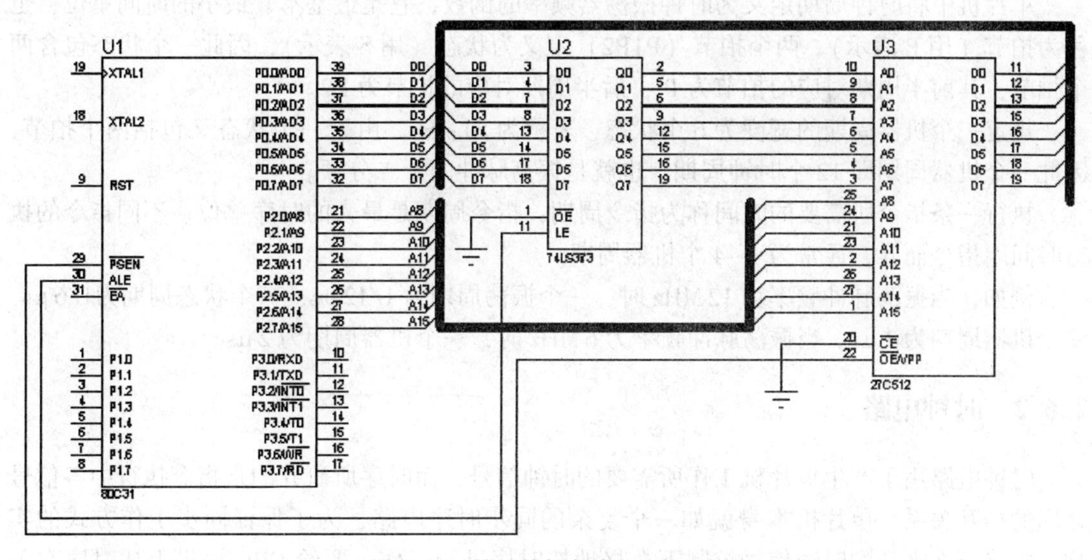


图 2-13　扩展外部存储芯片的连接

## 2.6　单片机时序及时钟电路

单片机时序就是 CPU 在执行指令时所需各控制信号之间的时间顺序关系。为了保证各部件间协调一致地同步工作，单片机内部的电路应在唯一的时钟信号控制下严格地按照时序进行工作。下面介绍有关 CPU 时序的概念及时钟电路的构成。

## 2.6.1 CPU 时序及有关概念

CPU 执行的一系列动作都是在统一的时钟脉冲控制下进行的，这个脉冲由单片机中的时序电路发出。由于指令的字节数不同，取这些指令所需要的时间也不同，即使字节数相同的指令，由于执行操作有较大差别，不同的指令执行时间也不一定相同，即所需要的拍节数不同。为了便于对 CPU 时序进行分析，人们按指令的执行过程规定了几种周期，即时钟周期、机器周期和指令周期，也称为时序单位，下面分别予以说明。

时序是用定时单位来说明的。AT89S51/52 的时序单位共有 4 个，依次是拍节 P、状态 S、机器周期和指令周期。CPU 时序如图 2-14 所示。

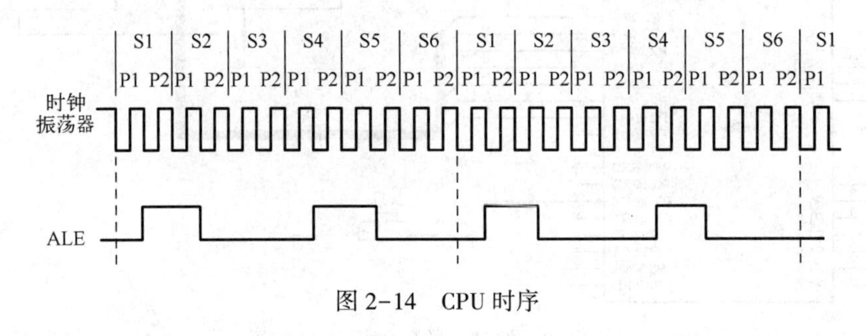


图 2-14 CPU 时序

单片机中将时钟周期定义为时钟振荡器频率的倒数，它是最基本、最小的时间单位，也称为拍节（用 P 表示）。两个拍节（P1P2）定义为状态（用 S 表示），因此一个状态包含两个拍节，其前半周期对应的拍节为 Pl，后半周期对应的拍节为 P2。

规定一个机器周期的宽度为 6 个状态，表示为 S1~S6。由于一个状态又包括两个拍节，因此一个机器周期即 12 个时钟周期，也就是振荡脉冲的十二分频。

执行一条指令所需要的时间称为指令周期，指令周期是最大的时序单位。不同指令的执行时间因指令而异，通常为 1~4 个机器周期。

例如，当振荡脉冲频率为 12 MHz 时，一个振荡周期为 1/12 μs，一个状态周期为1/6 μs，一个机器周期为 1 μs。当振荡脉冲频率为 6 MHz 时，一个机器周期为 2 μs。

## 2.6.2 时钟电路

时钟电路用于产生单片机工作所需要的时钟信号，而时序所研究的是指令执行中各信号之间的相互关系。单片机本身就如一个复杂的同步时序电路，为了保证同步工作方式的实现，电路应在唯一的时钟信号控制下严格地按时序进行工作。要给 CPU 提供上述时序有关的硬件电路，即振荡器和时钟电路。不同单片机的时钟产生方法是不完全相同的，AT89S51 的时钟产生方法有以下两种。

**1. 内部时钟方式**

AT89S51 单片机内部有一个高增益反相放大器，用于构成振荡器，但要形成时钟外部还需要附加电路，如图 2-15 所示。通过在引脚 XTAL1 和 XTAL2 两端跨接晶体或陶瓷振荡器和微调电容，再利用芯片内部的振荡电路，形成反馈电路，就构成了稳定的自激振荡器，其发出的脉冲直接送入内部时钟电路。外接晶体振荡器时，$C_1$和 $C_2$值通常选为

20～30 pF；外接陶瓷振荡器时 $C_1$ 和 $C_2$ 为 30～50 pF。$C_1$、$C_2$ 对频率具有微调作用，影响振荡的稳定性和起振速度。所采有的晶振或陶瓷振荡器的频率范围可在 2～24 MHz 之间选择。为了减少寄生电容，保证振荡器稳定可靠地工作，振荡器和电容应尽可能靠近芯片安装。

**2. 外部时钟方式**

在由多片单片机组成的系统中，为了各单片机之间时钟信号的同步，应当引入唯一的公用外部时钟信号作为各单片机的统一时钟。外部时钟方式是利用外部振荡脉冲接入 XTAL1。因内部时钟发生器的信号取自反相放大器的输入端，故采用外部时钟源时，其接线方式为外部时钟信号接至 XTAL1 端，XTAL2 悬空，如图 2-16 所示。

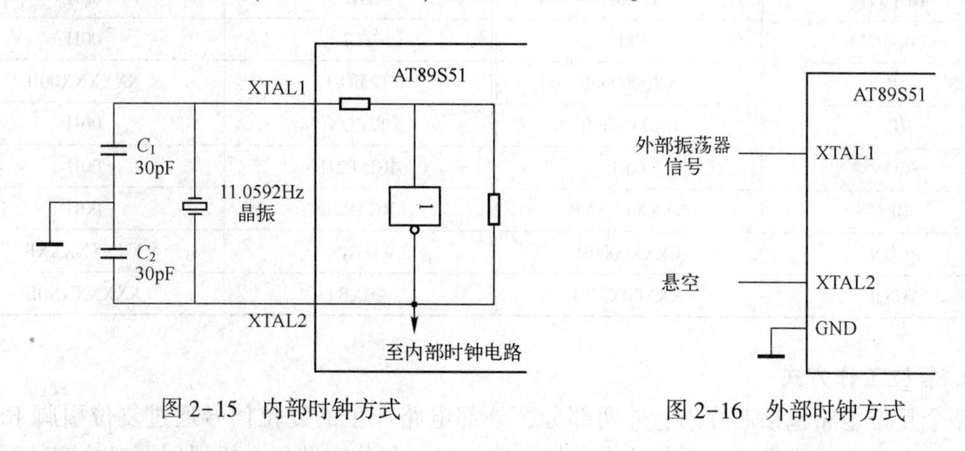


图 2-15 内部时钟方式　　图 2-16 外部时钟方式

有些型号的单片机振荡器集成到单片机内部，不用接外部晶振，进一步简化了单片机的使用。只是时钟精度不如采用外部晶体振荡器高，选择时应注意使用场合。

## 2.7 单片机工作方式

下面介绍 AT89S51/52 单片机的复位方式及低功耗工作方式。

### 2.7.1 复位方式

**1. 复位状态**

复位是单片机的初始化操作，以便使 CPU 及其他功能部件处于一个确定的初始状态，并从这个状态开始工作。单片机在启动运行或运行过程中出现死机，都需要进行复位。复位的作用是使系统处于一个确定的初始状态，并从这个状态开始工作。复位是一个很重要的操作方式。单片机一般是不能自动进行复位的，必须配合相应的外部电路才能实现。

复位后片内各特殊功能寄存器的状态见表 2-9，表中 X 表示不定数。从表中可知，复位后 P0～P3 端口的值都是 FFH，因此 I/O 引脚都为高电平，且都可以直接用于输入而无须用指令锁存 1。还需要注意，堆栈指针 SP 初始化值为 07H，意味着堆栈是从 08H 地址开始，如需将堆栈安排在其他地址，需要程序初始化时给堆栈指针赋予相应的值。

表 2-9　复位后的内部特殊功能寄存器状态

| 寄存器 | 内容 | 寄存器 | 内容 |
|---|---|---|---|
| PC | 0000H | TMOD | 00H |
| ACC | 00H | TCON | 00H |
| B | 00H | TH0 | 00H |
| PSW | 00H | TL0 | 00H |
| SP | 07H | TH1 | 00H |
| DPTR0 | 0000H | TL1 | 00H |
| DPTR1 | 0000H | TH2 | 00H |
| P0~P3 | FFH | TL2 | 00H |
| IP | XX000000B | T2MOD | XXXXXX00B |
| IE | 0X000000B | T2CON | 00H |
| SCON | 00H | RCAP2H | 00H |
| SBUF | XXXXXXXXB | RCAP2L | 00H |
| PCON | 0XXX0000B | WDTRST | XXXXXXXXB |
| AUXR | XXX00XX0B | AUXR1 | XXXXXXX0B |

**2. 复位工作方式**

整个复位电路包括芯片内、外两部分，外部电路产生的复位信号通过复位引脚 RST 进入片内一个施密特触发器，再与片内复位电路相连。复位电路每个机器周期对施密特触发器的输出采样一次。当 RST 引脚端保持两个机器周期以上的高电平时，AT89S51/52 单片机进入复位状态。

**3. 复位电路设计**

AT89S51/52 系列单片机的外部复位电路有上电自动复位和上电及按键手动复位电路两种。

上电自动复位电路利用电容器充放电来实现，如图 2-17 所示。上电瞬间，RC 电路充电，RST 引脚端出现正脉冲，只要 RST 引脚端保持两个机器周期以上的高电平，就可使单片机有效地复位。

上电及按键手动复位电路如图 2-18 所示，其中 $K_R$ 按键用于手动复位，上电复位的原理同自动复位。不管哪种复位电路，其参数选取应保证复位高电平持续时间大于两个机器周期。图中给出的参数可保证可靠复位。

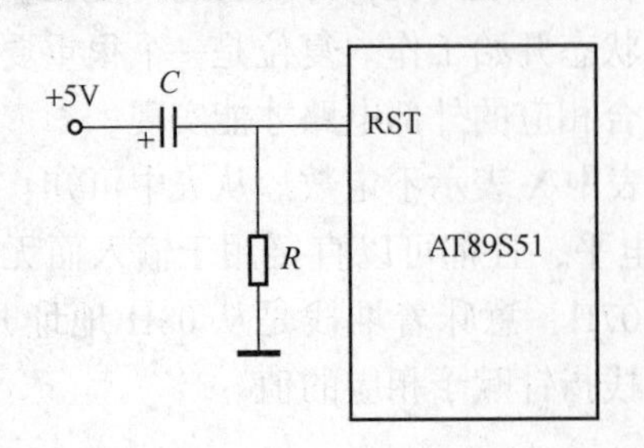


图 2-17　上电自动复位电路

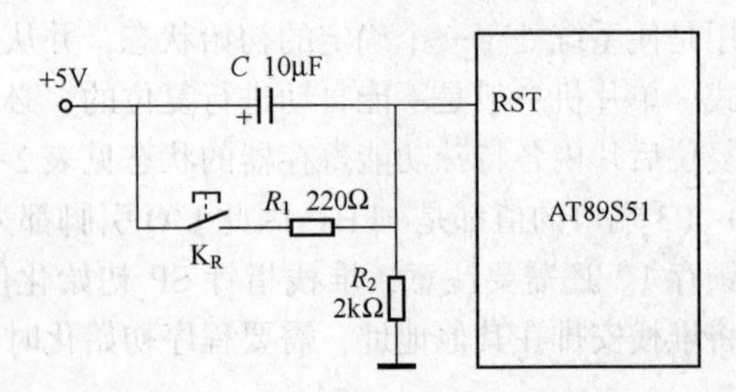


图 2-18　上电复位和按钮复位电路

### 2.7.2 低功耗方式

AT89S51 单片机有两种低功耗方式，即待机方式和掉电保护方式。

**1. 待机方式**

待机方式和掉电方式都是由特殊功能寄存器 PCON（电源控制寄存器）的有关位来控制的。PCON 寄存器各位定义如下。

1）SMOD：波特率倍增位，在串行通信时才使用。

2）GF0：通用标志位。

3）GF1：通用标志位。

4）PD：掉电方式位，PD=1，则进入掉电方式。

5）IDL：待机方式位，IDI=1，则进入待机方式。

如果使用指令使 PCON 寄存器 IDL 位置 1，则 AT89S51 即进入待机方式。这时振荡器仍然运行，并向中断逻辑、串行口和定时/计数器电路提供时钟，但向 CPU 提供时钟的电路被阻断，因此 CPU 不能工作，与 CPU 有关的如 SP、PC、PWS、ACC 以及全部通用寄存器也都保持在原状态。

在待机方式下，中断功能继续存在，以便采用中断方法退出待机方式。为此应引入一个外中断请求信号，在单片机响应中断的同时，PCON. 0 位被硬件自动清 0，单片机退出待机方式而进入正常工作方式。其实在中断服务程序只需要安排一条 RETI 指令，就可以使单片机恢复正常工作后返回断点继续执行程序。

**2. 掉电保护方式**

PCON 寄存器的 PD 位控制单片机进入掉电保护方式。因此对于像 AT89S51 这样的单片机在检测到电源故障时，除进行信息保护外，还应把 PCON. 1 位置 1，使之进入掉电保护方式。此时单片机一切工作都停止，只有内部 RAM 单元的内容被保存。

AT89S51 单片机进入掉电保护方式后，还有备用电源由 VCC 端引入。VCC 正常后，硬件复位信号维持 10 ms，即能使单片机退出掉电方式。

## 本章小结

AT89S51 单片机片内集成了 1 个 8 位 CPU、4 KB Flash 程序存储器、128 B 数据存储器、32 位 I/O、2 个定时/计数器、1 个 UART 和 1 个含有 5 个中断源的中断系统。CPU 由控制器和运算器组成，在时钟电路和复位电路的支持下，按一定的时序工作。单片机的时序单位包括时钟周期、状态周期、机器周期和指令周期。51 单片机的存储器采用哈弗存储结构，CPU 可寻址 3 个逻辑存储空间，分别是程序存储器、片内数据存储器和片外数据存储器。片内数据存储器按寻址特点又分为 3 个区。单片机的 4 个并行 I/O 口 P0~P3 都可作为通用 I/O 口使用，只不过 P0 口要接上拉电阻，P0、P2 和 P3 口还有第二功能。

## 习题与思考题 2

**一、判断题**

1. 片内系统总线按功能分为两类。(　　)

2. PC 寄存器始终存储着下一条要执行指令的首地址。(　　)
3. 所有指令在 ROM 中都占一个字节。(　　)
4. PC 寄存器里的地址是自动改变的。(　　)
5. DPTR 也称为数据指针。(　　)
6. 运算结果有进位时也称为溢出。(　　)
7. 使用单片机时 RST 引脚可以悬空。(　　)
8. 奇偶标志位是存在 ACC 寄存器里的。(　　)
9. AT89S51 的 RAM 和 ROM 是统一编址的。(　　)
10. 51 单片机的存储器划分为 4 个逻辑空间。(　　)
11. 51 单片机可以扩展存储器。(　　)
12. RAM 和 ROM 都可以存储数据。(　　)
13. 程序的入口地址在 ROM 中是规定好的。(　　)
14. RAM 是按字节划分的，因此不能存储 16 位二进制数。(　　)
15. 访问 RAM 不是读就是写。(　　)
16. 片内 RAM 的访问特性都一样。(　　)
17. 特殊功能寄存器都可以访问。(　　)
18. 有些 RAM 单元可以进行位寻址。(　　)
19. AT89S51 芯片内是 128 B RAM。(　　)
20. SFR 都有位地址。(　　)
21. 编程时可以使用 SFR 的符号。(　　)
22. P1 端口既可以字节访问也可以位访问。(　　)
23. AT89S51 复位时内部寄存器都初始化为 0。(　　)
24. AT89S51 可以实现上电时自动复位。(　　)
25. 如果需要也可以通过按钮复位单片机。(　　)
26. 没有时钟单片机也能工作。(　　)
27. 单片机的工作就是执行程序。(　　)
28. 在允许范围内时钟频率越高，运行程序越快。(　　)
29. 1 个机器周期等于 12 个时钟周期。(　　)
30. 指令周期肯定大于状态周期。(　　)
31. 一个机器周期等于 1 μs。(　　)
32. P0 口做通用 I/O 时需要外接上拉电阻。(　　)
33. 只有 P1 口没有第二功能。(　　)
34. 所有 I/O 口都是准双向口。(　　)
35. 为了确保正确，读 I/O 引脚时先使端口为 1。(　　)

二、思考问答题

1. AT89S51 的内部硬件资源有哪些？
2. 程序计数器 PC 的作用与主要特点是什么？
3. CPU 中有哪些重要的寄存器？特点是什么？
4. 51 单片机外部引脚的名称是什么？各有什么功能？

5. 存储器的两种结构形式是什么？51 单片机的物理存储空间和逻辑存储空间是什么？

6. 低 128 B 的片内 RAM 的 3 种不同区间是什么？各自特点是什么？

7. 高 128 B 片内 RAM 的特点是什么？

8. 单片机复位条件是什么？如何构成复位电路？

9. 单片机的时钟如何提供？如何构成时钟电路？

10. 何谓时钟周期？机器周期？指令周期？当振荡频率为 6 MHz 时，一个机器周期为多少微秒？

11. 51 单片机 I/O 口的使用要点是什么？

12. 51 单片机引脚 ALE 的作用是什么？当不外接存储器时，ALE 上的输出脉冲频率是多少？

# 第3章　指令系统与汇编语言程序设计

## 内容指南

单片机的工作就是执行程序，而程序是指令的有序集合。汇编语言是最基本的编程方式，而C语言则是主流的单片机程序开发语言。对于应用C语言程序开发的读者来说，了解单片机的指令系统和汇编语言也是十分必要的。本章主要介绍AT89S51单片机的指令系统与汇编语言程序设计。

## 学习目标

- 掌握51单片机指令系统与汇编语言程序的基本概念。
- 了解51单片机汇编指令的分类、语法规则、功能及程序用法。
- 了解汇编语言程序设计步骤及编程方法。

## 3.1　指令系统概述

指令（Instruction）是规定计算机进行某种操作的命令，而指令系统（Instruction Set）则是指一台计算机全部指令的集合。程序（Program）是指令的有序集合，是一组为完成某种任务而编制的指令序列。

计算机只能直接识别二进制数0和1表示的机器码指令。所谓机器语言就是指令的二进制编码表示。但直接以二进制编码书写指令很不方便，因此常用十六进制形式。由于机器语言具有程序长、不易书写、难于阅读和调试等缺点，采用符号指令代替机器语言，通常把表示指令的符号称为助记符。以助记符表示的指令就是计算机的汇编语言指令，使用汇编语言指令编写的程序称为汇编语言程序。为起到助记作用，指令常以其英文名称或缩写的形式来作为助记符。汇编语言不能被计算机硬件直接识别和执行，必须通过汇编程序把它变成机器码指令才能被机器执行。但汇编语言与机器语言指令是一一对应的，汇编语言编写的程序效率高，占用存储空间小，运行速度快，因此能编写出最优化的程序。

指令是规定单片机进行某种操作的命令。一条指令只能完成有限的功能，为使单片机完成一定的或复杂的功能就需要一系列指令。单片机能够执行的各种指令的集合称为指令系统。单片机的功能也是由指令系统体现的，一般来说，若单片机的指令越丰富，寻址方式越多，且每条指令的执行速度越快，则它的总体功能越强。AT89S51单片机具有丰富的指令和多种寻址方式。

AT89S51/52汇编语言的语句格式表示如下：

```
[标号]:操作码 [操作数];[注释]
```

其中，标号是该语句的符号地址，标号由1~8个ASCII字符组成，但头一个字符必须是字母，其余字符可以是字母、数字或其他特定字符，不能使用本汇编语言已经定义的符号作为标号，如指令助记符、伪指令记忆符以及寄存器的符号名称等。同一标号在一个程序中只能定义一次，不能重复定义。标号的有无取决于本程序中的其他语句是否需要访问这条语句。标号之后用冒号（:）与操作码分开。

操作码是以指令助记符表示的字符串，用于规定语句执行的操作内容，操作码是汇编指令的核心，不能空缺。

操作数表示指令操作的对象，用于给指令的操作码提供数据或地址。操作数可能是一个具体的数据，也可能是指出取得数据的地址或符号。操作数可以有1~3个，也可以没有。例如，传送类指令大多为两个操作数，在右侧的为源操作数，指示操作数的来源；在左侧的为目的操作数，表示操作结果存储地址。

操作码和操作数之间用空格分开，操作数与操作数之间用逗号（,）分开。

注释不属于语句的功能部分，它只是对语句的解释说明。注释部分用分号（;）隔开。

AT89S51/52单片机指令系统共有111条指令，其中单字节指令49条，双字节指令45条，三字节指令17条。指令按功能分为5大类：

1）数据传送类指令29条，分为片内RAM、片外RAM、程序存储器传送指令，交换及堆栈操作指令。

2）算术运算类指令24条，分为加、带进位加、带借位减、乘、除、加1、减1指令。

3）逻辑运算及移位类指令24条，分为逻辑与、逻辑或、逻辑异或、循环移位、取反、清0指令。

4）控制转移类指令17条，分为无条件转移、条件转移、子程序及返回、空操作指令。

5）位操作类指令17条，分为位数据传送、位逻辑运算、位转移、位修正指令。

这5类指令在本章中分类介绍，并在书后以附录形式逐条列出。

## 3.2 寻址方式概述

所谓寻址方式，通俗地说就是CPU寻找操作数地址的方式。寻址的“址”是指操作数的地址。绝大多数指令执行时都需要操作数，因此也就存在着到哪里去取得操作数的问题。在计算中只要给出单元地址，就能得到所需要的操作数，因此，寻址方式其实质就是如何找到操作数的地址。

根据指令操作的需要，计算机总是提供多种寻址方式。一般来说，寻址方式越多，计算机的寻址能力就越强，但是指令系统也就越加复杂。寻址方式与计算机的存储器空间结构是密切联系的，AT89S51/52单片机共有7种寻址方式。

### 3.2.1 描述操作数的简记符号

在介绍寻址方式和指令之前，先把指令中使用的符号表示的意义做简单说明。

Rn：表示当前工作寄存器组的8个通用寄存器R0~R7，所以n=0~7。它在片内数据存储器中的地址由PSW中RS1、RS0确定，可以是00H~07H（第0组）、08H~0FH（第1组）、10H~17H（第2组）、18H~1FH（第3组）。

Ri：表示当前工作寄存器组中可作为地址指针的两个工作寄存器 R0、R1。可用作间接寻址的寄存器，只能是 R0、R1 两个寄存器，所以 i=0，1。

#data：表示 8 位立即数，即包含在指令中的 8 位常数。

#data16：表示 16 位立即数，即包含在指令中的 16 位常数。

addr16：表示 16 位目的地址，只限于在 LCALL 和 LJMP 指令中使用。目的地址的范围是 64 KB 程序存储器地址空间。

addr11：表示 11 位目的地址，只限于在 ACALL 和 AJMP 指令中使用。目的地址必须放在与下一条指令第一个字节同一个 2 KB 程序存储器地址空间之内。

rel：表示相对转移指令中的偏移量，为 8 位带符号补码数。它表示相对跳转的偏移字节，用于相对转移指令中。偏移量以下一条指令第一字节地址为基值，偏移范围为-128~+127。

DPTR：表示数据指针寄存器。

bit：表示内部 RAM（包括特殊功能寄存器）中的直接寻址位。

ACC：表示直接寻址方式的累加器。

C 或 CY：表示进位标志位，它也是位处理机的累加位。

@：表示间址寄存器的前缀标志。

/：加在位地址的前面，表示对该位状态取反。

(X)：表示某寄存器或某单元的内容。

((X))：表示由 X 间接寻址的单元中的内容。

←：表示箭头左边的内容被箭头右边的内容所取代。

direct：表示内部 RAM 的 8 位直接地址，既可以是内部 RAM 的低 128 个单元地址，也可以是特殊功能寄存器的单元地址或符号。因此在指令中 direct 表示直接寻址方式。寻址范围为 256 个单元。其值包括 0~127（内部 RAM 低 128 单元地址）和 128~255（特殊功能寄存器的单元地址或符号）。

SP：表示堆栈指针。

### 3.2.2 寻址方式

所谓寻址方式就是如何指定操作数或其所在单元。根据指定方法的不同，AT89S51/52 单片机共有立即寻址、寄存器寻址、直接寻址、寄存器间接寻址、位寻址、变址寻址和相对寻址等 7 种寻址方式，下面分别予以介绍。

**1. 立即寻址方式**

立即寻址是指在指令中直接给出参加运算的操作数。为了与直接寻址指令中的直接地址相区别，在操作数前面加上“#”号表示，又称为立即数。立即数就是存储在程序存储器中的常数，一般为 8 位。

例如，指令 MOV　A，#3AH。

这条指令表示将立即数 3AH 送入累加器 A 中。其中源操作数#3AH 就是立即数，采用立即寻址，如图 3-1 所示。

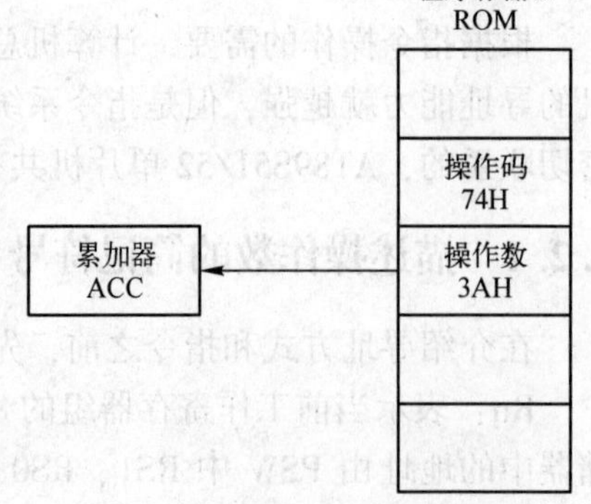


图 3-1　立即寻址方式示意图

在 AT89S51/52 单片机的指令系统中，还有一条含 16 位立即数寻址的指令“MOV DPTR，#data16”。

例如，指令 MOV　DPTR，#3AEFH。

这条指令表示将 16 位立即数#3AEFH 送入地址指针 DPTR 中，其中高 8 位送入 DPH，低 8 位送入 DPL。

**2. 寄存器寻址方式**

寄存器寻址就是指操作数存储在所选定的寄存器中。这些寄存器包括通用工作寄存器组 R0~R7、累加器 A、通用寄存器 B 和地址寄存器 DPTR 等。寄存器寻址方式的指令中以符号名称来表示寄存器。

例如，指令 MOV　A，R3。

这条指令的功能是把寄存器 R3 的内容传送到累加器 A 中。源操作数 R3 和目的操作数 A 都采用寄存器寻址，如图 3-2 所示。

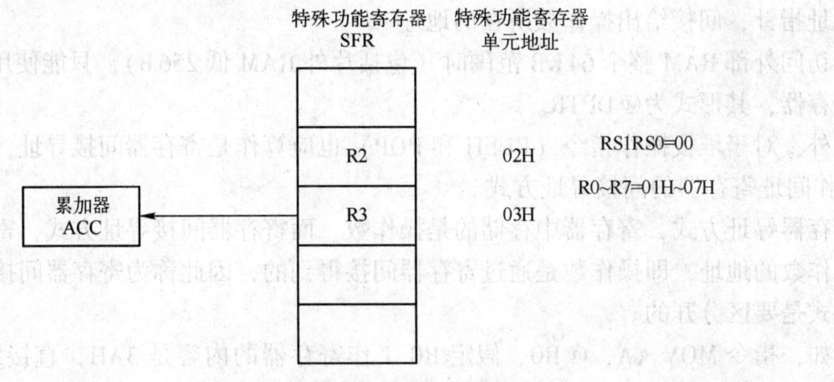


图 3-2　寄存器寻址方式示意图

**3. 直接寻址方式**

在这种寻址方式中，指令中参加运算的操作数直接以单元地址的形式给出。在 AT89S51/52 单片机中，直接地址只能用来寻址内部数据存储器低 128 单元和特殊功能寄存器，即内部 RAM。

例如，指令 MOV　A，30H。

其功能是把内部 RAM 30H 单元中的数据传送给累加器 A。其中 30H 就是内部数据存储器的单元地址，如图 3-3 所示。

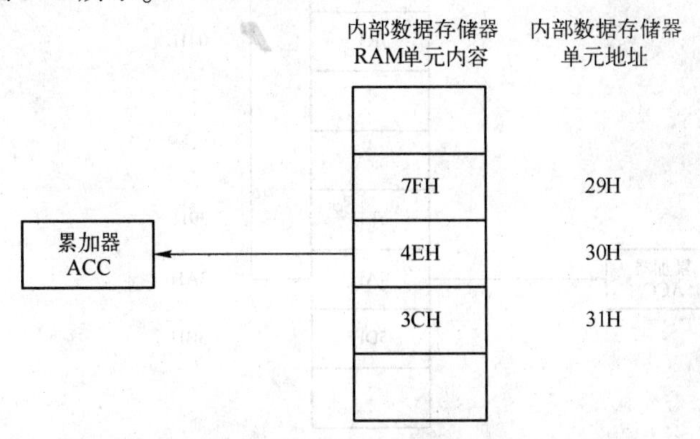


图 3-3　直接寻址方式示意图

对于特殊功能寄存器只能用直接寻址的方式来访问，除可以用单元地址形式给出外，还可以用寄存器符号形式给出。

例如，指令 MOV　P3，30H 与指令 MOV　0B0H，30H。

这两条指令都是将内部 RAM 30H 单元中的数据传送给特殊功能寄存器 P3，其中 B0H 为 P3 的单元地址，在前面加 0 是为了和标号区分开来。对于以英文字母开头的十六进制数都应该在字母前加 0，指示其为一个数值。源操作数 30H 与目的操作数 P3、0B0H 都是采用直接寻址的方式。

**4. 寄存器间接寻址方式**

寄存器间接寻址的特点是寄存器中存储的数值不是操作数，而是操作数的地址，寄存器称为间接寻址寄存器。这种寻址方式可用于访问片内数据存储器或片外数据存储器。

当访问片内 RAM 低 128 B 或片外 RAM 低 256 B 时，可采用当前工作寄存器组中的 R0 或 R1 作间接寻址寄存器，为了与寄存器寻址区别，用@ Ri 表示（i=0 或 1）。即由 R0 或 R1 作为地址指针，间接给出操作数所在的地址。

当访问外部 RAM 整个 64 KB 范围时（包括片外 RAM 低 256 B），只能使用 DPTR 作间接寻址寄存器，其形式为@ DPTR。

此外，对于堆栈操作指令（PUSH 和 POP）也应算作是寄存器间接寻址，即以堆栈指针（SP）作间址寄存器的间接寻址方式。

寄存器寻址方式，寄存器中存储的是操作数。而寄存器间接寻址方式，寄存器中存储的则是操作数的地址，即操作数是通过寄存器间接得到的，因此称为寄存器间接寻址。这两种寻址方式是要区分开的。

例如，指令 MOV　A，@ R0，假定 R0 工作寄存器的内容是 3AH，直接地址 3AH 中的内容为 4AH，即（R0）= 3AH，（3AH）= 4AH。

这条指令的功能是以当前工作寄存器 R0 中内容（3AH）作为地址，将 3AH 单元的内容（4AH）取出来送到累加器 A 中。源操作数@ R0 采用寄存器间接寻址，如图 3-4 所示。

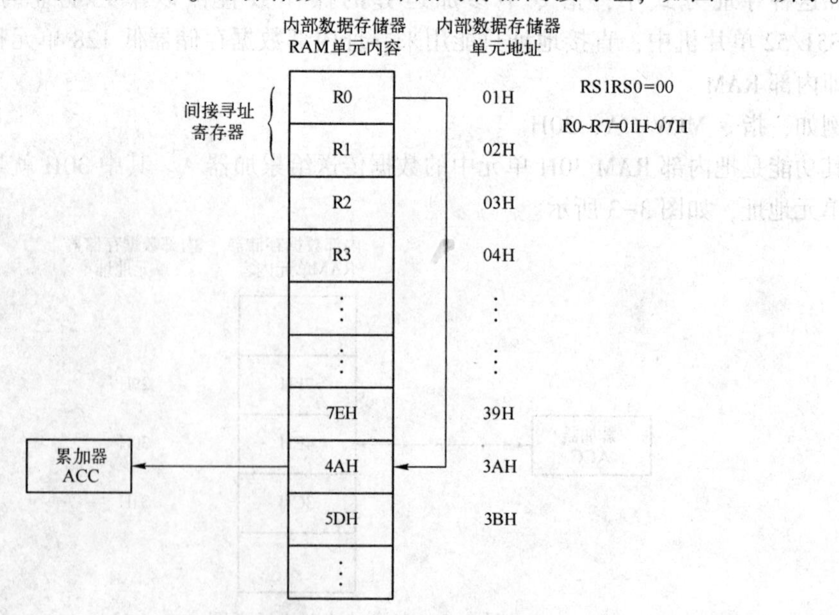


图 3-4　寄存器间接寻址方式示意图

指令执行后结果为（A）= 4AH。

**5. 位寻址方式**

位寻址是指对片内数据存储器的位寻址区和某些可位寻址的特殊功能寄存器中的二进制位进行位运算时的寻址方式。AT89S51/52 单片机具有位处理功能，可以对二进制数据位进行操作，因此就有相应的位寻址方式。在进行位运算时，用进位位 C 作为累加器。操作数直接给出该位的地址，然后根据操作码的性质对其进行位运算。位地址与直接寻址中的字节地址形式完全一样，主要由操作码和操作数 C 进行区分，使用时须予以注意。

例如，指令 MOV　C，30H。

这条指令的功能是将位地址 30H 中的内容传送给位累加器 C。位地址 30H 位于内部数据存储器字节 26H 的第 0 位（26H. 0）。源操作数与目的操作数都是采用位寻址，如图 3-5 所示。

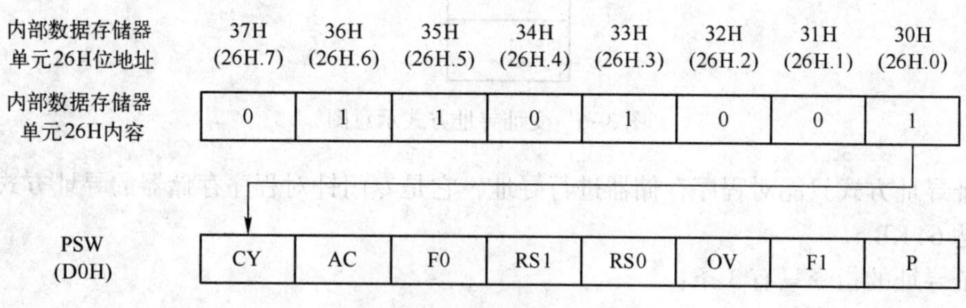

图 3-5　位寻址方式示意图

位寻址的寻址范围包括内部 RAM 中的位寻址区和特殊功能寄存器的可寻址位。位寻址区所在单元地址为内部数据存储器 20H～2FH，共 16 个单元，128 个位，对这 128 个位的寻址使用直接位地址表示，位地址为 00H～7FH（详见表 2-6）。特殊功能寄存器的可寻址位是指可供位寻址的特殊功能寄存器，共有 11 个可位寻址的特殊功能寄存器，实有可寻址位 83 个。对这些位地址在指令中有如下 4 种表示方法：

1）直接使用位地址。这些位地址已在表 2-6 与表 2-7 中列出。例如，P1 口第 5 位的地址为 95H。

2）位名称表示方法。特殊功能寄存器中的一些寻址位是有符号名称的，例如，程序状态字 PSW 第 1 位是 F1 标志位，则可使用 F1 表示该位。

3）单元地址加位的表示方法。例如，95H 单元（即特殊功能寄存器 P1）的第 5 位，表示为 95H. 5。

4）特殊功能寄存器符号加位的表示方法。例如，寄存器 P1 的第 5 位，表示为 P1. 5。

除此之外，还可以采用伪指令 BIT 进行自定义的方法表示位。这些不同的寻址位表示方法，将为用户程序设计带来方便。

**6. 变址寻址方式**

AT89S51/52 单片机的变址寻址是以 DPTR 或 PC 作为基址寄存器，以累加器 A 作为变址寄存器，变址寻址时，把两者的内容相加，所得到的结果作为操作数的地址。这种方式常用于查表操作，用于访问程序存储器。

例如，指令 MOVC　A，@ A+DPTR，假定指令执行前（A）= 78H，（DPTR）= 2356H，(23CE) = 74H。

这条指令的功能是把 DPTR 和 A 的内容相加，将相加内容作为程序存储器的地址，再把所得到的程序存储器地址单元的内容送累加器 A。

变址寻址形成的操作数地址为 2356H+78H=23CEH，而 23CE 单元的内容为 74H，故该指令执行结果是 A 的内容为 74H，即指令执行结果为（A）= 74H，如图 3-6 所示。

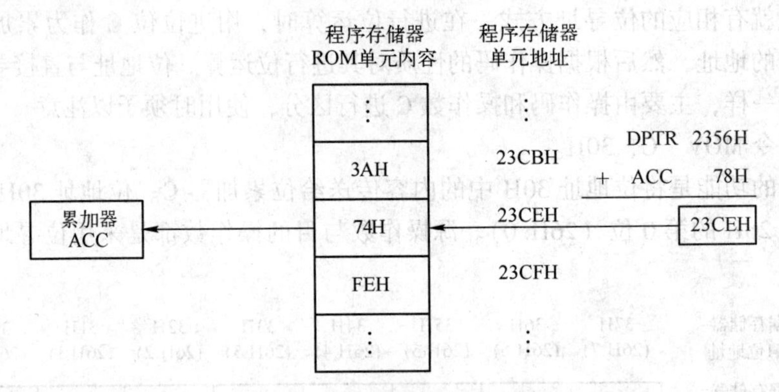


图 3-6　变址寻址方式示意图

变址寻址方式只能对程序存储器进行寻址，它是专门针对程序存储器的寻址方式，寻址范围可达 64 KB。

变址寻址的指令只有 3 条：

```
MOVC   A,@ A+DPTR
MOVC   A,@ A+PC
JMP    @ A+DPTR
```

其中前两条是针对程序存储器的读指令，后一条则是无条件转移指令。尽管变址寻址方式较为复杂，但变址寻址的指令却都是一字节指令。

**7. 相对寻址方式**

相对寻址方式是为实现程序的相对转移而设计的，为相对转移指令所采用。在相对寻址的转移指令中，给出了地址偏移量，把 PC 的当前值加上偏移量就构成了程序转移的目的地址。但这里的 PC 当前值是指执行完该条转移指令后的 PC 值，即转移指令的 PC 值加上该指令的字节数。因此转移的目的地址可用如下公式表示：目的地址=转移指令地址+转移指令字节数+rel。偏移量 rel 是一个带符号的 8 位二进制补码数，所能表示的数的范围是-128～+127，因此相对转移是以转移指令所在地址为基点，向前最大可转移（127+转移指令字节数）个单元地址，向后最大可转移（128-转移指令字节数）个单元地址。在编程时偏移量的值可以直接用数字量，也可以用标号表示。通常采用地址标号表示，汇编程序可以自动计算出目的地址。

## 3.3　指令系统

AT89S51/52 单片机指令系统按功能可分为 5 大类：数据传送类指令、算术运算类指令、逻辑运算类指令、控制转移类指令和位操作类指令。

### 3.3.1 数据传送类指令

数据传送类指令是单片机中最常用、最基本的指令，用于将数值从源操作数传送到目的操作数。指令执行后，源操作数内容不改变，目的操作数内容修改为源操作数。但交换指令则不同，它是把源操作数和目的操作数内容进行互换。堆栈指令则是对堆栈进行操作。

数据传送类指令用到的助记符有 MOV、MOVX、MOVC、XCH、XCHD、SWAP、PUSH 和 POP。这类指令一般不影响标志位，只有堆栈操作可以直接修改程序状态字 PSW。另外，对于目的操作数为累加器 A 的指令将影响奇偶标志位 P。

**1. 内部 RAM 数据传送指令（16 条）**

单片机芯片内部 RAM 是数据传送最为频繁的部分，有关的传送指令也最多，包括工作寄存器、累加器、内部 RAM 单元以及特殊功能寄存器之间的相互数据传送。传送指令中的右操作数为源操作数，指示数据的来源；而左操作数为目的操作数，表示数据的存储地址。指令完成将源操作数内容传送到目的操作数，操作数从右向左传送数据。

通用格式为 MOV <目的操作数>，<源操作数>。

（1）以累加器 A 为目的操作数的指令（4 条）

```
MOV   A,#data        ;A←data
MOV   A,Rn           ;A←(Rn)
MOV   A,direct       ;A←(direct)
MOV   A,@Ri          ;A←((Ri))
```

这类指令的功能是将源操作数所指定的内容传送到累加器 A。源操作数有立即数、工作寄存器、直接地址和寄存器间接寻址 4 种方式。

（2）以寄存器 Rn 为目的操作数的指令（3 条）

```
MOV   Rn,#data       ;Rn←data
MOV   Rn,direct      ;Rn←(direct)
MOV   Rn,A           ;Rn←(A)
```

这 3 条指令的功能是把源操作数所指定的内容传送到当前工作寄存器组 R0~R7 的某个寄存器中。源操作数有寄存器 A、直接地址和立即数 3 种方式。注意，没有“MOV Rn，Rn”和“MOV Rn，@Ri”指令。可见，工作寄存器之间不能直接传送数据。

（3）以直接地址为目的操作数的指令（5 条）

```
MOV   direct,#data   ;direct←data
MOV   direct,direct  ;direct←(direct)
MOV   direct,Rn      ;direct←(Rn)
MOV   direct,A       ;direct←(A)
MOV   direct,@Ri     ;direct←((Ri))
```

这类指令的功能是将源操作数所指定的内容送入由直接地址 direct 所指出的片内存储单元中。源操作数有立即数、直接地址、工作寄存器、累加器 A 和寄存器间址方式。

（4）以间接地址为目的操作数的指令（3 条）

```
MOV   @Ri,#data      ;((Ri))←data
```

```
MOV   @Ri,direct          ;((Ri))←(direct)
MOV   @Ri,A               ;((Ri))←(A)
```

这类指令的功能是将源操作数所指定的内容送入以 R0 或 R1 为寄存器间址的片内存储单元中。源操作数有立即数、直接地址和累加器 A 这 3 种方式。对于 AT89S52 单片机片内的高 128 B RAM，可以采用这些指令进行数据的写操作。

（5）十六位数据传送指令（1 条）

```
MOV   DPTR,#datal6        ;DPTR←data16
```

这条指令的功能是将一个 16 位的立即数送入 DPTR 中。其中立即数的高 8 位送 DPH，立即数的低 8 位送 DPL。这条指令是三字节指令，即操作码占一个字节，16 位立即数占两个字节。

**【例 3-1】** 已知（A）= 40H，（R0）= 00H，（R1）= 00H，（30H）= 0ABH，（40H）= 7FH，执行以下指令后（A）= ?

```
MOV   A,   #30H          ;(A)←#30H,(A)= 30H
MOV   R0,   A            ;(R0)←(A),(R0)= 30H
MOV   40H,   @R0         ;(40H)←((R0)),(40H)= 0ABH
MOV   R1,   #40H         ;(R1)←#40H,(R1)= 40H
MOV   A,   @R1           ;(A)←((R1)),(A)= 0ABH
```

指令执行后：（A）= 0ABH。

**【例 3-2】** 已知（40H）= 50H，（41H）= 51H，（50H）= 0ABH，（51H）= 0CDH，执行以下指令后（50H）= ?（51H）= ?

```
MOV   R0,    40H         ;(R0)= 50H
MOV   R1,    41H         ;(R1)= 51H
MOV   A,     @R0         ;(A)= 0ABH
MOV   50H,   @R1         ;(50H)= 0CDH
MOV   51H,   A           ;(51H)= 0ABH
```

可以看出，指令执行后，50H 与 51H 中内容进行互换，（50H）= 0CDH，（51H）= 0ABH。

**2. 外部 RAM 数据传送指令（4 条）**

对于 AT89S51/52 单片机指令系统，内部 RAM 单元之间的数据传送可以使用直接寻址、寄存器寻址以及寄存器间接寻址方式。CPU 对外部 RAM 单元的访问只能使用寄存器间接寻址的方式，但可以分别使用 DPTR 和 Ri 作为间址寄存器。外部数据传送指令主要是通过累加器 A 实现 CPU 与片外数据存储器之间的数据传送。

AT89S51/52 单片机是通过与外部数据存储器的数据传送指令来实现对外部数据存储器 RAM 的读写操作的。为了与访问内部 RAM 数据传送指令相区分，在指令助记符中增加了“X”以代表进行片外的操作。需要注意的是，在访问外部存储器 RAM 时，只能通过累加器 A 进行。在使用外部 RAM 数据传送指令时，应当先将要读或写的地址送入间址寄存器 DPTR 或 Ri 中，然后再采用传送指令。

使用 Ri 进行间接寻址：

```
MOVX   A,@Ri              ;A←((Ri))
```

```
MOVX   @Ri,A              ;((Ri))←(A)
```

使用 Ri（i=0 或 1）进行寻址时，由于 R0 和 R1 是 8 位地址指针，因此指令的寻址范围只限于外部 RAM 的低 256 个单元。

使用 DPTR 进行间接寻址：

```
MOVX   A,@DPTR            ;A←((DPTR))
MOVX   @DPTR,A            ;((DPTR))←(A)
```

由于 DPTR 是 16 位地址指针，因此指令的寻址范围可达整个片外数据存储器 64 KB 空间。

例如，将外部数据存储器 0030H 单元中的内容写入外部数据存储器 3000H 单元中，可用以下指令实现：

```
MOV   R0,  #30H
MOVX   A,  @R0
MOV   DPTR,  #3000H
MOVX   @DPTR,  A
```

前两行指令将外部 RAM 中 0030H 单元内容取出来，后面两行实现写入操作。可见，在使用外部 RAM 数据传送指令时，先将要读或写的地址送入间址寄存器 DPTR 或 R0 中，才能使用外部 RAM 传送指令。

由于在 AT89S51/52 单片机指令系统中，片外扩展的 I/O 端口地址与片外 RAM 是统一进行编址的，没有专门对外设的输入/输出指令。因此，如果在片外数据存储器的地址空间上扩展 I/O 端口，则上面的 4 条指令就可以作为输入/输出指令。

**3. 程序存储器数据传送指令（2 条）**

由于程序存储器在逻辑上是统一编址的，因此在这里既包括内部程序存储器，也包括外部程序存储器。由于对程序存储器只能读而不能写，因此其数据传送都是单向的，即从程序存储器读出数据，并且只能向累加器 A 传送。这类指令共两条：

```
MOVC   A,@A+DPTR          ;A←((A)+(DPTR))
MOVC   A,@A+PC            ;A←((A)+(PC))
```

这两条指令都是单字节指令，并且都为变址寻址方式，其寻址范围为 64 KB。指令首先执行 16 位无符号数的加法操作，获得基址与变址之和，其和作为程序存储器的地址，再将该地址中的内容送入 A 中，实现程序存储器到累加器的常数传送，每次传送一个字节。

这两条指令通常用于查表操作，因此可以看成是查表专用指令。虽然这两条指令的功能完全相同，但在具体使用中却有一点差异。前一条指令的基址寄存器 DPTR 能提供 16 位基址，而且还能在使用前给 DPTR 赋值，因此查表范围可达整个程序存储器的 64 KB 空间，使用起来比较方便；后一条指令是以 PC 作为基址寄存器，虽然也能提供 16 位基址，但其基址值 PC 是固定的，不能通过数据传送指令来改变，而且随该指令在程序中的位置变化而变化，因此在使用时需对变址寄存器 A 进行修正。由于 A 的内容为 8 位无符号数，因此只能在当前指令下面的 256 个地址单元范围内进行查表。

**【例 3-3】** 以查表的方法将累加器中的十六进制数转换为 ASCII 码，结果放在累加器中。假设子程序起始地址为 2000H，ASCII 码表起始地址为 3000H。程序段如下：

```
程序存储地址          源程序
                  ORG     2000H
2000H:            START: MOV  DPTR, #TABLE    ;表首地址 TABLE 送 DPTR
2003H:                   MOVC  A, @A+DPTR     ;查表指令
2004H:                   RET
                  ORG     3000H
3000H:            TABLE: DB  30H              ;十六进制数对应的 ASCII 码
3001H:                   DB  31H
3002H:                   DB  32H
3003H:                   DB  33H
3004H:                   DB  34H
3005H:                   DB  35H
3006H:                   DB  36H
3007H:                   DB  37H
3008H:                   DB  38H
3009H:                   DB  39H
300AH:                   DB  41H
300BH:                   DB  42H
300CH:                   DB  43H
300DH:                   DB  44H
300EH:                   DB  45H
300FH:                   DB  46H
```

**4. 数据交换指令（5 条）**

数据交换主要是在内部 RAM 单元与累加器 A 之间进行，有整字节和半字节两种交换。

（1）整字节交换指令

地址单元与累加器 A 进行 8 位数据交换，共有如下 3 条指令：

```
XCH  A,Rn         ;(A)←→(Rn)
XCH  A,direct     ;(A)←→(direct)
XCH  A,@Ri        ;(A)←→((Ri))
```

这 3 条指令所完成的功能是将累加器 A 与源操作数所指出的数据相互交换。

（2）半字节交换指令

```
XCHD  A,@Ri       ;(ACC.3~ACC.0)←→(Ri.3~Ri.0)
```

该指令实现地址单元与累加器 A 低 4 位的半字节数据交换。仅有一条将累加器 A 与寄存器间接寻址地址的半字节交换指令。

（3）累加器高低半字节交换指令

```
SWAP  A           ;(ACC.7~ACC.4)←→(ACC.3~ACC.0)
```

该指令主要完成累加器 ACC 的高 4 位与低 4 位互换。

由于十六进制数或 BCD 码都是以 4 位二进制数表示，因此 XCHD 和 SWAP 指令主要用于实现十六进制数或 BCD 码的数位交换。数据交换主要是在内部 RAM 单元与累加器 A 之间进行。

例如，将片内 RAM 中 30H 单元高 4 位与 31H 单元高 4 位的数据互相交换，两个单元的低 4 位不变，可用以下程序段实现：

```
MOV  R0, #30H
MOV  A,  31H
XCHD A,  @R0
XCH  A,  @R0
MOV  31H, A
```

**5. 堆栈操作指令（2条）**

堆栈操作有入栈和出栈两种。相应有两条指令：

```
PUSH direct    ;(SP)←(SP)+1,(SP)←(direct)
POP  direct    ;(direct)←(SP),(SP)←(SP)-1
```

第一条指令称为进栈指令，其功能为先将堆栈指针 SP 的内部加 1，然后将内部 RAM 中低 128 单元或特殊功能寄存器内容压入 SP 所指示的单元中。第二条指令称为出栈指令，其功能为先将堆栈指针所指示单元的内容弹出送内部 RAM 低 128 单元或特殊功能寄存器，然后将 SP 内容减 1。堆栈指针 SP 总是指向堆栈的栈顶。

堆栈操作实际上是通过堆栈指针 SP 进行读写操作的，是以 SP 为间址寄寻址方式；因为 SP 是唯一的，所以在指令中把通过 SP 的间接寻址的操作数项隐含了，只表示出直接寻址的操作数项。

【例 3-4】分析以下程序的运行结果。

```
MOV  R1, #3FH
MOV  A,  #4EH
PUSH A
PUSH 01H
POP  A
POP  01H
```

执行结果为（R1）= 4EH，（A）= 3FH，两者进行了数据交换。其中 01H 表示工作寄存器 R1 的直接地址。

通过此例得知，使用堆栈时应注意入栈和出栈的顺序，以保证正确地恢复现场。

## 3.3.2 算术运算类指令

AT89S51/52 的算术运算类指令相当丰富。算术运算类指令主要是对 8 位无符号数据进行算术操作，其中包括加法、减法、加 1、减 1 以及乘法和除法运算指令；借助溢出标志，可对有符号数进行补码运算；借助进位标志，可进行多精度加、减运算；也可以对 BCD 码进行运算。

算术运算指令都影响程序状态标志寄存器 PSW 的相关标志位。对这一类指令要特别注意正确地判断运算结果对标志位的影响。

**1. 加法指令（4条）**

```
ADD A,Rn       ;(A) ←(A)+(Rn)
ADD A,direct   ;(A) ←(A)+(direct)
ADD A,@Ri      ;(A) ←(A)+((Ri))
ADD A,#data    ;(A) ←(A)+data
```

这组指令完成的功能是将源操作数所指出的内容与累加器 A 相加，其结果存在 A 中。8 位二进制数加法运算指令的一个加数总是累加器 A，而另一加数可由不同寻址方法得到，其相加结果再送回累加器 A。

加法运算影响 PSW 位的状态。在加法运算中，如果位 3 有进位，则辅助进位标志 AC 置 1，否则 AC 清 0；如果位 7 有进位，则进位标志 CY 置 1，否则 CY 清 0。两个带符号数相加，还有溢出的问题。若溢出标位 OV 置 1，则表示和有溢出。

例如，(A)= 0B2H，(R0)= 97H，执行 ADD　A，R0 指令。

运算结果为 (A)= 49H，(AC)= 0，(CY)= 1，(OV)= 1，(P)= 1。若 0B2H 和 97H 是两个无符号数，则结果为 149H，运算是正确的；反之，若为两个带符号数，则由于有溢出而表明结果是错误的，因为两个负数相加不可能得到正数的和。

**2. 带进位加法指令（4 条）**

```
ADDC  A,Rn          ;(A) ←(A)+(Rn)+(CY)
ADDC  A,direct      ;(A) ←(A)+(direct)+(CY)
ADDC  A,@Ri         ;(A) ←(A)+((Ri))+(CY)
ADDC  A,#data       ;(A) ←(A)+data+(CY)
```

这组指令的功能是把源操作数所指出的内容和累加器内容及进位标志 CY 相加，运算结果送入累加器 A。该指令共有 3 个数参加运算，即累加器 A、不同寻址方式的加数以及进位标志 CY，其余与加法指令 ADD 相同。运算结果对 PSW 各位的影响同上述加法指令。

带进位加法指令常用于多字节数的加法运算，在低位字节相加时要考虑低字节有可能向高字节进位。因此，在做多字节加法运算时，必须使用带进位的加法指令。

**【例 3-5】** 两个双字节无符号数相加，被加数放在内部 RAM 中 30H 单元（高字节）和 31H 单元（低字节），加数放在内部 RAM 中 40H 单元（高字节）和 41H 单元（低字节），编写程序实现将和保存到 30H 单元（高字节）和 40H 单元（低字节）中。

程序段如下：

```
CLR    C                ;将进位标志 CY 清 0
MOV    R0,     #31H     ;
MOV    R1,     #41H     ;
MOV    A,      @R0      ;
ADD    A,      @R1      ;两个加数低字节相加
MOV    @R0,    A        ;
MOV    R0,     #30H     ;
MOV    R1,     #40H     ;
MOV    A,      @R0      ;
ADDC   A,      @R1      ;两个加数高字节并考虑进位相加
MOV    @R0,    A        ;
```

相加结果占据被加数单元。但由于可能产生进位，所以在高字节相加时，还要考虑低位字节相加后的进位。程序第一行需要将进位标志清 0。

**3. 带借位减法指令（4 条）**

```
SUBB  A,Rn          ;(A) ←(A)-(Rn)-(CY)
SUBB  A,direct      ;(A) ←(A)-(direct)-(CY)
```

```
SUBB  A,@Ri        ;(A) ←(A)-((Ri))-(CY)
SUBB  A,#data      ;(A) ←(A)-data-(CY)
```

这些指令的功能是从累加器 A 中减去不同寻址方式的操作数以及进位标志 CY 状态，其差再存储在累加器 A 中。

减法运算指令执行结果影响 PSW 的进位位 CY、溢出位 OV、半进位位 AC 和奇偶校验位 P。

在多字节减法运算中，被减数的低字节有时会向高字节产生借位（即 CY 置 1)，所以在多字节运算中必须用带借位减法指令。在进行单字节减法或多字节的低 8 位字节减法运算时，应先将程序状态标志寄存器 PSW 的进位位 CY 清 0。

减法运算只有带借位减法指令，而没有不带借位的减法指令。若进行不带借位的减法运算，只需用 CLR　C 指令先把进位标志位清 0 即可。

带借位减法指令影响 PSW 的状态。如果位 3 有借位，则 AC 置 1，否则清 0；如果位 7 有借位，则 CY 置 1，否则 CY 清 0；此外两个带符号数相减也有溢出的问题，如溢出位 OV 置 1，则表示有溢出出现。例如，(A)= 0C7H，(R2)= 54H，(CY)= 1，执行 SUBB　A，R2 指令。运算结果为 (A)= 72H，(CY)= 0，(OV)= 1，若 C9H 和 54H 是两个无符号数，则结果 74H 是正确的；反之，若为两个带符号数，则由于有溢出而表明结果是错误的，因为负数减正数其差不可能是正数。

**4. 加 1 指令（5 条）**

```
INC  A          ;A←(A)+1
INC  Rn         ;Rn←(Rn)+1
INC  direct     ;direct←(direct)+1
INC  @Ri        ;(Ri) ←((Ri))+1
INC  DPTR       ;DPTR←(DPTR)+1
```

这些指令可以对累加器、寄存器、内部 RAM 单元以及数据指针进行加 1 操作。加 1 指令的操作一般不影响程序状态字 PSW 的状态，除了在累加器 A 进行加 1 过程中对 PSW 的奇偶校验位 P 有影响外，即使对数据指针 DPTR 在加 1 过程中低 8 位有进位，也是直接进上高 8 位而不置位进位标志 CY，指令 INC　DPTR 也是唯一的一条 16 位加 1 指令。

**5. 减 1 指令（4 条）**

```
DEC  A          ;A←(A)-1
DEC  Rn         ;Rn←(Rn)-1
DEC  @Ri        ;(Ri)←((Ri))-1
DEC  direct     ;direct←(direct)-1
```

这些指令可以进行累加器、寄存器以及内部 RAM 单元的减 1 操作。减 1 操作不影响程序状态字 PSW 的状态。此外还应注意，在 AT89S51/52 指令系统中，只有数据指针 DPTR 加 1 指令，而没有 DPTR 减 1 指令。

**6. 乘除指令（2 条）**

AT89S51/52 指令系统有乘除指令各一条，它们都是单字节指令。乘除指令是整个指令系统中执行时间最长的指令，共需要 4 个机器周期，对于 12 MHz 晶振的单片机，一次乘除时间为 4 μs。

（1）乘法指令

```
MUL   AB                ;BA←A×B
```

乘法指令实现两个 8 位无符号数相乘，两个乘数分别存储在累加器 A 和寄存器 B 中，所得乘积为 16 位，低 8 位存储在 A 中，高 8 位存储在 B 中。

乘法运算影响 PSW 的状态，进位标志位 CY 总是被清 0，溢出标志位状态与乘积有关，若乘积小于 0FFH（相乘以后 B 中的内容为 0），则 OV 清 0，否则 OV 置 1。

（2）除法指令

```
DIV   AB                ;A←商(A/B),B←余数(A/B)
```

除法指令实现两个 8 位无符号数的除法运算，其中被除数存储在累加器 A 中，除数存储在寄存器 B 中；指令执行后，商存储于 A 中，余数存储于 B 中。

除法运算影响 PSW 的状态，进位标志位 CY 总是被清 0，溢出标志位 OV 状态则反映除数情况，当除数为 0（相除之前 B 中内容为 0）时，OV 置 1，表明除法没有意义，无法进行；否则 OV 清 0。

**7. 十进制加法调整指令（1 条）**

这是一条专用于对 BCD 码加法运算的结果进行修正的指令，其指令格式如下：

```
DA   A
```

由于 ADD 和 ADDC 指令都是二进制数加法指令，对二进制数和十六进制数的加法运算都能得到正确的结果。但对于十进制数（BCD 码）的加法运算，指令系统中并没有专门的指令，因此只能借助于二进制加法指令，即以二进制加法指令来进行 BCD 码的加法运算。但二进制数加法指令不能完全适用于 BCD 码十进制数的加法运算，因此在使用 ADD 和 ADDC 指令对十进制数进行加法运算之后，要对结果做有条件的修正。这就是所谓的十进制调整问题。

例如，执行 BCD 码加法运算 ADD　A，#87H，已知累加器 A 中 BCD 码为 76H。

指令执行结果为（A）= 0FDH。显然结果是不正确的，出错的原因在于 BCD 码是 4 位二进制编码，4 位二进制数进位是逢 16 进 1，但 BCD 码只用了其中的 10 个数，逢 10 进 1，中间相差 6。为此，对 BCD 码进行加法运算时，需要进行调整，才能得到正确的结果。调整的方法是把结果加 6 修正。

十进制调整的修正方法如下：

1）累加器低 4 位大于 9 或辅助进位位（AC）= 1，则低 4 位加 6 修正：A←（A）+06H。

2）累加器高 4 位大于 9 或进位标志位（CY）= 1，则高 4 位加 6 修正：A←（A）+60H。

这条指令必须紧跟在 ADD 或 ADDC 指令之后，且这里的 ADD 或 ADDC 的操作是对压缩的 BCD 数进行运算，不能直接对减法和乘除修正。DA 指令不影响溢出标志。

例如，（A）= 76H，执行指令：

```
ADD   A,  #87H
DA    A
```

结果为（A）= 63H，（CY）= 1，结果正确。

### 3.3.3 逻辑运算类指令

AT89S51/52 单片机有与、或和异或 3 种逻辑运算指令，以及移位指令共 24 条。这一类指令主要是用于对两个操作数按位进行与、或和异或逻辑操作，操作结果送到累加器 A 或直接寻址单元。移位、取反、清除等操作也包括在这一类指令中。这些指令执行后一般不影响程序状态字寄存器 PSW，仅当目的操作数为累加器 A 时对奇偶标志位有影响。

**1. 逻辑与运算指令（6 条）**

逻辑与运算是按位进行的，逻辑与运算用符号 ∧ 表示。6 条逻辑与运算指令如下：

```
ANL   A,Rn              ;A←(A)∧(Rn)
ANL   A,direct          ;A←(A)∧(direct)
ANL   A,@Ri             ;A←(A)∧((Ri))
ANL   A,#data           ;A←(A)∧(data)
ANL   direct,A          ;direct←(direct)∧(A)
ANL   direct,#data      ;direct←(direct)∧data
```

这类指令的功能是将两个指定的操作数按位相与，结果存储到目的操作数中。执行后一般不影响程序状态字寄存器 PSW，仅当目的操作数为累加器 A 时对奇偶标志位 P 有影响。其中前 4 条指令运算结果存储在 A 中，而后两条指令的运算结果则存储在直接寻址的地址单元中。

当需要将字节中某几位屏蔽或清 0 时，可以将该字节与立即数相与，需要屏蔽或清 0 的位与 0 相与，不改变的位与 1 相与。

例如，(A)= 3FH，将累加器 A 中低 4 位屏蔽。

```
ANL   A,   #0F0H
```

执行结果为（A）= 30H。

**2. 逻辑或运算指令（6 条）**

逻辑或运算是按位进行的，逻辑或运算用符号 ∨ 表示，6 条逻辑或运算指令如下：

```
ORL   A,Rn              ;A←(A)∨(Rn)
ORL   A,direct          ;A←(A)∨(direct)
ORL   A,@Ri             ;A←(A)∨((Ri))
ORL   A,#data           ;A←(A)∨(data)
ORL   direct,A          ;direct←(direct)∨(A)
ORL   direct,#data      ;direct←(direct)∨data
```

这类指令的功能是将两个指定的操作数按位相或，结果存储到目的操作数中。执行后一般不影响程序状态字寄存器 PSW，仅当目的操作数为累加器 A 时对奇偶标志位 P 有影响。其中前 4 条指令运算结果存储在 A 中，而后两条指令的运算结果则存储在直接寻址的地址单元中。

当需要将字节中某几位置 1 时，可以将该字节与立即数相或，需要置 1 的位与 1 相或，不改变的位与 0 相或。

**【例 3-6】** 将内部 RAM 中 30H 单元的低 4 位传送到 P0 口的低 4 位，但 P0 口的高 4 位保持不变。程序段如下：

```
MOV  A,  30H          ;为了不影响30H原有内容,将其传送给累加器A
ANL  A,  #0FH         ;屏蔽A的高4位,低4位不变
ANL  P0,  #0F0H       ;屏蔽P1口的低4位,高4位不变
ORL  P0,  A           ;实现低4位传送
```

**3. 逻辑异或运算指令（6条）**

逻辑异或运算是按位进行的，异或运算的符号用⊕表示，6条异或运算指令如下：

```
XRL  A,Rn             ;A←(A)⊕(Rn)
XRL  A,direct         ;A←(A)⊕(direct)
XRL  A,@Ri            ;A←(A)⊕((Ri))
XRL  A,#data          ;A←(A)⊕(data)
XRL  direct,A         ;direct←(direct)⊕(A)
XRL  direct,#data     ;direct←(direct)⊕data
```

这类指令的功能是将两个指定的操作数按位相异或，结果存储到目的操作数中。执行后一般不影响程序状态字寄存器PSW，仅当目的操作数为累加器A时对奇偶标志位P有影响。其中前4条指令运算结果存储在A中，而后两条指令的运算结果则存储在直接寻址的地址单元中。

**4. 累加器清零取反指令（2条）**

```
CLR  A      ;A←0
CPL  A      ;A←(Ā)
```

逻辑运算是按位进行的，当只改变字节数据的某几位，而其余位不变时，不能使用直接传送的方法，只能通过逻辑运算完成。累加器的按位取反实际上是逻辑非运算。

**5. 移位指令**

AT89S51/52的移位指令只能对累加器A进行移位，有不带进位的循环左、右移和带进位的循环左、右移指令4条。

（1）累加器内容循环左移

**RL  A**

该指令完成将累加器A中的8位二进制数都向左移动1位，最左边1位移动到最右边1位，即ACC.(n+1)←ACC.n（n=0~6），ACC.0←ACC.7。

（2）累加器内容循环右移

**RR  A**

该指令完成将累加器A中的8位二进制数都向右移动1位，最右边1位移动到最左边1位，即ACC.n←ACC.(n+1)（n=0~6），ACC.7←ACC.0。

（3）累加器带进位标志循环左移

**RLC  A**

该指令完成将累加器A中的8位二进制数同CY一起向左移动1位，CY移动到ACC最右边1位，ACC中最左边1位移动到CY，即ACC.(n+1)←ACC.n（n=0~6），ACC.0←CY，CY←ACC.7。

（4）累加器带进位标志循环右移

```
RRC   A
```

该指令完成将累加器 A 中的 8 位二进制数同 CY 一起向右移动 1 位，CY 移动到 ACC 最左边 1 位，ACC 中最右边 1 位移动到 CY，即 ACC. n←ACC.（n+1）（n=0~6），ACC. 7←CY，CY←ACC. 0。

## 3.3.4 控制转移类指令

程序的顺序执行是由 PC 自动加 1 实现的。要改变程序的执行顺序，实现程序转移，可以通过强迫改变 PC 值的方法来实现，这就是控制转移类指令的基本功能。这类指令的功能主要是控制程序从原顺序执行地址转移到其他指令地址上。

控制转移类指令包括无条件转移指令、条件转移指令、子程序调用及返回指令等。这些指令多数不影响程序状态标志寄存器 PSW。

**1. 无条件转移指令（4 条）**

不规定条件的程序转移称为无条件转移。AT89S51 单片机共有 4 条无条件转移指令：

```
LJMP   addr16          ;PC←addr16
AJMP   addr11          ;PC←PC+2;PC. 10~PC. 0←addr11
SJMP   rel             ;PC←PC+2+rel
JMP    @A+DPTR         ;PC←(A)+(DPTR)
```

1）指令 LJMP　addr16 为长转移指令，指令执行后把 16 位地址（addr16）送 PC，从而实现程序在 64 KB 范围内的转移。其转移范围大，故称为长转移。长转移指令是三字节指令，依次是操作码、高 8 位地址和低 8 位地址。

2）指令 AJMP　addr11 为绝对转移指令，AJMP 指令的功能是构造程序转移的目的地址，实现程序转移。指令功能与 LJMP 相同，差别在于该指令所能转移的最大范围只有 2 KB。绝对转移指令是两字节指令，其中第一字节的低 5 位为指令操作码，其余 11 位为转移地址，用于替换 PC 的低 11 位内容，以形成新的 PC 值，由于 addr11 的最小值为 000H，最大值为 7FFH，因此绝对转移指令转移范围是 2 KB。在实际编程中，通常只给出转移目的地址标号即可，由汇编程序计算出转移地址。

3）SJMP 是相对寻址方式转移指令，其中 rel 为相对地址偏移量。指令功能是计算出目的地址，并按偏移量 rel 计算得到的目的地址实现程序的相对转移。计算公式为：目的地址=（PC）+2+rel。rel 为相对偏移量，是一个带符号的 8 位二进制补码数，其范围为-128~+127，因此所能实现的程序转移是双向的。

为方便起见，在汇编程序中都有计算偏移量的功能。用户编写汇编源程序时，只需要在相对转移指令中直接写上要转向的地址标号就可以了。程序汇编时由汇编程序自动计算和填入偏移量。

此外，在汇编语言程序中，为等待中断或程序结束，常有使程序原地等待的需要，对此可使用 SJMP 指令完成：

```
HERE:  SJMP   HERE
```

或

```
HERE:SJMP   $          ;在汇编语言中,以$代表PC的当前值
```

4）变址寻址转移指令。

```
JMP   @A+DPTR        ;PC(A)+(DPTR)
```

这是一条一字节转移指令，转移的目的地址由A的内容和DPTR内容之和来确定，即目的地址=(A)+(DPTR)。本指令以DPTR内容为基址，而以A的内容作变址。因此只要把DPTR的值固定，而给A赋以不同的值，即可实现程序的多分支转移。

【例3-7】根据R1中的值转向不同的程序段执行。程序如下：

```
ORG     1000H
MOV     DPTR,#TAB          ;将TAB所代表的地址送入数据指针DPTR
MOV     A,R1               ;从R1中取数
MOV     B,#2
MUL     AB                 ;A乘以2,AJMP语句占两个字节,且是连续存放的
JMP     @A+DPTR            ;跳转
TAB:
AJMP    CHX0               ;跳转表格
AJMP    CHX1
AJMP    CHX2
CHX0:CHX0子程序段
CHX1:CHX1子程序段
CHX2:CHX2子程序段
END
```

**2. 条件转移指令**

所谓条件转移就是程序转移是有条件的。执行条件转移指令时，如指令中规定的条件满足，则进行程序转移，否则程序顺序执行。条件转移有如下指令：

（1）累加器判零转移指令

```
JZ   rel      ;若(A)=0,则(PC)←(PC)+2+rel,转移
              ;若(A)≠0,则(PC)←(PC)+2,顺序执行
JNZ  rel      ;若(A)≠0,则(PC)←(PC)+2+rel,转移
              ;若(A)=0,则(PC)←(PC)+2,顺序执行
```

这两条指令都是两字节指令，是有条件的相对转移指令，以rel为偏移量。

【例3-8】将内部RAM中30H为首地址的16个数据传送到内部RAM中50H为首地址的单元中，遇到传送的数据为零时不予传送。程序如下：

```
START:MOV   R0,   #2FH        ;
      MOV   R1,   #4FH        ;
      MOV   R2,   #10H        ;置计数个数为16个
LOOP: INC   R0
      INC   R1
      MOV   A,    @R0         ;内部RAM单元内容送A
      DEC   R2
```

```
        JZ    LOOP                ;判传送数据是否为零,A 为零则转移不传送
        MOV   @R1,  A             ;传送数据不为零,送内部 RAM
        MOV   A,    R2
        JZ    OVER
        SJMP  LOOP                ;继续传送
OVER:   RET                       ;传送结束,返回主程序
```

（2）数值比较转移指令

数值比较转移指令把两个操作数进行比较，比较结果作为条件来控制程序的转移。以是否相等作为条件来控制程序转移，共有 4 条指令：

```
CJNE  A,#data,rel      ;若(A)= data,(PC)←(PC)+3,CY←0
                       ;若(A)>data,(PC)←(PC)+3+rel,CY←0
                       ;若(A)<data,(PC)←(PC)+3+rel,CY←1
                       ;累加器 A 内容与立即数不等转移
CJNE  A,direct,rel     ;若(A)=(direct),(PC)←(PC)+3,CY←0
                       ;若(A)>(direct),(PC)←(PC)+3+rel,CY←0
                       ;若(A)<(direct),(PC)←(PC)+3+rel,CY←1
                       ;累加器内容与内部 RAM 单元内容不等转移
CJNE  Rn,#data,rel     ;若(Rn)= data,(PC)←(PC)+3,CY←0
                       ;若(Rn)>data,(PC)←(PC)+3+rel,CY←0
                       ;若(Rn)<data,(PC)←(PC)+3+rel,CY←1
                       ;寄存器内容与立即数不等转移
CJNE  @Ri,#data,rel    ;若((Ri))= data,(PC)←(PC)+3,CY←0
                       ;若((Ri))>data,(PC)←(PC)+3+rel,CY←0
                       ;若((Ri))<data,(PC)←(PC)+3+rel,CY←1
                       ;寄存器间接寻址内部与立即数不等转移
```

数值比较转移指令是三字节指令。指令完成的功能是比较前两个无符号操作数的大小，若相等，则顺序执行，否则转移到偏移量所指出的地址执行，另外还会根据大小情况对进位位 CY 赋值。在 AT89S51/52 单片机中没有专门的数值比较指令，两个数的数值比较可利用这 4 条指令来实现，即按指令执行后 CY 的状态来判断数值大小。若（CY）= 0，则左操作数 >右操作数，若（CY）= 1，则左操作数 <右操作数。

**【例 3-9】** 将内部 RAM 中 30H 为首地址的 16 个数据传送到内部 RAM 中 50H 为首地址的单元中，遇到传送的数据为零时不予传送。

```
START:  MOV   R0,   #2FH               ;
        MOV   R1,   #4FH               ;
LOOP:   INC   R0                       ;
        INC   R1
        MOV   A,    @R0                ;内部 RAM 单元内容送 A
        CJNE  A,    #00H,   NZERO      ;判传送数据是否为零,不为零则转移
        SJMP  LOOP                     ;
NZERO:  MOV   @R1,   A                 ;传送数据不为零,送内部 RAM
        CJNE  R0,   #3FH,   LOOP       ;判断 16 个数据是否比较完
OVER:   RET                            ;传送结束,返回主程序
```

（3）减 1 不为零转移指令

这是一组把减 1 与条件转移两种功能结合在一起的指令，共有如下两条指令：

```
DJNZ   Rn,rel           ;(Rn)←(Rn)-1
                        ;若(Rn)≠0,则 PC←(PC)+2+rel
                        ;若(Rn)=0,则 PC←(PC)+2
DJNZ   direct,rel       ;(direct)←(direct)-1
                        ;若(direct)≠0,则 PC←(PC)+3+rel
                        ;若(direct)=0,则 PC←(PC)+3
```

其完成的功能为将寄存器或直接寻址单元内容减 1，如所得结果为 0，则程序顺序执行，如没有减到 0，则程序转移。

这两条指令主要用于控制程序循环。如预先把寄存器或内部 RAM 单元赋值循环次数，则利用减 1 条件转移指令，以减 1 后是否为 0 作为转移条件，即可实现按次数控制循环。

**【例 3-10】** 将内部 RAM 中 30H 为首地址的 16 个数据传送到内部 RAM 中 50H 为首地址的单元中，遇到传送的数据为零时不予传送。

```
START: MOV   R0,  #2FH          ;
       MOV   R1,  #4FH          ;
       MOV   R2,  #10H          ;置计数个数为 16 个
LOOP:  INC   R0                 ;
       INC   R1
       MOV   A,   @R0           ;内部 RAM 单元内容送 A
       JZ    ZERO               ;判传送数据是否为零,A 为零则转移不传送
       MOV   @R1,  A            ;传送数据不为零,送内部 RAM
ZERO:  DJNZ  R2,LOOP            ;继续传送直到 16 个数据传送完
OVER:  RET                      ;传送结束,返回主程序
```

**3. 子程序调用与返回指令**

子程序结构是一种重要的程序结构。在一个程序中经常遇到反复多次执行某程序段的情况，如果重复书写这个程序段，会使程序变得冗长而杂乱。对此，可采用子程序结构，即把重复的程序段编写为一个子程序，通过主程序调用而使用它，这样不但减少了编程工作量，而且也缩短了程序的长度。

调用子程序的程序称为主程序，主程序在调用子程序之后需要返回主程序，调用和返回构成了子程序调用的完整过程。为了实现这一过程，必须有子程序调用指令和返回指令。调用指令在主程序中使用，而返回指令则应该是子程序的最后一条指令。执行完这条指令之后，程序返回主程序断点处继续执行。

AT89S51/52 共有两条子程序调用指令：

（1）绝对调用指令

这是一条两字节指令，其指令格式为

```
ACALL  addr11           ;(PC)←(PC)+2
                        ;(SP)←(SP)+1,(SP)←(PCL)
                        ;(SP)←(SP)+1,(SP)←(PCH)
                        ;(PC.10~PC.0)←addr11
```

子程序调用范围是 2 KB，其构造目的地址是在 PC+2 的基础上，以指令提供的 11 位地址取代 PC 的低 11 位，而 PC 的高 5 位不变。

在指令中提供了子程序入口地址的低 11 位，这 11 位地址的 A7～A0 在指令的第二字节中，A10～A8 则占据第一字节的高 3 位。

为了实现子程序调用，该指令需要完成断点保护。断点保护是通过自动方式的堆栈操作实现的，即把加 2 以后的 PC 值自动送堆栈保存起来，待子程序返回时再送回 PC。因为指令给出了子程序入口地址的低 11 位，因此本指令的子程序调用范围是 2 KB。

（2）长调用指令

```
LCALL  addr16      ;(PC)←(PC)+3
                   ;(SP)←(SP)+1,(SP)←(PCL)
                   ;(SP)←(SP)+1,(SP)←(PCH)
                   ;(PC)←addr16
```

本指令是三字节指令，调用地址在指令中直接给出。指令执行后，断点进栈保存，调用 addr16 地址的子程序。长调用指令的子程序调用范围是 64 KB。addr16 就是被调用子程序的入口地址，使用比较方便，但三字节指令较长，占用存储空间较多。

（3）返回指令

返回指令共有两条：

```
RET                ;(PCH)←(SP),(SP)←(SP)-1
                   ;(PCL)←(SP),(SP)←(SP)-1
                   ;子程序返间指令
RETI               ;(PCH)←(SP),(SP)←(SP)-1
                   ;(PCL)←(SP),(SP)←(SP)-1
                   ;中断服务子程序返回指令
```

子程序返回指令执行子程序返回功能，从堆找中自动取出断点地址送给程序计数器 PC，使程序在主程序断点处继续向下执行。

中断服务子程序返回指令，除具有上述子程序返回指令所具有的全部功能之外，还有清除中断响应时被置位的优先级状态、开放较低级中断和恢复中断逻辑等功能。

（4）空操作指令

```
NOP                ;(PC)←(PC)+l
```

空操作指令也算一条控制指令，即控制 CPU 不做任何操作，只消耗一个机器周期的时间。空操作指令是单字节指令，因此执行后 PC 加 1，时间延续一个机器周期。NOP 指令常用于程序的等待或时间的延迟。

### 3.3.5　位操作类指令

出于控制应用的需要，AT89S51/52 单片机具有较强的布尔变量处理能力。所谓布尔变量即开关变量，以位（bit）为单位进行运算和操作。

在硬件方面，为了实现布尔变量处理，AT89S51 有一个布尔处理机。所谓布尔处理机实际上就是一位的微处理机，它以进位标志作为累加位，以内部 RAM 位寻址区的 128 个可寻址位和特殊功能寄存器中的可寻址位作为存储位。

在软件方面，AT89S51 单片机的指令系统中有一个进行布尔变量操作的指令子集，可以进行布尔变量的传送、运算及控制转移等操作。

**1. 位传送指令**

位传送操作就是可寻址位与累加位 CY 之间的相互传送，共有两条指令：

```
MOV  C,bit      ;CY←(bit)
MOV  bit,C      ;bit←(CY)
```

这两条指令主要用于对位操作累加器 C 进行数据传送，均为双字节指令。

前一条指令的功能是将某指定位的内容送入位累加器 C 中，不影响其他标志。后一条指令的功能是将 C 的内容传送到指定位，在对端口操作时，先读入端口 8 位的全部内容，然后把 C 的内容传送到指定位，再把 8 位内容传送到相应端口的锁存器。指令中的 C 就是 CY。由于没有两个可寻址位之间的传送指令，因此它们之间无法实现直接传送。如需要这种传送，应使用这两条指令以 CY 作中介实现之。

**2. 位置位指令**

```
SETB  C         ;(CY) ←1
SETB  bit       ;(bit) ←1
```

**3. 位复位指令**

```
CLR  C          ;(CY) ←0
CLR  bit        ;(bit) ←0
```

**4. 位逻辑运算指令**

位运算都是逻辑运算，有与、或和非三种，共 6 条指令。

ANL  C,bit　　;(CY) ←(CY) ∧ (bit)
ANL  C,/bit　　;(CY) ←(CY) ∧ $\overline{(bit)}$
ORL  C,bit　　;(CY) ←(CY) ∨ (bit)
ORL  C,/bit　　;(CY) ←(CY) ∨ $\overline{(bit)}$
CPL  C　　;(CY) ←$\overline{(CY)}$
CPL  bit　　;(bit) ←$\overline{(bit)}$

在布尔变量操作指令中，没有位的异或运算，如需要时可由多条上述位操作指令实现。通过位逻辑运算，可以对各种组合逻辑电路进行模拟，即用软件方法来获得组合电路的逻辑功能。

**5. 位控制转移指令**

位控制转移指令就是以位的状态作为实现程序转移的判断条件。

1）以 C 状态为条件的转移指令，共两条指令。

```
JC   rel        ;若(CY)= 0,则 PC←(PC)+2,程序顺序执行
                ;若(CY)= 1,则 PC←(PC)+2+rel,程序转移
JNC  rel        ;若(CY)= 0,则 PC←(PC)+2+rel,程序转移
                ;若(CY)= 1,则 PC←(PC)+2,程序顺序执行
```

2）以位状态为条件的转移指令，共 3 条指令。

```
JB   bit,rel          ;若(bit)=0,则 PC←(PC)+2,程序顺序执行
                      ;若(bit)=1,则 PC←(PC)+3+rel,程序转移
                      ;位状态为1转移
JNB  bit,rel          ;若(bit)=0,则 PC←(PC)+2+rel,程序转移
                      ;若(bit)=1,则 PC←(PC)+2,程序顺序执行
                      ;位状态为0转移
JBC  bit,rel          ;若(bit)=0,则 PC←(PC)+2,程序顺序执行
                      ;若(bit)=1,则 PC←(PC)+3+rel,程序转移,(bit)←0
                      ;位状态为1转移,并使该位清0
```

这3条指令都是三字节指令，因此如果状态满足则程序转移，否则程序顺序执行。位控制转移指令就是以位的状态作为实现程序转移的判断条件。

### 3.3.6 伪指令

伪指令不属于指令集中的指令，在汇编时不产生目标代码，不影响程序的执行，仅指明在汇编时执行一些特殊的操作。

**1. 定义起始地址伪指令 ORG（Origin）**

格式：ORG　操作数

说明：操作数为一个16位的地址，它指出了下面指令的目标代码的第一个字节的程序存储器地址。在一个源程序中，可以多次定义ORG伪指令，但要求规定的地址由小到大安排，各段之间地址不允许重复。

**2. 定义赋值伪指令 EQU（Equate）**

格式：字符名称　EQU　操作数

说明：该指令是用来给字符名称赋值。在同一个源程序中，任何一个字符名称只能赋值一次。赋值以后，其值在整个源程序中的值是固定的，不可改变。对所赋值的字符名称必须先定义赋值后才能使用。其操作数可以是8位或16位的二进制数，也可以是事先定义的表达式。

**3. 定义数据地址赋值伪指令 DATA**

格式：字符名称　DATA　操作数

说明：DATA伪指令的功能和EQU伪指令相似，不同之处是DATA伪指令所定义的字符名称可先使用后定义，也可先定义后使用。在程序中它常用来定义数据地址。

**4. 定义字节数据伪指令 DB（Define Byte）**

格式：DB　数据表

说明：该伪指令是用来定义若干字节数据从指定的地址单元开始存储在程序存储器中。数据表是由8位二进制数或由加单引号的字符组成的，中间用逗号间隔，每行的最后一个数据不用逗号。

DB伪指令确定数据表中第一个数据的单元地址可以由ORG伪指令规定首地址。

**5. 定义双字节数据伪指令 DW（Define Word）**

格式：DW　数据表

说明：该伪指令与DB伪指令的不同之处是，DW定义的是双字节数据，而DB定义的是单字节数据，其他用法都相同。在汇编时，每个双字节的高8位数据要排在低地址单元，

低 8 位数据排在高地址单元。

**6. 定义预留空间伪指令 DS（Define Storage）**

格式：DS　操作数

说明：该伪指令是用于告诉汇编程序，从指定的地址单元开始，保留由操作数设定的字节数空间作为备用空间。要注意的是 DB、DW 和 DS 伪指令只能用于程序存储器，而不能用于数据存储器。

**7. 定义位地址赋值伪指令 BIT**

格式：字符名称　BIT　位地址

说明：该伪指令只能用于有位地址的位（片内 RAM 和 SFR 块中），把位地址赋予规定的字符名称，常用于位操作的程序中。

**8. 定义汇编结束伪指令 END**

格式：END

说明：汇编结束伪指令 END 是用来告诉汇编程序，此源程序到此结束。在一个程序中，只允许出现一条 END 伪指令，而且必须安排在源程序的末尾。

## 3.4　汇编语言程序设计

### 3.4.1　汇编程序设计概述

计算机程序设计语言通常分为 3 类，即机器语言、汇编语言和高级语言。

**1. 机器语言**

用二进制代码 0 和 1 表示的语言称为机器语言。机器语言能够被计算机直接识别和执行，但它不易为人们编写和阅读，因此，人们一般不再用它来进行程序设计。

**2. 汇编语言**

汇编语言也是一种面向机器的语言，它的助记符指令和机器语言保持着一一对应的关系。也就是说，汇编语言实际上就是机器语言的符号表示。用汇编语言编程时，编程者可以直接操作机器内部的寄存器和存储单元，能把处理过程描述得非常具体。因此通过优化能编制出高效率的程序，既可节省存储空间又可提高程序执行的速度，在空间和时间上都充分发挥了计算机的潜力。在实时控制的场合下，计算机的监控程序大多采用汇编语言编写。

用汇编语言编写的源程序称为汇编语言源程序。但是单片机不能直接识别，需要通过汇编将其转换成用二进制代码表示的机器语言程序，才能够识别和执行。汇编通常由专门的汇编程序来进行，通过编译后自动得到对应于汇编源程序的机器语言目标程序，这个过程叫作机器汇编。

汇编过程是将汇编语言源程序翻译成目标程序的过程。机器汇编通常是在计算机上通过编译程序实现汇编的。

汇编语言程序设计通常的步骤如下：

1）建立数学模型。根据课题要求，用适当的数学方法来描述和建立数学模型。

2）确定算法。绘制程序流程图算法是程序设计的基本依据。程序流程图是编程时的思路体现。

3）编写源程序。合理选择和分配内存单元、工作寄存器，按模块结构具体编写源程序。

4）汇编及调试程序。通过汇编生成目标程序，经过多次调试，对程序运行结果进行分析，不断修正源程序中的错误，最后得到正确结果，达到预期目的。

编写一个应用系统的汇编语言源程序，其程序结构一般有顺序结构、分支结构、循环结构和子程序结构等。

**3. 高级语言**

高级语言是一种面向过程和问题并能独立于机器的通用程序设计语言，是一种接近人们自然语言和常用数字表达式的计算机语言。编程的速度快，编程者不必熟悉机器内部的硬件结构而可以把主要精力集中于掌握语言的语法规则和程序的结构设计方面。但程序执行的速度慢且占据的存储空间较大。

## 3.4.2 汇编程序设计举例

在使用汇编语言进行程序设计时，一般采用结构化的思想来处理问题。一般可以分为 3 种基本结构：顺序结构、分支结构和循环结构。在单片机应用程序中，也经常采用子程序的结构形式。下面介绍这些常用的程序设计方法及范例。

**1. 顺序结构程序设计**

顺序程序结构是各类结构化程序块中最简单的一种。它按程序执行的顺序依次编写，在执行程序过程中不使用转移指令，只是顺序执行。

**【例 3-11】** 将片内 RAM 中 40H 单元中存储的压缩 BCD 数转换成二进制数并存储在工作寄存器 R0 中。

将压缩的 BCD 码转换成二进制数的方法为将压缩的 BCD 码的高 4 位乘以 10，再加上低 4 位。程序清单如下：

```
        ORG     0000H
        LJMP    STRAT
        ORG     0030H
START:  MOV     A,      40H
        ANL     A,      #0F0H
        SWAP    A
        MOV     B,      #10
        MUL     AB
        MOV     B,      A
        MOV     A,      40H
        ANL     A,      #0FH
        ADD     A,      B
        SJMP    $
```

**【例 3-12】** 将片内 RAM 中 40H、41H 单元中的内容分别传送到片外 RAM 中 40H、41H 单元中。

将片内 RAM 中单元内容传送到片外 RAM 单元中，需要注意访问片内 RAM 和片外 RAM 单元的寻址指令是不同的。访问片内 RAM 时，使用 MOV 指令，访问片外 RAM 时，使用 MOVX 指令。程序如下：

```
        ORG     0000H
        LJMP    STRAT
        ORG     0030H
START:  MOV     R0,  #40H
        MOV     A,   @R0
        MOVX    @R0, A
        INC     R0
        MOV     A,   @R0
        MOVX    @R0, A
        SJMP    $
```

**2. 分支结构程序设计**

分支程序主要是根据判断条件的成立与否来确定程序的走向，因此在分支程序中需要使用控制转移类指令。可组成简单分支结构和多分支结构。

当程序的判断仅有两个出口，两者选一，称为单分支结构。通常用条件判断指令来选择并确定程序的分支出口。

**【例 3-13】** 设内部 RAM 中 40H 和 41H 单元中存储两个 8 位无符号二进制数，试编程找出其中的大数存入 50H 单元中。

将两个数中的大数找出来，需要对这两个数进行比较。在单片机中有一条比较指令 CJNE 可以实现这个功能，在比较完之后，指令根据两个数是否相等进行跳转，并根据其大小对进位标志 CY 置位或复位。程序如下：

```
        ORG     0000H
        LJMP    STRAT
        ORG     0030H
START:  MOV     A,40H
        CJNE    A,41H,LOOP          ;
LOOP:   JNC     LOOP1               ;根据 CY 值,判断单分支出口
        MOV     A,41H               ;
LOOP1:  MOV     30H,A               ;
        SJMP    $
```

当程序的判别部分有两个以上的出口流向时，称为多分支选择结构。

**【例 3-14】** 设变量 $x$ 的值存储在内部 RAM 的 50H 单元中，编程求解下列函数式，将求得的函数值 $y$ 存入 40H 单元。

$$y=\begin{cases} x+10 & (x<10) \\ x & (10\leqslant x\leqslant 100) \\ x-10 & (x>100) \end{cases}$$

变量 $x$ 的值在 3 个不同的区间所得到的函数值 $y$ 值也不同，在编程时要注意区间的划分，采用 CJNE 指令完成。程序如下：

```
        ORG     0000H
        LJMP    START
        ORG     0030H
START:  MOV     A,50H
        CJNE    A,#10,LOOP1
```

```
LOOP1:  JC      LOOP3
        CJNE    A,#100,LOOP4
LOOP2:  MOV     50H,A
        SJMP    EXIT
LOOP3:  ADD     A,#10
        MOV     50H,A
        SJMP    EXIT
LOOP4:  JC      LOOP2
        SUBB    A,#10
        MOV     50H,A
EXIT:   RET
```

利用基址寄存器加变址寄存器间接转移指令 JMP　@A+DPTR，可以根据累加器 A 的内容实现程序多路分支，又称为散转程序。

【例 3-15】某段程序的运算结果在 R0 中，要求根据 R0 的内容，分别转向 0~255 个操作程序段。

```
        ORG     0000H
        LJMP    STRAT
        ORG     0030H
START:  MOV     DPTR, #TABLE
        MOV     A,      R0
        MOV     B,      #3
        MUL     AB
        MOV     R1,     A
        MOV     A,      B
        ADD     A,      DPH
        MOV     DPH,    A
        MOV     A,      R1
        JMP     @A+DPTR
TABLE:  LJMP    OPR0
        LJMP    ORR1
        LJMP    OPR2
        …
        LJMP    OPR255
        END
```

**3. 循环结构程序设计**

循环结构由 4 部分组成：初始化部分、循环处理部分、循环控制部分和循环结束部分。

1）初始化部分用来设置循环处理之前的初始状态，如循环次数的设置、变量初值的设置和地址指针的设置等。

2）循环处理部分又称为循环体，是重复执行的数据处理程序段，它是循环程序的核心部分。

3）循环控制部分用来控制循环继续与否。

4）结束部分是对循环程序全部执行结束后的结果进行分析、处理和保存。

根据循环程序的结构不同也可分为单重循环和多重循环。在一个循环程序的循环体中不包含另外的循环结构称为单重循环。

对循环次数的控制有多种：循环次数是已知的，可用循环次数计数器控制循环；若循环次数是未知的，可以按条件控制循环。

**【例 3-16】** 设内部 RAM 存储有一无符号数数据块，长度为 128 B，在以 30H 单元为首址的连续单元中。试编程找出其中最小的数，并存储在 20H 单元。

```
        MOV     R7,#7FH     ;设置比较次数
        MOV     R0,#30H     ;设置数据块首址
        MOV     A,@ R0      ;取第一个数
        MOV     20H,A
LOOP1:  INC     R0
        MOV     A,@ R0      ;依次取下一个数
        CJNE    A,20H,LOOP
LOOP:   JNC     LOOP2       ;两数比较后,其中小的数存储在 20H 单元
        MOV     20H,A
LOOP2:  DJNZ    R7,LOOP1    ;R7 中内容为零则比较完
        SJMP    $
```

### 4. 子程序设计

完成某一特定功能、反复使用的程序可以设计成子程序，这样可使应用程序结构清晰紧凑，节省代码空间，也使应用程序便于阅读和调试。子程序在结构上仍然采用前面介绍的一般程序的 3 种结构。

**【例 3-17】** 设计一个软件延时子程序 DELAY。

程序清单如下：

```
DELAY:MOV     R2,#0AH        ;1 μs
L1:   MOV     R3,#0FAH       ;1 μs
L2:   DJNZ    R3,L2          ;2 μs
      DJNZ    R2,L1          ;2 μs
      RET                    ;2 μs
```

若单片机的晶振频率为 12 MHz，则一个机器周期是 1 μs，延时子程序 DELAY 的延时时间计算如下：

因为 0FAH=250，0AH=10，所以程序执行总时间也就是延时时间 $T$ 为

$$T=((250\times2+3)\times10+3)\,\mu s=5033\,\mu s$$

若想加长延时时间，则可以增加循环次数；若想缩短延时时间，则可以减少循环次数。

**【例 3-18】** 电路如图 3-7 所示，AT89S51 单片机的 P2 口做输出，经上拉电阻驱动连接 8 只发光二极管 D1～D8，当输出位为 1 时发光二极管点亮；输出位为 0 时发光二极管熄灭。试编制程序实现以下发光二极管点亮的功能：D1D8 亮其余灭→延时→D2D7 亮其余灭→延时→D3D6 亮其余灭→延时→D4D5 亮其余灭→延时→D3D6 亮其余灭→延时→D2D7 亮其余灭→延时→D1D8 亮其余灭，重复上述过程。

利用子程序 DELAY 实现延时功能，完整的程序清单如下：

```
        ORG     0000H       ;主程序入口地址
        SJMP    START       ;跳转到实际的主程序起始地址
        ORG     0030H       ;主程序起始地址
```

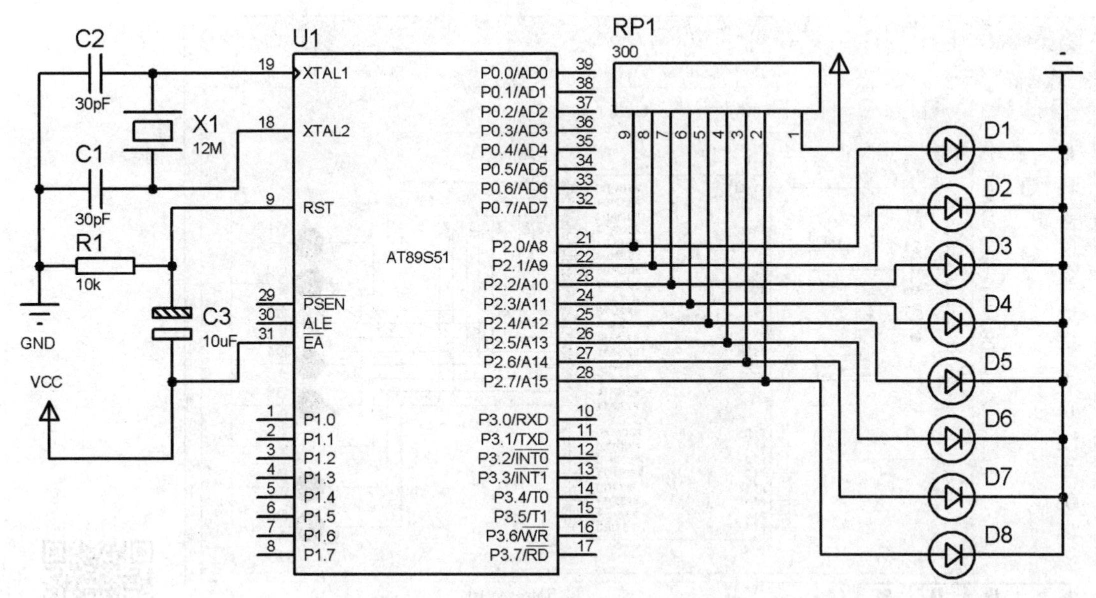


图 3-7　控制发光二极管电路原理图

```
START：MOV     P2,#81H       ;D1D8 点亮其余灭
       ACALL   DELAY         ;调用延时子程序
       MOV     P2,#42H       ;D2D7 点亮其余灭
       ACALL   DELAY         ;调用延时子程序
       MOV     P2,#24H       ;D3D6 点亮其余灭
       ACALL   DELAY         ;调用延时子程序
       MOV     P2,#18H       ;D4D5 点亮其余灭
       ACALL   DELAY         ;调用延时子程序
       MOV     P2,#24H       ;D3D6 点亮其余灭
       ACALL   DELAY         ;调用延时子程序
       MOV     P2,#42H       ;D2D7 点亮其余灭
       ACALL   DELAY         ;调用延时子程序
       SJMP    START         ;跳转到 START 重复循环

DELAY：MOV     R2,#0FFH      ;延时子程序 DEALY
LOOP1：MOV     R3,#0FFH
LOOP2：DJNZ R3,LOOP2
       DJNZ R2,LOOP1
       RET                   ;子程序返回
       END                   ;结束汇编
```

将此汇编语言源程序在 Keil uVision 开发环境进行编辑、汇编，生成 hex 执行文件，然后加载到 Proteus 电路图中的单片机中执行，可看到发光二极管按程序要求点亮。仿真运行结果如图 3-8 所示。

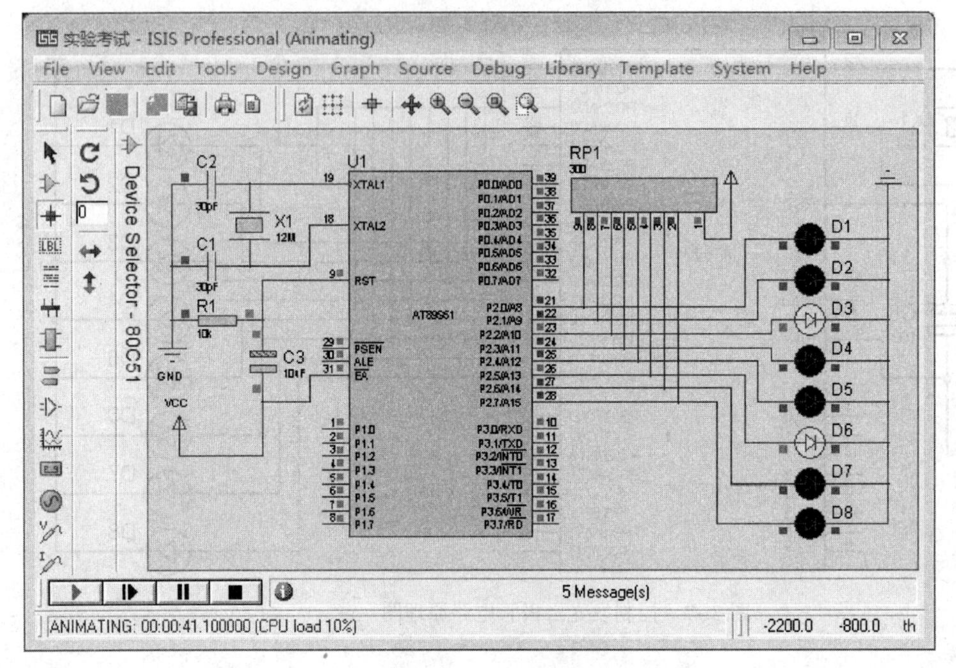

图 3-8　控制发光二极管仿真运行结果　　　　二维码 3-1

## 本章小结

汇编指令是面向机器的指令，汇编语言程序设计是单片机应用系统设计的基础，对于理解单片机工作原理、掌握单片机应用技能具有重要意义。51 单片机的指令系统分为数据传送指令、算术运算指令、逻辑运算指令、控制转移指令和位操作指令 5 大类型，共 111 条；51 单片机汇编语言具有直接寻址、寄存器寻址、寄存器间接寻址、立即寻址、变址寻址、位寻址和相对寻址 7 种寻址方式。伪指令属于非执行指令，用于对汇编过程提供必要辅助信息，汇编后不会产生机器码。

## 习题与思考题 3

### 一、判断题

1. 指令系统是 CPU 所有指令的集合。(　　)
2. 单片机能直接执行的指令是汇编指令。(　　)
3. 用约定的助记符表示的指令叫作汇编指令。(　　)
4. 给单片机编程只能使用汇编语言。(　　)
5. 高级语言需经过编译连接才能生成目标文件。(　　)
6. 汇编指令分为真指令和伪指令。(　　)
7. 与高级语言相比，汇编语言程序代码执行效率更高。(　　)
8. 伪指令编译后不会对应机器指令。(　　)
9. 汇编指令一定包括操作码。(　　)

10. 有些汇编指令可能没有操作数。(　　)

11. 汇编指令的十六进制数用后缀 B 表示。(　　)

12. 所有计算机都有算术运算类指令。(　　)

13. 寻址方式就是指令寻找操作数的方式。(　　)

14. 汇编后伪指令不对应机器码。(　　)

15. 汇编语言程序的执行效率相对高级语言要高。(　　)

**二、思考问答题**

1. 什么是汇编语言？什么是指令系统？汇编指令语句格式是什么？

2. 寄存器间接寻址和变址寻址是什么意思？

3. 按功能分 51 内核单片机都有哪类指令？

4. 汇编语言主要伪指令有哪些？

5. 编程将内部 RAM 的 20H~30H 单元清零。

6. 编程查找 20H~3FH 单元中出现 00H 的次数，并存入 40H 单元。

7. 假设晶振频率为 12 MHz，分别设计延时 0.1 s 和 1 s 的子程序。

# 第4章　单片机的C语言程序设计

## 内容指南

本章主要介绍C51语言的数据结构和程序结构、C51语言的运算符与表达式、C51语言的函数等编程基础，在此基础上结合Keil uVision编译调试环境和Proteus仿真设计环境，重点讨论单片机并行I/O口的C51编程应用。

## 学习目标

- 掌握C51语言数据结构和编程的相关基础。
- 熟悉Keil uVision编译调试环境和Proteus仿真设计环境的使用。
- 掌握常用外设和单片机I/O的连接原理及编程方法。

AT89S51/52单片机的应用程序设计，既可以使用汇编语言，也可以使用C51语言，两种语言各有其优势。汇编语言是面向机器的编程语言，能直接操作单片机的系统硬件，具有编译效率高、执行速度快的优点。但由于汇编语言的代码可读性较差，当应用程序达到一定规模后，将增加编写和阅读代码的难度，不利于应用系统的升级和维护。使用C51语言进行程序设计虽然相对于汇编语言代码效率有所下降，但可以方便地实现程序设计模块化，代码结构清晰、可读性强，易于维护、更新和移植，适合较大规模的单片机程序设计。近年来，随着C51语言的编译器性能的不断提高，在绝大多数的应用环境下，C51程序的执行效率已经非常接近汇编程序，因此，使用C51进行单片机程序设计已经成为单片机程序设计的主流选择之一。

## 4.1　C51的数据结构

### 4.1.1　C51的数据类型

C51支持标准C中的基本数据类型，包括字符型char、整型int、长整型long和浮点型float。对于整数类型，又可以分为signed（有符号数）和unsigned（无符号数）两种。若声明为signed，编译器会将整数部分的最高位解释为符号位。对于C51编译器来说，short类型与int类型相同，double类型与float类型相同。

另外，根据AT89S51/52存储结构的特点，C51增加了一些特有的数据类型，包括普通位类型bit、特殊功能寄存器可寻址位sbit、特殊功能寄存器sfr和16位特殊功能寄存器sfr16。

表4-1所示为C51中的基本数据类型、长度及数值范围。

**表 4-1　C51 基本数据类型**

| 数据类型 | | 位　数 | 字节数 | 数值范围 |
|---|---|---|---|---|
| 字符型(char) | signed char | 8 | 1 | -128~+127 |
| | unsigned char | 8 | 1 | 0~255 |
| 整型(int) | signed int | 16 | 2 | -32768~+32767 |
| | unsigned int | 16 | 2 | 0~65535 |
| 长整型(long) | signed long | 32 | 4 | -2147483648~+2147483647 |
| | unsigned long | 32 | 4 | 0~4294967295 |
| 浮点型(float) | float | 32 | 4 | $10^{-38}$~$10^{+38}$ |
| | double | 64 | 8 | $10^{-308}$~$10^{+308}$ |
| 新增类型 | bit | 1 | | 0 或 1 |
| | sbit | 1 | | 0 或 1 |
| | sfr | 8 | 1 | 0~255 |
| | sfr16 | 16 | 2 | 0~65535 |

下面详细介绍 C51 中新增的几种数据类型及其变量的声明。

**1. 位类型 bit**

在 AT89S51/52 单片机中，片内 RAM 地址 0x20~0x2F 共 16 个字节是可以进行位寻址的。因此，C51 中专门规定了位变量类型来方便这部分内存的访问。

在 C51 中，用关键词 bit 定义一个位变量，格式如下：

```
bit bit_name  [=0 或 1];
```

例如，bit door　= 0 ;　//定义一个叫作 door 的位变量且初值为 0

可见 C51 与标准 C 的数据类型声明的语法规则是一致的。

对于位类型变量，编译器会从片内 RAM 地址的 0x20~0x2F 自动选择一位进行分配。但需要注意的是，对于位变量，不能定义位指针，也不能定义位类型数组。

**2. 特殊功能寄存器可寻址位 sbit**

对于可位寻址的特殊功能寄存器，可以使用 sbit 关键字将特殊功能寄存器位声明为位变量以方便访问。

在 C51 中，用关键词 sbit 定义特殊功能寄存器（SFR）的可寻址位，且位地址可用 3 种形式表示。以特殊功能寄存器 PSW 为例来说明，PSW 寄存器的绝对地址是 D0H，要声明 CY 可用以下 3 种形式。

| | D0^7 | D0^6 | D0^5 | D0^4 | D0^3 | D0^2 | D0^1 | D0^0 | |
|---|---|---|---|---|---|---|---|---|---|
| PSW | CY | AC | F0 | RS1 | RS0 | OV | F1 | P | D0 |
| | D7 | D6 | D5 | D4 | D3 | D2 | D1 | D0 | |

1）将 SFR 的**绝对位地址**定义为位变量名，格式如下：

```
sbit  bit_name =位地址常数;
```

例如，sbit CY = 0xD7;　　//使用 CY 的绝对位地址 D7H 声明 CY

2）将 SFR 的**相对位地址**定义为位变量名，格式如下：

**sbit** bit_name =sfr 字节地址 ^位位置；

例如，sbit CY = 0xD0^7；　　//使用 CY 的相对位地址声明 CY

3）将 SFR 的**相对位位置**定义为位变量名，格式如下：

**sbit** bit_name = sfr_name ^位位置；

例如，sbit CY = PSW^7；　　//使用 CY 所在的寄存器名加相对位置

**3. 特殊功能寄存器 sfr 和 sfr16**

C51 编译器并不预先为特殊功能寄存器命名，因此要访问 AT89S51/52 单片机的特殊功能寄存器 SFR，首先要使用 sfr 类型对 SFR 进行定义。C51 编译器之所以这样处理，是由于单片机的种类和型号不同，它们的 SFR 也有很大差别，如果编译器预先对特殊功能寄存器进行了定义，无疑会大大降低编译器的灵活性。在实际应用中，通常使用包含文件的方法来适应各个型号单片机在 SFR 上的差异。利用 sfr 可以定义 AT89S51 单片机的所有内部 8 位 SFR，利用 sfr16 可以定义 AT89S51 单片机的所有内部 16 位 SFR。

关键词 sfr 或 sfr16 用于定义 SFR 字节地址变量，格式如下：

sfr sfr_name =字节地址常数；
sfr16 sfr_name =字节地址常数；

例如，　sfr　P0 = 0x80；　　　//定义 P0 口地址 80H
　　　　sfr　PCON = 0x87；　　//定义 PCON 地址 87H
　　　　sfr16　DPTR=0x82；　　//定义 DPTR 的低地址 82H

C51 编译器在头文件“REG51. H”中定义了全部 sfr/sfr16 和 sbit 变量，如图 4-1 所示。

```
/*--------------------------------------------------------------------------
REG51.H

Header file for generic 80C51 and 80C31 microcontroller.
Copyright (c) 1988-2002 Keil Elektronik GmbH and Keil Software
All rights reserved.
--------------------------------------------------------------------------*/

#ifndef __REG51_H__
#define __REG51_H__

/* BYTE Register */
sfr P0   = 0x80;
sfr P1   = 0x90;
sfr P2   = 0xA0;
sfr P3   = 0xB0;
sfr PSW  = 0xD0;
sfr ACC  = 0xE0;
sfr B    = 0xF0;
sfr SP   = 0x81;
sfr DPL  = 0x82;
sfr DPH  = 0x83;
sfr PCON = 0x87;
sfr TCON = 0x88;
sfr TMOD = 0x89;
sfr TL0  = 0x8A;

/* PSW */
sbit CY   = 0xD7;
sbit AC   = 0xD6;
sbit F0   = 0xD5;
sbit RS1  = 0xD4;
sbit RS0  = 0xD3;
sbit OV   = 0xD2;
sbit P    = 0xD0;

/* TCON */
sbit TF1  = 0x8F;
sbit TR1  = 0x8E;
sbit TF0  = 0x8D;
sbit TR0  = 0x8C;
sbit IE1  = 0x8B;
sbit IT1  = 0x8A;
sbit IE0  = 0x89;
sbit IT0  = 0x88;
```

图 4-1　REG51. H 头文件部分内容

用一条预处理命令#include <REG51. H>把这个头文件包含到 C51 程序中，无须重新定义即可直接使用它们的名称。

## 4.1.2 C51 的变量及存储类型

变量是在程序运行过程中其值可以改变的量。变量在使用之前需要进行定义。变量的定义格式如下：

［存储种类］ 数据类型 ［存储类型］ 变量名表；

其中，存储种类和存储类型是可选项。

变量的存储种类有自动存储（auto）、寄存器存储（register）、外部存储（extern）和静态存储（static）4 种，默认为自动存储种类。

在 C51 语言中，还可以声明变量的存储类型。对于每个变量赋予的存储类型，完全和 AT89S51 系列单片机的存储器结构对应。对变量的存储类型进行设置，可以控制变量在单片机的存储器中的存储位置。不同存储位置的变量，其执行效率也是不同的。

AT89S51 的存储区域可以分为以下 3 个逻辑空间，对应 6 个存储类型，如图 4-2 所示。

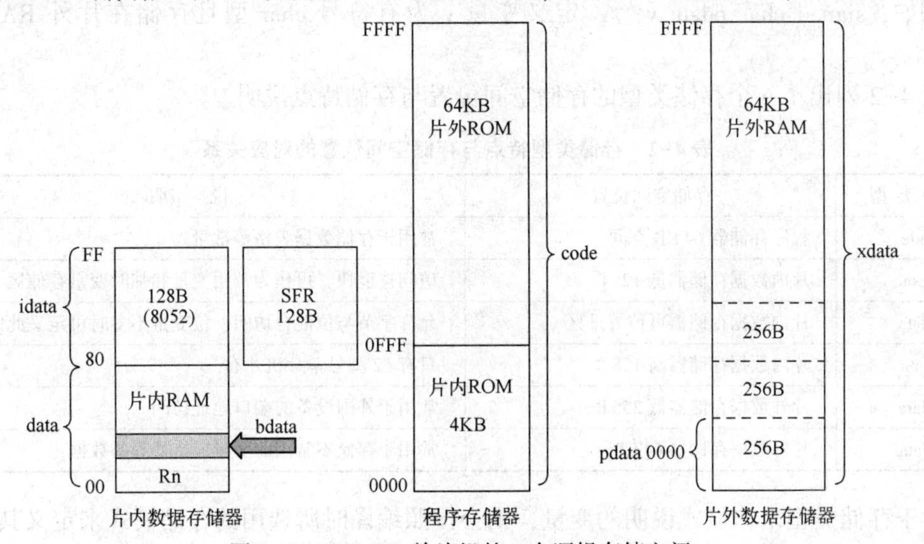


图 4-2 AT89S51 单片机的 3 个逻辑存储空间

（1）程序存储器

即 AT89S51/52 的只读存储器，用来保存程序代码和常数，在 C51 中，使用 code 关键字定义该存储类型。

例如，unsigned int code unit_id[2]={0x1234，0x89AB}；//定义 unit_id[2]为无符号整型自动变量，该变量位于 code 区中，是长度为 2 的数组，且初值为 0x1234 和 0x89AB。

（2）片内数据存储器

片内数据存储器最多可达 256 B，对应 3 个存储类型：

1）片内 RAM 的低 128 B，直接寻址访问，C51 中使用 data 关键字定义该部分。

例如，signed char data m；// 定义变量 m 为有符号 char 型且存储在片内 RAM 的低 128 B。

2）片内 RAM 的高 128 B，只能使用间接寻址访问，只有 52 型号才有此部分，C51 中使用 idata 关键字定义该部分。

例如，signed char idata n; // 定义变量 n 为有符号 char 型且存储在片内 RAM 的高 128 B。

3）片内 RAM 位寻址空间，即地址为 0x20~0x2F 的 16 B 空间，C51 中使用 bdata 关键字定义该部分。

例如，unsigned char bdata k; // 定义变量 k 为无符号 char 型且存储在片内 RAM 的 0x20~0x2F 的 16 B 空间。

（3）片外数据存储器

由于片外数据存储器只能使用 16 位指针间接寻址，因此访问速度比片内数据存储器慢。C51 将片外 RAM 分为以下两个存储类型：

1）片外 RAM 的全部 64 KB 空间，使用 DPTR 寄存器 16 位指针间接寻址，C51 中，使用 xdata 关键字定义该部分。

例如，signed char xdata u; // 定义变量 u 为有符号 char 型且存储在片外 RAM。

2）片外 RAM 的 256 B，地址空间为 0x00~0xFF，使用 R0、R1 间接寻址，C51 中，使用 pdata 关键字定义该部分。

例如，signed char pdata v; // 定义变量 v 为有符号 char 型且存储在片外 RAM 的低 256 B。

表 4-2 列出了 6 个存储类型的存储空间位置与存储特点说明。

**表 4-2　存储类型特点与存储空间位置的对应关系**

| 存储类型 | 存储空间位置 | 说　明 |
| --- | --- | --- |
| code | 程序存储器 64 KB 空间 | 常用于存储数据表格等常量 |
| data | 片内数据存储器低 128 B | 访问速度快，可作为常用变量和临时变量存储区 |
| bdata | 片内数据存储器可位寻址区 | 允许字节与位混合访问，位变量不多时可定义此区 |
| idata | 片内数据存储器高 128 B | 只有 52 型号单片机才有 |
| pdata | 片外数据存储器低 256 B | 常用于外围设备的端口地址访问 |
| xdata | 片外数据存储器 64 KB | 常用于存储不常用的变量或待处理的数据 |

对于存储类型未作显式说明的变量，则会按照编译时所选用的存储模式来定义其存储类型（对已显式声明的存储类型变量，该设定无效）。

C51 语言有 SMALL、COMPACT 和 LARGE 这 3 种存储模式，执行效率由高至低，在默认情况下，C51 编译器将存储模式设为 SMALL。

1）SMALL 模式：在默认情况下，所有变量均分配在片内 RAM 的低 128 B 中，即 data 类型表示的空间。由于可以使用直接寻址方式访问，因此在这种模式下，程序的执行效率是最高的。但 data 区的空间很小，还要留出部分空间用作堆栈，所以这种模式只适用于需要内存空间较小的情况。

2）COMPACT 模式：在默认情况下，所有变量均分配在片外 RAM 的 256 B 中，即 pdata 类型表示的空间。pdata 空间使用间接寻址，程序的执行效率低于 SMALL 模式。

3）LARGE 模式：在默认情况下，所有变量均分配在片外 RAM 中，即 xdata 类型表示的空间。由于访问 xdata 空间中的内容只能使用 16 位间接寻址的方法，因此这种模式的代码执行效率最差。

### 4.1.3 C51的数组

数组也是单片机应用程序设计经常用到的。数组是同类数据的一个有序结合，用数组名来标识。整型变量的有序结合称为整型数组，字符型变量的有序结合称为字符型数组。数组中的数据，称为数组元素。

数组中各元素的顺序用下标表示，下标为 $n$ 的元素可以表示为数组名[$n$]。改变[ ]中的下标就可以访问数组中的所有的元素。

数组有一维、二维和多维数组之分。C51 中常用的有一维数组、二维数组和字符数组。

**1. C51 的一维数组**

（1）一维数组的定义

类型说明符　数组名[整型表达式]；

例如，char ch[5]；

注：[ ]内只能是确定的数据（整型数据或整型表达式），不能是变量。

（2）一维数组的初始化

1）定义时初始化：

例如，int　a[5]={1,2,3,4,5}；等价于 a[0]=1；a[1]=2；a[2]=3；a[3]=4；a[4]=5；

注：全部赋值可省略长度。

例如，int　a[ ]={1,2,3,4,5,6}；

2）定义时部分初始化：

例如，int　a[5]={1,2,3}；等价于 a[0]=1；a[1]=2；a[2]=3；a[3]=0；a[4]=0；

（3）一维数组的引用

数组名[下标]

例如，ch[0]、ch[1]、ch[2]、ch[3]、ch[4]。

注：下标从 0 开始到 $n$-1，不能越界，下标可以是变量。

例如，ch[i]；

**2. C51 的二维数组**

（1）二维数组的定义

类型说明符　数组名[整型表达式 1][整型表达式 2]；

例如，char ch[3][2]；

元素个数=行数×列数，即 3 行 2 列，共 6 个数组元素。

（2）二维数组的引用

数组名[下标 1][下标 2]

注：内存是一维的，数组元素在存储器中的存储顺序按行序优先，即“先行后列”。

（3）二维数组的初始化

二维数组初始化也是在类型说明时给各下标变量赋以初值。二维数组可按行分段赋值，也可按行连续赋值。

1）按行分段赋值：

例如，int a[5][3]={{80,75,92},{61,65,71},{59,63,70},{85,87,90},{76,77,

85}};

2）按行连续赋值：

例如，int a[5][3]={80,75,92,61,65,71,59,63,70,85,87,90,76,77,85};

**3. C51的字符数组**

用来存储字符变量的数组称为字符数组。

例如，char c[10];

用字符串的方式对数组作初始化赋值。

例如，char c[]={'c',' ','p','r','o','g','r','a','m'};

也可写为char c[]={"C program"};或去掉{}写为char c[]="C program";

用字符串方式赋值比用字符逐个赋值要多占一个字节，用于存储字符串结束标志'\0'。上面的数组c在内存中的实际存储情况为C program\0。'\0'是由C编译系统自动加上的。由于采用了'\0'标志，所以在用字符串赋初值时一般无须指定数组的长度，而由系统自行处理。

**4. 数组与存储空间**

当程序中定义了一个数组时，C51编译器就会在系统的存储空间中开辟一个存储区域，用于存储数组的内容。对字符数组而言，其占据了内存中一连串的字节位置。对整型（int）数组而言，将在存储区中占据一连串连续的字节对的位置。对长整型（long）数组或浮点型（float）数组，一个成员将占有4B的存储空间。

当一维数组被创建时，C51编译器会根据数组的类型在内存中开辟一块大小等于数组长度乘以数据类型长度（即类型占有的字节数）的区域。

对于二维数组a[*m*][*n*]而言，其存储顺序是按行存储的，先存储第0行元素的第0列、第1列、第2列，直至第*n*-1列，然后返回存储第1行元素的第0列、第1列、第2列，直至第*n*-1列，……，如此顺序存储，直到第*m*-1行的第*n*-1列。

对于51单片机，其存储资源极为有限，因此在进行C51语言编程开发时，要仔细地根据需要来选择数组的大小。

### 4.1.4 C51的指针

指针是一个特殊的变量，它里面存储的数值是内存里的一个地址，因此指针变量也就是存储变量地址的变量。

**1. 指针变量定义的一般形式**

数据类型说明符 [存储器类型] *指针变量名;

数据类型说明符说明了该指针变量所指向的变量的类型。

例如，int * pointer;　　//定义一个指向整型变量的指针变量pointer

注意：指针变量名前的“*”号表示该变量为指针变量，但指针变量名应该是pointer而不是* pointer。

**2. 指针变量的操作**

有以下两个指针变量操作符：

&——取地址运算符。

*——取指针所指向变量的内容。

例如，int a=2；

int * i_pointer=&a；

i_pointe——指针变量，它的内容是地址量。

&a——变量指针，也就是变量 a 的地址。

* i_pointer——指针的目标变量，它的内容是数据，即变量 a 的值 2。

**3. 指针变量的运算**

指针变量的赋值运算：

```
p=&a;                    //将变量 a 地址给 p
p=array;                 //将数组 array 首地址给 p
p=&array[i];             //将数组元素地址给 p
p1=p2;                   //指针变量 p2 值给 p1
```

不能把一个整数给 p，也不能把 p 的值给整型变量。

指针的算术运算：

p+i 等价于 p +(i * d)（i 为整型数，d 为 p 指向的变量所占字节数）。

p++，p--，p+i，p-i，p+=i，p-=i 等都可以使用。

例如，p 指向 int 型数组，且 p=&a[0]；则 p+1 指向 a[1]。

## 4.2 C51 语言的运算符与表达式

在 C51 语言中有十分丰富的运算符。运算符是完成某种特定运算的符号，包括算术运算符、关系运算符、逻辑运算符和赋值运算符等。

**1. 算术运算符**

C51 语言中的算术运算符有：

+ 加法运算符，或者正值符号。

- 减法运算符，或者负值符号。

* 乘法运算符。

/ 除法运算符。

% 模（求余）运算符。

用算术运算符和括号将运算对象连接起来的式子称为算术表达式，其中的运算对象包括常量、变量、函数、数组等。算术运算符的优先级规定为先乘除模，后加减，括号最优先。即在算术运算符中，乘、除、模运算符的优先级相同，并高于加减运算符。在表达式中若出现括号，则括号中的内容优先级最高。算术运算符的结合性规定为自左至右方向，又称为左结合性。即当一个运算对象两侧的算术运算符优先级别相同时，运算对象先与左侧的运算符结合。

如果一个运算符两侧的数据类型不同，则必须通过数据类型转换将数据转换成同种类型。转换的方式有两种：一种是自动（默认）类型转换，即在程序编译时由 C 编译自动进行数据类型转换。例如，char、int 变量同时存在时，必定将 char 转换成 int 类型；当 float 与 double 类型共存时，在运算时一律先转换成 double 类型，以提高运算精度。一般来说，当运算对象的数据类型不相同时，先将较低的数据类型转换成较高的数据类型，运算的结果为较

高的数据类型。另一种数据类型的转换方式为强制类型转换，需要使用强制类型转换运算符，其形式为

(类型名)(表达式)；

**2. 赋值运算符**

在 C51 语言中，赋值运算符有两类，一类是基本赋值运算符“=”，另一类是由基本赋值运算符派生出来的复合赋值运算符，包括+=、-=、*=、/=、%=、>>=、<<=、&=、^=和|=。

赋值运算符将运算符右侧操作数的值赋给左侧操作数或变量。复合赋值运算符则首先对变量进行某种运算之后再将运算结果赋给该变量。利用赋值运算符将一个变量与一个表达式连接起来的式子称为赋值表达式。

**3. 关系运算符**

C51 的关系运算符有 6 种：

< 小于

> 大于

<= 小于等于

>= 大于等于

== 等于

!= 不等于

前 4 种关系运算符（<、>、<=、>=）的优先级相同，后两种也相同；前 4 种优先级高于后两种。关系运算符的优先级低于算术运算符，高于赋值运算符。

关系运算符的结合性为左结合。用关系运算符将两个表达式（算术表达式、关系表达式、逻辑表达式及字符表达式等）连接起来的式子称为关系表达式。由于关系运算符总是双目运算符，它作用在运算对象上产生的结果为一个逻辑值（即真或假）。C 语言以 1 代表真，以 0 代表假。

**4. 逻辑运算符**

C51 的逻辑运算符有 3 种：

&& 逻辑与（AND）

|| 逻辑或（OR）

! 逻辑非（NOT）

逻辑与 && 和逻辑或 || 是双目运算符，要求有两个运算对象；而逻辑非！是单目运算符，只要求一个运算对象。

C51 逻辑运算符与算术运算符、关系运算符、赋值运算符之间优先级的次序为：逻辑非！运算符优先级最高，关系运算符低于算术运算符但高于逻辑与 && 和逻辑或 || 运算符，最低的是赋值运算符。

逻辑表达式的结合性为自左向右。用逻辑运算符将关系表达式或逻辑量连接起来的式子称为逻辑表达式，逻辑表达式的值应该是一个逻辑量“真”或“假”。逻辑表达式的值与关系表达式的值相同，以 0 代表假，以 1 代表真。

系统给出的逻辑运算结果不是 0 就是 1，不可以是其他值。这与后面讲到的位逻辑运算

是截然不同的，应该注意区别逻辑运算与位逻辑运算这两个不同的概念。

在由多个逻辑运算符构成的逻辑表达式中，并不是所有的逻辑运算符都被执行，只是在必须执行下一个逻辑运算符后才能求出表达式的值时，才执行该运算符。由于逻辑运算符的结合性为自左向右，所以对于逻辑与 && 运算符来说，只有左边的值不为假才继续执行右边的运算。对于逻辑或||运算符来说，只有左边的值为假才继续进行右边的运算。

**5. C51 位操作及其表达式**

C51 有如下位操作运算符：

&　　按位与

|　　接位或

^　　接位异或

~　　按位取反

<<　　位左移

>>　　位右移

除了按位取反运算符~以外，以上位操作运算符都是双目运算符，即要求运算符两侧各有一个运算对象。位运算对象只能是整型或字符型数，不能为实型数据。

按位与运算符 & 的运算规则是参加运算的两个运算对象，若两者相应的位都为 1，则该位结果值为 1，否则为 0。

按位或运算符 | 的运算规则是参加运算的两个运算对象，若两者相应的位中只要有一个为 1，则该位结果为 1。

按位异或运算符^的运算规则是参加运算的两个运算对象，若两者相应的位相同，则结果为 0；若两者相应的位相异，则结果为 1。

按位取反运算符~是一个单目运算符，用来对一个二进制数按位进行取反，即 0 变 1，1 变 0。~运算符的优先级比别的算术运算符、关系运算符和其他运算符都高。

位左移<<和位右移运算符>>用来将一个数各二进制位的全部左移或右移若干位，移位后，空白位补 0，而溢出的位舍弃。

对于二进制数来说，左移 1 位相当于对该数乘 2，而右移 1 位相当于该数除 2，利用这一性质可以用移位来做快速乘除法。

## 4.3　C51 语言的函数

在 C51 语言中，函数是一个完成某一功能的执行代码段。C51 语言中函数的数目是不限制的，但是一个 C51 程序必须有一个函数以 main 为名，称为主函数，主函数是程序的入口，主函数中的所有语句执行完毕，则程序执行结束。C51 还可以定义和调用子函数，子函数是完成某一任务的程序模块。

### 4.3.1　函数的分类

从结构上分，C51 语言函数可分为主函数 main( ) 和普通函数两种。而普通函数又划分为两种：标准库函数和用户自定义函数。

### 1. 标准库函数

标准库函数是由 C51 编译器提供的。编程者在进行程序设计时，应该善于利用这些功能强大、资源丰富的标准库函数资源，以提高编程效率。

用户可直接调用 C51 库函数而不需为这个函数编写任何代码，只需要包含具有该函数说明的头文件即可。例如，调用正弦计算函数 sin(x)时，要求程序在调用数学计算库函数前包含以下的 include 命令：

```
#include <math.h>
```

### 2. 用户自定义函数

用户自定义函数是用户根据需要所编写的函数。从函数定义的形式分为无参函数、有参函数和空函数。

1）无参函数：此种函数在被调用时，既无参数输入，也不返回结果给调用函数，只是为完成某种操作而编写的函数。

无参函数的定义形式为

```
返回值类型标识符　函数名()
{函数体;
}
```

无参函数一般不带返回值，因此函数的返回值类型标识符可省略。

例如，函数 main()，该函数为无参函数，返回值类型的标识符可省略。

2）有参函数：调用此种函数时，必须提供实际的输入函数。

有参函数的定义形式为

```
返回值类型标识符　函数名(形式参数列表)
形式参数说明
{函数体;
}
```

例如，定义一个函数 max()，用于求两个数中的大数。

```
int a,b
int max(a, b)
{  if(a>b)return(a);
   else  return(b);
}
```

上面程序段中，a、b 为形式参数，return()为返回语句。

3）空函数：此种函数体内是空白的。调用空函数时，什么工作也不做，不起任何作用。定义空函数的目的，并不是为了执行某种操作，而是为了以后程序功能的扩充。先将一些基本模块的功能函数定义成空函数，占好位置，并写好注释，以后再用一个编好的函数代替它。这样整个程序的结构清晰，可读性好，以后扩充新功能会更加方便。

空函数的定义形式为

```
返回值类型标识符　函数名(){    }
```

例如：

```
float min(   )
{      }                /*空函数,占好位置*/
```

### 4.3.2 函数的参数与返回值

**1. 函数的参数**

C 语言采用函数之间的参数传递方式，使一个函数能对不同的变量进行功能相同的处理，从而大大提高了函数的通用性与灵活性。

函数之间的参数传递，由主函数调用时主调函数的实际参数与被调函数的形式参数之间进行数据传递来实现。

被调用函数的最后结果由被调用函数的 return 语句返回给调用函数。

函数的参数包括形式参数和实际参数。

1）形式参数：函数的函数名后面括号中的变量名称为形式参数，简称形参。

2）实际参数：在函数调用时，主调函数名后面括号中的表达式称为实际参数，简称实参。

在 C 语言的函数调用中，实际参数与形式参数之间的数据传递是单向进行的，只能由实际参数传递给形式参数，而不能由形式参数传递给实际参数。

实际参数与形式参数的类型必须一致，否则会发生类型不匹配的错误。被调用函数的形式参数在函数未调用之前，并不占用实际内存单元。只有当函数调用发生时，被调用函数的形式参数才分配给内存单元，此时内存中调用函数的实际参数和被调用函数的形式参数位于不同的单元。在调用结束后，形式参数所占有的内存被系统释放，而实际参数所占有的内存单元仍保留并维持原值。

**2. 函数的返回值**

函数的返回值是通过函数中的 return 语句获得的。一个函数可以有一个以上的 return 语句，但是多于一个的 return 语句必须在选择结构（if 或 do/case）中使用（例如，前面求两个数中的大数函数 max( )的例子），因为被调用函数一定只能返回一个变量。

函数返回值的类型一般在定义函数时，由返回值的标识符来指定。例如，在函数名之前的 int 指定函数的返回值的类型为整型数（int）。若没有指定函数的返回值类型，默认返回值为整型类型。

当函数没有返回值时，则使用标识符 void 进行说明。

### 4.3.3 函数的调用

在一个函数中需要用到某个函数的功能时，就调用该函数。调用者称为主调函数，被调用者称为被调函数。

**1. 函数调用的一般形式**

函数调用的一般形式为

```
函数名{实际参数列表};
```

若被调函数是有参函数，则主调函数必须把被调函数所需要的参数传递给被调函数。传递给被调函数的数据称为实际参数（简称实参），必须与形参的数据在数量、类型和顺序上都一致。实参可以是常量、变量和表达式。实参对形参的数据是单向的，即只能将实参传递给形参。

**2. 函数调用的方式**

主调用函数对被调用函数的调用有以下 3 种方式：

1）函数调用语句。函数调用语句把被调用函数的函数名作为主调函数的一个语句。

例如，delay05( )；

此时，并不要求函数返回结果数值，只要求函数完成某种操作。

2）函数结果作为表达式的一个运算对象。

例如，result=2 * gcd(a,b)；

被调用函数以一个运算对象出现在表达式中。这要求被调用函数带有 return 语句，以便返回一个明确的数值参加表达式的运算。被调用函数 gcd 为表达式的一部分，它的返回值乘 2 再赋给变量 result。

3）函数参数，即被调用函数作为另一个函数的实际参数。

例如，m=max(a,gcd(u,v))；

其中，gcd(u,v)是一次函数调用，它的值作为另一个函数的 max( )的实际参数之一。

**3. 对调用函数的说明**

在一个函数调用另一个函数时，须具备以下条件：

1）被调用函数必须是已经存在的函数（库函数或用户自定义的函数）。

2）如果程序中使用了库函数，或使用了不在同一文件中的另外自定义函数，则应该在程序的开头处使用#include 包含语句，将所有的函数信息包含到程序中来。

例如，#include<stdio. h>，将标准的输入、输出头文件 stdio. h（在函数库中）包含到程序中来。

在程序编译时，系统会自动将函数库中的有关函数调入程序中，编译出完整的程序代码。

3）如果程序中使用了自定义函数，且该函数与调用它的函数同在一个文件中，则应根据主调用函数与被调用函数在文件中的位置，决定是否对被调用函数做出说明。

如果被调用函数在主调用函数之后，一般应在主调用函数中，在被调用函数调用之前，对被调用函数的返回值类型做出说明；如果被调用函数出现在主调用函数之前，不用对被调用函数进行说明；如果在所有函数定义之前，在文件的开头处，在函数的外部已经说明了函数的类型，则在主调用函数中不必对所调用的函数再做返回值类型说明。

## 4.3.4 中断函数

由于标准 C 没有处理单片机中断的定义，为了能进行 51 单片机的中断处理，C51 编译器对函数的定义进行了扩展，增加了一个扩展关键字 interrupt。使用 interrupt 可以将一个函数定义成中断服务函数。由于 C51 编译器在编译时对声明为中断服务程序的函数自动添加了相应的现场保护、阻断其他中断、返回时自动恢复现场等处理的程序段，因而在编写中断服务函数时可不必考虑这些问题，减小了用户编写中断服务程序的烦琐程度。

中断服务函数的一般形式为

**void 函数名(void) interrupt n [using m]**

C51 的中断函数是由系统调用的，因此既不带参数，也没有返回值。

关键字 interrupt 后的 n 是中断号，用于区分不同中断源的中断函数。

关键字 using 后的 m 是所选择的寄存器组，using m 是一个选项，可省略。如果没有使用 using 关键字指明寄存器组，中断函数中的所有工作寄存器的内容将被保存到堆栈中。

有关中断服务函数的具体使用注意事项，将在第 5 章详细介绍。

### 4.3.5 常用库函数

C51 语言的强大功能及其高效率在于提供了丰富的可直接调用的库函数。库函数可以使程序代码简单、结构清晰、易于调试和维护。

下面介绍几类常用的库函数，后面章节的例题中将会使用到。

1）特殊功能寄存器包含文件 reg51. h 或 reg52. h。reg51. h 中包含所有的 8051 的 sfr 及其位定义。reg52. h 中包含所有 8052 的 sfr 及其位定义，一般系统都包含 reg51. h 或 reg52. h。

2）绝对地址包含文件 absacc. h。该文件定义了几个宏，以确定各类存储空间的绝对地址。

3）输入/输出流函数位于 stadio. h 文件中。流函数默认用 8051 的串行口来作为数据的输入/输出。如果要修改为用户定义的 I/O 口读写数据，例如，改为 LCD 显示，可以修改 lib 目录中的 getkey. c 及 putchar. c 源文件，然后在库中替换它们即可。

4）数学运算函数 math. h。包括求绝对值、平方根、自然对数、三角函数和浮点运算等。

5）空操作、左右位移等内嵌代码 intrins. h。

## 4.4 C51 的程序结构

C51 的程序结构与标准 C 语言相同。C51 程序的基本单位是函数，一个 C51 源程序至少包含一个主函数，也可以包含一个主函数和其他若干个子函数。主函数是程序执行的入口，主函数中的所有语句执行完毕，则程序结束。

下面通过一个可实现 LED 闪烁控制功能的源程序来说明 C51 程序的基本结构。硬件电路原理图如图 4-3 所示。

程序如下：

```
#include <reg51. h>            //51 单片机寄存器定义头文件
void delay( );                 //延时函数声明
sbitp1_5=p1^5;                 //输出端口定义

main( )                        //主函数
{   while(1)                   //无限循环体
    {   p1_5=0;                //P1. 5="0",LED 点亮
        delay( );              //延时
        p1_5=1;                //P1. 5="1",LED 熄灭
        delay( );              //延时
    }
}
```

```
void delay (void)                  //延时函数
{ unsigned int i;                  //定义整形变量 i
  for (i=20000;i>0;i--);           //循环延时
}
```

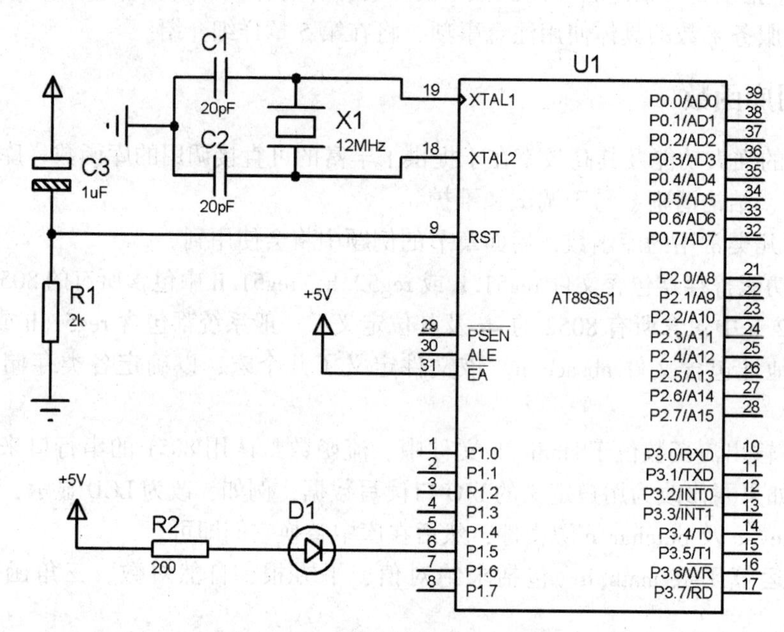


图 4-3　LED 闪烁控制电路原理图

在本例程序的开始处使用了预处理命令#include，它告诉编译器在编译时将头文件 reg51. h 读入一起编译。头文件 reg51. h 中包括了对 AT89S51 单片机特殊功能寄存器类型 sfr/sfr16 以及除 I/O 位端口以外的 sbit 类型数据的声明。

本例中 main()是一个无返回值、无参数函数，即主函数，注意一对圆括弧()必须有，不能省略；void delay(void)是子函数，在这里实现延时一段时间的功能，常称为延时函数，由主函数调用。语句中：

1）sbit p1_5=sbit P1^5 是全局变量定义，它将 P1. 5 端口定义为 P1_5 变量。

2）while(1)是循环控制语句，可实现无限次循环（死循环）。

3）p1_5=1 和 p1_5=0 是两个赋值语句，注意等号=是赋值运算符。

4）unsigned char i 是局部变量定义，仅在执行延时函数时分配变量 i。

综上所述，C51 语言程序的基本结构为

```
包含<头文件>
函数类型说明
全局变量定义
main()  {
局部变量定义
<程序体>  }
func1()  {
局部变量定义
<程序体>  }
```

```
…
funcN( )  {
局部变量定义
<程序体>  }
```

其中，func1( ) ~funcN( )代表用户定义的函数，程序体指 C51 提供的任何库函数调用语句、控制流程语句或其他函数调用语句。

## 4.5 C51 仿真开发环境

### 4.5.1 Keil uVision 编译环境

Keil uVision 是德国 Keil Software 公司出品的单片机集成开发软件包，该软件支持 51 单片机的所有兼容机（目前共有 400 多种型号）。Keil 提供了 C 编译器、汇编编译器、连接器、库管理及一个功能强大的仿真调试器，通过一个 Windows 下的 uVisoin3 集成开发环境组合起来，可运行在 Windows XP、Windows 7、Windows 8 等操作系统下。

uVision3 的软件界面包括 4 大组成部分，即菜单工具栏、工程管理窗口、文件窗口和输出窗口，如图 4-4 所示。以下做一简单介绍。

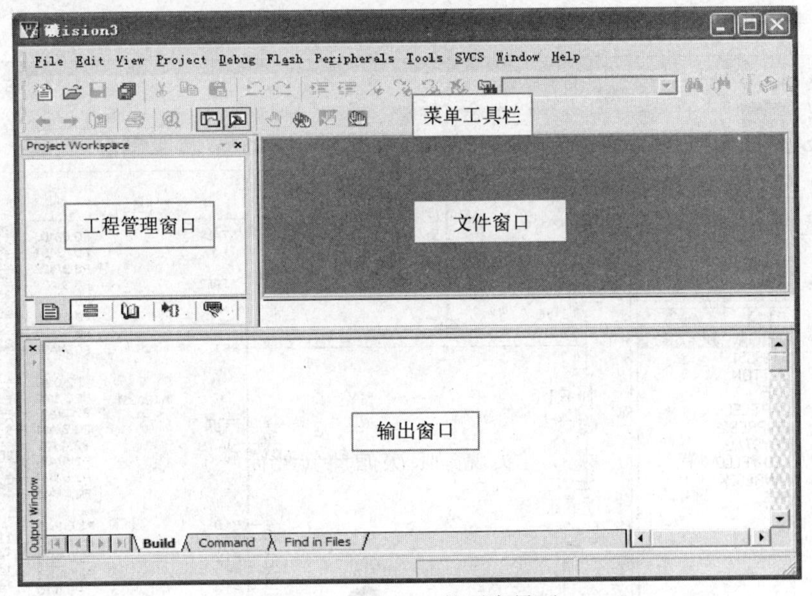


图 4-4　uVision3 的开发界面

1）菜单工具栏：uVision3 中共有 11 个下拉菜单。工具栏的位置和数量可以通过设置选定和移动。

2）工程管理窗口：用于管理工程文件目录，它由 5 个子窗口组成，即文件窗口、寄存器窗口、帮助窗口、函数窗口和模版窗口。

3）文件窗口：文件窗口用于显示打开的程序文件，多个文件可以通过窗口下方的文件选项卡进行切换。

4）输出窗口：输出窗口用于编译过程中的信息交互作用，由 3 个子窗口组成，即编译窗口、命令窗口和搜寻窗口。

为了掌握程序运行信息，Keil 软件在调试程序时还提供了许多信息窗口，包括观察窗口（Watch & Call Stack Windows）、输出窗口（Output Windows）、存储器窗口（Memory Window）、反汇编窗口（Dissambly Window）和串行窗口（Serial Window）等。

为了能够比较直观地了解单片机的并行口、定时/计数器、中断系统和串行口的工作情况，Keil 还提供了这些部件的对话框。

然而，Keil 的这些模拟调试手段都是通过数值变化来监测程序运行的，很难直接看出程序的实际运行效果，特别是对于包含测量、控制、人机交互等外围设备的单片机应用系统来说缺乏直观性。而具有强大仿真功能的 Proteus 软件可以在电路图上直观地看到程序的运行效果，可惜只支持汇编程序的编译，不支持 C51 程序的编译。因此，将这两个软件结合起来使用则可使两个软件优势互补，从而组建单片机应用系统的 C51 程序开发整机虚拟实验环境。该虚拟实验环境包括一个硬件执行环境和一个软件执行环境，其中，Proteus 提供硬件仿真与运行环境，Keil 提供软件执行环境。

### 4.5.2 基于 Proteus 和 Keil C 的程序开发过程

下面以一个单片机控制 LED 闪烁为例，介绍基于 Proteus 和 Keil C 的仿真开发过程。

1）启动 Proteus 开发平台的 ISIS（智能原理图输入系统），画出 LED 闪烁控制的系统原理图，如图 4-5 所示。

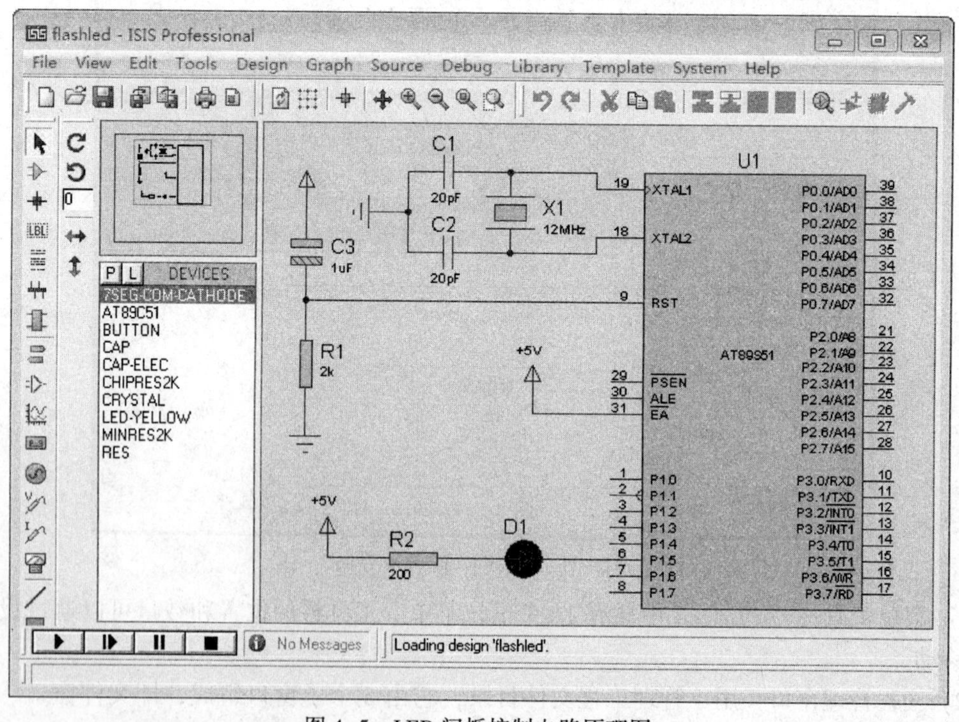


图 4-5　LED 闪烁控制电路原理图

2）启动 Keil uVision 开发平台，建立一个新 Keil 工程 ledflash，并做简单设置，新建源程序文件，输入程序代码并保存为 ledflash. c，导入工程，编译，生成可执行文件 ledflash. hex，如图 4-6 所示。

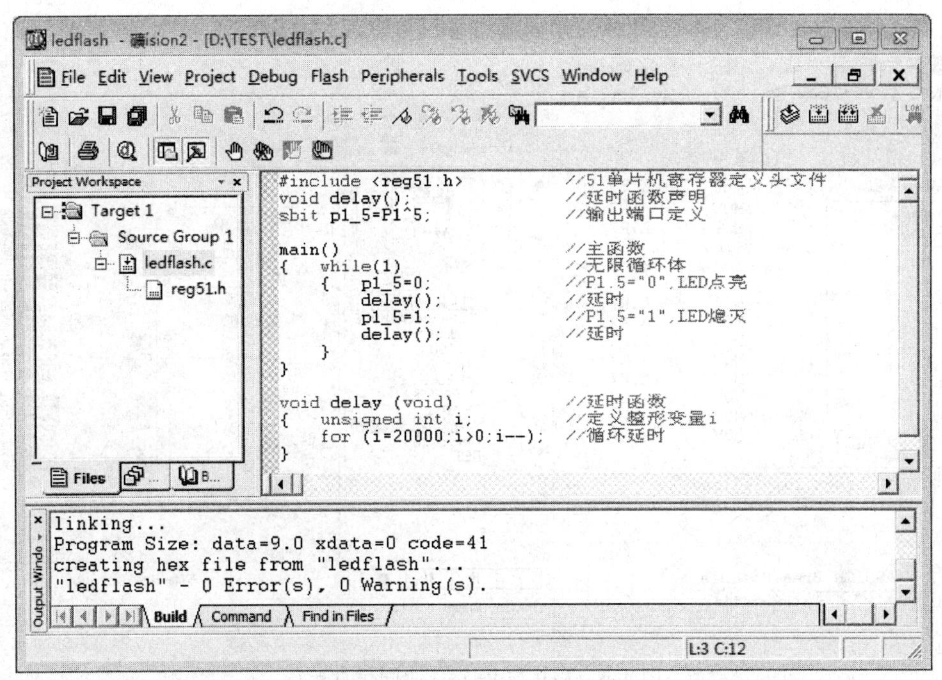


图 4-6 uVision 开发界面

3）如果不进行联合仿真，则将 ledflash. hex 文件加载到原理图中的单片机即可仿真运行；如果进行联合仿真，则启动 uVision 中的 Debug，将可执行文件下载到 ISIS 中，出现反汇编界面，如图 4-7 所示。

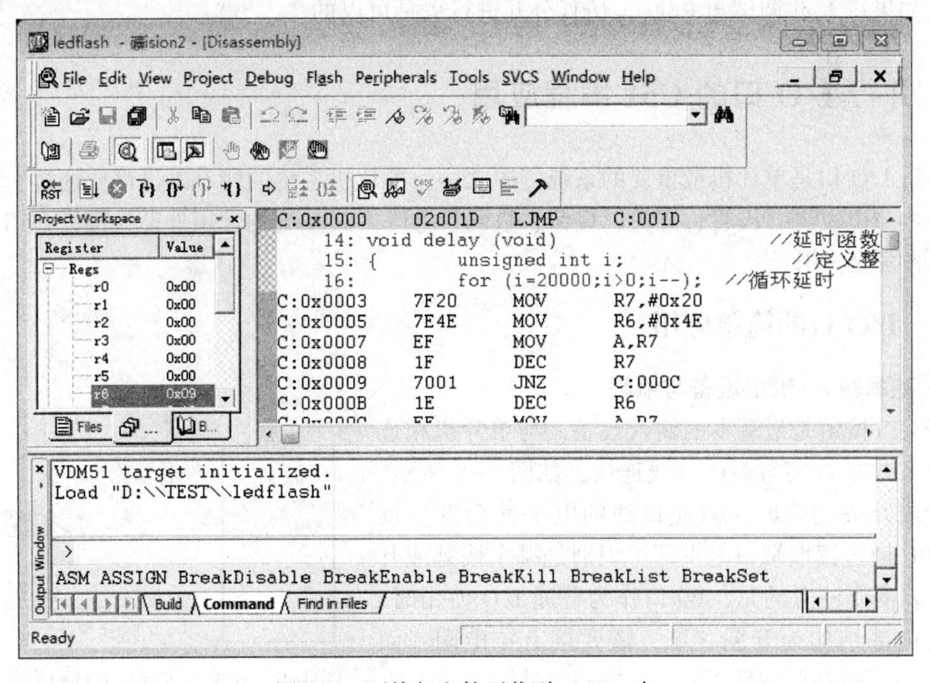


图 4-7 可执行文件下载到 Proteus 中

4）在 uVision 中启动运行，则可在 ISIS 中看到运行结果，如图 4-8 所示。

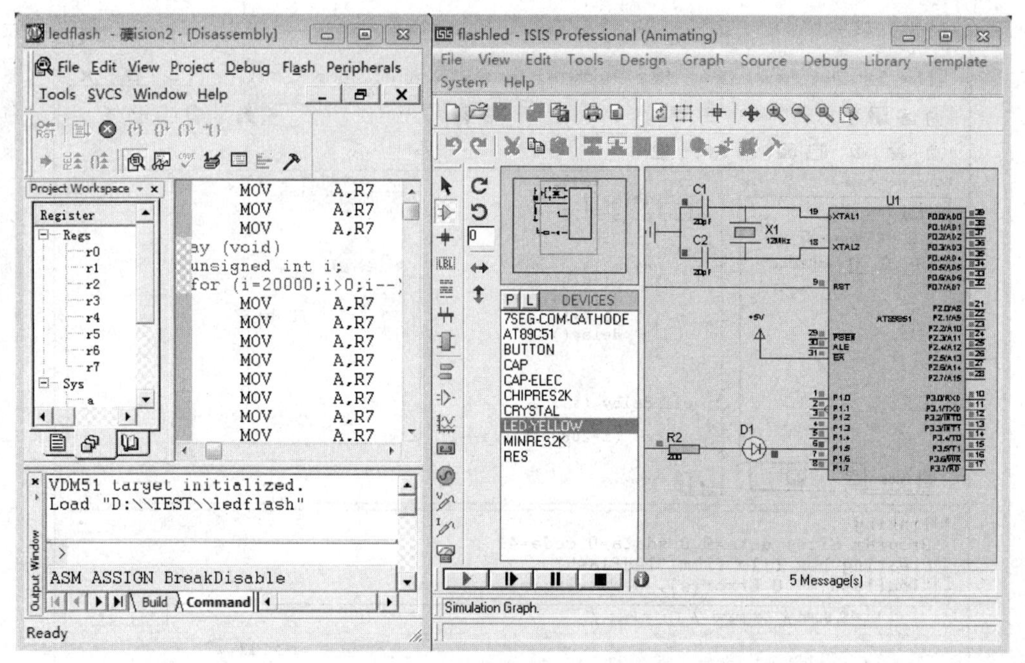

图 4-8　Keil 与 Proteus 协同仿真运行

需要指出的是，要实现 Keil 与 Proteus 联合调试与仿真，两个软件都应进行必要的关联设置。首先要安装 Proteus 软件附带的 Keil 驱动 vdmagdi. exe，同时 ISIS 中要允许远程调试监控（Use Remote Debug Monitor）；同时 Keil 的工程设置中要勾选使用 Proteus VSM Simulator。当然，如果将 Keil 调试与 Proteus 仿真分开进行也是可以的。

## 4.6　并行 I/O 口的 C51 编程应用

并行 I/O 口是单片机最重要的系统资源之一。单片机系统的所有外设都要通过 I/O 口来连接。本节以发光二极管、开关、按钮、数码管等嵌入式系统的常用外设为例，介绍单片机 I/O 口的编程应用。

### 4.6.1　I/O 口的简单应用

**1. 基本输入/输出设备与编程**

开关或按键是最基本的输入设备，与单片机相连的简单方式是直接与 I/O 口线连接，如图 4-9 所示。当按键或开关闭合时，对应口线的电平就会发生反转，CPU 通过读取端口电平即可识别是哪个按键或开关动作。需要注意的是，P0 口作为普通 I/O 使用时，由于其内部结构为开漏状态，需要接上拉电阻，而 P1～P3 口不存在此问题。

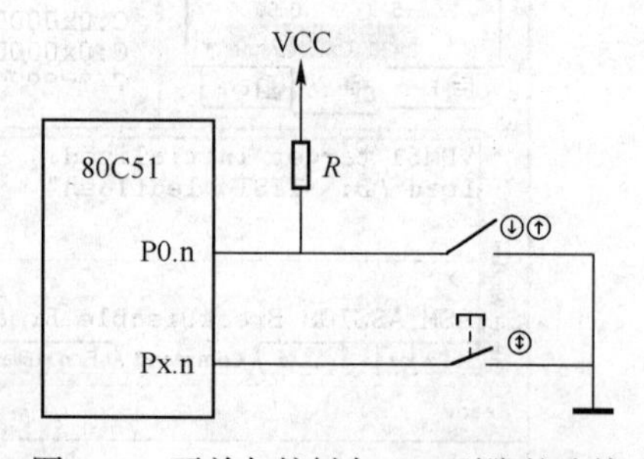


图 4-9　开关与按键与 I/O 引脚的连接

发光二极管作为基本的显示输出设备，因其具有功耗低、寿命长、响应速度快的特点而应用广泛。发光二极管与单片机 I/O 引脚的连接有高电平驱动和低电平驱动两种方式，如

图 4-10 所示。由于 P1~P3 口内部有 20 kΩ 左右的上拉电阻，如果高电平输出，则不会点亮 LED；如果端口引脚为低电平，则能使电流 $I_d$ 从单片机的外部电源流入内部，只需要选取合适阻值的限流电阻 $R$ 即可。所以，当 P1~P3 端口驱动 LED 发光二极管时，应该采用低电平驱动。当然，采用高电平驱动如果外接上拉电阻也是可以的。

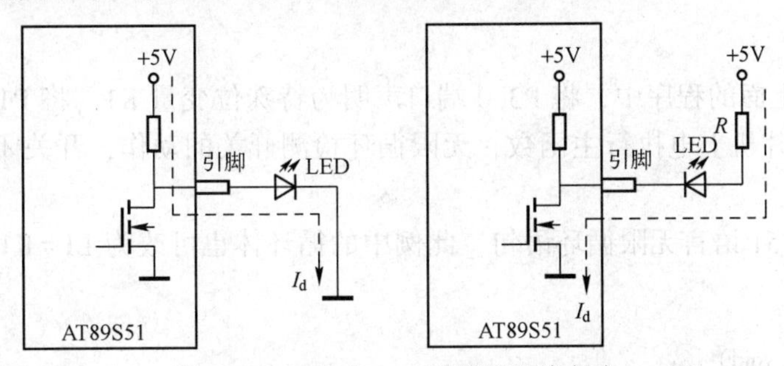


图 4-10 LED 与 I/O 引脚的连接方式

【**例 4-1**】如图 4-11 所示，单片机 I/O 引脚连接一开关和一 LED，编程实现当 K1 合上时 L1 点亮，当 K1 断开时 L1 熄灭（模拟开关灯）。

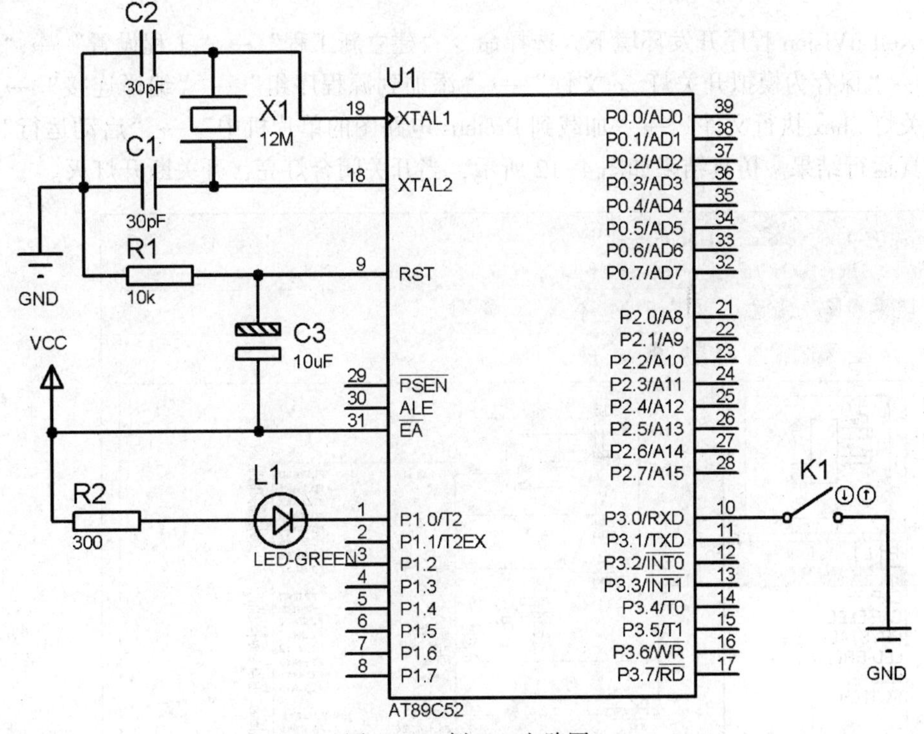


图 4-11 例 4-1 电路图

参考程序如下：

```
#include <REG51. H>
sbit K1=P3^0;                //定义开关变量
sbit L1=P1^0;                //定义灯变量
void main(void)
{
```

```
    while(1)
        {
            if(K1!=1)L1=0;  //灯亮
            else L1=1;      //灯灭
        }
}
```

程序分析：上面的程序中，将 P3.0 端口声明为特殊位变量 K1，将 P1.0 端口声明为特殊位变量 L1；单片机上电执行主函数，无限循环检测开关的动作，开关闭合则使灯亮，否则灯灭。

while(1)是 C51 语言无限循环语句，此例中的循环体也可改为 L1=K1 一条语句，即主函数也可如下：

```
void main(void)
{
  while(1)
      { L1=K1; }
}
```

在 Keil uVision 程序开发环境下，选择命令“建立新工程”→“工程设置”→“输入源程序”→“保存为模拟开关灯 .c 文件”→“添加到源程序组”→“编译连接”→“生成模拟开关灯 .hex 执行文件”→“加载到 Proteus 电路图的单片机中”→“启动运行”，即可看到仿真运行结果。仿真结果如图 4-12 所示，当开关闭合灯亮，开关断开灯灭。

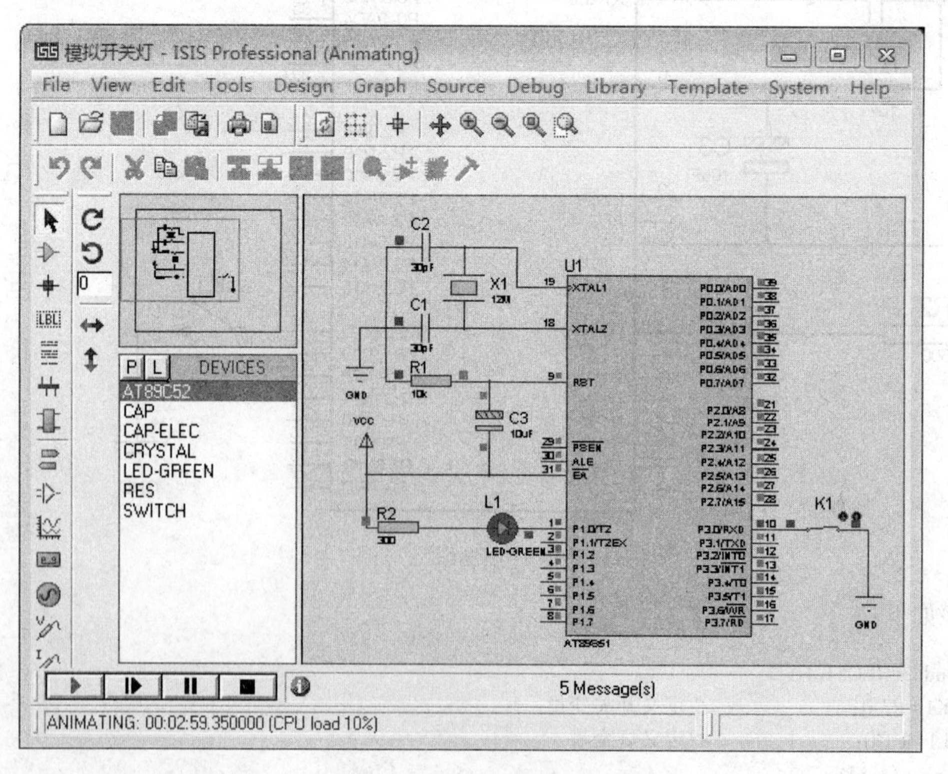


图 4-12　例 4-1 的仿真运行结果

二维码 4-1

【例 4-2】如图 4-13 所示，P0 口低 4 位连接了 4 个按钮，P2 口低 4 位连接了 4 个 LED，开机时 LED 全熄，编程要求根据按键的动作使相应的灯亮，并将亮灯状态保持到按压其他键时为止。

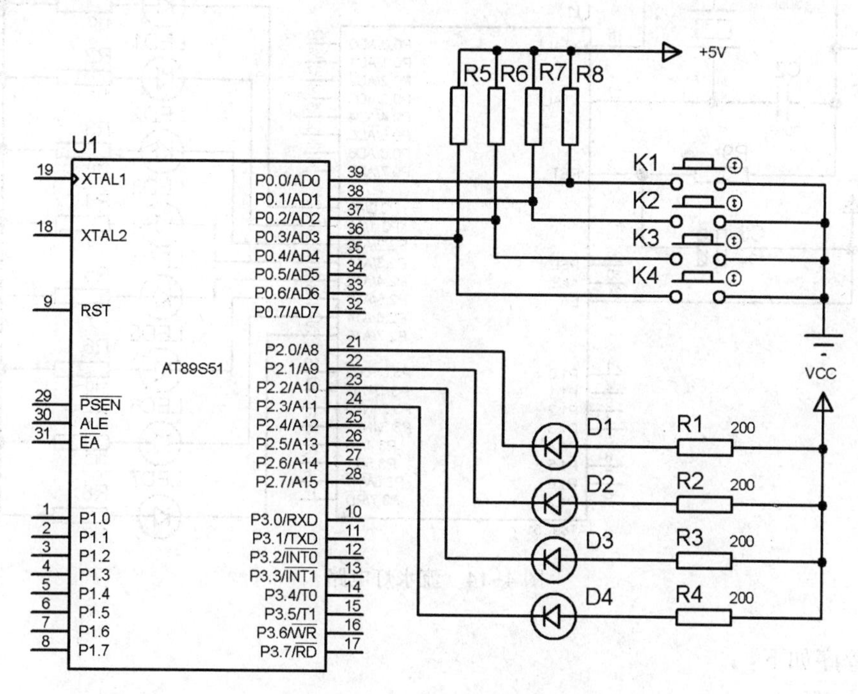

图 4-13　独立按键识别

参考程序如下：

```
#include <REG51. H>
void main( ) {
    char key = 0;                          //定义按键变量
    while(1) {
            key = P0 & 0x0F;               //读取按键状态,且高 4 位清零
            if (key != 0x0F) P2 = key;     //有按键动作时,P0 状态值送 P2
    }}
```

程序分析：为使按键抬起后 LED 能保持先前的点亮状态，需要在按键未压下期间禁止向 P2 输出 P0 状态值。

【例 4-3】如图 4-14 所示，8 个发光二极管 LED0~LED7 经限流电阻分别接至 P2 口的 P2.0~P2.7 引脚上，阳极共同接高电平。编程实现发光二极管的从上到下，然后从下到上的流水点亮，即按照 LED0→LED1→…→LED7→LED6→…→LED0 的顺序，每次点亮一个发光二极管，延时一段时间后熄灭这个发光二极管，然后点亮下一个发光二极管，重复循环。

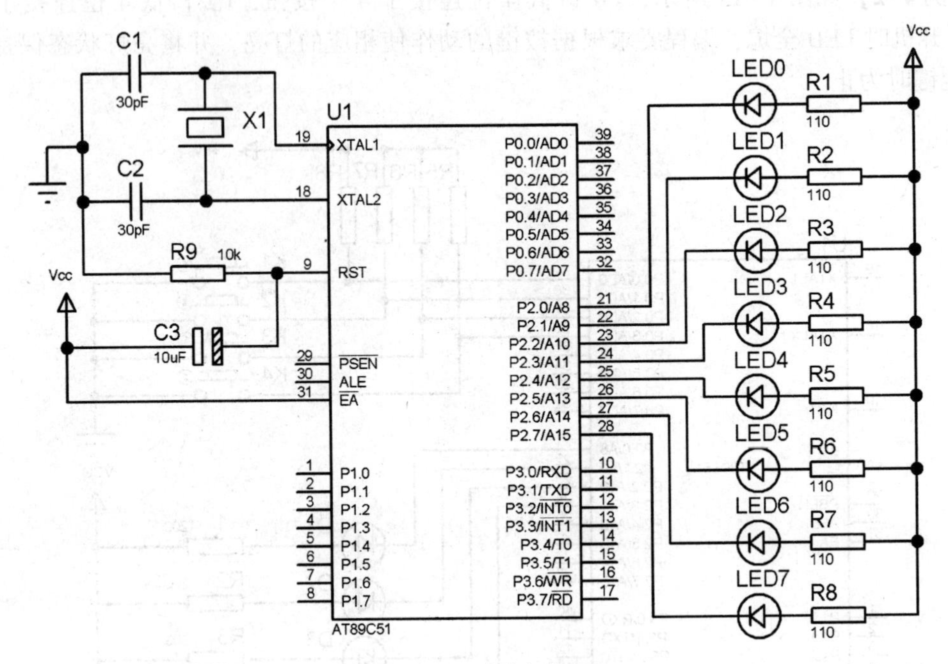


图 4-14　流水灯电路

参考程序如下：

```
#include <reg51.h>
#define uchar unsigned char
uchar code tab[ ] = {0xFE,0xFD,0xFB,0xF7,0xEF,0xDF,0xBF,0x7F,
                     0xBF,0xDF,0xEF,0xF7,0xFB,0xFD,0xFE,0xFF};
void  delay(  )
{  uchar i,j;
   for(i = 0; i < 255; i++)
       for(j = 0; j < 255; j++);
}
void  main(  )
{  uchar i;
   while (1)
   {  for(i = 0; i < 15; i++)
      {  P2=tab[i];
         delay();  }
   }
}
```

程序分析：此例中是将 P2 口循环送出的亮灯码构造为一个数组 tab[ ]，通过主函数中的循环控制变量 i 作为数组的下标来引用数组中的数据 tab[i]，依次送出到 P2 口。

仿真运行结果如图 4-15 所示。

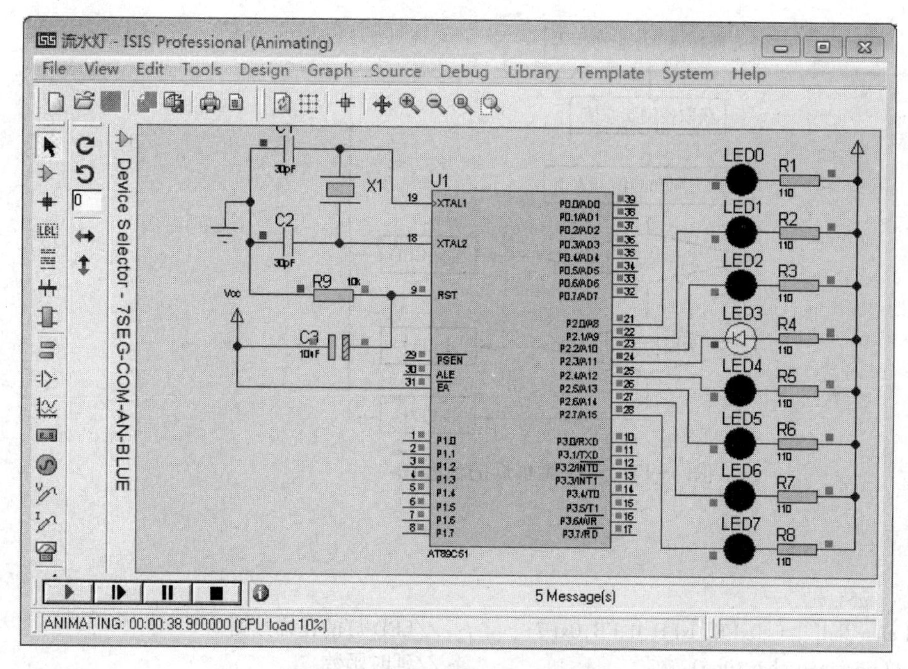


图 4-15　例 4-3 的仿真运行效果

二维码 4-2

【例 4-4】如图 4-16 所示，编写键控流水灯程序。图中 K1 为“启动键”，首次按压 K1 可产生“自上向下”的流水灯运动；K2 为“停止键”，按压 K2 可终止流水灯的运动；K3 和 K4 为“方向键”，分别产生“自上向下”和“自下向上”运动。

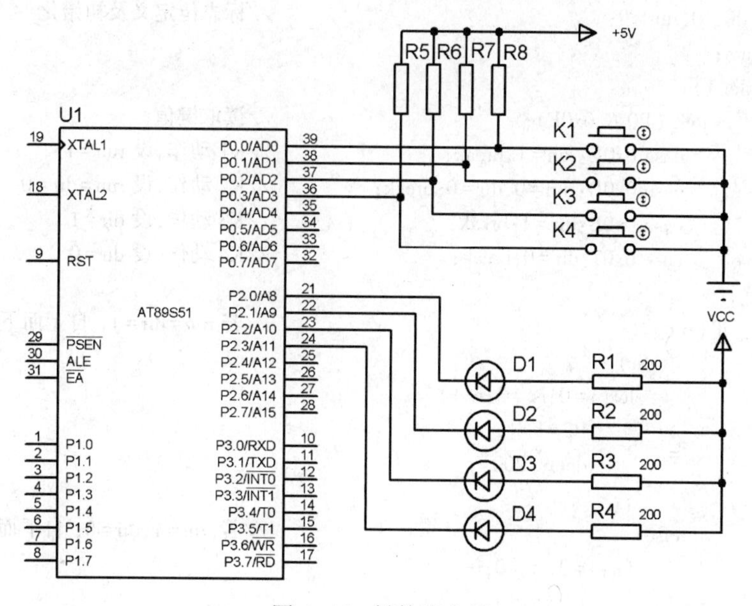


图 4-16　键控流水灯

分析：本例中灯的运行是根据当前的按键状态来决定的，即存在启动或停止两种状态和自上而下或自下而上两种方向，因此定义位变量 run 来记忆启动或停止状态，定义位变量 dir 来记忆运行方向。根据题意先画出程序流程图，如图 4-17 所示。

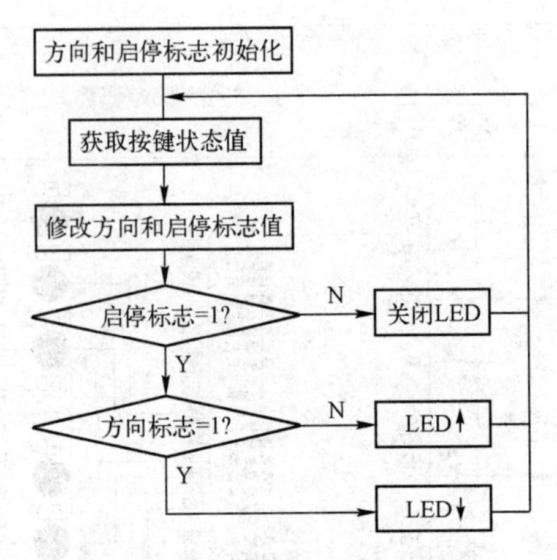

图 4-17　键控流水灯的流程图

参考程序如下：

```
#include "reg51.h"
unsigned char led[ ] = {0xFE,0xFD,0xFB,0xF7};                    //LED 灯的花样数据
void delay(unsigned char time)                                    //延时函数
{    unsigned int j = 15000;
     for( ;time>0;time--)
         for( ;j>0;j--);
}
void main( )
{    bit dir = 0,run = 0;                                          //标志位定义及初始化
     char i;
     while(1) {
         switch (P0 & 0x0F) {                                      //读取键值
             case 0x0E:run = 1;break;                              //K1 动作,设 run = 1
             case 0x0D:run = 0,dir = 0;break;                      //K2 动作,设 run = dir = 0
             case 0x0B:dir = 1;break;                              //K3 动作,设 dir = 1
             case 0x07:dir = 0;break;                              //K4 动作,设 dir = 0
         }
         if (run)                                                  //若 run = dir = 1, 自上而下流动
             if(dir)
                 for(i = 0;i<= 3;i++) {
                     P2 = led[i];
                     delay(200);
                 }
             else                                                  //若 run = 1,dir = 0, 自下而上流动
                 for(i = 3;i>= 0;i--) {
                     P2 = led[i];
                     delay(200);
                 }
         else P2 = 0xFF;                                           //若 run = 0,灯全灭
     }
}
```

**2. LED 数码管原理与编程**

LED 数码管显示器是由发光二极管构成的，具有显示亮度高、响应速度快的特点，在单片机应用系统中使用非常普遍。通常所说的 LED 数码管显示器由 7 个发光二极管组成，因此称为 7 段 LED 显示器，其排列形状如图 4-18 所示。显示器中还有一个圆点型发光二极管（在图中以 dp 表示），用于显示小数点。通过 7 个发光二极管亮暗的不同组合，可以显示多种数字、字母以及其他符号。LED 显示器中的发光二极管有共阴极和共阳极两种连接方法。

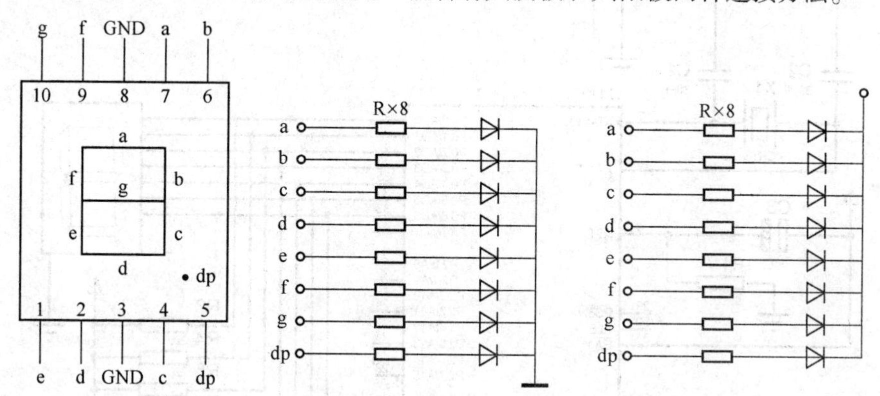


图 4-18　7 段 LED 显示数码管

（1）共阳极接法

把发光二极管的阳极连在一起构成公共阳极。使用时公共阳极接+5 V，这样阴极端输入低电平的发光二极管就导通点亮，而输入高电平的则不点亮。

（2）共阴极接法

把发光二极管的阴极连在一起构成公共阴极。使用时公共阴极接地，这样阳极端输入高电平的发光二极管就导通点亮，而输入低电平的则不点亮。

为了显示数字或符号，要为 LED 显示器提供代码，因为这些代码是为显示字形的，所以称为字形码或段码。7 段发光二极管，再加上一个小数点位，共计 8 段。因此提供给 LED 显示器的字形代码正好为一个字节。使用 LED 显示器显示 0~9 的字形码见表 4-3。表中是按共阴极各段的代码列出，共阳极正好是按位取反。

**表 4-3　7 段 LED 显示器字型码**

| 显示字符 | dp | g | f | e | d | c | b | a | 字型码 | |
|---|---|---|---|---|---|---|---|---|---|---|
| | | | | | | | | | 共阴极 | 共阳极 |
| 0 | 0 | 0 | 1 | 1 | 1 | 1 | 1 | 1 | 3F | C0 |
| 1 | 0 | 0 | 0 | 0 | 0 | 1 | 1 | 0 | 06 | F9 |
| 2 | 0 | 1 | 0 | 1 | 1 | 0 | 1 | 1 | 5B | A4 |
| 3 | 0 | 1 | 0 | 0 | 1 | 1 | 1 | 1 | 4F | B0 |
| 4 | 0 | 1 | 1 | 0 | 0 | 1 | 1 | 0 | 66 | 99 |
| 5 | 0 | 1 | 1 | 0 | 1 | 1 | 0 | 1 | 6D | 92 |
| 6 | 0 | 1 | 1 | 1 | 1 | 1 | 0 | 1 | 7D | 82 |
| 7 | 0 | 0 | 0 | 0 | 0 | 1 | 1 | 1 | 07 | F8 |
| 8 | 0 | 1 | 1 | 1 | 1 | 1 | 1 | 1 | 7F | 80 |
| 9 | 0 | 1 | 1 | 0 | 1 | 1 | 1 | 1 | 6F | 90 |

7 段 LED 显示器需要由驱动电路驱动。在 7 段 LED 显示器中，共阳极显示器，用低电平驱动；共阴极显示器，用高电平驱动。此外，多位数码管显示器有静态显示和动态显示两种接口方式。

**【例 4-5】** 如图 4-19 所示，在 P0 口连接一个共阴极数码管，编程使数码管循环显示 0~9 数字。

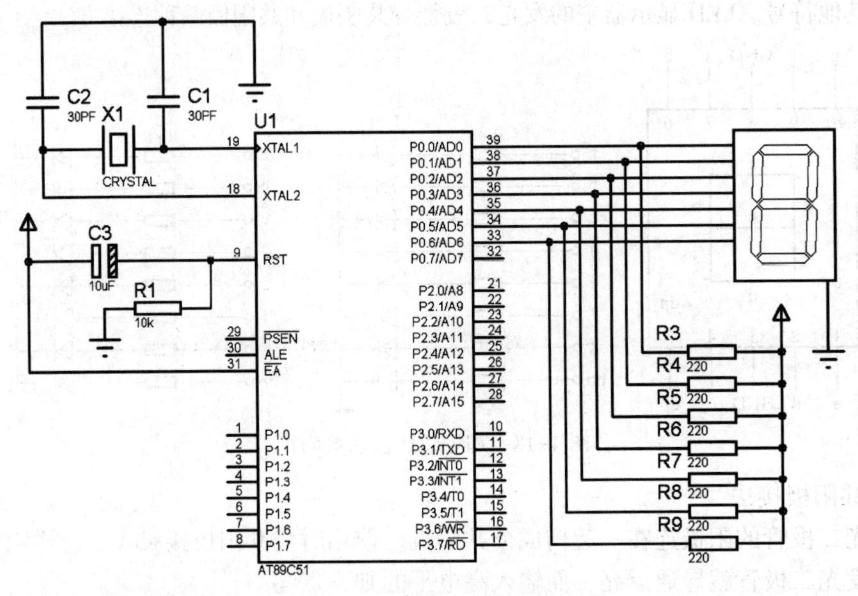

图 4-19　例 4-5 电路图

分析：将显示码循环输出到 P0 口即可实现循环显示。但由于数字 0~9 的显示段码没有规律可循，需要采取查表方式进行操作。

1）将显示码按序存储在一个数组中，顺序号与代表的显示字符相对应（如 char led_mod [ ]= {x1,x2,⋯.,xn)。

2）通过查表语句（如 P0=led_mode[i]）输出显示码。参考程序如下：

```
#include <reg51. h>                     //包括一个 51 标准内核的头文件
char led_mod[ ] = {0x3F,0x06,0x5B,0x4F,0x66,0x6D,0x7D,0x07,0x7F,0x6F}; //LED 显示字模

void delay( unsigned int time)          //定义一个延时函数用于数码切换的延时
{    unsigned int j = 0;
     for( ;time>0;time--)
          for( j=0;j<125;j++) ;
}
void main( void)
{      char i = 0;                      //循环变量 i
       while( 1)
       {    for( i=0;i<=9;i++)
            {     P0=led_mod[ i] ;      //循环变量 i 作为数组下标引用字形码
                  delay( 500) ; }
       }
}
```

【例 4-6】如图 4-20 所示，两个数码管分别连接在 P0 口和 P2 口，编程实现计数显示器功能，即以十进制形式显示击键的次数，LED1 和 LED2 分别显示击键次数的十位和个位，次数大于 99 后重新由 0 开始。

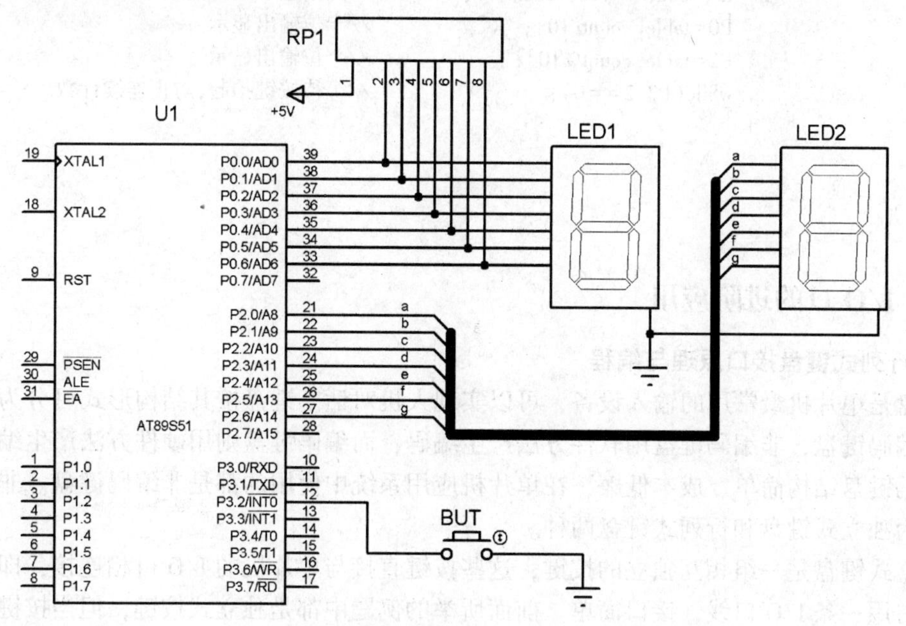

图 4-20　例 4-6 电路图

编程原理如下：

1）计数统计原理是循环读取 P3.2 口电平，如输入为 0，计数变量 count 加 1；如判断计数满 100，则 count 清零。为避免按键在压下期间连续计数，每次计数处理后都需要查询 P3.2 口电平，直到 P3.2 为 1（也就是按键释放）时才能结束此次统计。

2）拆字显示的原理：

取模运算（%10）→个位为 P2 = table[count%10]；

整除 10 运算（/10）→十位为 P0 = table[count/10]。

完整参考程序如下：

```
#include<reg51.h>
sbit P3_2=P3^2;
unsigned char code table[ ]= {0x3F,0x06,0x5B,0x4F,0x66,0x6D,0x7D,0x07,0x7F,0x6F};
unsigned char count;                              //定义计数器
void delay (unsigned int time)
{    unsigned int j=0;
     for ( ; time; time--)
     for ( ;j<125;j++);
}
void main (void)
{    count=0;
     P0=P2=table[0];                              //显示初值 00
     while(1)
     {  if(P3_2==0)                               //检测按键是否压下
```

```
            {   delay(10);                          //软件延时消抖
            if(P3_2==0)
               {  count++;                          //计数器加1
                  if ( count==100) count=0;         //判断显示是否超限
                  P0=table[ count/10];              //十位输出显示
                  P2=table[ count%10];              //个位输出显示
                  while(P3_2==0);                   //等待按键抬起,防止连续计数
               }
            }
        }
}
```

### 4.6.2 I/O 口的进阶应用

**1. 行列式键盘接口原理与编程**

键盘是单片机最常用的输入设备，可以实现人机对话。键盘按其结构形式可分为非编码键盘和编码键盘，非编码键盘用软件方法产生编码，而编码键盘则用硬件方法产生编码。由于非编码键盘结构简单、成本低廉，在单片机应用系统中使用的都是非编码键盘。非编码键盘又分为独立式键盘和行列式键盘两种。

独立式键盘是一组相互独立的按键，这些按键直接与单片机的 I/O 口相连接，即每个按键独立占用一条 I/O 口线，接口简单。前面所举的例题中都是独立式按键，但当按键数目较多时，键盘占用 I/O 口较多，此时一般采用行列式键盘，也称矩阵式键盘。

矩阵式键盘上的按键按行列组成矩阵，在行列的交叉点上连接有一个键。为了实现键盘的数据输入功能和命令处理功能，每个键都有一个处理子程序。为此每个键对应一个键码，以便根据键码转到相应的键处理子程序。为了得到被按键的键码，有专门的按键识别方法。常用的按键识别方法有行扫描法和线反转法两种，其中行扫描法使用较为普遍。

行扫描法的基本原理：使一条列线为低电平，如果这条列线上没有闭合键，则各行线的状态都为高电平；如果列线上有闭合键，则相应的那条行线即变为低电平。这样就可以根据行线号和列线号求得闭合键的键码。其识别过程如下：

1）键扫描。首先是判定有没有键被按下。键盘的各行线一端经电阻接+5 V 电源，另一端接单片机的输入口线。各列线的一端接单片机的输出口线，另一端悬空。为判定有没有键被按下，可先经输出口向所有列线输出低电平，然后再读入各行线状态。若行线状态皆为高电平，则表明无按键被按下；若行线状态中有低电平，则表明有按键被按下。

2）去抖动。当测试表明有键被按下之后就进行去抖动处理。因为常用键盘的键是一个机械开关结构，被按下时，由于机械触点的弹性及电压突跳等原因，在触点闭合或断开的瞬间会出现电压抖动。抖动时间长短与键的机械特性有关，一般为 5~10 ms。

为保证键识别的准确，在电压信号抖动的情况下不能进行行状态输入，为此需要进行去抖动处理。去抖动有硬件和软件两种方法。硬件方法就是在键盘中附加去抖动电路，从根本上消除抖动产生的可能性；软件方法则是采用时间延迟以躲过抖动，待信号稳定之后，再进行键扫描。为简单起见，一般多采用软件消抖方法，即延时 10~20 ms 后再次判断。

3）键码识别。即判定被按键的位置。判定键位置的行扫描过程为，先使输出口输出 0FEH，然后读入行线状态，测试行线状态中是否有低电平。如果没有低电平，再使输出口

输出 0FDH，再测试行线状态是否有低电平。再输出 0FBH，以此类推，当行线中有状态为低电平时，则表示闭合键找到，通过此次扫描的列线值和行线值就可以知道闭合键的键码。

4）等待键释放。计算键码之后，再以延时和扫描的方法等待和判定键释放，然后就可以根据键码转相应的键处理子程序，进行数据的输入或命令的处理。等待键释放是为了保证键的一次闭合仅进行一次处理。

通常将键盘扫描与识别的程序编为一个子程序，在主程序中循环调用或定时调用，也可采用键盘中断的方式（见第 5 章）。

**【例 4-7】**如图 4-21 所示的矩阵式键盘，16 个按键的键码为 0~F，共阴极数码管用于显示键码，开机黑屏，按下任意按键后，数码管上显示该键的键号（0~F），若没有新键按下，维持前次按键结果。

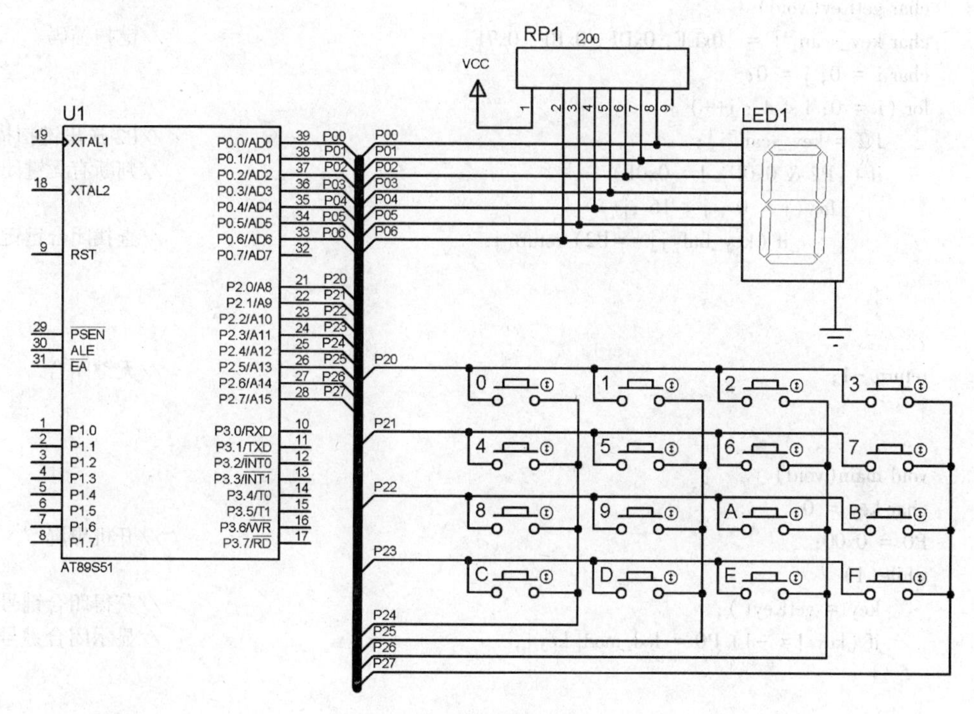


图 4-21　矩阵式键盘和 LED 显示

分析如下：

1）键盘列扫描。各行电平同时置 1，各列电平轮流清 0。由 P2 口循环输出键扫描码：key_scan[ ] = {0xEF, 0xDF, 0xBF, 0x7F};依次写入 P2,P2=key_scan[i]。

2）闭合按键判断。利用（P2&0x0F）判断有无按键压下，若发现其低 4 位为 f，说明无键压下；反之则必有一键压下，此时 P2 口的读入值必为根据按键闭合规律确定的键模数组 key_buf[ ]值之一。

```
key_buf [ ] = {0xEE, 0xDE, 0xBE, 0x7E,
               0xED, 0xDD, 0xBD, 0x7D,
               0xEB, 0xDB, 0xBB, 0x7B,
               0xE7, 0xD7, 0xB7, 0x77};
```

3）闭合键键号。即闭合键值与键值数组相等时的查询号 j。

```
for (j = 0 ; j < 16 ;j++) {
if (P2== key_buf [j])  return j; }
```

完整参考程序如下：

```
#include <reg51. h>
char led_mod[ ] = {0x3F,0x06,0x5B,0x4F,0x66,0x6D,0x7D,0x07,          //LED 显示码
                   0x7F,0x6F,0x77,0x7C,0x58,0x5E,0x79,0x71};
char key_buf[ ] = {0xEE, 0xDE, 0xBE, 0x7E,0xED, 0xDD, 0xBD, 0x7D,    //键值
                   0xEB, 0xDB, 0xBB, 0x7B,0xE7, 0xD7, 0xB7, 0x77};

char getKey(void) {
char key_scan[ ] = {0xEF, 0xDF, 0xBF, 0x7F};                          //键扫描码
char i = 0, j = 0;
for (i = 0; i < 4 ; i++) {
    P2 = key_scan[i];                                                //P2 送出键扫描码
    if ((P2 & 0x0F) != 0x0F) {                                       //判断有无键闭合
        for (j = 0 ; j < 16 ;j++) {
            if (key_buf[j]==P2) return j;                            //查找闭合键键号
        }
    }
}
return -1;                                                           //无键闭合
}

void main(void) {
char key = 0;
P0 = 0x00;                                                           //开机黑屏
while(1) {
    key = getKey();                                                  //获得闭合键号
    if (key != -1) P0 = led_mod[key];                                //显示闭合键号
    }
}
```

仿真运行界面如图 4-22 所示。

**2. 数码管的动态扫描显示原理与编程**

前面讲的例 4-7 中，每个数码管都要占用一个独立的并行口，这种接口方式称为静态显示接口方式（见图 4-23），其优点是编程简单、显示稳定，缺点是占用并行口线较多。对于多位数码管显示器，为了节省并行口常采用动态扫描显示接口方式，其接口特点是将所有数码管的段引脚并联共同占用一个并行口，但每位数码管的公共端需单独控制，如图 4-24 所示。

二维码 4-3

所谓动态显示就是用扫描方法轮流点亮各位显示器。对于每一位显示器而言，每隔一段时间点亮一次，在同一时刻只有一位显示器在工作，利用人眼的视觉暂留效应和发光二极管熄灭时的余辉效应，看到的却是多个字符同时显示。

显示器亮度既与点亮时的导通电流有关，也与点亮时间和间隔时间的比例有关。调整电

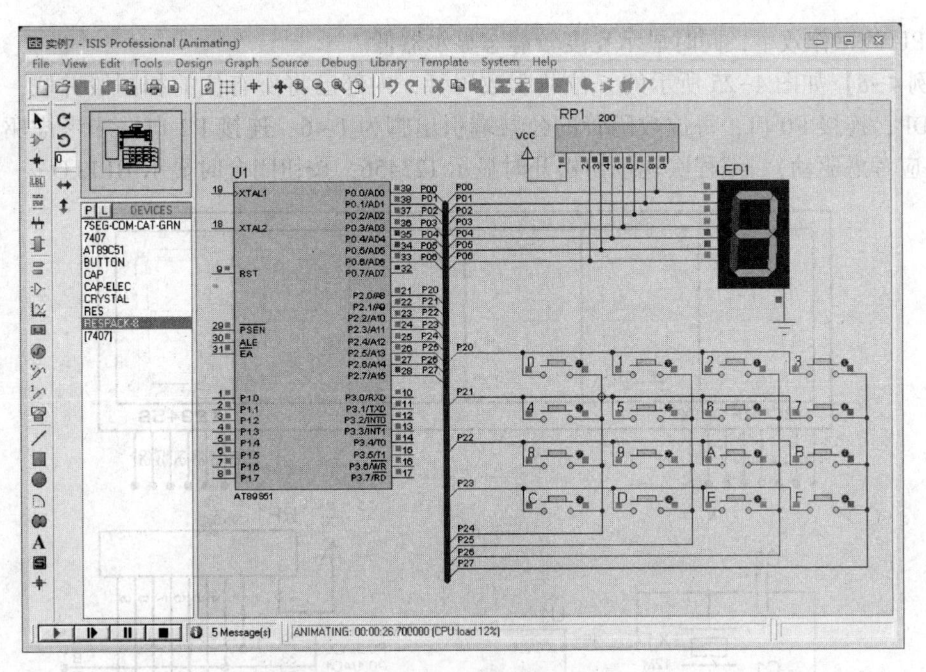


图 4-22　例 4-7 的仿真运行结果

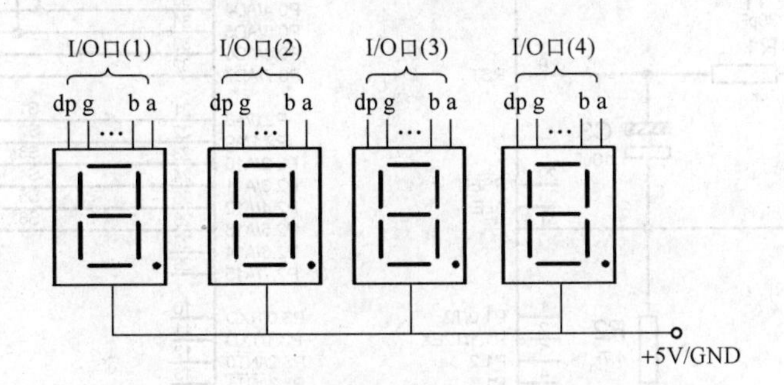


图 4-23　4 位数码管的静态显示接口方式

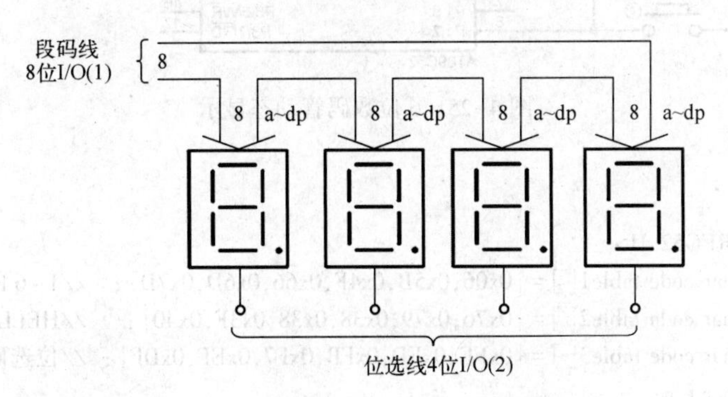


图 4-24　4 位数码管的动态显示接口方式

流和时间参数，可实现亮度较高、较稳定的显示。

动态扫描显示的优点是节省硬件资源，成本较低。但在应用系统程序运行过程中，要保证显示器正常显示，CPU 必须每隔一段时间调用一次显示子程序，占用 CPU 大量时间，降低了 CPU 的工作效率，同时显示亮度较静态显示器低。

**【例 4-8】** 如图 4-25 所示的 6 位共阴数码管，内部已将所有位的相同段并联，引出脚为 A~DP，连接 P0 口；每位数码管的公共端引出脚为 1~6，连接 P2 口（未考虑驱动，实际电路应考虑驱动）。编程实现按钮松开时显示 123456，按钮闭合时显示 HELLO-。

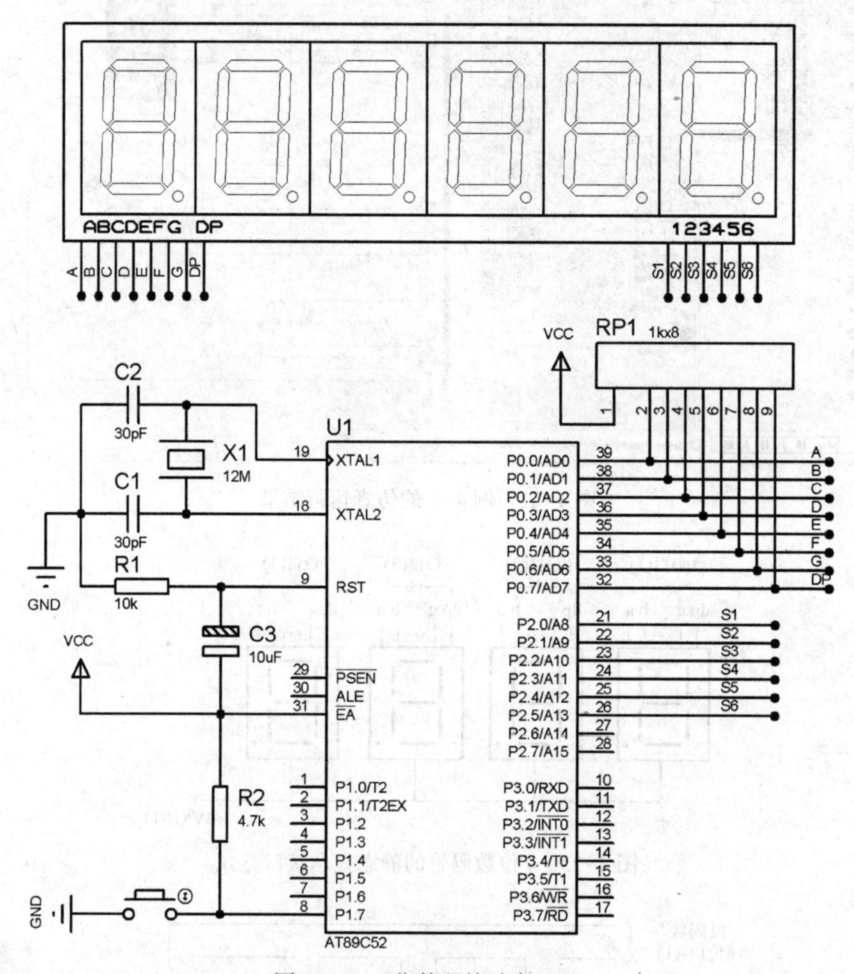


图 4-25　6 位数码管动态显示

参考程序如下：

```
#include <REG52. H>
unsigned char code table1[ ] = {0x06,0x5B,0x4F,0x66,0x6D,0x7D};   //1~6 的字形码
unsigned char code table2[ ] = {0x76,0x79,0x38,0x38,0x3F,0x40};   //HELLO-的字形码
unsigned char code table3[ ] = {0xFE,0xFD,0xFB,0xF7,0xEF,0xDF};   //位选码
unsigned char i,a;
sbit button=P1^7;                                                 //位定义,不能直接用 P1^7

void main(void)
{
    while(1)
    {
```

```
        for(i=0;i<6;i++)
        {
            P2=0xFF;                              //清屏信号,必须使用
            if(button==1)
                P0=table1[i];                     //对 1~6 的字形码查表
            else
                P0=table2[i];                     //对 HELLO-的字形码查表
            P2=table3[i];                         //对位选信号查表
            for(a=248;a>0;a--);                   //字形显示延时,可调节
        }
    }
}
```

仿真运行结果如图 4-26 所示。

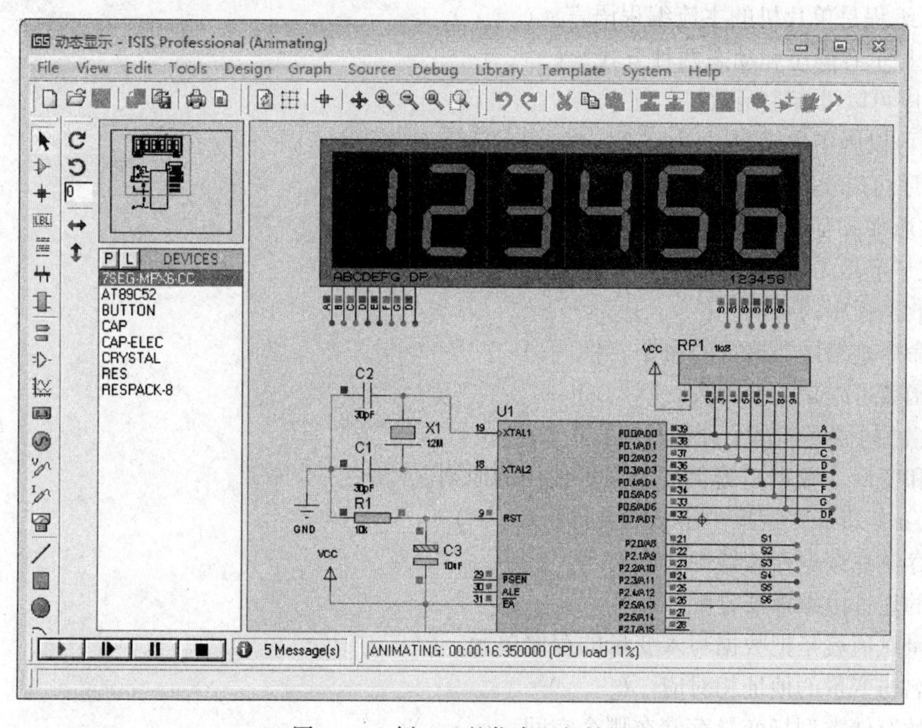


图 4-26 例 4-8 的仿真运行结果

二维码 4-4

也可以将 6 位数码管动态扫描显示部分代码编为一个动态显示子函数 display( )，在主函数的循环结构中调用，或定时调用动态显示子函数。需要注意的是，调用的时间间隔不能太长，否则会有显示闪烁的不稳定显示结果。

## 本章小结

C51 是标准 C 语言的子集，在标准 C 语言变量基础上扩充了 bit、sbit、sfr 和 sfr16 共 4 种数据类型。C51 变量定义的一般定义格式：【存储种类】数据类型【存储类型】变量名。存储类型包括 data、bdata、idata、xdata、code 和 pdata 这 6 个具体类型，默认类型由编译模

式指定。

在 Keil uVision 下进行 C51 程序开发的基本步骤：建立工程→工程设置→输入源程序→添加源程序→编译连接→动态调试→下载运行。

单片机 I/O 口基本编程应用包括按键（或开关）状态检测、发光二极管输出控制、数码管动态显示以及行列式键盘扫描编程等内容。

## 习题与思考题 4

### 一、判断题

1. 汇编语言的编程方法也适合于 C51 语言。(　　)
2. 程序流程图用于表示程序的编程思路。(　　)
3. 用 C51 编程是单片机的主流编程语言。(　　)
4. 数码管显示有静态和动态两种方式。(　　)
5. C51 程序可以没有主函数。(　　)
6. 子函数可以调用主函数。(　　)
7. C51 程序可以没有子函数。(　　)
8. 主函数通常没有返回值。(　　)
9. 主函数一定是无参函数。(　　)
10. 主函数是程序的入口。(　　)
11. 包含命令是编译器执行的命令。(　　)
12. 延时函数可以是无参函数。(　　)
13. while(1)的循环体是个死循环。(　　)
14. 函数和变量（数据）遵循先定义后使用的原则。(　　)
15. reg51. h 是特殊变量集中定义的文件。(　　)
16. 变量存储在数据存储器中。(　　)
17. 变量的地址由编译器分配。(　　)
18. 给变量赋值就是把数据写入变量的存储单元。(　　)
19. 变量名与变量的地址相对应。(　　)
20. 变量的存储类型指变量存储在哪个空间。(　　)
21. 变量名可以使用 C51 的关键字。(　　)
22. 数据类型指数据的不同格式。(　　)
23. C51 比标准 C 语言支持的数据类型多。(　　)
24. C51 可以访问单片机的特殊寄存器。(　　)
25. bit 类型数据不是 0 就是 1。(　　)
26. sbit 类型数据在 reg51. h 中没有定义。(　　)
27. 声明变量时可以默认存储类型。(　　)
28. 变量声明时 code 表示存储类型。(　　)
29. bdata 空间只能存储 bit 型变量。(　　)
30. C51 不可使用指针变量。(　　)

31. LED、开关、按钮等外设可以使用任意 I/O 口。(　　)

32. 拉电流比灌电流能力大。(　　)

33. 通常按键处理需要防连击和防抖动。(　　)

34. 键盘可以采用软件防抖。(　　)

35. 行列式键盘接口节省 I/O 但程序复杂。(　　)

36. 如 I/O 口够用，数码管优先采用静态显示接口方式。(　　)

37. 如 I/O 口够用，键盘优先采用独立式接口方式。(　　)

38. 20 键键盘如采用矩阵式接口至少需要 9 根口线。(　　)

**二、思考问答题**

1. C51 与标准 C 的异同点是什么？

2. C51 普通变量的定义格式是什么？

3. C51 扩充了哪些数据类型？如何声明？

4. C51 变量的存储空间位置（存储类型）是什么？

5. LED 如何连接 I/O 口？

6. 数码管如何连接 I/O 口？

7. 键盘的接口方式有哪两种？

8. 动态显示工作原理是什么？有何特点？如何编程？

9. 行列式按键工作原理是什么？有何特点？编程要点是什么？

10. 指出下面程序的语法错误：

```
#include<reg51. h>
main( ){
    a=C;
    int a=7,C
    delay(10)
    void delay( );{
    cgar i;
    for(i=0; i<=255; "++");
    }
```

11. 定义变量 a、b、c，其中 a 为内部 RAM 的可位寻址区的字符变量，b 为外部数据存储区浮点型变量，c 为指向 int 型 xdata 区的指针。

12. 设计一个计数显示器，计按钮的动作次数并用数码管显示出来。

# 第5章 单片机的中断系统

## 内容指南

中断系统是单片机的一个非常重要资源，在有些应用场合采用中断技术可使单片机的工作更加方便灵活、效率更高。中断系统由软件和硬件组成。本章介绍中断的一些基本概念、中断系统结构与工作原理、中断处理过程及中断系统编程应用方法。

## 学习目标

- 掌握中断的概念。
- 掌握 51 单片机中断系统的组成和工作原理。
- 了解中断的发生与 CPU 的响应过程。
- 熟悉中断系统的应用和编程方法。

## 5.1 中断的概念

中断是指计算机暂时停止执行的程序转而为其他内部或外部事件服务，并在服务完以后自动返回原程序继续执行的过程。在计算机正常执行程序时，对外部随机事件或内部紧急事件的发生常需要 CPU 能够及时处理，为此，计算机都设有中断系统这一部件，能对突然发生的事件做出及时的响应和处理。

单片机在执行程序的过程中，由于单片机内部部件的紧急事件（如定时/计数器的定时时间到）或外部的某个事件（如外部引脚的信号变化），要求 CPU 必须中止当前程序的执行，而转去处理相应的事件，待事件处理结束后，再回来执行被中止了的程序。这种程序在执行的过程中由于外界的原因而被中途打断的过程称为中断。

CPU 被中断之后，转去处理相应的事件，称为中断响应。中断响应所执行的处理程序，通常称为中断服务程序，被中断的程序断开的位置或地址称为断点。引起中断的原因，或发出中断请求的事件，称为中断源。中断源要求 CPU 服务的请求称为中断请求。有些 CPU 在处理中断的过程中，被更重要的事件打断，转去处理更重要的事件的过程称为中断嵌套。中断服务程序执行完后，回到被中断的程序继续执行的过程称为中断返回。

当某一个中断源发出中断请求时，CPU 能决定是否响应这个中断请求，当 CPU 响应这个中断请求后，需要进行断点保护和现场保护。所谓断点保护，就是 CPU 在执行中断处理程序之前将断点处的 PC 值推入堆栈保护起来，以保证执行完中断处理程序之后可以返回到原主程序被打断的地址继续执行，这是硬件自动执行的。而现场保护就是把中断处理程序将要使用的有关寄存器或存储单元的内容推入堆栈中保护起来，而不会因为中断服务程序的执行破坏有关寄存器或存储单元的原有内容，以免在中断返回后影响主程序的运行。在 CPU

处理完中断之后，需要恢复原保存有关寄存器或存储单元的内容，称为恢复现场。还要恢复原主程序断点PC值的内容，称为恢复断点，使CPU能够返回断点，继续执行主程序。这个过程如图5-1所示。

通常，在系统中有多个中断源，有时会出现两个或多个中断源同时提出中断请求的情况。这就要求单片机能够区分各个中断源的请求，首先为优先级最高的中断源服务，服务结束后，再响应级别较低的中断源。按中断源级别高低逐次响应的过程称为优先级排队。

当CPU响应某一中断请求，正在进行中断处理时，若有优先级别更高的中断源发出中断申请，则CPU中断正在进行的中断服务程序，并保留这个程序的断点，响应高优先级中断。在高优先级中断处理完后，再继续执行被中断的中断服务程序。这个过程称为中断嵌套，如图5-2所示。如果发出新的中断申请的中断源的优先级别与正在处理的中断源同级或更低时，则CPU不响应这个中断申请，直至正在处理的中断服务程序执行完以后才去处理新的中断申请。

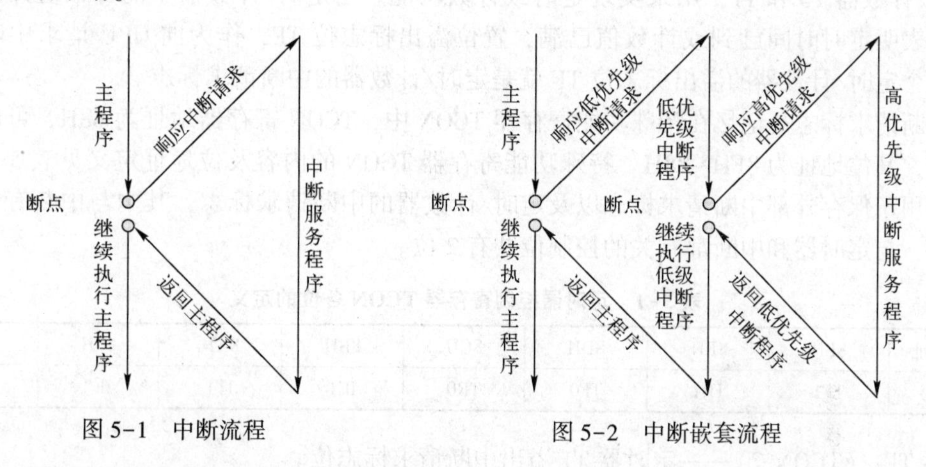


图5-1　中断流程　　图5-2　中断嵌套流程

调用中断服务程序的过程有些类似于程序设计中的调用子程序，主要区别在于调用子程序指令在程序中是事先安排好的；而调用中断服务程序事先却无法确知，因为中断的发生是由外部因素决定的，程序中无法事先安排调用指令，因而调用中断服务程序的过程是由硬件自动完成的。中断服务程序主要为外设和处理各种事务服务，子程序一般为主程序服务。

中断是计算机的一个重要功能，采用中断技术能够实现以下功能：

1）分时操作。CPU可以使多个外设同时工作，并分时为各外设提供服务，从而大大提高了CPU的利用率和输入/输出的速度。

2）实时处理。当计算机用于实时控制时，请求CPU提供服务是随机发生的。有了中断系统，CPU就可以立即响应并加以处理。

3）故障处理。当计算机运行中出现如电源断电、存储器校验出错、运算溢出等错误时，CPU可及时转去执行故障处理程序，减小或消除故障产生的影响。

## 5.2　中断控制系统

中断是通过硬件控制实现的，我们把它称为中断系统。AT89S51单片机的中断系统包含5个中断源，2个优先级，而AT89S52单片机另外还有1个定时器T2中断源，共有6个中断源。其中断控制系统基本结构是相同的。

## 5.2.1 中断系统的结构

**1. 中断源及中断请求标志**

AT89S51 单片机的中断源可分为外部中断源和内部中断源两类，其中外部中断源 2 个，内部中断源 3 个，共 5 个中断请求源。2 个外部中断源分别是$\overline{\text{INT0}}$（P3.2）、$\overline{\text{INT1}}$（P3.3）；3 个内部中断源分别是定时/计数器 T0 溢出中断源 TF0、定时/计数器 T1 溢出中断源 TF1、串行口发送 TI 或接收 RI 中断源。AT89S52 单片机的中断源增加了一个定时器 T2 的溢出中断源。

（1）定时/计数器 T0 和 T1 中断源

定时/计数器中断是为处理定时或计数溢出而设置的。在 AT89S51 单片机芯片内部有两个定时/计数器 T0 和 T1，用来实现定时或计数功能。当定时/计数器中的计数值计满溢出时，即表明定时时间已到或计数值已满，置位溢出标志位 TF，作为向 CPU 请求中断的标志。这个定时/计数器的溢出标志位 TF 就是定时/计数器的中断请求标志。

中断请求标志是记忆在特殊功能寄存器 TCON 中，TCON 寄存器地址为 88H，可以进行位寻址，其位地址为 8FH~88H。特殊功能寄存器 TCON 的内容及位地址定义见表 5-1。该寄存器用于保存外部中断请求标志以及定时/计数器的中断请求标志，其中与中断有关的位共 6 个，与定时器和中断都有关的控制位共有 2 位。

**表 5-1 定时器控制寄存器 TCON 各位的定义**

| 位地址 | 8FH | 8EH | 8DH | 8CH | 8BH | 8AH | 89H | 88H |
| --- | --- | --- | --- | --- | --- | --- | --- | --- |
| 位符号 | TF1 | TR1 | TF0 | TR0 | IE1 | IT1 | IE0 | IT0 |

1）TF1（TCON.7）——定时器 T1 溢出中断请求标志位。

此位为定时/计数器 T1 的计数溢出中断请求标志位。当计数器 T1 产生计数计满溢出时，相应的溢出中断请求标志位 TF1 由硬件置 1，向 CPU 申请中断处理。采用中断方式时，此位作中断标志位，在转向中断服务程序时由硬件自动清 0；采用查询方式时，此位作状态位可供软件查询，查询有效后需要以软件方法及时将该位清 0。

2）TF0（TCON.5）——定时器 T0 溢出中断请求标志位。

此位为定时/计数器 T0 的计数溢出中断请求标志位。当计数器 T0 产生计数计满溢出时，相应的溢出中断请求标志位 TF0 由硬件置 1，向 CPU 申请中断处理。采用中断方式时，此位作中断标志位，在转向中断服务程序时由硬件自动清 0；采用查询方式时，此位作状态位可供软件查询，查询有效后需要以软件方法及时将该位清 0。

（2）外部中断源

外部中断源是由外部输入信号引起的，共有两个中断源，即外部中断 0 和外部中断 1。它们的中断请求信号分别由引脚$\overline{\text{INT0}}$（P3.2）和$\overline{\text{INT1}}$（P3.3）输入。

在特殊功能寄存器 TCON 中，与外部中断源相关的标志位为 IE1、IT1、IE0 和 IT0 共 4 位。

1）IE1（TCON.3）——外部中断$\overline{\text{INT1}}$请求标志位。

外部中断 1 请求信号$\overline{\text{INT1}}$，由引脚 P3.3 输入。通过 IT1（TCON.2）来设置中断请求信

号是低电平有效还是下降沿有效。当 CPU 采样到$\overline{\text{INT1}}$端出现有效中断请求时，则向 CPU 申请中断，并且由硬件将此中断标志位置 1，即 IE1=1。在中断响应后转向中断服务程序时，由硬件自动清 0。IE1=0 则表示外部中断$\overline{\text{INT1}}$端没有向 CPU 申请中断请求。

2）IT1（TCON.2）——外部中断$\overline{\text{INT1}}$触发方式控制位。

此位由软件置 1 或清 0。外部中断请求有两种信号触发方式，即电平方式和脉冲方式。可通过该位进行定义。

IT1=1，外部中断$\overline{\text{INT1}}$设置为边沿触发方式，后沿负跳变有效。

IT1=0，外部中断$\overline{\text{INT1}}$设置为电平触发方式，低电平有效。

电平触发方式时，在每个机器周期的 S5P2 期间采样，若采样到低电平，则为有效中断请求。这种方式下，CPU 响应中断后不能自动清除 IE1 标志位，也不能由软件清除，所以在中断返回前必须撤销$\overline{\text{INT1}}$引脚上的低电平，否则会再次引起中断而出错。

在边沿触发方式中，其中断请求是脉冲的后沿负跳变有效。这种方式下，在两个相邻机器周期对中断请求输入端进行采样，如前一次为高电平，后一次为低电平，即为有效中断请求。因此在这种中断请求信号方式下，中断请求信号的高电平状态和低电平状态都应至少维持一个机器周期，以确保电平变化能被单片机采样到。

3）IE0（TCON.1）——外中断$\overline{\text{INT0}}$请求标志位。

此位为外部中断$\overline{\text{INT0}}$中断请求标志位，其使用情况同 IE1。

外部中断 0 请求信号$\overline{\text{INT0}}$，由 P3.2 脚输入。

4）IT0（TCON.0）——外中断$\overline{\text{INT0}}$触发方式控制位。

此位为外部中断$\overline{\text{INT0}}$触发方式控制位，其使用情况同 IT1。

（3）串行口中断源

串行口中断是为串行数据的传送而设置的，每当串行口接收或发送完一组完整的串行字符帧数据时，就产生一个串行口中断请求标志 RI 或 TI。串行口中断请求标志 RI 或 TI 是记忆在特殊功能寄存器 SCON 中。串行口控制寄存器 SCON 的地址为 98H，可进行位寻址，其位地址为 9FH~98H。

串行口控制寄存器 SCON 各位的定义及位地址见表 5-2。

**表 5-2　串行口控制寄存器 SCON 各位的定义**

| 位 地 址 | 9FH | 9EH | 9DH | 9CH | 9BH | 9AH | 99H | 98H |
|---|---|---|---|---|---|---|---|---|
| 位符号 | SM0 | SM1 | SM2 | REN | TB8 | RB8 | TI | RI |

1）TI（SCON.1）——串行口发送中断请求标志位。

每当发送完一帧串行数据后，TI 由硬件自动置 1。在中断工作方式下，向 CPU 申请中断，在转向中断服务程序后，必须用软件清 0。

2）RI（SCON.0）——串行口接收中断请求标志位。

当接收完一帧串行数据后，RI 由硬件自动置 1。在中断工作方式下，向 CPU 申请中断，在转向中断服务程序后，必须用软件清 0。

串行口中断请求由 TI 和 RI 的逻辑或得到，所以不论是发送标志还是接收标志，都会产生串行中断请求。

**2. 中断系统结构**

AT89S51 单片机的中断系统结构框图如图 5-3 所示，中断系统由定时器控制寄存器 TCON、串行口控制寄存器 SCON、中断允许寄存器 IE、中断优先级寄存器 IP 和中断优先级硬件查询逻辑等组成。

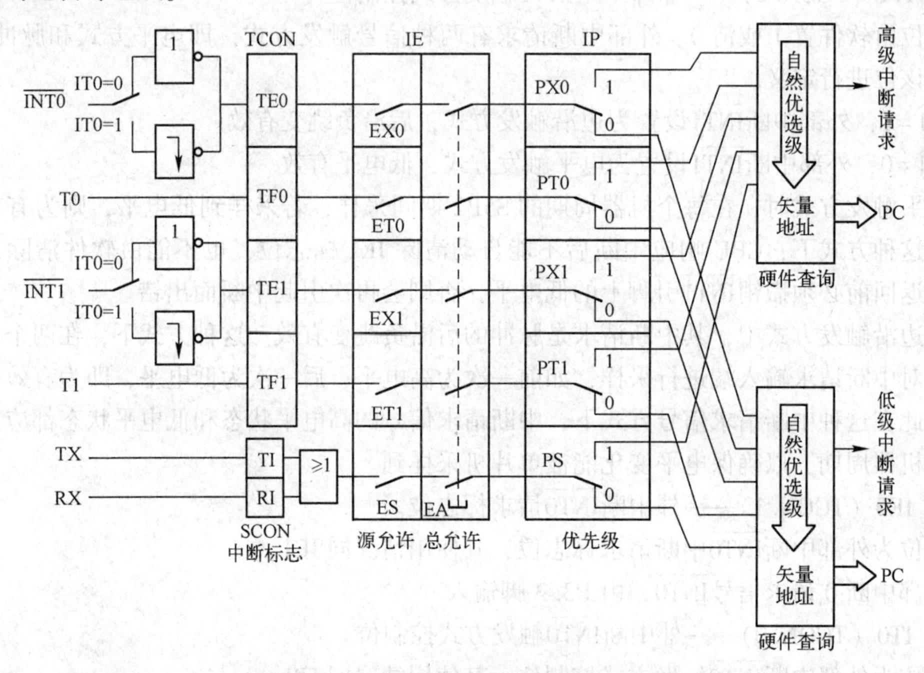


图 5-3　AT89S51 的中断系统结构框图

由图 5-3 可知，AT89S51 单片机有 5 个中断源，可提供 2 个中断优先级，实现二级中断嵌套。5 个中断源的排列顺序由中断优先级控制寄存器 IP 和硬件顺序查询逻辑电路共同决定。当某个中断源的中断申请被 CPU 响应之后，CPU 将把此中断源的入口地址（亦称为中断矢量地址）装入程序计数器 PC，中断服务程序即从此地址开始执行。中断控制主要实现对中断的允许和禁止以及中断优先级的管理，AT89S51 单片机的中断系统是通过 4 个有关的特殊功能寄存器对其进行管理和控制的。

## 5.2.2　中断的允许和禁止

中断允许寄存器 IE 可以控制中断源的开放或关闭，其地址为 0A8H，可进行位寻址，其位地址为 0AFH~0A8H。寄存器的内容及位地址定义见表 5-3。

**表 5-3　中断允许控制寄存器 IE**

| 位 地 址 | 0AFH | 0AEH | 0ADH | 0ACH | 0ABH | 0AAH | 0A9H | 0A8H |
|---|---|---|---|---|---|---|---|---|
| 位序 | IE. 7 | IE. 6 | IE. 5 | IE. 4 | IE. 3 | IE. 2 | IE. 1 | IE. 0 |
| 位符号 | EA | — | — | ES | ET1 | EX1 | ET0 | EX0 |

由 AT89S51 的中断系统结构框图可以看出，当各个中断源的中断请求标志为 1 时，只是表示有中断请求，CPU 响不响应该中断请求还要受中断允许寄存器 IE 的控制，如果允许位为 1，才会中断响应。

特殊功能寄存器 IE 各位的含义如下：

1）EA——中断允许总控制位。

EA=0，禁止所有中断。

EA=1，CPU 开放中断，每个中断的禁止或允许还需要由各中断源的中断允许控制位进行设置。EA 位为中断允许总控制位，只有在 EA=1 时，才可以进行中断，而具体的每个中断源是否可以中断，还要将相应的中断允许控制位置 1，如中断系统结构框图 5-3 所示。

2）EX0——外部中断源$\overline{\text{INT0}}$允许控制位。

EX0=0，禁止外部中断源$\overline{\text{INT0}}$中断。

EX0=1，允许外部中断源$\overline{\text{INT0}}$中断。

3）ET0——定时/计数器 T0 中断允许控制位。

ET0=0，禁止定时/计数器 T0 中断。

ET0=1，允许定时/计数器 T0 中断。

4）EX1——外部中断源$\overline{\text{INT1}}$允许控制位。

EX1=0，禁止外部中断源$\overline{\text{INT1}}$中断。

EX1=1，允许外部中断源$\overline{\text{INT1}}$中断。

5）ET1——定时/计数器 T1 中断允许控制位。

ET1=0，禁止定时/计数器 T1 中断。

ET1=1，允许定时/计数器 T1 中断。

6）ES——串行口中断允许控制位。

ES=0，禁止串行口中断。

ES=1，允许串行口中断。

可见，AT89S51 单片机通过中断允许控制寄存器 IE 对中断源进行控制，如图 5-3 所示。以 EA 位作为总控制位，以各中断源的中断允许位作为分控制位。当总控制位 EA 为禁止时，不管分控制位状态如何，整个中断系统为禁止状态；当总控制位 EA 为允许时，才能由各分控制位设置各自的中断允许与禁止。AT89S51 单片机复位后 IE=00H，中断系统处于禁止状态。

这里所说的中断允许与禁止，实际上就是中断的开放与关闭，中断允许就是开放中断，中断禁止就是关闭中断。单片机在中断响应后不会自动关闭中断，因此在转中断服务程序后，为了不使中断处理程序被其他高优先级中断打断，应使用有关指令禁止中断，即以软件方式关闭中断。

### 5.2.3 中断优先级的控制

AT89S51 的中断系统定义了高、低两个优先级控制，各中断源的优先级由中断优先级控制寄存器 IP 进行设定。相应地，在 AT89S51 单片机的中断系统中有两个优先级状态触发器，一个是高优先级状态触发器，另一个是低优先级状态触发器，这两个触发器是由硬件自动管理的，用户不能对其编程。

中断优先级控制寄存器 IP 地址为 0B8H，其位地址为 0BFH～0B8H。寄存器 IP 的内容及位地址定义见表 5-4。

表 5-4 中断优先级控制寄存器 IP

| 位地址 | 0BFH | 0BEH | 0BDH | 0BCH | 0BBH | 0BAH | 0B9H | 0B8H |
|---|---|---|---|---|---|---|---|---|
| 位序 | IP.7 | IP.6 | IP.5 | IP.4 | IP.3 | IP.2 | IP.1 | IP.0 |
| 位符号 | — | — | — | PS | PT1 | PX1 | PT0 | PX0 |

特殊功能寄存器 IP 各位定义如下：

1）PX0——外部中断源$\overline{\rm INT0}$优先级设定位。

PX0=0，设置外部中断源$\overline{\rm INT0}$为低优先级。

PX0=1，设置外部中断源$\overline{\rm INT0}$为高优先级。

2）PT0——定时/计数器 T0 中断优先级设定位。

PT0=0，设置定时/计数器 T0 中断源为低优先级。

PT0=1，设置定时/计数器 T0 中断源为高优先级。

3）PX1——外部中断源$\overline{\rm INT1}$优先级设定位。

PX1=0，设置外部中断源$\overline{\rm INT1}$为低优先级。

PX1=1，设置外部中断源$\overline{\rm INT1}$为高优先级。

4）PT1——定时/计数器 T1 中断源优先级设定位。

PT1=0，设置定时/计数器 T1 中断源为低优先级。

PT1=1，设置定时/计数器 T1 中断源为高优先级。

5）PS——串行口中断源优先级设定位。

PS=0，设置串行口中断源为低优先级。

PS=1，设置串行口中断源为高优先级。

AT89S51 单片机的中断系统具有两级优先级，优先级是为中断嵌套服务的。中断优先级的原则：低优先级中断请求不能打断高优先级的中断服务；但高优先级中断请求可以打断低优先级的中断服务，从而实现中断嵌套。如果一个中断请求已被响应，则同级别的中断请求不能打断正在响应的中断服务，即同级不能中断嵌套。如果同级的多个中断请求同时出现时，则 CPU 按照自然优先级的查询次序确定哪个中断请求先被响应。其查询次序由内部硬件查询逻辑按照自然优先级顺序确定：外部中断源$\overline{\rm INT0}$→定时/计数器 T0 中断源→外部中断源$\overline{\rm INT1}$→定时/计数器 T1 中断源→串行口中断源。

自然优先级的查询顺序见表 5-5。表中的中断向量即中断源的中断服务程序入口地址，中断号是给各中断源的一个编号，可以理解成是各中断源的唯一标识符。

表 5-5 自然优先级查询顺序

| 中断源 | 中断标志位 | 中断向量 | 中断号 | 查询顺序 |
|---|---|---|---|---|
| 外部中断$\overline{\rm INT0}$ | IE0 | 0003H | 0 | 最高优先级 |
| 定时/计数器 T0 | TF0 | 000BH | 1 | ↓ |
| 外部中断$\overline{\rm INT1}$ | IE1 | 0013H | 2 | ↓ |
| 定时/计数器 T1 | TF1 | 001BH | 3 | ↓ |
| 串行口 | RI+TI | 0023H | 4 | 最低优先级 |

## 5.3 中断处理过程

单片机 CPU 在响应中断请求以后，就转去进行中断处理。中断处理流程大致可以分为几个阶段：中断响应、执行中断服务程序及中断返回。

### 5.3.1 中断响应

中断响应是 CPU 接收中断请求，转去执行响应中断服务子程序的过程。在这一阶段，CPU 需要完成保护断点和转向中断服务子程序入口地址的工作。单片机中断响应需要满足一些条件。

**1. 中断响应的基本条件**

1）有中断源提出中断请求。

2）中断允许总控制位 EA=1，即 CPU 开放所有中断源。

3）申请中断的中断源的相应中断允许位为 1，即该中断没有被屏蔽。

AT89S51 的 CPU 在每个机器周期采样各中断请求标志位，如有置位，只要以上条件满足，且下列 3 种情况都不存在，那么在下一周期 CPU 将响应中断；否则，采样的结果被丢弃，中断响应受阻断。这 3 种情况如下：

1）CPU 正在处理同级优先级或高级优先级的中断服务子程序。

2）现行的机器周期不是当前所执行指令的最后一个机器周期，即在指令执行完之前，不响应任何中断请求。

此限制的目的在于使当前指令执行完毕后，才能进行中断响应，以确保当前指令的完整执行。

3）当前执行的指令是返回指令（RETI）或访问 IE、IP 的指令。

CPU 在执行 RETI 或访问 IE、IP 的指令后，至少需要再执行一条其他指令之后才会响应中断请求。

**2. 中断响应过程**

如果中断响应条件满足，且不存在中断阻断的情况，则 CPU 将响应中断。当 CPU 响应中断时，它首先使优先级状态触发器置位，这样可以阻断同级或低级的中断。

然后，中断系统自动把当前 PC 值送堆栈，也就是将 CPU 本来要取用的指令地址压入堆栈中保护起来，以便中断结束后，CPU 能找到原来程序的断点处，继续执行。这是中断系统自动保存完成的。再转到相应的中断入口地址，执行中断服务程序。在执行中断服务程序之前需要保护现场，在保护现场时关闭中断，以防其他中断请求干扰。保护现场需用指令完成。

**3. 现场保护**

若允许响应中断请求，CPU 必须在现在正在执行的指令执行完后，把断点处的 PC 值推入堆栈保留下来，这称为断点保护，这一步是硬件自动执行的。

为了使中断服务程序的执行不破坏 CPU 中有关的寄存器或存储单元的原有内容，以免在中断返回后影响主程序的运行，要把 CPU 中有关寄存器或存储单元的内容推入堆栈中保护起来，这就是现场保护。

在中断处理进行的过程中可能又有新的中断请求到来，但现场保护的操作是不允许被打扰的，否则就会破坏原有内容。为此在进行现场保护之前要先关闭中断系统，以屏蔽其他中断请求。待现场保护完成后，为了使系统具有中断嵌套功能，再开放中断系统。

保护断点和现场之后即可执行中断服务程序。

### 5.3.2　中断服务

在中断响应后，中断系统硬件调用的子程序称为中断服务程序，也就是专门为中断源服务的程序段，主要是处理中断源的请求任务，其结尾必须是中断返回指令 RETI。

中断服务程序是进行中断处理的具体内容，以子程序的形式存在。任何中断都要转去执行中断服务程序，进行中断服务。

### 5.3.3　中断返回

**1. 中断返回概述**

中断返回是指中断服务子程序执行完后，单片机返回到断点处继续执行原主程序的过程。中断返回是通过一条专用的中断返回指令 RETI 完成的，单片机在中断响应时执行到 RETI 指令时，立即结束中断并从堆栈中自动取出在中断响应时压入的 PC 值，从而使 CPU 返回主程序中断点继续进行下去。

**2. 现场恢复**

中断处理子程序执行完毕后，在返回主程序前，需要恢复原保存的相关寄存器或存储单元的内容和标志位的状态，将其从堆栈中弹出来，这称为恢复现场。

**3. 中断请求的撤除**

中断响应后，特殊功能寄存器 TCON 或者 SCON 中的相应中断请求标志应及时清除，否则就意味着中断请求仍然存在，造成中断混乱。下面按中断类型分别说明中断请求的撤除方法。

（1）定时中断硬件自动撤除

定时中断响应后，定时器 T0、T1 的外部中断标志 TF0、TF1 在中断响应后由硬件自动清除，无须采取其他措施。因此定时中断的中断请求是自动撤除的。

（2）外部中断自动与强制撤除

对于边沿触发方式的外部中断标志 IE0、IE1，在中断响应后通过硬件自动地把标志位 IE0 或 IE1 清 0，也是自动撤除的，无须采取其他措施。

然而对于电平触发方式，外部中断标志的撤除情况比较复杂。电平触发方式的外部中断标志 IE1、IE0 不能自动清除，必须撤除$\overline{\text{INT0}}$或$\overline{\text{INT1}}$的电平信号，单片机不会自动清除中断标志位。单纯清除中断标志位，也不能彻底解决问题。因为尽管中断请求标志位清除了，但是中断请求的有效低电平仍然存在，在下一个机器周期采样中断请求时，又会使 IE0 或 IE1 重新置 1。为此，要想彻底解决中断请求的撤除，必须在中断响应后把中断请求输入端低电平信号强制修改为高电平，可在系统中增加如图 5-4 所示的电路。

用 D 触发器锁存外来的中断请求低电平，并通过触发器的输出端 Q 送入$\overline{\text{INT0}}$或$\overline{\text{INT1}}$。中断响应后，为了撤除中断请求，可利用 D 触发器的直接置位端 SD 实现。将 SD 端接单片机的一条口线 P1.0，只要 P1.0 输出一个负脉冲就可以使 D 触发器置 1，从而撤除了低电平的中断请求。

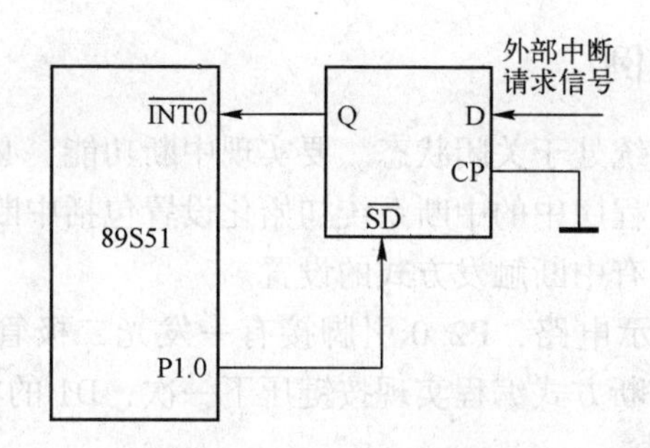


图 5-4　外部中断请求信号（电平方式）的撤除

可见，电平方式外部中断请求的撤除，是在中断响应转入中断服务程序之后，通过软件方法实现的。

(3) 串行中断软件撤除

串行中断的标志位是 TI 和 RI，对这两个中断标志硬件不进行自动清 0。所以串行中断请求的撤除也应使用软件方法，在中断服务程序中进行。

## 5.4　中断的编程和应用

中断处理过程是一个和硬件、软件都有关的过程，因而它的编程方法有其特殊性。与中断有关的程序一般包括两个部分，一部分是主程序中对中断系统的初始化设置部分，另一部分是中断响应后的处理程序，也就是中断函数。

### 5.4.1　中断函数

中断函数是针对中断源的具体要求进行设计的，不同中断源的服务内容及要求各不相同，故中断函数必须由用户自己编写。中断服务函数的定义格式是统一的，C51 提供的中断函数的定义格式如下：

**void　函数名(void) interrupt n　[using m]**

关键字 interrupt 后的 n 是中断号（见表 5-5），用于区分不同中断源的中断函数。

关键字 using 后的 m 表示指定 m 号（m=0~3）工作寄存器组保存中断相关数据。若每个中断函数都指定不同的工作寄存器组，则中断函数调用时就不必进行相关参数的现场保护。using m 是一个选项，如果没有使用 using 关键字指明寄存器组，中断函数中的所有工作寄存器的内容将被保存到堆栈中。

需要注意的是，C51 的中断函数是由中断系统调用的，不能被其他函数调用，因此既不带参数，也没有返回值。

为提高中断响应的实时性，中断函数应尽量短，并避免使用复杂变量类型及复杂算术运算。一般常用的做法是，在中断函数中刷新标志变量，而在主函数或其他函数中根据该标志变量再做相应处理，这样就能较好地发挥中断对突发事件的应急处理能力。

若要在执行当前中断函数时禁止更高优先级的中断，也可以在中断函数中先用软件临时关闭中断的响应（EA=0），在完成中断任务后再开放中断（EA=1）。

### 5.4.2　中断程序设计举例

单片机复位后，中断系统处于关闭状态。要实现中断功能，必须进行中断系统的相关设置，也称为初始化设置。主程序中的中断系统初始化设置包括中断允许的设置、中断优先级的设置，如果是外中断源还有中断触发方式的设置。

**【例 5-1】** 如图 5-5 所示电路，P2.0 引脚接有一发光二极管，P3.2 引脚接有一按键，要求分别采用一般方式和中断方式编程实现按键压下一次，D1 的状态反转一次的功能。

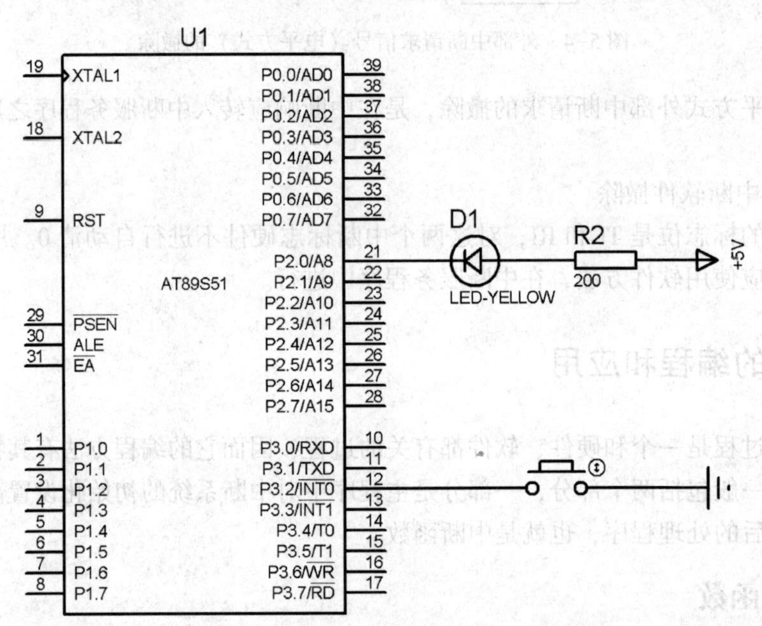


图 5-5　例 5-1 电路图

按照一般的编程方法，不难写出如下程序：

```
#include <reg51. h>
sbit p2_0=P2^0;                              //定义位变量
sbit p3_2=P3^2;                              //定义位变量
main( )
{    p2_0=1;
     while(1){                               //无限循环检测按键
        if(p3_2==0) {p2_0=! p2_0; } //如按键压下,D1 电平反转
     }
}
```

程序运行时，主函数需要不断查询 P3.2 引脚的电平状态。若 P3.2 为零，则将 P2_0 值取反，显然这一过程需要占用大量主函数机时。

采用中断方式编写的程序如下：

```
#include <reg51. h>
sbit p2_0=P2^0;                              //定义位变量
```

```
int0_srv() interrupt 0{                    //中断服务函数
p2_0 = !p2_0;                              //输出电平反转
}
main(){                                    //主函数
IT0=1;                                     //中断系统初始化,使 P3.2 引脚负跳变触发
EA=1;                                      //中断系统初始化,总开关打开
EX0=1;                                     //中断系统初始化,外中断 0 开关打开
while(1);                                  //无限循环等待中断,如 CPU 有其他任务可以在此处理
}
```

这一程序由中断函数和主函数组成，中断函数 int0_srv( )完成 P2.0 引脚电平反转，而主函数中的 while(1)语句则模拟其他任务的语句。中断方式编程的运行效果如图 5-6 所示。

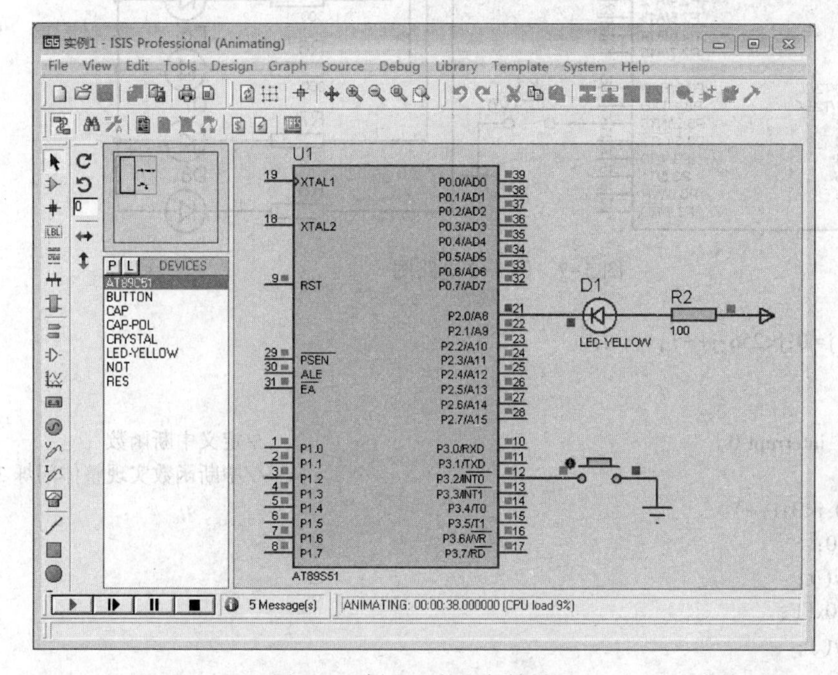


图 5-6　例 5-1 的运行效果图

二维码 5-1

**【例 5-2】** 如图 5-7 所示电路，P0 口接有 8 个 LED，P3.2 引脚接有一按键，要求上电复位后 8 个 LED 自上而下然后自下而上循环点亮，周而复始，每当按键 K1 压下时 8 个 LED 同时闪烁 3 次，然后继续原来的循环亮灯。

分析：K1 按键接的引脚正好是外部中断 0，可以在外部中断 0 的中断函数中实现闪烁 3 次，主函数中让 LED 循环点亮。参考程序如下：

```
#include <reg52.h>
#define uint unsigned int
#define uchar unsigned char
const tab1[]={0xFE,0xFD,0xFB,0xF7,0xEF,0xDF,0xBF,0x7F,        //正向流水灯
              0xBF,0xDF,0xEF,0xF7,0xFB,0xFD,0xFE,0xFF,};      //反向流水灯
void delay()                                                  //定义延时函数
{  uint i,j;
   for(i=0;i<256;i++)
```

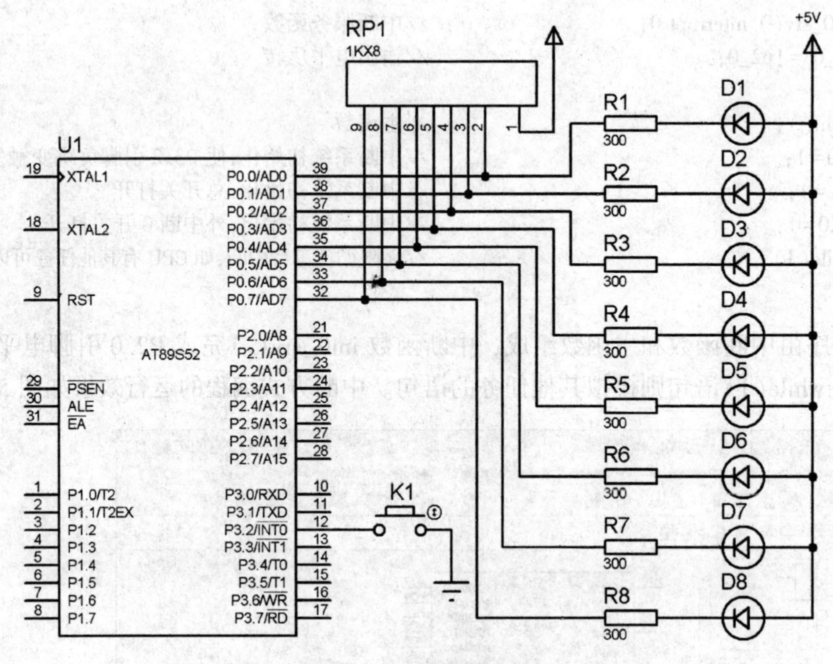


图 5-7　例 5-2 电路图

```
        for(j=0;j<256;j++);
    }

void int1() interrupt 0                              //定义中断函数
{ uchar i;                                           //中断函数实现整体闪烁 3 次
  for (i=0;i<3;i++)
    { P0=0;
      delay();
      P0=0xFF;
      delay();
    }
  }

void main(void)                                      //主函数
{       EX0=1;                                       //外部中断 0 允许
        IT0=1;                                       //外部中断 0 负跳变有效
        EA=1;                                        //总中断允许
  while(1)
  {     uchar x;
        for(x=0;x<15;x++)
      { P0=tab1[x];
        delay();}
  }
}
```

在 Keil uVision3 中编译以上源程序，产生的可执行代码文件加载到 Proteus 所绘制的电路图里运行，可以验证每当按键压下一次，8 个 LED 同时闪烁 3 次，然后继续原来的循环亮灯，运行效果图如图 5-8 所示。

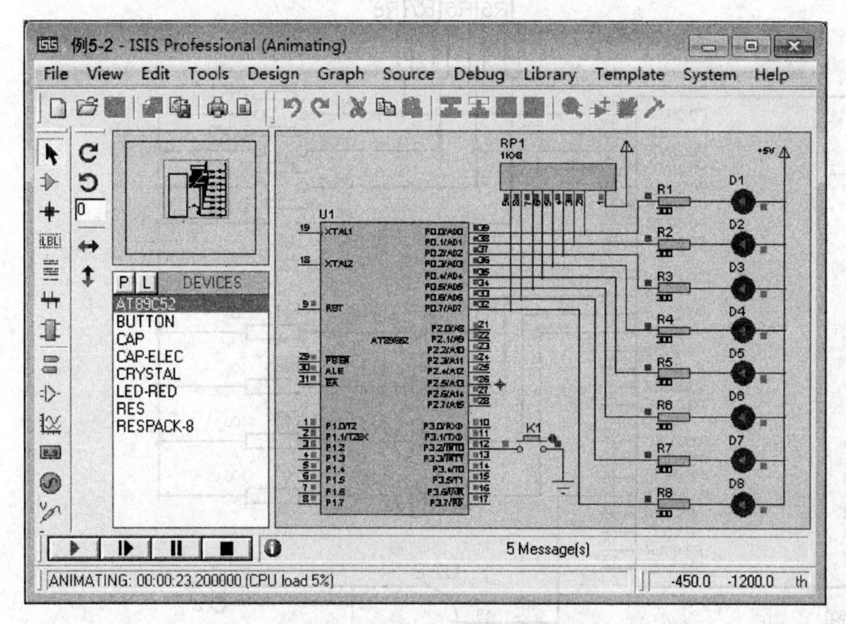


图 5-8　例 5-2 的运行效果图

二维码 5-2

【例 5-3】中断方式的键控流水灯。

解题思路：在第 4 章的例 4-4 中，按键检测是采用查询方法进行的，由于按键检测、标志位修改及彩灯循环几个环节是串联关系，当 CPU 运行于彩灯循环环节时，将因不能及时检测按键状态，使按键操作效果不灵。解决这一问题的思路是利用外部中断检测按键的状态，一旦有按键动作发生，系统立即更新标志位。这样就能保证系统及时地按新标志位状态控制彩灯运行。为此需对原来电路进行改造，加装一只 4 输入与门，如图 5-9 所示，这样就能将按键闭合转换为外部中断信号。编程时主函数只负责彩灯的运行，中断函数则负责按键检测与标志位刷新。

参考程序如下：

```
#include "reg51. h"
char led[ ] = {0xFE,0xFD,0xFB,0xF7};                    //LED 花样数据
bit dir=0,run=0;                                        //全局变量
void delay(unsigned int time);
key() interrupt 2{                                      //键控中断函数
    switch (P0 & 0x0F) {                                //修改标志位状态
    case 0x0E:run=1;break;
    case 0x0D:run=0,dir=0;break;
    case 0x0B:dir=1;break;
    case 0x07:dir=0;break;
    }
}
void main() {
    char i;
    IT1=1;EX1=1;EA=1;                                   //边沿触发、INT0 允许、总中断允许
```

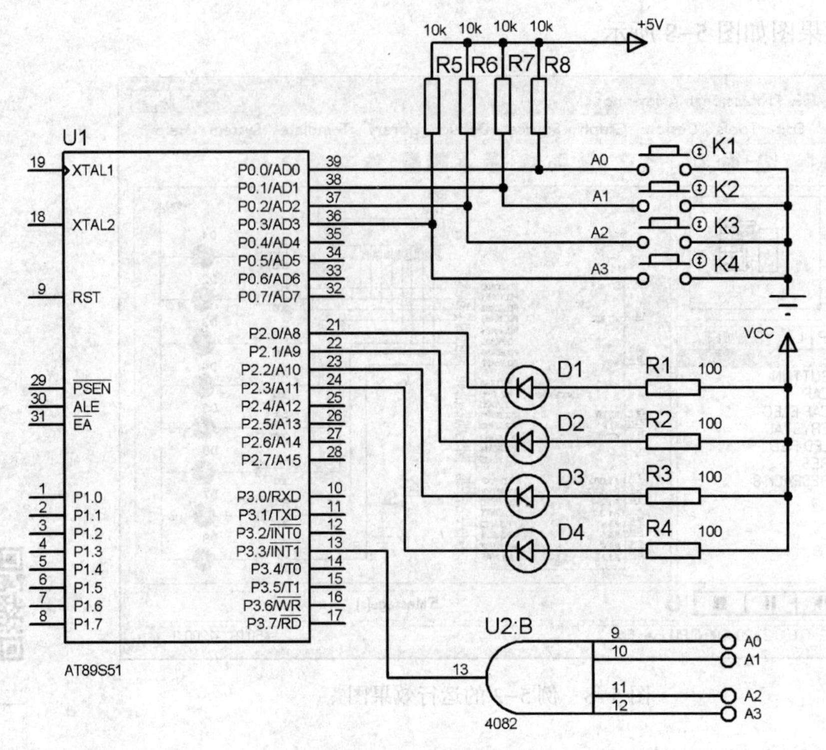


图 5-9　例 5-3 电路图

```
while(1){
    if (run)
        if(dir)                             //若 run=dir=1,自上而下流动
            for(i=0;i<=3;i++){
                P2=led[i];
                delay(200);
            }
        else                                //若 run=1,dir=0,自下而上流动
            for(i=3;i>=0;i--){
                P2=led[i];
                delay(200);}
    else P2=0xFF;                           //若 run=0,灯全灭
    }
}
void delay(unsigned int time){
unsigned int j = 0;
for(;time>0;time--)
    for(j=0;j<125;j++);
}
```

通过仿真可以看到，采用中断方法检测按键的动作不会造成按键失灵，因为一旦有按键动作，不管主程序运行到哪儿，也会立即改变其运行状态。

**【例 5-4】** 计数显示器。第 4 章例 4-6 的计数显示器是采用查询的方法检测按钮的动作，本例把按钮当作一个外部中断源，接在 P3.2 引脚上，采用中断方法检测按钮动作次数，并显示在两位数码管显示器上。

参考程序如下：

```
#include<reg51.h>
unsigned char code table[ ] = {0x3F,0x06,0x5B,0x4F,0x66,0x6D,0x7D,0x07,0x7F,0x6F};
unsigned char count;                                  //定义全局变量 count
void int0 ( ) interrupt 0                             //定义中断函数
{       count++;
        if ( count = = 100) count = 0;
}
void main ( void)
{       IT0 = 1;                                      //下降沿触发
        EX0 = 1;                                      //开中断
        EA = 1;
        P0 = P2 = table[0];                           //显示初值 00
        while(1)
        {           P0 = table[count/10];             //十位输出显示
                    P2 = table[count%10];             //个位输出显示
        }
}
```

和例 4-6 比较可以看出，采用中断方法编程不仅省去了按键防抖的代码，而且也不用判断按键是否释放，因此比查询方法要简单得多。

【例 5-5】中断嵌套的演示。电路如图 5-10 所示，按钮 k1 和 k2 分别接外部中断源 0 和外部中断源 1，k2 优先级为高。开机后发光二极管 D0～D7 全部点亮，如按 k1 则上面 4 只 LED 和下面 4 只 LED 交替点亮 10 次，如此时又按了 k2 则 8 只 LED 闪烁 5 次后继续交替点亮，也就是 k2 中断了 k1；交替点亮 10 次后全部点亮。如先按 k2 再按 k1，则 k1 不能中断 k2 程序。

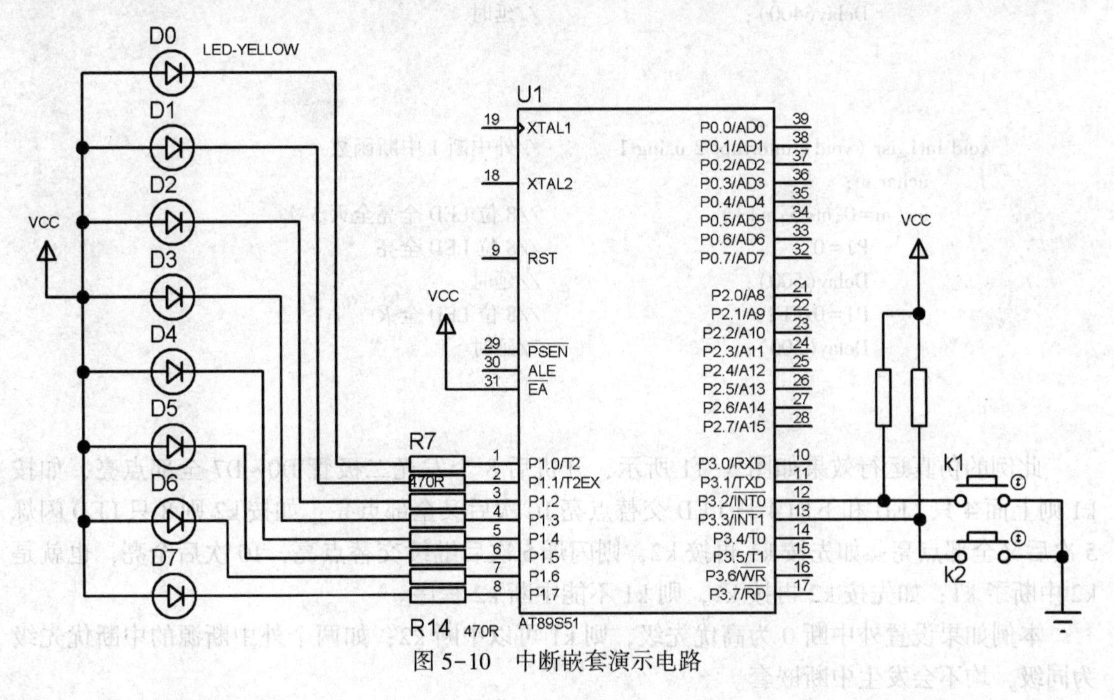

图 5-10　中断嵌套演示电路

参考程序如下：

```
#include <reg51.h>
#define uchar unsigned char
void Delay( unsigned int i)                    //延时函数
{       unsigned int j;
        for( ;i > 0;i--)
        for( j=0;j<125;j++) ;
}
void main( )                                   //主函数
{               uchar display [ ] = {0xFE,0xFD,0xFB,0xF7,0xEF,0xDF,0xBF,0x7F} ;
                                               //用于灯显示数据组
                EA=1;                          //总中断允许
                EX0=1;                         //允许外部中断 0 中断
                EX1=1;                         //允许外部中断 1 中断
                IT0=1;                         //选择外部中断 0 为跳沿触发方式
                IT1=1;                         //选择外部中断 1 为跳沿触发方式
                PX0=0;                         //外部中断 0 为低优先级
                PX1=1;                         //外部中断 1 为高优先级
                while(1)
                P1=0;                          //主函数点亮所有灯
}
void int0_isr(void) interrupt 0 using 0        //外中断 0 中断函数
{       uchar n;
        for(n=0;n<10;n++)                      //8 位 LED 全亮全灭 10 次
        {       P1=0xF0;                       //低 4 位 LED 亮,高 4 位 LED 灭
                Delay(400);                    //延时
                P1=0x0F;                       //高 4 位 LED 亮,低 4 位 LED 灭
                Delay(400);                    //延时
                }
}


void int1_isr (void) interrupt 2 using 1       //外中断 1 中断函数
{       uchar m;
        for( m=0;m<5;m++)                      //8 位 LED 全亮全灭 5 次
        {       P1=0;                          //8 位 LED 全亮
                Delay(500);                    //延时
                P1=0xFF;                       //8 位 LED 全灭
                Delay(500);                    //延时
        }
}
```

此例的仿真运行效果如图 5-11 所示，开机后 8 个发光二极管 D0~D7 全部点亮，如按 k1 则上面 4 只 LED 和下面 4 只 LED 交替点亮 10 次后又全部点亮；如按 k2 则 8 只 LED 闪烁 5 次后又全部点亮；如先按 k1 再按 k2，则闪烁 5 次后继续交替点亮，10 次后全亮，也就是 k2 中断了 k1；如先按 k2 再按 k1，则 k1 不能中断 k2 程序。

本例如果设置外中断 0 为高优先级，则 k1 可以中断 k2；如两个外中断源的中断优先级为同级，均不会发生中断嵌套。

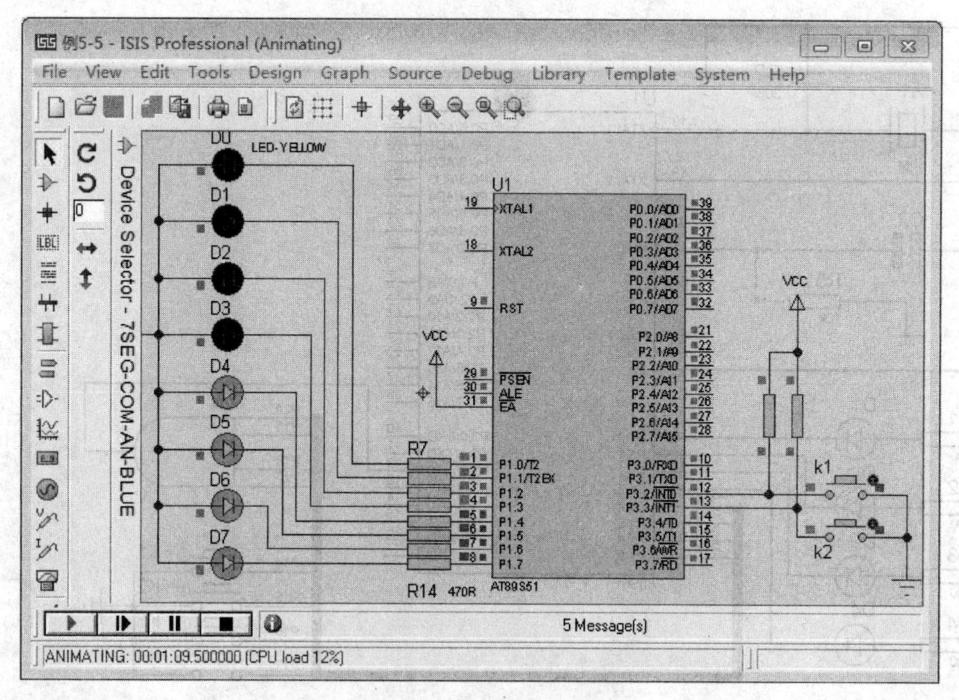


图 5-11 中断嵌套演示仿真

二维码 5-3

## 5.4.3 外部中断源的扩充

AT89S51 单片机只有两个外部中断请求输入端$\overline{\text{INT0}}$和$\overline{\text{INT1}}$，在实际应用中，如果外部中断源超过两个，就需要扩充外部中断源。

扩充外部中断源有两种方法，其一是利用定时/计数器的外部计数输入端，将计数值设为 1，利用定时/计数器中断充当外部中断源；其二是利用外部中断和查询相结合的方法来扩充外部中断源。利用定时/计数器中断充当外部中断源在第 6 章中介绍，这里介绍利用外部中断和查询结合的方法来扩充外部中断源。

利用外部中断和查询结合的方法来扩充外部中断源的思路是，将多个中断源通过逻辑门的输出接到一个外部中断请求输入端，同时利用输入端口作为各个中断源的识别线，如图 5-12 所示。由图可知，无论哪个外部中断源发出的负跳变信号，都会使引脚发生负跳变请求中断，然后再通过程序查询 P1.0~P1.3 的逻辑电平，即可知道是哪个中断源的中断请求。

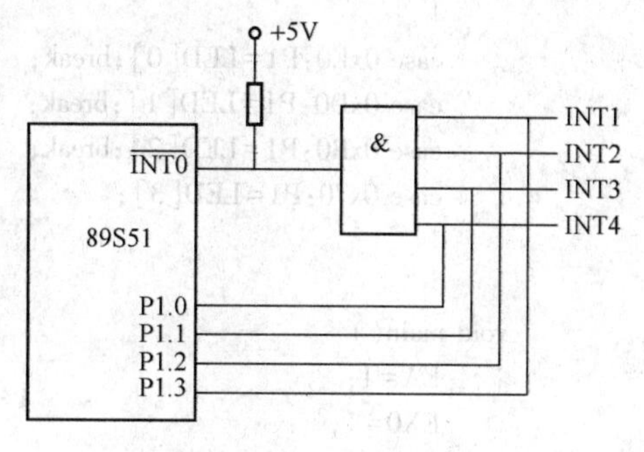


图 5-12 查询法扩展外部中断源

**【例 5-6】** 图 5-13 中，4 个按键 K1~K4 连接于 P1.4~P1.7，同时连接于 4 输入与门 U4 的输入端，P1.0~P1.3 连接有 4 个 LED（D1~D4），用于指示按动了哪个按键。采用中断结合查询的方法编程识别按键，同时对应的灯亮直到按下新的按键。

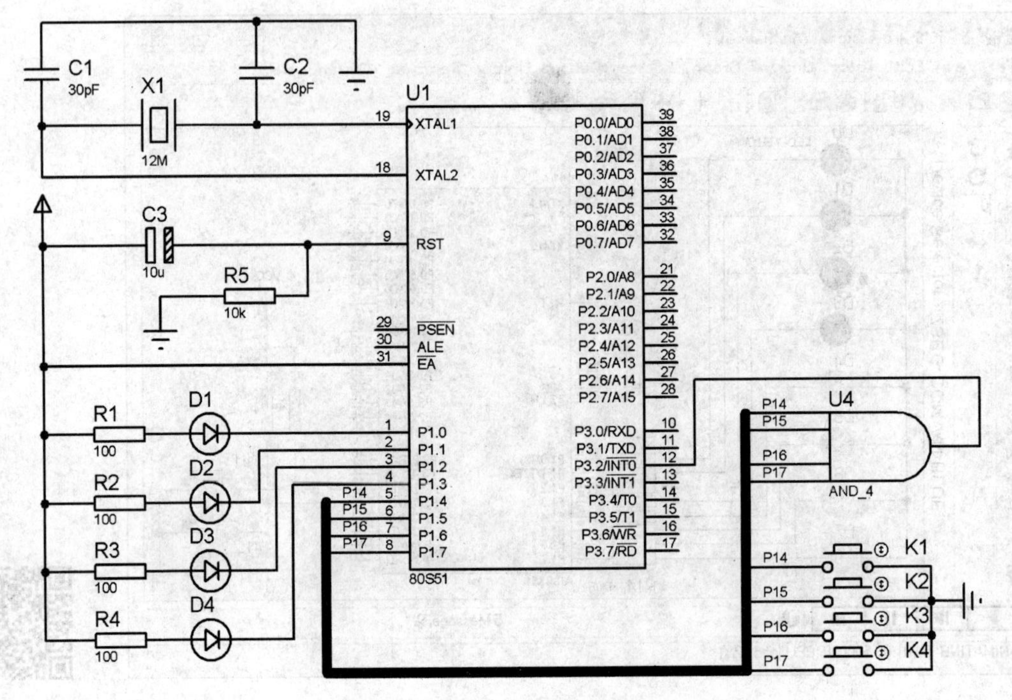


图 5-13　扩充外部中断源

参考程序如下：

```
#include<reg51. h>
sbit P10=P1^0;
sbit P11=P1^1;
sbit P12=P1^2;
sbit P13=P1^3;
char LED[]={0xFE,0xFD,0xFB,0xF7};

key() interrupt 0
{    switch(P1&0xF0)
     {
     case 0xE0:P1=LED[0];break;
     case 0xD0:P1=LED[1];break;
     case 0xB0:P1=LED[2];break;
     case 0x70:P1=LED[3];
     }
}
void main()
{    EA=1;
     EX0=1;
     IT0=1;
     while(1)
     {;}
}
```

仿真结果如图 5-14 所示，按动某一按键，对应的指示灯亮且保持到有新的按键动作。

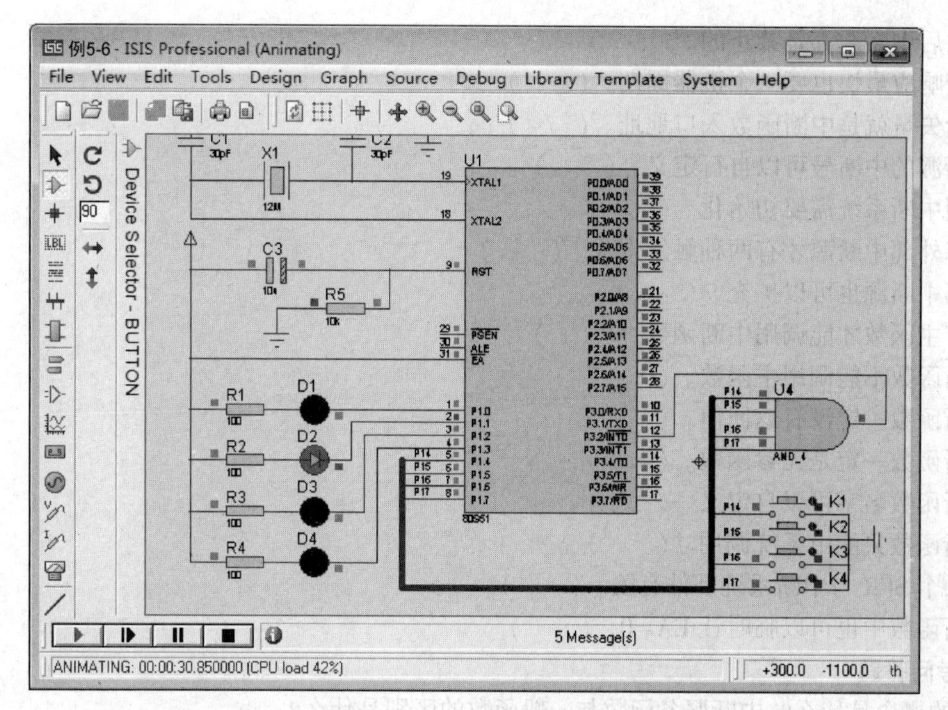


图 5-14 扩充外部中断源

二维码 5-4

## 本章小结

中断是指在突发事件到来时先中止当前正在进行的工作，转而去处理突发事件，待处理完成后，再返回到原先被中止的工作处，继续进行随后的工作。中断的核心问题包括 51 单片机的中断源、中断控制寄存器和中断处理过程。C51 中断函数的声明格式为：void 函数名（void）interrupt n [using m]。

## 习题与思考题 5

### 一、判断题

1. 51MCU 有一个中断系统。(　　)
2. 中断响应本质上就是 CPU 改变了程序流程。(　　)
3. 有中断请求 CPU 一定会响应。(　　)
4. 通俗地说，能够中断 CPU 工作的来源就是中断源。(　　)
5. 51MCU 有两个外部中断源。(　　)
6. 串行口不是中断源。(　　)
7. 程序员不可以设置中断源的优先级。(　　)
8. 复位后所有中断源都是低优先级。(　　)
9. 优先级高的中断源可以打断优先级低的中断源。(　　)
10. 相同级别的中断源不可能嵌套。(　　)

11. 复位后中断源都是禁止的。(　　)

12. 中断响应最快也要一个机器周期。(　　)

13. 中断矢量就是中断函数入口地址。(　　)

14. 中断源的中断号可以自行定义。(　　)

15. 使用中断系统需要初始化。(　　)

16. 只有外部中断源才有两种触发方式。(　　)

17. 外部中断源也可以扩充。(　　)

18. 只有主函数才能调用中断函数。(　　)

19. 中断函数不能调用主函数。(　　)

20. 中断函数一定没有返回值。(　　)

21. 中断函数一定是无参函数。(　　)

22. 中断函数名字可以自定义。(　　)

23. 中断函数只能由系统调用。(　　)

24. 有 3 个 SFR 与中断系统部件有关。(　　)

25. 中断函数中也可以临时让 EA=0。(　　)

**二、思考问答题**

1. 中断的概念是什么？中断服务函数与一般函数的区别是什么？

2. 中断源、中断请求、中断允许、中断优先级、中断触发方式分别是什么？

3. 什么是中断嵌套？什么是自然优先级？

4. C51 中断函数声明的一般格式是什么？

5. 如何使用外部中断？

6. 中断响应条件是什么？

7. MCS-51 有哪些中断源？各有什么特点？它们的中断号分别是多少？

8. 编写出外部中断 1 为下跳沿触发的中断初始化程序。

9. 8051 单片机只有两个外部中断源，若要扩展成 8 个外部中断源，请画出实现这种扩展的硬件线路图，并说明如何确定各中断源的优先级。

10. 参考 51 内核中断系统的逻辑结构图，写出 80C51 的 5 个中断源；假如某应用需要开放定时/计数器 1 和外部中断 1，且外部中断 1 为高优先级和下降沿触发，写出中断系统的初始化语句。

# 第6章　单片机的定时/计数器

## 内容指南

定时/计数器也是单片机的重要资源。在单片机应用系统中，定时/计数器主要用于实现定时控制和对外界事件计数。对于 AT89S52 单片机，其定时/计数器 T2 还具有输入捕获和监视定时功能。本章介绍定时/计数器的结构、原理、工作方式及使用方法。

## 学习目标

- 掌握 AT89S51 定时/计数器的结构与工作原理。
- 了解定时/计数器的各种工作方式及其差异。
- 熟悉 AT89S51 方式 1 和方式 2 的定时/计数编程应用。

## 6.1　定时/计数器的结构与工作原理

AT89S51 单片机内部有两个 16 位的可编程定时/计数器（Timer/Counter），简称为 T0 和 T1。定时/计数器 T0、T1 的结构、原理和工作方式都是相同的，且可以通过编程确定其工作模式、工作方式、定时时间和启动方式等。

### 6.1.1　定时/计数器的结构

定时器 T0、T1 的结构框图如图 6-1 所示。由两个 16 位定时/计数器 T0、T1 以及定时器控制寄存器 TCON 和定时器工作方式寄存器 TMOD 构成，它们通过内部总线与 CPU 相连接，此外定时器控制寄存器 TCON 还有两根中断源信号线送入 CPU。

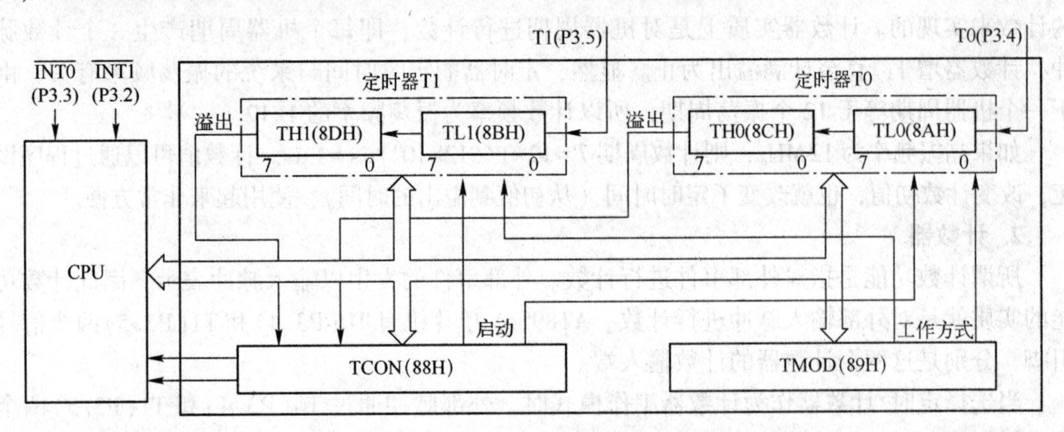


图 6-1　AT89S51/52 定时/计数器的结构框图

与定时器有关的寄存器一共有 4 个，这些寄存器之间是通过内部总线和控制逻辑电路连接起来的。其中 16 位的定时/计数器分别由两个 8 位的特殊功能寄存器组成。即 T0 由 TH0（高位字节）和 TL0（低位字节）构成，其地址为 8CH 和 8AH；T1 由 TH1（高位字节）和 TL1（低位字节）构成，其地址为 8DH 和 8BH。这些寄存器均可单独访问，主要用于存储定时或计数初值。另外还有两个特殊功能寄存器，一个是 8 位定时器控制寄存器 TCON，主要用于控制定时器的启动与停止；另一个是 8 位定时器工作方式控制寄存器 TMOD，主要用于选取定时器的工作方式。当定时器用于定时时，用于对内部时钟脉冲进行计数，当定时器工作在计数方式时，用于对外部脉冲进行计数，外部事件通过引脚 T0（P3.4）和 T1（P3.5）输入。

## 6.1.2 定时/计数器的工作原理

AT89S51/52 的 16 位定时/计数器实质上是一个加 1 计数器，如图 6-2 所示。其计数脉冲有两种输入方式，一种是对系统的内部时钟脉冲进行计数（图中的 $C/\overline{T}=0$），这就是通常所说的定时工作模式；另一种是对外部脉冲进行计数（图中的 $C/\overline{T}=1$），此时是计数工作模式。计数器对两种脉冲之一进行计数，每输入一个脉冲，计数值加 1。当计数到计数器全 1 时，再输入一个脉冲就会使计数器溢出清 0，使定时器控制寄存器 TCON 的溢出中断标志 TF 位置 1，向 CPU 申请中断。定时/计数器是可编程的，通过软件可以设置 4 种工作方式，每一种方式都可以用作定时或计数。

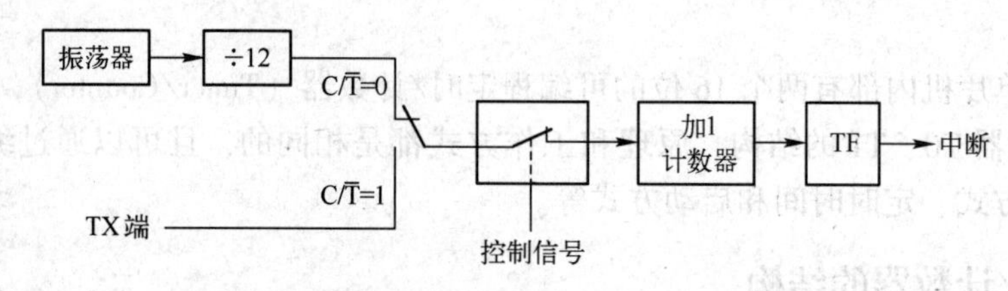


图 6-2　定时器的工作原理

**1. 定时器**

定时功能是通过计数器的计数来实现的，不过此时的计数脉冲来自单片机的内部时钟脉冲。当选择定时/计数器作为定时器工作模式时，可编程定时器定时是通过对系统时钟脉冲的计数来实现的。计数器实质上是对机器周期进行计数，即每个机器周期产生一个计数脉冲，计数器增 1，直至计满溢出为止。显然，定时器的定时时间与系统的振荡频率有关，由于一个机器周期等于 12 个振荡周期，所以计数频率为振荡频率的 1/12。

如果晶振频率为 12 MHz，则计数周期 $T=12\times1/(12\times10^6)\,\mu s=1\,\mu s$。计数值可以通过程序设定，改变计数初值，也就改变了定时时间（从初值到溢出的时间），使用起来非常方便。

**2. 计数器**

所谓计数功能是指对外部事件进行计数。外部事件的发生以输入脉冲表示，因此计数功能的实质就是对外部输入脉冲进行计数。AT89S51 单片机有 T0(P3.4)和 T1(P3.5)两个信号引脚，分别是这两个计数器的计数输入端。

当选择定时/计数器作为计数器工作模式时，外部脉冲通过 T0(P3.4)和 T1(P3.5)两个信号引脚输入，外部脉冲的下降沿将触发计数。计数器在每一个机器周期的 S5P2 拍节对外部输入信号采样，如果前一个机器周期采样值为 1，下一个机器周期采样值为 0，则为一个有效的计数脉冲，计数器加1，此后的机器周期S3P1期间，新的计数值装入计数器。所以检测一个脉冲有效跳变需要两个机器周期，故外部事件的计数频率不能高于振荡频率的1/24。

例如，如果选用24 MHz的晶振，则最高计数频率为1MHz，虽然对外部输入信号的占空比无特殊要求，但为了确保某给定电平在变化前至少被采样一次，则外部计数脉冲的高电平与低电平保持时间均需在一个机器周期以上。

当用软件设定定时/计数器工作方式之后，定时/计数器就会按设定的工作方式自动运行，不需要CPU的干预，除非定时器计满溢出，才会中断CPU当前操作产生中断。CPU也可随时重新设定定时/计数器的工作方式。

## 6.2　定时/计数器的控制寄存器

在定时/计数器开始工作之前，需要对定时/计数器进行初始化，这需要涉及与定时/计数器相关的一些控制寄存器，如工作方式控制寄存器和定时器控制寄存器。下面介绍这些与定时/计数器控制相关的寄存器。

**1. 工作方式控制寄存器（TMOD）**

工作方式控制寄存器TMOD是一个特殊功能寄存器，用于控制两个定时/计数器T0和T1的工作方式。TMOD寄存器地址为89H，不能进行位寻址，只能用字节传送指令修改其内容。其各位定义见表6-1，从其位定义可以看出，它的低4位定义定时/计数器0，高4位定义定时/计数器1。

**表6-1　定时器工作方式寄存器TMOD各位的定义**

| 位序（bit） | 7 | 6 | 5 | 4 | 3 | 2 | 1 | 0 |
|---|---|---|---|---|---|---|---|---|
| 位符号 | GATE | $C/\overline{T}$ | M1 | M0 | GATE | $C/\overline{T}$ | M1 | M0 |
| TMOD | 定时/计数器1 | | | | 定时/计数器0 | | | |

各位功能如下：

1）GATE——门控位。

GATE=0，以运行控制位TR启动定时器。即只要控制位TR0或TR1置1，就可启动相应定时器开始工作。如图6-3所示，只要将GATE赋值为0，经与非门输出为1，与门打开，则只要控制位TR0或TR1置1，就可以将控制开关闭合，从而启动定时器开始计数。

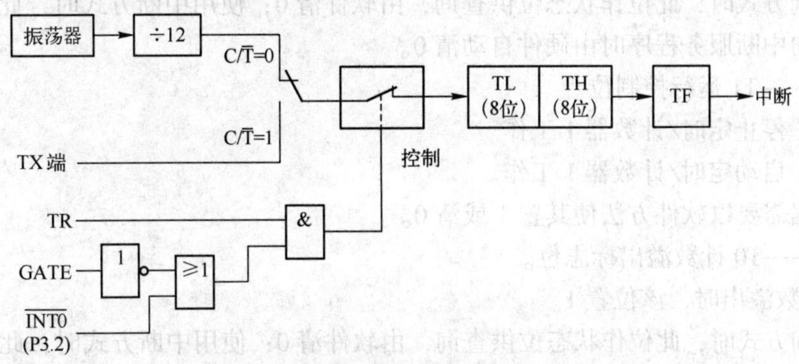


图6-3　定时/计数器控制

GATE=1，除了要将 TR0 或 TR1 置 1 外，还需要使中断请求信号（$\overline{INT0}$或$\overline{INT1}$）为高电平才能启动相应定时器工作。如图 6-3 所示，只要将 GATE 赋值为 1，经与非门输出为 1，与门关闭，则需要使中断请求信号（$\overline{INT0}$或$\overline{INT1}$）为高电平才能打开与门，启动相应定时器工作。

2）C/$\overline{T}$——定时/计数器功能选择位。

C/$\overline{T}$=0，定时器工作模式。

C/$\overline{T}$=1，计数器工作模式。

3）M1、M0——工作方式选择位。

由 M1 和 M0 的组合可以定义 4 种工作方式，见表 6-2，从表中可以看出，定时器 T0、T1 都可以设置为工作方式 0~2，只有定时器 T0 可以设置为工作方式 3，此时 T1 停止计数。

**表 6-2　定时/计数器工作方式选择**

| M1 | M0 | 工 作 方 式 | 功 能 描 述 |
|---|---|---|---|
| 0 | 0 | 方式 0 | 13 位计数器 |
| 0 | 1 | 方式 1 | 16 位计数器 |
| 1 | 0 | 方式 2 | 自动再装入 8 位计数器 |
| 1 | 1 | 方式 3 | T0：分成两个 8 位计数器；T1：停止计数 |

**2. 定时器控制寄存器（TCON）**

定时器控制寄存器 TCON 既参与中断控制又参与定时控制，其作用是控制定时器的启、停，标志定时器的溢出和中断情况。其各位定义见表 6-3，可以进行位寻址，其中有关定时的控制位共有 4 位。

**表 6-3　定时器控制寄存器 TCON 各位的定义**

| 位序（bit） | 7 | 6 | 5 | 4 | 3 | 2 | 1 | 0 |
|---|---|---|---|---|---|---|---|---|
| 位地址 | 8FH | 8EH | 8DH | 8CH | 8BH | 8AH | 89H | 88H |
| 位符号 | TF1 | TR1 | TF0 | TR0 | IE1 | IT1 | IE0 | IT0 |

1）TF1——T1 计数溢出标志位。

当 T1 计数溢出时，该位置 1。

使用查询方式时，此位作状态位供查询，由软件清 0；使用中断方式时，此位作中断标志位，在转向中断服务程序时由硬件自动清 0。

2）TR1——T1 运行控制位。

TR1=0，停止定时/计数器 1 工作。

TR1=1，启动定时/计数器 1 工作。

该位根据需要以软件方法使其置 1 或清 0。

3）TF0——T0 计数溢出标志位。

当 T0 计数溢出时，该位置 1。

使用查询方式时，此位作状态位供查询，由软件清 0；使用中断方式时，此位作中断标志位，在转向中断服务程序时由硬件自动清 0。

4）TR0——T0 运行控制位。

TR0=0，停止定时/计数器 0 工作。

TR0=1，启动定时/计数器 0 工作。

根据需要，以软件方法使其置 1 或清 0。

**3. 中断允许控制寄存器（IE）**

中断允许控制寄存器 IE 用于控制中断的开放或关闭。其中与定时/计数器有关的位介绍如下：

1）EA——中断允许总控制位。

EA=1，CPU 开放中断。

EA=0，CPU 屏蔽所有中断。

2）ET0——定时/计数器中断允许控制位。

ET0=0，禁止定时/计数器 T0 中断。

ET0=1，允许定时/计数器 T0 中断。

3）ET1——定时/计数器中断允许控制位。

ET1=0，禁止定时/计数器 T1 中断。

ET1=1，允许定时/计数器 T1 中断。

## 6.3 定时/计数器的工作方式

AT89S51 单片机的定时/计数器共有 4 种工作方式，其中方式 1 和方式 2 最为常用，而方式 0 和方式 3 很少使用，所以先介绍方式 1 和方式 2。

### 6.3.1 工作方式 1

定时器 T0、T1 都可以设置为工作方式 1，此时 M1M0=01，定时器 T0、T1 在方式 1 下的工作原理完全相同。下面以定时器 T0 为例说明。

方式 1 采用 16 位计数结构，计数器由 TL0 的 8 位和 TH0 的 8 位构成，其逻辑结构如图 6-4 所示。

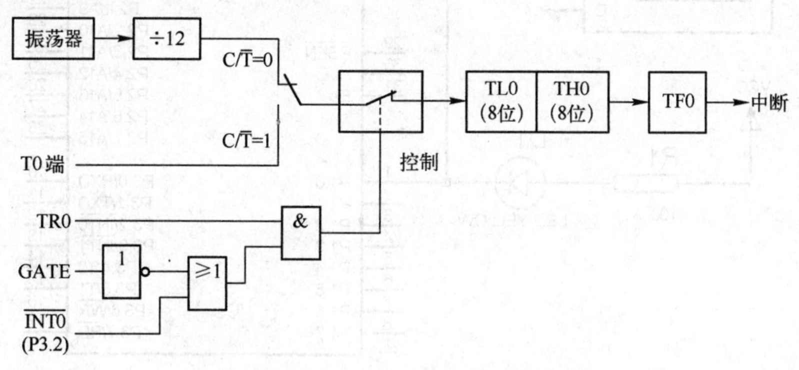


图 6-4 T0（或 T1）方式 1 逻辑结构图

当 C/$\overline{T}$=0 时，多路开关接通振荡脉冲的十二分频输出，16 位计数器以此进行计数，这就是定时器工作模式。当 C/$\overline{T}$=1 时，多路开关接通计数引脚 T0 端，外部计数脉冲由引脚

T0 输入，当脉冲发生负跳变时，计数器加 1，这就是计数工作模式。

在方式 1 下，当为计数模式时，计数值的范围是 1~65536($2^{16}$)；当为定时模式时，定时时间（从初值到溢出的时间）取决于计数器初值和定时脉冲的周期（机器周期）。

若计数初值为 $a$，晶振频率为 $f_{osc}$(MHz)，则定时时间按下式计算：

$$t=(2^{16}-a)\times\frac{12}{f_{osc}}$$

因为计数初值 $a$ 的范围为 0~65535，所以当时钟频率为 12 MHz 时，方式 1 的定时范围为 1~65536 μs。

同理，方式 1 的计数初值 $a$ 与计数值 $N$ 的关系为

$$a=2^{16}-N$$

当 GATE=0 时，由于 GATE 信号封锁了或门，使引脚$\overline{\text{INT0}}$信号输入无效。而这时或门输出端的高电平状态却打开了与门，因此可以由 TR0（TCON 寄存器）的状态来控制计数脉冲的接通与断开。这时如果 TR0=1，则接通模拟开关，使计数器进行加法计数，即定时/计数器工作；如果 TR0=0，则断开模拟开关，停止计数，定时/计数器不能工作。因此在单片机的定时或计数应用中要注意 GATE 位的清 0。

当 GATE=1，同时又 TR0=1 时，有关电路的或门和与门全都打开，计数脉冲的接通与断开由外引脚信号$\overline{\text{INT0}}$控制。当该信号为高电平时计数器工作；当该信号为低电平时计数器停止工作。这种情况可用于测量外信号的脉冲宽度等。

**【例 6-1】** 设单片机的晶振频率为 12 MHz，使用定时器 T0 以方式 1 产生频率为 500 Hz 的等宽正方波连续脉冲，并由 P1.0 输出，采用 Proteus 中的虚拟示波器观察输出波形，如图 6-5 所示。

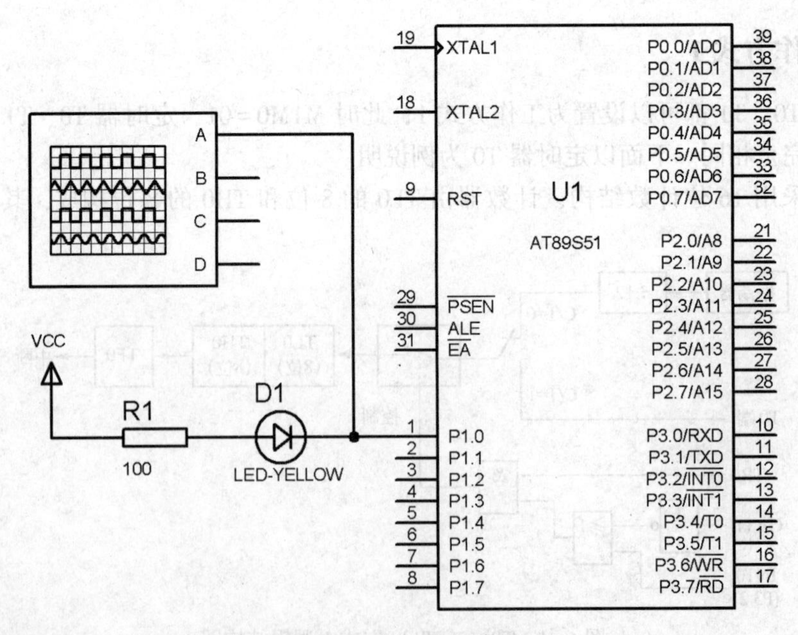

图 6-5 例 6-1 电路图

分析：首先确定工作方式 TMOD 控制字，这里显然是定时模式方式 1，因此 $C/\overline{T}=0$；

M1M0=01；采用软件启动定时器，则 GATE=0；使用定时器 T0，所以，TMOD=01H。

接下来计算计数初值，产生 500 Hz 的等宽正方波脉冲，只需在 P1.0 端以 1 ms 为周期交替输出高低电平即可实现，因此定时时间应为 1 ms=1000 μs。

使用 12 MHz 的晶振，则一个机器周期为 $T=12/f_{osc}=12/(12\times10^{6})\ \mu s=1\ \mu s$。

方式 1 为 16 位计数器结构。设待求的计数初值为 $X$，则 $(2^{16}-X)\times1\times10^{-6}=1000\times10^{-6}$。求得 $X=65536-1000=64536$，十六进制表示为 0FC18H。

1）采用查询方式编程，参考程序如下：

```
#include <reg51.h>
sbit P1_0=P1^0;                        //定义 P1.0 端口位变量
void main (void)
{   TMOD = 0x01;                       //T0 定时方式 1
    TR0=1;                             //启动 T0
    for( ; ; )
    {   TH0 = 0xFC;                    //装载计数初值
        TL0 = 0x18;
        do{ } while(!TF0);             //查询等待 TF0 复位
        P1_0 = !P1_0;                  //定时时间到 P1.0 反相
        TF0 = 0;                       //软件清 TF0
    }
}
```

2）采用中断方式编程，参考程序如下：

```
#include <reg51.h>
sbit P1_0=P1^0;                        //定义 P1.0 端口位变量
void timer0 (void) interrupt 1         //定义 T0 中断函数
{   P1_0 = !P1_0;                      //P1.0 取反
    TH0 = 0xFC;                        //计数初值重装载
    TL0 = 0x18;
}
void main (void)
{   TMOD = 0x01;                       //T0 定时方式 1
    TH0=0xFC;                          //预置计数初值
    TL0=0x18;
    EA=1;                              //允许 T0 中断
    ET0=1;                             //允许 T0 中断
    TR0=1;                             //启动 T0
    do { } while (1);                  //等待 T0 中断
}
```

比较两种编程方法可知，查询方式是以软件方式检查 TF0 的状态，并由软件复位 TF0；而中断方式则是由系统自动检查 TF0，并自动复位 TF0。两种方法都要进行计数初值的重新装载。

两种编程方法的运行效果相同，在 Proteus 的虚拟示波器中观察到的波形如图 6-6 所示，方波的周期是 2 ms。

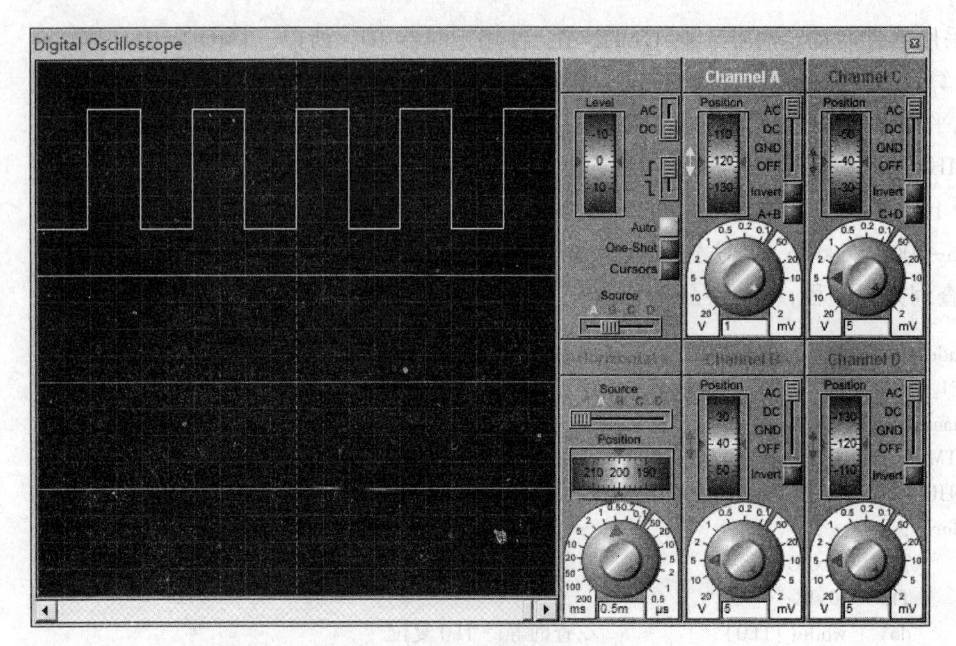


图 6-6　例 6-1 的仿真波形图

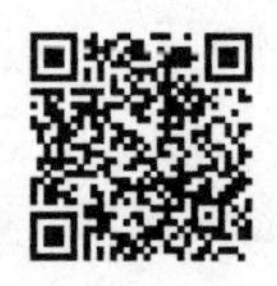

二维码 6-1

【例 6-2】利用定时/计数器 T1 的中断来控制蜂鸣器发出 1 kHz 的音频信号，假设蜂鸣器接 P2.0 引脚，系统时钟为 12 MHz，电路如图 6-7 所示。

分析：此例仍是定时，使用 T1 定时方式 1，可确定 TMOD=00010000，每个计数脉冲的周期为 12/12 μs=1 μs。1 kHz 的音频信号周期为 1 ms，因此要计数的脉冲数为 1000/1 次=1000 次，所以 T1 的初值：TH1=(65536-1000)/256；TL1=(65536-1000)%256。

参考程序如下：

```
#include<reg51.h>
sbit sound=P2^0;
void main(void)
{    EA=1;                          //总中断开
     ET1=1;                         //允许 T1 中断
     TMOD=0x10;                     //设置定时器 T1 为方式 1 定时
     TH1=(65536-1000)/256;  //给 T1 装初值
     TL1=(65536-1000)%256;
     TR1=1;
     while(1);
}
void T1_int(void) interrupt 3 using 0
{    sound = ~sound;
     TH1=(65536-1000)/256;
     TL1=(65536-1000)%256;
}
```

在 Keil 下编译此程序，创建的可执行代码文件加载到 Proteus 仿真电路中的单片机，然后仿真运行，扬声器就会发出声音，仿真如图 6-7 所示。

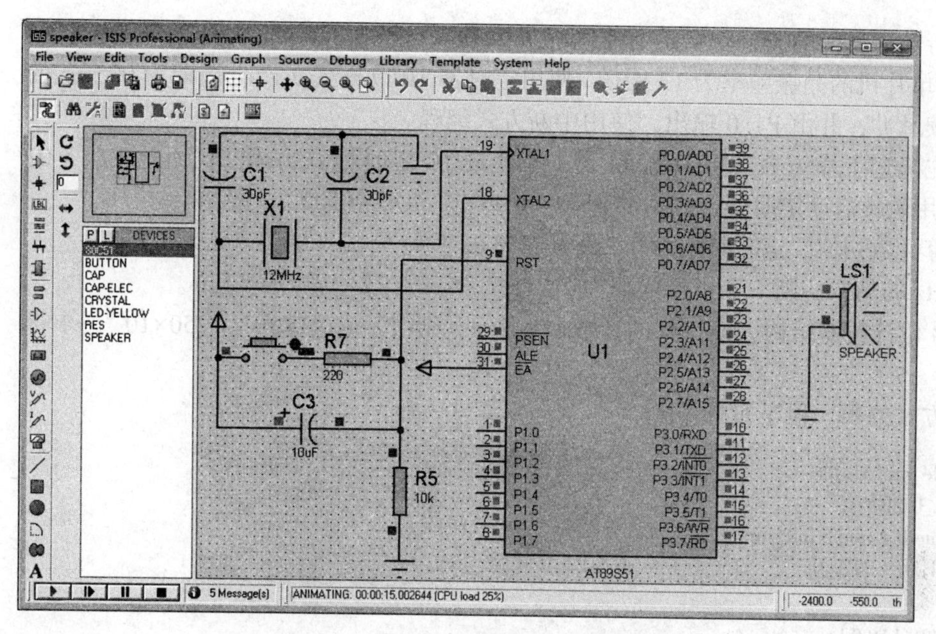


图 6-7 例 6-2 的电路及 Proteus 仿真

二维码 6-2

## 6.3.2 工作方式 2

定时器 T0、T1 都可以设置为工作方式 2，此时 M1M0 = 10，T0 方式 2 的逻辑结构图如图 6-8 所示，与方式 1 的不同在于计数器只采用 TL0，TH0 用于保存初值，8 位计数器溢出时自动重载初值，即将 TH0 保存的初值自动载入 TL0。

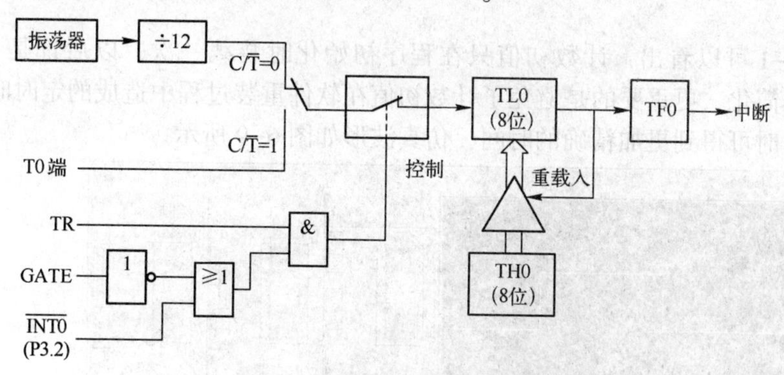


图 6-8 T0 方式 2 逻辑结构图

在方式 2 初始化时，8 位计数初值同时装入 TL0 和 TH0 中。当 TL0 计数溢出时，置位 TF0，同时把保存在 TH0 中的计数初值自动加载到 TL0，然后 TL0 重新计数。这不但省去了用户程序中的初值重装指令，而且也提高了定时精度。但这种工作方式下是 8 位计数结构，定时时间比方式 1 短。

若计数初值为 $a$，晶振频率为 $f_{osc}$(MHz)，则定时时间按下式计算：

$$t=(2^8-a)\times\frac{12}{f_{osc}}$$

工作方式 2 非常适合于循环定时或循环计数应用，例如，用于产生固定脉宽的脉冲，此外还可以做串行数据通信的波特率发送器使用（见第 7 章）。

**【例 6-3】** 单片机的晶振频率为 12 MHz，使用定时器 T0 以方式 2 产生周期为 0.5 ms 的等宽正方波连续脉冲，并由 P1.0 输出，使用中断方式编程。

分析：首先确定工作方式 TMOD 控制字，这里是 T0 定时模式方式 2，因此 $C/\overline{T}=0$；M1M0 = 10；采用软件启动定时器，则 GATE = 0；所以，TMOD = 0x02。

接下来计算计数初值，定时时间为 0.25 ms = 250 μs。

使用 12 MHz 的晶振，则一个机器周期为 $T=12/f_{osc}=12/(12\times10^{6})\,\mu s=1\,\mu s$。

方式 2 为 8 位计数器结构。设待求的计数初值为 $a$，则 $(2^{8}-a)\times1\times10^{-6}=250\times10^{-6}$。求得 $a=6$。

使用中断方式编程，程序如下：

```
#include <reg51.h>
sbit P1_0 = P1^0;
void timer0 (void) interrupt 1
{    P1_0 = !P1_0;                          //P1.0 取反
}
void main (void)
{    TMOD = 0x02;                           //T0 定时方式 2
     TH0 = 0x06;                            //预置计数初值
     TL0 = 0x06;                            //预置计数初值
     EA = 1;                                //开中断
     ET0 = 1;
     TR0 = 1;                               //启动定时器
     while (1);
}
```

比较例 6-1 可以看出，计数初值只在程序初始化时装载一次，以后都是自动重装的，因而可使编程简化，更重要的是避免了计数初值在软件重装过程中造成的定时时间误差，应用于波形发生时可得到更加精确的时间，仿真波形如图 6-9 所示。

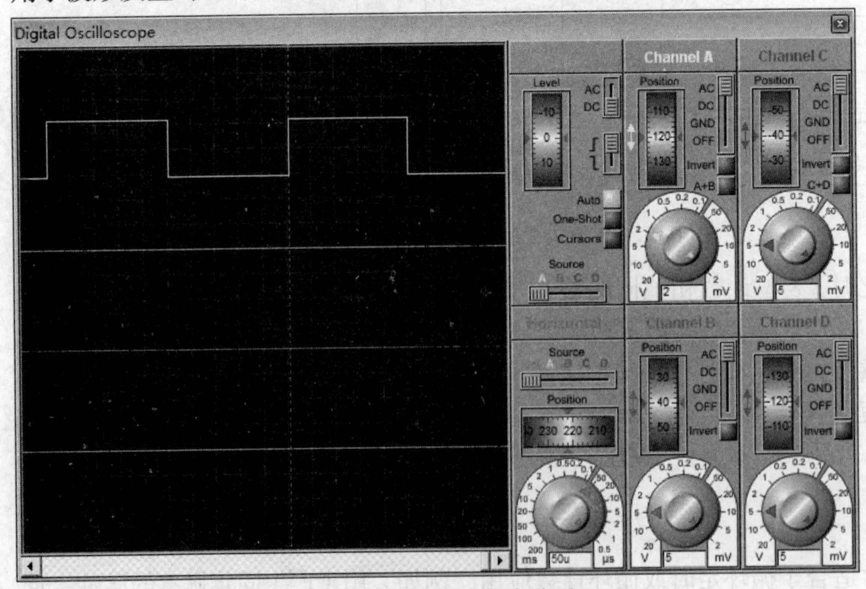


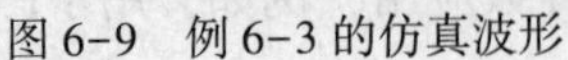
图 6-9　例 6-3 的仿真波形

二维码 6-3

【**例 6-4**】用单片机监视一生产流水线，每生产 100 个工件，发出一个包装命令（即一个正脉冲），包装成一箱。本例用按钮的动作模拟光电传感器，输出的脉冲接 T1 输入端 P3.5，包装命令脉冲从 P2.4 输出，本例用 LED 点亮模拟，如图 6-10 所示。

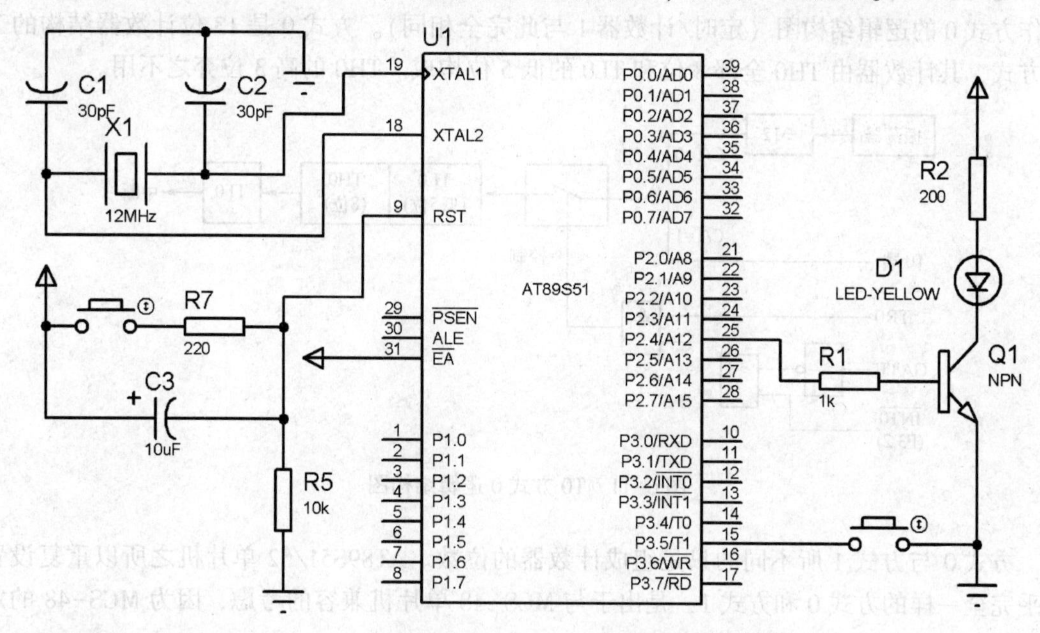


图 6-10　例 6-4 电路图

分析：此例题是计数应用，计数值是 100，因此用 T1 工作于计数方式 2，则 TMOD = 0110 0000B = 60H。因为计数值为 100，所以计数器初值为 256-100 = 156。参考程序如下：

```
#include <reg51.h>
sbit P2_4=P2^4;
void delay(unsigned char time)                    //延时函数,产生一定宽度的脉冲
{   unsigned int j=15000;
    for( ;time>0;time--)
    for( ;j>0;j--);
}
timer1 ( ) interrupt 3                            //定义中断函数
{   P2_4 = 1;
    delay(200);                                   //产生一定宽度的脉冲
    P2_4 = 0;
}
main( )
{   TMOD = 0x60;                                  //T1 计数方式 2
    TH1 = TL1 = 156;                              //预置初值
    EA=1;                                         //开中断
    ET1=1;
    TR1=1;                                        //启动计数
    P2_4=0;                                       //包装命令脉冲初始 0
    while(1);                                     //等待中断
}
```

## 6.3.3 工作方式0

定时器T0、T1都可以设置为工作方式0，此时M1M0=00，图6-11是定时/计数器0在工作方式0的逻辑结构图（定时/计数器1与此完全相同）。方式0是13位计数器结构的工作方式，其计数器由TH0全部8位和TL0的低5位构成。TH0的高3位弃之不用。

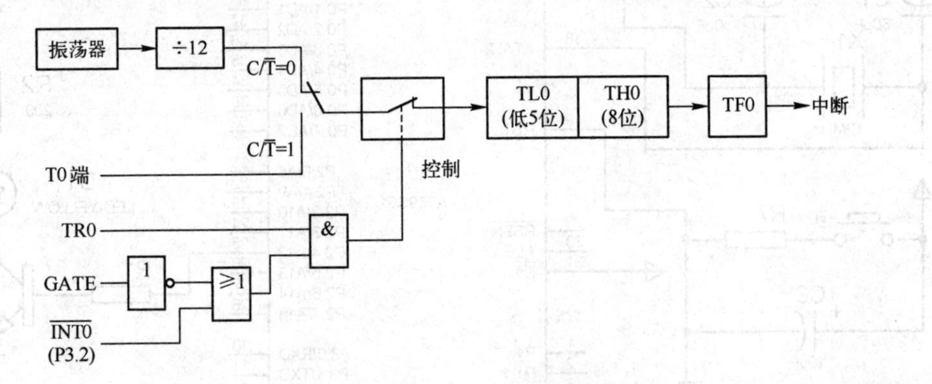


图6-11　T0方式0逻辑结构图

方式0与方式1所不同的只是组成计数器的位数。AT89S51/52单片机之所以重复设置几乎完全一样的方式0和方式1，是出于与MCS-48单片机兼容的考虑，因为MCS-48的定时/计数器就是13位的计数结构。

在方式0下，当为计数工作方式时，计数值的范围是1~8192($2^{13}$)；当为定时工作方式时，若计数初值为$a$，晶振频率为$f_{osc}$(MHz)，则定时时间按下式计算：

$$t=(2^{13}-a)\times\frac{12}{f_{osc}}$$

## 6.3.4 工作方式3

只有定时/计数器T0可以设置为工作方式3，工作方式3下的定时/计数器T0被拆成两个独立的8位计数器TL0和TH0。其中TL0既可以计数使用，又可以定时使用，定时/计数器T0的各控制位和引脚信号全归它使用。与TL0的情况相反，对于定时/计数器的另一半TH0，则只能作为简单的定时器使用。其功能和操作与方式0或方式1完全相同，如图6-12所示。由于定时/计数器0的控制位已被TL0独占，因此只好借用定时/计数器1的控制位TR1和TF1，即以计数溢出置位TF1，而定时的启动和停止则受TR1的状态控制。

由于TL0既能做定时器使用也能做计数器使用，而TH0只能做定时器使用却不能做计数器使用，因此在工作方式3下，定时/计数器0可以构成两个定时器或一个定时器一个计数器。

如果定时/计数器0使用工作方式3，则定时/计数器T1只能工作在方式0、方式1或方式2下，因为它的运行控制位TR1及计数溢出标志位TF1已被定时/计数器T0使用，在这种情况下，定时/计数器T1通常是作为串行口的波特率发生器使用，如图6-13所示。

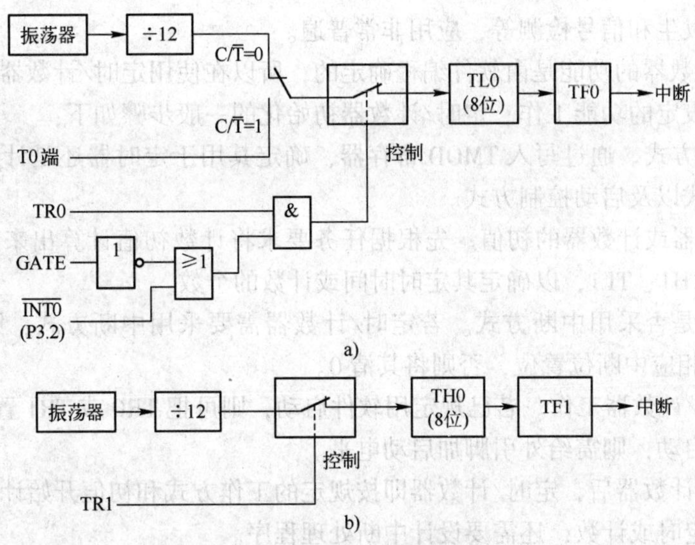


图 6-12　T0 方式 3 逻辑结构图

a）TL0 作为 8 位定时器的逻辑结构图　b）TH0 作为 8 位定时器的逻辑结构图

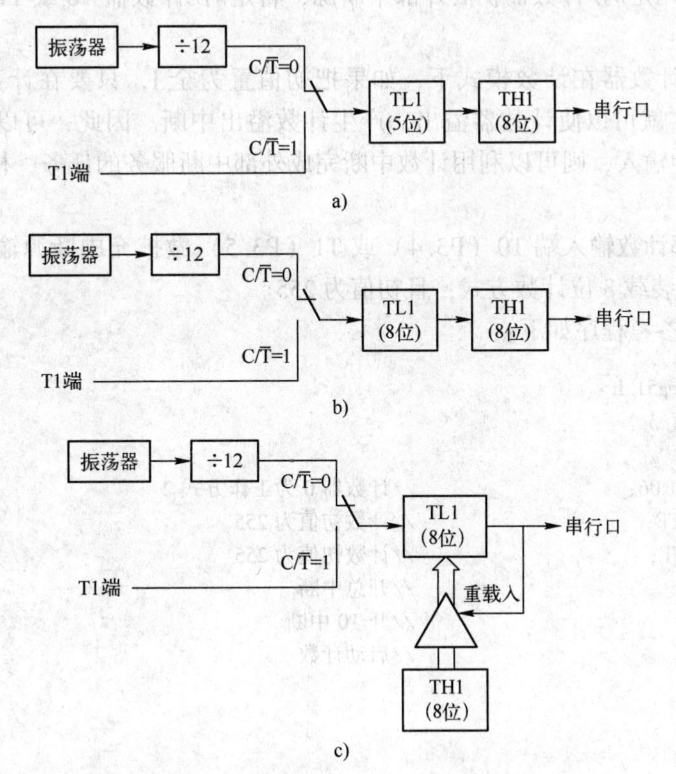


图 6-13　T0 方式 3 下 T1 工作示意图

a）T0 方式 3 下 T1 工作于方式 0　b）T0 方式 3 下 T1 工作于方式 1　c）T0 方式 3 下 T1 工作于方式 2

## 6.4　定时/计数器的编程和应用

定时/计数器是单片机非常重要的功能部件，可用来实现定时控制、延时、频率测量、脉宽测量、信号发生和信号检测等，应用非常普遍。

由于定时/计数器的功能是由软件编程确定的，所以在使用定时/计数器前应对其进行初始化，使其按照设定的功能工作。定时/计数器初始化的一般步骤如下：

1）确定工作方式。通过写入 TMOD 寄存器，确定其用于定时器还是计数器功能，并确定其相应工作方式以及启动控制方式。

2）装载定时器或计数器的初值。先根据任务要求将计数初值计算出来，然后将初值送入 TH0、TL0 或 TH1、TL1，以确定其定时时间或计数的个数。

3）根据要求是否采用中断方式。若定时/计数器需要采用中断方式，则还需要直接对 IE 寄存器定时器相应中断位置位，否则将其清 0。

4）启动定时/计数器工作。若已规定用软件启动，则可把 TR0 或 TR1 置 1；若已规定由外中断引脚电平启动，则需给外引脚加启动电平。

当启动定时/计数器后，定时/计数器即按规定的工作方式和初值开始计数或定时。对于采用中断方式的定时或计数，还需要设计中断处理程序。

下面通过几个实例来了解定时/计数器的各种应用。

**【例 6-5】** 利用定时/计数器扩展外部中断源，将定时/计数器 T0 或 T1 充当一个外部中断源。

分析：定时/计数器在计数模式下，如果把初值置为全 1，只要在计数输入端（T0 或 T1）加一个脉冲，就可以使计数器溢出，产生计数溢出中断。因此，可以把一个外部中断请求作为计数脉冲输入，则可以利用计数中断完成外部中断服务的任务，相当于扩展了一个外部中断源。

实现：把外部计数输入端 T0（P3.4）或 T1（P3.5）做扩充中断源输入，设置计数工作方式 2，即自动装载 8 位计数方式，且初值为 255。

以 T0 为例，参考程序如下：

```
#include<reg51. h>
void main ( )
{   …
TMOD = 0x06;                    //计数器 0 为工作方式 2
TH0 = 0xFF;                     //计数初值为 255
TL0 = 0xFF;                     //计数初值为 255
EA=1;                           //开总中断
ET0=1;                          //开 T0 中断
TR0=1;                          //启动计数
while (1)
     {…}
}
void t0-int(void) interrupt 1   //中断服务函数
{…}
```

当连接在 T0 引脚的外部中断请求输入信号发生跳变时，TL0 计数产生溢出，向 CPU 发出中断申请，执行中断服务函数，同时 TH0 内容自动装入 TL0。可见，利用定时/计数器可以扩展为一个外部中断源。

**【例 6-6】** 长时间定时。设单片机晶振频率为 12 MHz，编程使 P1.0 引脚上产生周期为

2 s 的等宽正方波连续脉冲。

分析：根据题意，产生周期 2 s 的正方波需要间隔 1 s 给 P1. 0 引脚取反，因此需要定时 1 s。而在 12 MHz 晶振频率下，定时器最大定时时间为 $(2^{16}-0)\times 1\ \mu s = 65.536\ ms$，显然直接利用定时器是不能定时 1 s 的。但可以利用一个软计数器 t 对定时器的溢出次数来计数（当然也可以用另外一个定时/计数器来计数，不过为了节省资源通常用软计数器），比如用 T0 定时 50 ms，那么 50 ms 溢出 1 次，溢出 20 次正好是 1 s，为此用一个变量 $t$ 作为溢出次数的计数变量，当 $t$ 从 0 计数到 20 次时即是 1 s。

以中断处理方式编程的参考程序如下：

```
#include <reg51. h>
unsigned chart=0;                          //定义 t 作溢出次数计数器
void main(void)
{     EA=ET0=1;                            //开 T0 中断
      TMOD=0x01;                           //定义 T0 定时方式 1
      TH0 =0x3C; TL0 =0xB0;                //定时 50 ms 初值(12 MHz 晶振频率)
      TR0=1;                               //启动 T0 定时
      while(1);
}

timer0() interrupt 1                       //T0 中断函数
{     TH0 =0x3C;TL0 =0xB0;                 //重置 T0 初值
      t++;
      if(t==20){t=0; P1_0=!P1_0;}          //刷新长定时溢出标记
}
```

**【例 6-7】** 测量 P3. 3 引脚上所加的正脉冲宽度（机器周期数）。

分析：门控位 GATE1 可使 T1 的启动计数受 $\overline{INT1}$ 的控制。当 GATE1=1，TR1=1 时，只有引脚 $\overline{INT1}$ 输入高电平时，T1 才被允许计数。利用 GATE1 的这一功能，可测量引脚 $\overline{INT1}$（P3. 3）上正脉冲的宽度（机器周期数），其方法如图 6-14 所示。

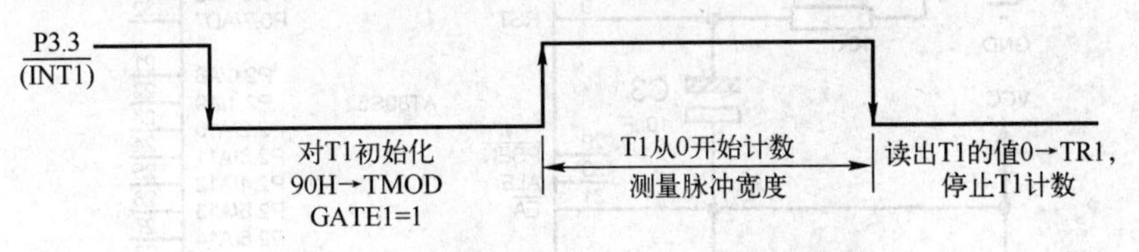


图 6-14　利用 GATE 位测量正脉冲的宽度

参考程序如下：

```
#include<reg51. h>
sbit P3_3=P3^3                             //位变量定义
unsigned count_high;                       //定义计数变量,用来读取 TH0
unsigned count_low;                        //定义计数变量,用来读取 TL0
void read_ count( );                       //读计数器函数
void main( )
{
TMOD=0x90;                                 //设置定时器 T1 为方式 1 定时
```

```
        TH1=0;                          //向定时器 T1 写入计数初值
        TL1=0;
        TR1=1;
        while(P3_3==1);                 //等待变低
        TR1=1;                          //如果为低,启动 T1(未真正开始计数)
        while(P3_3==0);                 //等待变高,变高后 T1 真正开始计数
        while(P3_3==1);                 //等待变低,变低后 T1 停止计数
        TR1=0;
        read_ count( )                  //读计数寄存器内容的函数
        }
        void read_ count( )             //读取计数寄存器的内容
        {do
            {count_high=TH1;            //读高字节
            count_low =TL1;             //读低字节
            …                           //可将两字节的机器周期数进行显示处理
            }
        while(count_high!= TH1);
        }
```

执行以上程序，使引脚上出现的正脉冲宽度以机器周期数的形式读入 count_high 和 count_low 两个单元中，如果编写了显示程序，可将其显示在显示器上。

**【例 6-8】** 如图 6-15 所示，利用蜂鸣器和单片机中的定时器，实现音乐中“1234567”，即“Do Re Mi Fa Sol La Si”的发音。

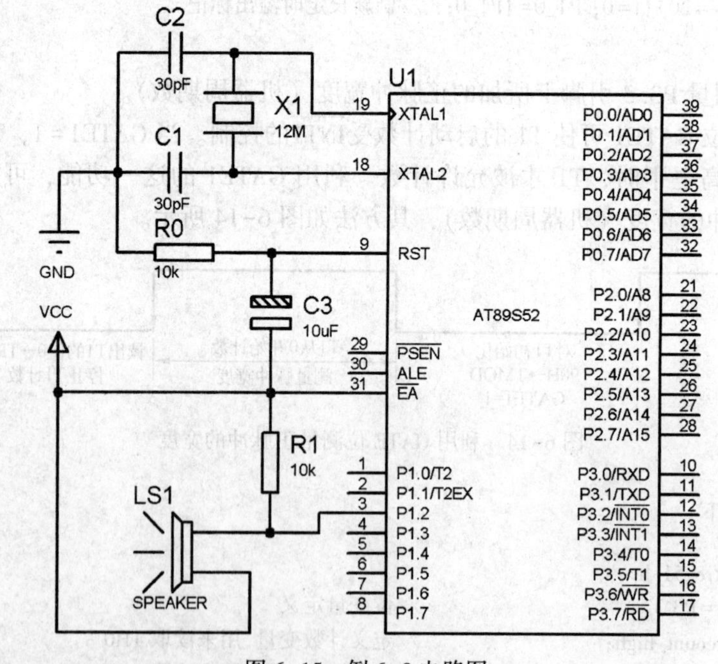

图 6-15　例 6-8 电路图

分析：将每个音符的音调及节拍变换成相应的音调参数和节拍参数，存储在数据表格中，通过程序顺序取出一个音符的相关参数，播放该音符，选择需要的声响时间，即可完成一个音符的播放，循环取出音符的相关参数，直到播放完毕最后一个音符。

参考程序如下：

```
#include <REG51.H>
#define uchar unsigned char
#define uint unsigned int
#define ulong unsigned long
sbit BEEP=P1^2;                          //扬声器输出脚
uchar th0_f;                             //在中断中装载的T0值高8位
uchar tl0_f;                             //在中断中装载的T0值低8位
uchar code freq[7*2]=
{   0x43,0xFC,                           //523Hz 1
    0xAC,0xFC,                           //587Hz 2
    0x09,0xFD,                           //659Hz 3
    0x33,0xFD,                           //698Hz 4
    0x81,0xFD,                           //783Hz 5
    0xC7,0xFD,                           //880Hz 6
    0x05,0xFE,                           //987Hz 7
};                                       //T0的值及输出频率对照表
timer0() interrupt 1                     //定时中断0,用于产生唱歌频率
{
    TL0=tl0_f;
    TH0=th0_f;                           //调入预定时值
    BEEP=~BEEP;                          //取反音乐输出IO
}
void main(void)                          // 主程序
{
  ulong n;
  uchar i;
  TMOD = 0x01;                           //使用定时器0的16位工作模式
  BEEP=1;
  TR0 = 0;
  ET0 = 1;
  EA = 1;
  while(1)
  {
    TR0 = 1;
    for(i=0;i<7;i++)                     //循环播放8个音符
    {
    tl0_f=freq[i*2];                     //置一个音符的值
    th0_f=freq[i*2+1];
      for(n=0;n<10000;n++);              //延时1s左右
    }
    TR0 = 0;
  }
}
```

将此程序编译后生成的可执行代码文件加载到 Proteus 仿真电路图单片机中进行仿真，则可听到程序运行后循环播放“Do Re Mi Fa Sol La Si”的发音。

## 6.5 定时/计数器 T2

在 AT89S52 单片机中，增加了一个 16 位定时/计数器 T2。T2 与 T0 和 T2 有类似的功能，可以做定时器或计数器使用，同时还增加了捕捉等新的功能。它的功能比其他两个定时器更强，使用也较复杂。在特殊功能寄存器组中有 6 个与 T2 有关的寄存器，它们分别是控制寄存器 T2CON，方式控制寄存器 T2CMOD，捕捉寄存器 RCAP2L 和 RCAP2H，定时/计数器 TL2、TH2。它们在片内存储器中的地址依次从 0C8H 到 0CDH。

### 6.5.1 T2 的寄存器

T2 的 6 个寄存器中，TL2、TH2 与 TL0、TH0 相同，是用于存储计数值的。捕捉寄存器 RCAP2L、RCAP2H 是在捕捉工作方式下存储所捕获的 TL2、TH2 瞬时值。控制寄存器 T2CON 和方式控制寄存器 T2MOD 是用于控制和管理 T2 工作的。

**1. 控制寄存器 T2CON**

T2 是靠软件对 T2CON 寄存器进行设置而启动和运行的。T2 控制寄存器 T2CON 的格式见表 6-4。

**表 6-4 控制寄存器 T2CON 各位的定义**

| 位序（bit） | 7 | 6 | 5 | 4 | 3 | 2 | 1 | 0 |
|---|---|---|---|---|---|---|---|---|
| 位定义 | TF2 | EXF2 | RCLK | TCLK | EXEN2 | TR2 | C/$\overline{T2}$ | CP/$\overline{RL2}$ |

各位定义如下：

1）TF2——T2 的溢出中断标志。

T2 溢出时由硬件置 1，须由用户用软件清 0。

当 RCLK=1 或 TCLK=1 时，即使溢出也不会将 TF2 置位。

2）EXF2——T2 外部中断标志。

T2 在捕捉方式和常数自动重装入方式下，如果 EXEN2=1，在 T2EX 端（P1.1）发生的负跳变使 EXF2 置位。如此时允许 T2 中断，则 EXF2=1 会使 CPU 响应中断。同样需要由软件清 0。T2 工作在加 1/减 1 计数方式（DCEN=1）时，EXF2 不会置位。

3）RCLK——串行中接收时钟选择标志。

RCLK=1 时，T2 工作于波特率发生器方式。此时，T2 的溢出脉冲作为串行口方式 1 和方式 3 的接收脉冲。

RCLK=0 时，T1 的溢出脉冲做接收时钟。

4）TCLK——串行口发送时钟选择标志。

TCLK=1 时，T2 工作于波特率发生器方式，T2 的溢出脉冲作为串行口方式 1 和方式 3 的发送时钟。

TCLK=0 时，T1 的溢出脉冲做发送时钟。

5）EXEN2——T2 的外部允许控制位。

T2 工作于捕捉方式及常数自动重装入方式，且 EXEN2=1 时，如 T2EX 输入端上有一个负跳变信号，则会引发捕捉或常数重装入动作；而 EXEN2=0 时，T2EX 端的电平变化对 T2

没有影响。

6）TR2——T2 的计数控制位。

TR2=1，开始计数。

TR2=0，停止计数。

7）C/$\overline{T2}$——定时器或计数器功能选择位。

C/$\overline{T2}$=0，T2 为内部定时器。

C/$\overline{T2}$=1，T2 为外部事件计数器。

8）CP/$\overline{RL2}$——捕捉或常数自动重装入方式选择位。

CP/RL2=1 时，T2 工作于捕捉方式，即当 EXEN2=1 时，T2EX 端的负跳变引发捕捉动作。

CP/RL2=0 时，为常数自动重装入方式，当 EXEN2=1 时，T2EX 端的负跳变引发常数重装入动作。

**2. 方式控制寄存器 T2MOD**

T2 的 T2MOD 中只有 D0 和 D1 两位对 T2 的工作有影响。

T2MOD 的格式如下：

**表 6-5　方式控制寄存器 T2MOD 各位的定义**

| 位序（bit） | 7 | 6 | 5 | 4 | 3 | 2 | 1 | 0 |
|---|---|---|---|---|---|---|---|---|
| 位定义 | — | — | — | — | — | — | DCEN | T2OE |

1）T2OE——T2 的输出允许位。

T2OE=1 时，允许 T2 输出。

T2OE=0 时，禁止 T2 输出。

2）DCEN——T2 加 1/减 1 计数允许位。

T2 工作在自动重装入方式时，DCEN=1，允许 T2 加 1/减 1 计数。具体加 1 还是减 1 又与 T2EX 引脚的电平有关。当 T2EX=1 时，T2 加 1 计数；反之，为减 1 计数。复位时，DCEN=0，T2 为加 1 计数。

## 6.5.2 T2 的工作方式

定时/计数器 T2 也是 1 个 16 位的内部定时或对外部事件计数的计数器，当计满溢出时向主机请求中断处理，但是它的工作方式却与定时/计数器 T0 和 T1 不同。它具有 3 种不同的工作方式，通过软件编程对 T2CON 特殊功能寄存器的相关位进行设置来选择。有关位的设置和工作方式的选择见表 6-6。

**表 6-6　定时器 T2 的工作方式**

| RCLK+TCLK | CP/$\overline{RL2}$ | C/$\overline{T2}$ | T2OE | TR2 | 工 作 方 式 |
|---|---|---|---|---|---|
| 0 | 0 | × | × | 1 | 16 位定时计数/常数自动重装入 |
| 0 | 1 | × | × | 1 | 16 位定时计数/捕捉方式 |
| 1 | × | × | × | 1 | 波特率发生器方式 |
| × | × | 0 | 1 | 1 | 时钟输出方式 |
| × | × | 1 | × | 1 | 外部脉冲计数方式 |
| × | × | × | × | 0 | 停止计数 |

**1. 定时计数/常数自动重装入方式**

当 CP/RL2 = 0 时，T2 除可用于定时计数外，还可工作于常数自动重装入方式。由 T2CON 寄存器的 EXEN2 位控制选择 T2 的两种工作方式。

当 EXEN2 = 0 时，T2 做定时/计数器用，当 C/$\overline{T2}$ = 0 时，做定时器用，以振荡频率的 12 分频计数；当 C/$\overline{T2}$ = 1 时，做计数器用，以 T2 外部输入引脚的输入脉冲做计数脉冲。当 TR2 = 1 时，从初值开始增 1 计数，计数至溢出时，溢出信号控制打开三态门将 RCAP2L 和 TCAP2H 寄存器中存储的计数初值重新装入 TL2 和 TH2 中，使 T2 从该值开始重新计数，同时将溢出标志 TF2 置 1，计数器的初值在初始化时由软件编程设置。

当 EXEN2 = 1 时，T2 除可以完成上述功能外，还可实现以下功能：当外部输入引脚 T2EX 的输入电平发生负跳变时，可以控制将捕捉寄存器 RCAP2L 和 RCAP2H 的内容重新装入 TH2 和 TL2 中，使 T2 重新以新值开始计数，同时把中断标志 EXF2 置 1，向 CPU 发出中断请示。

**2. 定时计数/捕捉方式**

当 CP/RL2 = 1 时，T2 除可以用于定时计数外，还可工作于捕捉方式。T2CON 中的 EXEN2 位可控制 T2 以两种工作方式工作。

如果 EXEN2 = 0，则 T2 作为定时/计数器使用，并由 C/$\overline{T2}$位决定它是定时器还是计数器，如做定时器使用，则其计数输入为内部振荡脉冲的 12 分频信号；做计数器时，是以 T2 的外部输入引脚上的输入脉冲做计数脉冲。当定时/计数器 T2 增 1 计数至溢出后，将 TF2 标志置 1，并发出中断请求信号。在这种方式下，TL2 和 TH2 的内容不会送入捕捉寄存器中。

如果 EXEN2 = 1，T2 除实现上述定时/计数器功能外，还可实现捕捉功能。即当外部输入端 T2EX 的输入电平发生负跳变时，就会把 TH2 和 TL2 的内容锁入捕捉寄存器 RCAP2L 和 RCAP2H 中，并将 T2CON 中的中断标志位 EXF2 置 1，向 CPU 发出中断请求信号。

**3. 波特率发生器方式**

T2 除可用于上述的工作方式外，还可作为串行口的波特率发生器。它的串行口波特率发生器工作方式是由控制寄存器 T2CON 中的控制位 RCLK = 1 和 TCLK = 1 来确定的。如果 RCLK = 1 或 TCLK = 1，则定时器 T2 以波特率发生器方式工作。

综上所述，定时器 T2 可以做定时器，也可以做计数器，而且，无论做定时器或计数器都有捕捉方式和自动重装入方式。在 T2 做定时器时，还有波特率发生器方式。

在 AT89S52 中，还增加了定时器 T2 的中断请求源，入口地址是 002BH。T2 中断级别最低，其中断请求是由标志 TF2 和 EXF2 经逻辑或后产生的，当 CPU 响应该中断请求后，必须由软件来判别是 TF2 还是 EXF2 产生的中断，也必须由软件将该标志清 0。

## 6.6 定时器 T3——WDT 监视定时器

在 AT89S51/52 中还增加了一个定时器 T3，称为 WDT（Watch Dog Timer，看门狗监视）定时器。这是一个通过软、硬件相结合的常用抗干扰技术。

### 6.6.1 WDT 的功能及应用特点

WDT 通常是一个独立的定时器，它的主要用途是当程序运行出现死循环时，能通过复位的方法使 CPU 退出死循环。

在 AT89S51 中 WDT 是由一个 14 位的计数器和一个看门狗复位寄存器组成的。在 AT89S52 中 WDT 是 13 位的计数器，看门狗复位寄存器是特殊功能寄存器，符号为 WDTRST，地址为 A6H，这是一个只写寄存器。

当单片机复位时，WDT 是不工作的，启动 WDT 开始工作的方法是顺序向 WDTRST 中写 1EH 和 0E1H。写完后计数器从 0 开始计数，WDT 开始工作后每个机器周期计数增 1。

通过软件编程单片机在正常运行时不断给它发清 0 信号，使 WDT 不会产生溢出。如果单片机出现死机，则 WDT 不能按时收到清 0 信号；当 WDT 计时到设定时间就会产生溢出信号，使 RST 引脚出现正脉冲，单片机复位，恢复程序的正常运行。

### 6.6.2 辅助寄存器 AUXR

辅助寄存器 AUXR 的 WDIDLE 位用来确定在进入空闲方式后 WDT 是否继续工作，辅助寄存器 AUXR 的各位格式见表 6-7。

**表 6-7 辅助寄存器 AUXR 各位的定义**

| 位序（bit） | 7 | 6 | 5 | 4 | 3 | 2 | 1 | 0 |
|---|---|---|---|---|---|---|---|---|
| 位定义 | — | — | — | WDIDLE | DISETO | — | — | DISALE |

1）WDIDLE 位——WDT 方式选择位。

当 WDIDLE=0 时，空闲方式期间 WDT 继续计数。

当 WDIDLE=1 时，WDT 停止计数，在设置空闲方式后才恢复工作。

为避免在空闲方式由于 WDT 的溢出使 AT89S51/52 复位，用户应该周期性地退出空闲方式、顺序向 WDTRST 中写入 01EH 和 0E1H、重新进入空闲方式。

2）DISETO 位——复位输出控制位。

当 DISETO=0 时，在 WDT 时间到后，复位引脚为高电平输出。

当 DISETO=1 时，复位引脚始终为输入状态。

3）DISALE 位——ALE 引脚控制位。

当 DISALE=0 时，ALE 引脚始终输出一个不变的 1/6 时钟振荡频率。

当 DISALE=1 时，ALE 引脚仅在执行 MOVX 或 MOVC 指令时，才输出时钟振荡频率。

## 本章小结

1）定时/计数器的工作原理是，利用加 1 计数器对时钟脉冲或外来脉冲进行自动计数。当计满溢出时可引起中断标志（TFx）硬件置位，据此表示定时时间到或计数次数到。定时器本质上是计数器，前者是对时钟脉冲进行计数，后者则是对外来脉冲进行计数。

2）51 单片机包括两个 16 位定时器 T0（TH0、TL0）和 T1（TH1、TL1），还包括两个控制寄存器 TCON 和 TMOD。通过 TMOD 控制字可以设置定时与计数两种模式，设置方式 0~方式 3 这 4 种工作方式；通过 TCON 控制字可以管理计数器的启动与停止。

3）方式 0~方式 2 分别使用 13 位、16 位、8 位工作计数器，方式 3 具有 3 种计数器状态。

## 习题与思考题 6

一、判断题

1. 计数器和定时器是一个部件。(　　)
2. AT89S51 MCU 有两个定时/计数器。(　　)
3. T0 和 T1 不能同时工作。(　　)
4. 利用定时/计数器可测量脉宽。(　　)
5. 利用定时/计数器可测量频率。(　　)
6. 利用定时/计数器可检测脉冲。(　　)
7. T0 可同时定时和计数。(　　)
8. T0 可受 TR1 控制。(　　)
9. GATE 位也可控制 T1。(　　)
10. GATE 位必须事先设置。(　　)
11. 定时模式没有方式 2。(　　)
12. 计数模式只有方式 1。(　　)
13. 方式 1 比方式 2 定时更精确。(　　)
14. 定时计数都有 4 种方式。(　　)
15. 溢出位 TF=1 时计数器值变成了 0。(　　)
16. 溢出位就是中断请求标志位。(　　)
17. 判断溢出可采用硬件。(　　)
18. 只能由程序查询判断溢出。(　　)
19. 使用定时/计数器时溢出后要重装初值。(　　)
20. 计数器初值可编程设置。(　　)

二、填空题

1. 如果晶振频率为 6 MHz，定时/计数器 T1 方式 2 的最大计数值为（　　）。
2. 如果晶振频率为 4 MHz，定时器 T0 方式 1 的最大定时时间为（　　）μs。
3. 如果晶振频率为 3 MHz，定时器 T1 方式 2 的最大定时时间为（　　）μs。
4. 如果晶振频率为 12 MHz，T1 方式 1 定时 1 ms 的初值为（　　）。
5. 如果晶振频率为 6 MHz，T0 方式 2 定时 0.5 ms 的初值为（　　）。

三、思考问答题

1. 定时/计数器的基本原理是什么？
2. 定时/计数器的组成结构是什么？
3. 定时/计数器的控制关系是什么？
4. 定时/计数器方式 1 的要点是什么？
5. 定时/计数器方式 2 的特点是什么？
6. 定时/计数器的初始化编程要点，如何计算初值？
7. 如果采用的晶振频率为 3 MHz，定时/计数器 T0 分别工作在方式 1 和 2 下，其最大的定时时间各为多少？

8. 定时/计数器 T0 作为计数器使用时，其计数频率不能超过晶振频率的多少？

9. 一个定时器的定时时间有限，如何采用两个定时器的串行定时来实现较长时间的定时？

10. 单片机的晶振频率为 12 MHz，请编程使 P1.0 端输出频率为 20 kHz 的方波。

11. 采用定时/计数器 T0 对外部脉冲进行计数，每计数 100 个脉冲，T0 切换为定时工作方式。定时 1 ms 后，又转为计数方式，如此循环。假定 MCS-5l 单片机的晶体振荡器的频率为 6 MHz，要求 T0 工作在方式 1 状态，请编写出相应程序。

12. 设单片机的 $f_{osc}$ = 12 MHz，使 P1.0 和 P1.1 分别输出周期为 1 ms 和 10 ms 的方波，请用定时器 T0 方式 2 编程实现。

13. 设 $f_{osc}$ = 12 MHz，利用定时器 T0（工作在方式 2）在 P1.1 引脚上获取输出周期为 0.4 ms 的方波信号，定时器溢出时采用中断方式处理，请编写 T0 的初始化程序及中断服务程序。

# 第 7 章　单片机的串行接口

## 内容指南

串行通信是单片机与外界进行信息交换的一种基本方式。AT89S51/52 单片机有一个通用异步接收/发送器（UART）工作方式的全双工串行通信接口。本章介绍串行通信的基本概念、串行口的结构与控制寄存器、串行口的工作方式以及串行口的编程应用。

## 学习目标

- 掌握串行通信的基本概念。
- 了解串行口的各种工作方式及其差异。
- 了解串行口的基本应用。

## 7.1　串行通信概述

单片机与外界进行的信息交换过程称为通信。基本的通信方法有并行通信和串行通信两种。

并行通信时各数据位同时传送，其传送速度快、效率高。但并行数据传送多少数据位就需要多少根数据线，成本高，比较适合近距离通信。串行通信则是数据一位一位地按顺序进行传送，一个方向只需要一根数据线，成本低，但速度慢。计算机与远程终端或终端与终端之间的数据传送通常是串行的。图 7-1 为两种基本通信方式的示意图。

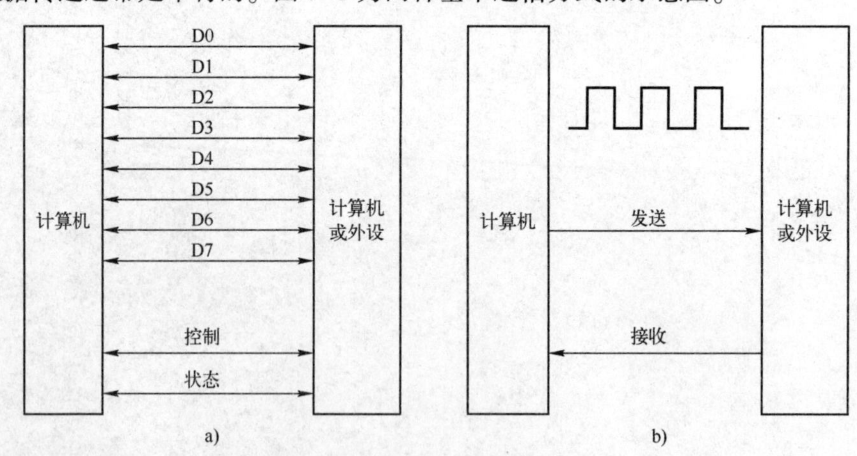


图 7-1　基本通信方式示意图

a）并行通信　b）串行通信

串行数据通信根据数据传送时的编码格式不同，又可以分为异步串行通信和同步串行通信两种。

**1. 异步通信与同步通信**

在异步串行通信中，数据是以字符帧为基本单位传送的，一次传送一帧字符。异步通信用起始位 0 表示字符帧的开始，然后从低位到高位逐位传送数据，最后用停止位 1 表示字符帧结束。

异步传送的字符帧格式如图 7-2 所示。一帧字符包括 1 位起始位、5~8 位数据位、奇偶校验位和 1 位停止位。起始位为 0，用于表示一个字符的开始。起始位之后传送数据位。在数据位中，低位在前（左），高位在后（右）。数据位可以是 5、6、7 或 8 位。奇偶校验位用于对字符传送做正确性检查，有 3 种情况供选择：奇校验、偶校验和无校验，由用户根据需要选定。停止位在最后，用以标志一个字符传送的结束，它对应于 1 状态。停止位可能是 1、1.5 或 2 位，在实际使用根据需要确定。

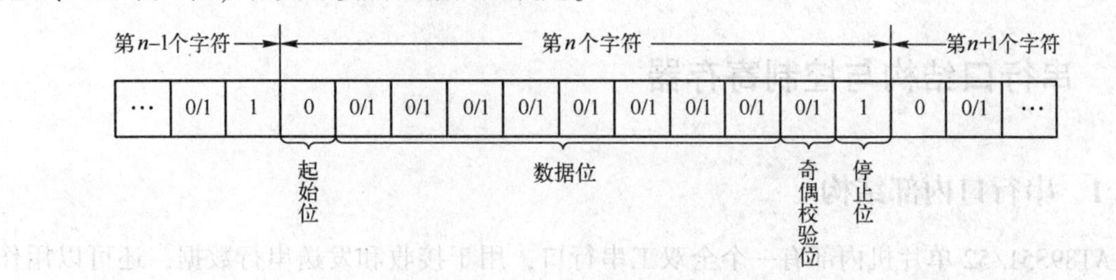


图 7-2　串行异步通信字符帧格式

异步传送可以是连续的，也可以是断续的，且间隔时间可任意改变，间隔用空闲位 1 填充。在 AT89S51 单片机系统中，第 9 位数据 D8 可以用作奇偶校验位，也可以用作地址/数据帧标志。

异步通信有固定的字符帧，通信双方只需按约定的帧格式进行发送和接收数据，硬件结构比较简单。平时不发送数据时，发送端应保持为 1。数据接收端将不断检测接收的数据，若连续检测到 1 之后检测到 0，则为新发送来的数据，应立即接收。

在同步串行通信中，每一数据块开头时发送 1~2 个同步字符，使发送方与接收方保持同步。数据块的各个字符间去掉了起始位和停止位，其通信速度比较高，但其硬件结构也比较复杂。同步通信时，如果发送的数据块之间有间隔时间，则发送同步字符填充。

**2. 数据传送方向**

串行数据通信按照数据传送方向，可分为单工、半双工和全双工 3 种制式，如图 7-3 所示。

（1）单工（Simplex）方式

在单工方式下，通信双方中一方固定为发送端，另一方固定为接收端，数据只能由发送端传到接收端。单工形式的串行通信，只需要一条数据线。

（2）半双工（Half Duplex）方式

半双工方式的数据传送也是双向的，但任何时刻只能由其中的一方发送数据，另一方接收数据。

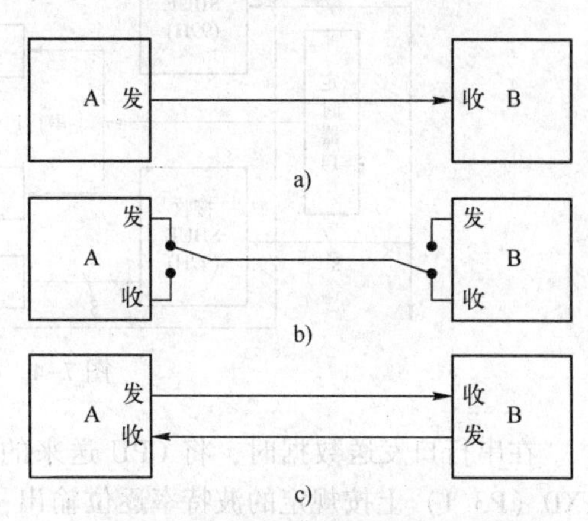


图 7-3　串行通信的 3 种制式示意图

a）单工　b）半双工　c）全双工

（3）全双工（Full Duplex）方式

全双工方式的数据传送是双向的，且可以同时发送和接收数据，因此全双工形式的串行通信需要两根数据线。

**3. 串行通信的传送速率**

数据传送速率用于表示数据传送的快慢，在串行通信中，数据是按位进行传送的，其传送速率用每秒种传送二进制数据位的位数来表示，称为波特率（Baud Rate）。每秒传送一位数据就是 1 Baud，即 1 Baud = 1 bit/s。

在串行通信中，数据位的发送和接收分别由发送时钟脉冲和接收时钟脉冲进行定时控制。时钟频率高，则波特率也高，通信速度就快；反之，时钟频率低，则波特率也低，通信速度就慢。

## 7.2 串行口结构与控制寄存器

### 7.2.1 串行口内部结构

AT89S51/52 单片机内部有一个全双工串行口，用于接收和发送串行数据，还可以用作同步移位寄存器。图 7-4 点画线框部分为串行口结构框图，主要包括两个物理上相互独立的串行数据缓冲器 SBUF、发送控制器、接收控制器、输入移位寄存器和输出门电路等。其中接收缓冲器 SBUF 和发送缓冲器 SBUF 共用一个单元地址 99H，不可位寻址。CPU 通过不同的访问方式和操作命令来区分这两个数据缓冲器。发送缓冲器 SBUF 只能写入数据，而不能读出数据；接收缓冲器 SBUF 只能读出数据，而不能写入数据。在接收缓冲器之前还有输入移位寄存器，以构成双缓冲结构，避免在数据接收过程中因 CPU 未能及时响应接收器的中断，把上帧数据读走，而产生两帧数据重叠的问题。而在发送数据时，由于 CPU 是主动的，不会发生帧重叠错误，因此发送电路就不需要双重缓冲结构。

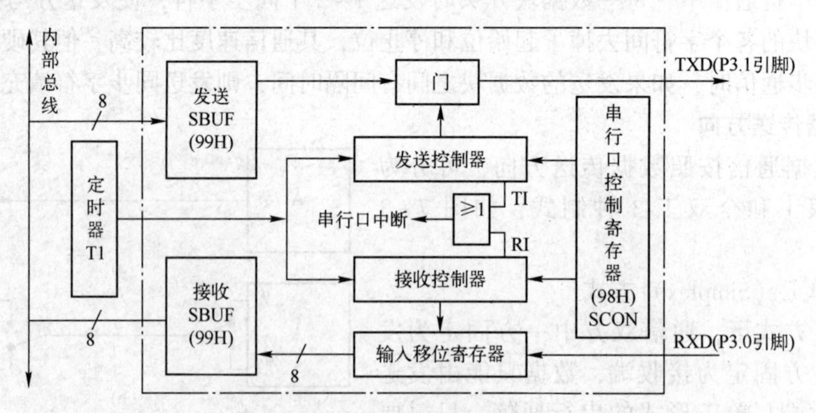

图 7-4 串行口结构框图

在串行口发送数据时，将 CPU 送来的并行数据转换成一定格式的串行数据，从引脚 TXD（P3.1）上按规定的波特率逐位输出；接收数据时，外部信号通过引脚 RXD（P3.0）输入，再将发送来的串行数据转换成并行数据，等待 CPU 读入。

## 7.2.2 串行口控制寄存器

与串行通信有关的控制寄存器共有 3 个。

**1. 串行口控制寄存器 SCON**

SCON 是 AT89S51/52 的一个可位寻址的特殊功能寄存器，用于串行数据通信的控制，单元地址为 98H，位地址为 9FH~98H，寄存器内容及地址标示见表 7-1。

**表 7-1 串行口控制寄存器 SCON 各位定义**

| 位地址 | 9FH | 9EH | 9DH | 9CH | 9BH | 9AH | 99H | 98H |
|---|---|---|---|---|---|---|---|---|
| SCON | SCON.7 | SCON.6 | SCON.5 | SCON.4 | SCON.3 | SCON.2 | SCON.1 | SCON.0 |
| 位符号 | SM0 | SM1 | SM2 | REN | TB8 | RB8 | TI | RI |

SCON 寄存器各位功能说明如下：

1）SM0、SM1——串行口工作方式选择位，其状态组合所对应的工作方式见表 7-2。

**表 7-2 串行口工作方式选择**

| SM0 | SM1 | 工 作 方 式 | 功 能 简 述 | 波 特 率 |
|---|---|---|---|---|
| 0 | 0 | 方式 0 | 8 位同步移位寄存器方式 | $f_{osc}/12$ |
| 0 | 1 | 方式 1 | 10 位异步通信方式 | 可变 |
| 1 | 0 | 方式 2 | 11 位异步通信方式 | $f_{osc}/32$ 或 $f_{osc}/64$ |
| 1 | 1 | 方式 3 | 11 位异步通信方式 | 可变 |

2）SM2——多机通信控制位，用于多机通信和点对点通信的选择。因多机通信是在方式 2 或方式 3 下进行的，因此 SM2 位主要用于方式 2 和方式 3，具体用法稍后介绍。

3）REN——允许串行口接收位，该位由软件置位或复位。

REN=0，禁止串行口接收数据。

REN=1，允许串行口接收数据。

4）TB8——发送数据第 9 位。

在方式 2 和方式 3 时，TB8 的内容是要发送的第 9 位数据。在双机通信时，TB8 一般作为奇偶校验位使用；在多机通信中，以 TB8 位的状态表示主机发送的是地址帧还是数据帧，且一般约定：TB8=0 为数据帧，TB8=1 为地址帧。该位由软件置位或复位。

5）RB8——接收数据位 8。

在方式 2 或方式 3 时，RB8 存储接收到的第 9 位数据，代表着接收数据的某种特征（与 TB8 的功能类似），故应根据其状态对接收数据进行操作。

6）TI——发送中断标志。

在方式 0 时，发送完第 8 位数据后，该位由硬件置位。在其他方式下，于发送停止位之前，该位由硬件置位。因此 TI=1，表示帧发送结束。其状态既可供软件查询使用，也可请求中断。TI 位须由软件清 0。

7）RI——接收中断标志。

在方式 0 时，接收完第 8 位数据后，该位由硬件置位。在其他方式下，当接收到停止位时，该位由硬件置位。因此 RI=1，表示帧接收结束。其状态既可供软件查询使用，也可以请求中断。RI 须由软件清 0。

**2. 电源控制寄存器 PCON**

电源控制寄存器 PCON 主要是为电源控制而设置的特殊功能寄存器，单元地址为 87H，PCON 寄存器不能进行位寻址，其各位定义见表 7-3。

**表 7-3　电源控制寄存器 PCON 各位的定义**

| 位序 | 7 | 6 | 5 | 4 | 3 | 2 | 1 | 0 |
|---|---|---|---|---|---|---|---|---|
| 位符号 | SMOD | — | — | — | GF1 | GF0 | PD | ID |

最高位 SMOD 是串行口波特率的倍增位。

SMOD=1，串行口波特率加倍。

# 7.3　串行口工作方式

AT89S51/52 单片机中的异步通信串行接口能方便地与其他计算机或传送信息的外围设备（如串行打印机、终端等）实现双机、多机通信。单片机的串行口共有 4 种工作方式。

工作方式 0 移位寄存器方式，可以通过外接移位寄存器芯片实现扩展并行 I/O 接口的功能。工作方式 1、工作方式 2、工作方式 3 都是异步通信方式。

工作方式 1 是 8 位异步通信接口，一帧信息由 10 位组成，用于双机串行通信。工作方式 2、工作方式 3 都是 9 位异步通信接口，一帧信息中包括 9 位数据、1 位起始位和 1 位停止位，工作方式 2、工作方式 3 的区别在于波特率不同，主要用于多机通信，也可用于双机通信。

## 7.3.1　工作方式 0

在方式 0 下，串行口是作为同步移位寄存器使用。这时数据由 RXD（P3.0）端输入和输出，由 TXD（P3.1）端提供移位时钟脉冲。移位数据的发送和接收以 8 位为一帧，低位在前，高位在后，不设起始位和停止位。方式 0 常用于扩展 I/O 口。

**1. 数据发送与接收**

在使用方式 0 进行数据的发送时，CPU 将一个字节写入发送缓冲器 SBUF，TXD 端输出同步时钟信号，串行口即以 $f_{osc}/12$ 的波特率将 8 位数据从 RXD 口输出（低位在前，高位在后），发送完后置位中断标志 TI。方式 0 的发送时序如图 7-5 所示。这种方式常用于外扩串行输入/并行输出的同步移位寄存器，以实现并行输出口的扩展。

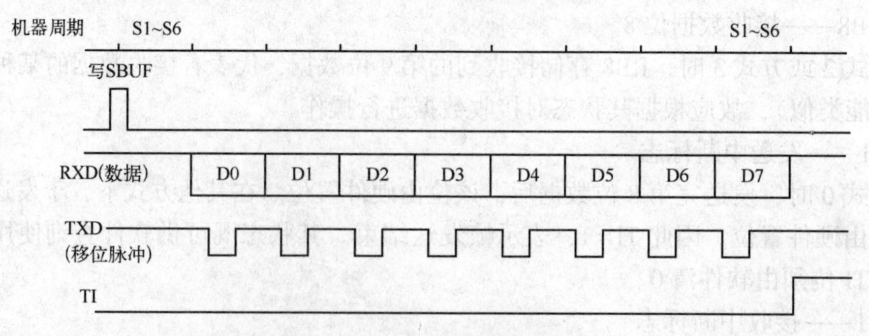


图 7-5　方式 0 的发送时序

在使用方式 0 进行数据的接收时，数据从 RXD 端输入，TXD 端输出同步时钟信号，接收缓冲器以 $f_{osc}/12$ 的波特率接收数据，当接收缓冲器接收完 8 位数据后置位中断标志 RI。

方式 0 的接收时序如图 7-6 所示。REN 位用于允许接收的控制，REN=0，禁止接收数据；REN=1，允许接收数据。这种方式常用于外扩并行输入/串行输出的同步移位寄存器，以实现并行输入口的扩展。

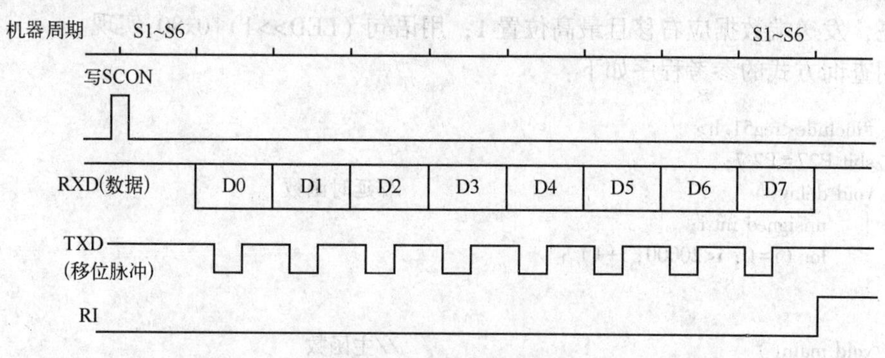


图 7-6　方式 0 的接收时序

在方式 0 下不使用串行口控制寄存器 SCON 中的 TB8 位和 RB8 位，即发送或接收数据的第 9 位，且 SM2 位必须为 0。

**2. 波特率**

方式 0 时，移位操作的波特率是固定的，为 $f_{osc}/12$，即一个机器周期进行一次移位，如 $f_{osc}=12\,MHz$，则波特率为 1 Mbit/s，即 1 μs 移位一次。方式 0 下波特率不受 SMOD 位的影响。

**【例 7-1】** 如图 7-7 所示，74164 为串入并出的移位寄存器，CLK 端为同步脉冲输入端，连接 P3.1，R 为控制端，当 R=0 时，允许串行数据从 A 和 B 端输入但 8 位并行输出端关闭；当 R=1 时，A 和 B 输入端关闭，但允许 74LS164 中的 8 位数据并行输出。编写程序控制 8 个发光二极管轮流点亮。

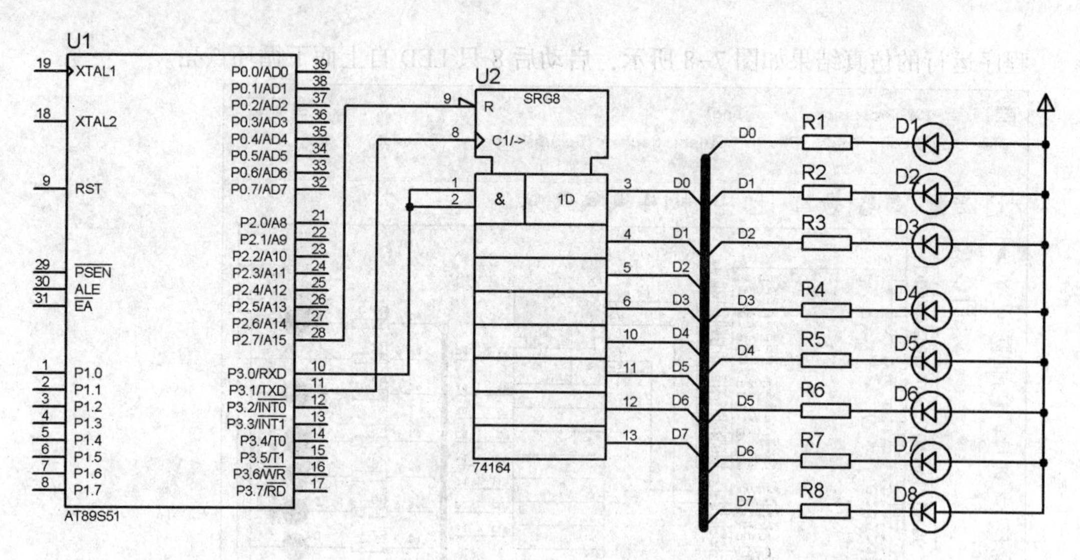


图 7-7　例 7-1 电路图

编程分析如下：

1）串行口初始化，即方式 0（SM0 SM1 = 00），中断请求标志位清 0（RI = TI = 0）和禁止接收数据（REN = 0）→语句 SCON = 0。

2）被发送的字节数据只需要赋值给寄存器 SUBF，其余工作都将由硬件自动完成。可以采用中断法或软件查询法判断 TI 是否为 1。

3）欲使 74LS164 输出 1111 1110B，发送端数据应为 0111 1111B(0x7F)；欲使 LED 由上向下点亮，发送端数据应右移且最高位置 1；用语句（LED>>1）|0x80;实现。

采用查询方式的参考程序如下：

```
#include<reg51. h>
sbit P27=P2^7;
void delay()                                        //延时函数
{    unsigned int i;
     for (i=0; i<20000; i++) {}
}

void main()                                         //主函数
{    unsigned char index, LED;                      //定义 LED 指针和显示字模
     SCON = 0;                                      //设置串行模块工作在方式 0
     P27 = 1;                                       //允许 74164 并行输出数据
     while (1)
     {LED=0x7F;
      for (index=0; index < 8; index++)
          {SBUF = LED;                              //控制 L0 灯点亮
          do {} while(!TI);                         //通过 TI 查询判别数据是否输出结束
             LED = ((LED>>1)|0x80);                 //左移 1 位,末位置 1
          TI=0;
          delay();
          }
      }
}
```

程序运行的仿真结果如图 7-8 所示，启动后 8 只 LED 自上而下循环点亮。

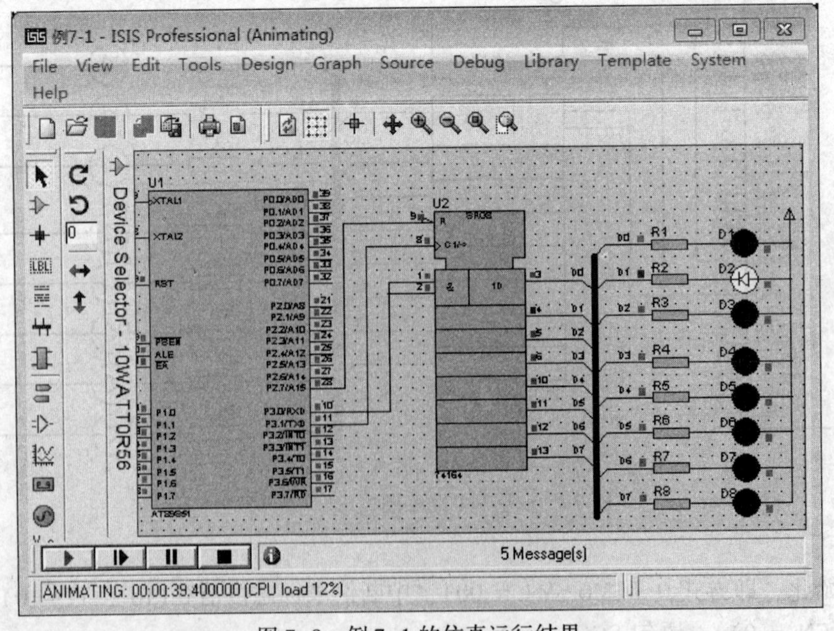


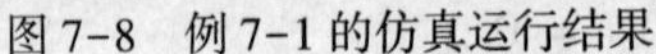
图 7-8　例 7-1 的仿真运行结果

二维码 7-1

同样地，利用串行口工作方式 0，配合 74165 并入串出的移位寄存器芯片也可扩展并行输入口。在串行口方式 0，P3. 0/RXD 引脚固定用于同步移位脉冲，P3. 1/TXD 引脚固定用于串行数据端。

### 7. 3. 2　工作方式 1

方式 l 是 10 位为一帧的串行异步通信方式，帧格式包括 1 个起始位、8 个数据位和 l 个停止位。外部数据从引脚 RXD 输入，送入接收缓冲器，需要发送的数据经过引脚 TXD 输出。

**1. 数据发送与接收**

数据发送时，将数据写入发送缓冲器 SBUF，随后在串行口由硬件自动加入起始位和停止位，构成一个完整的帧格式，然后在移位脉冲的作用下，由 TXD 端串行输出。一个字符帧发送完后，将 SCON 寄存器的 TI 置 1。在中断方式下将申请中断，通知 CPU 可以发送下一个字符帧。方式 1 的发送时序如图 7-9 所示。

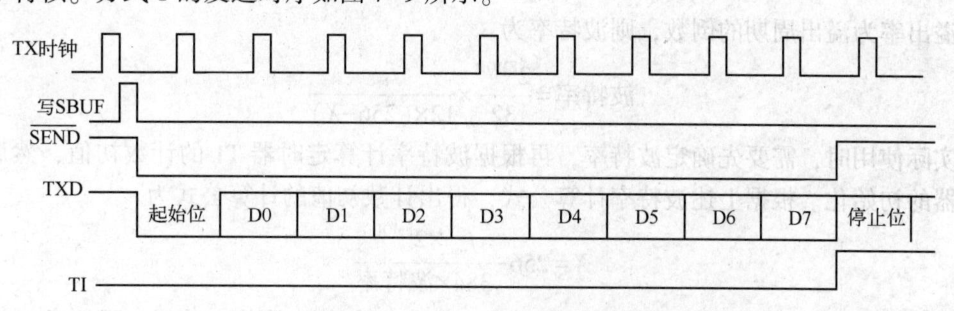


图 7-9　方式 1 的发送时序图

接收数据时，SCON 的 REN 位应处于允许接收数据状态下。串行口采样引脚 RXD 端，当采样到从 1 到 0 的状态跳变时，就认定是接收到起始位。随后在移位脉冲的控制下，把接收到的数据位移入接收缓冲器 SBUF 中。直到停止位到来之后将停止位送入 RB8 中，并置位中断标志位 RI，在中断方式下将申请中断，通知 CPU 从接收缓冲器 SBUF 取走接收到的一个字符。方式 1 的接收时序如图 7-10 所示。

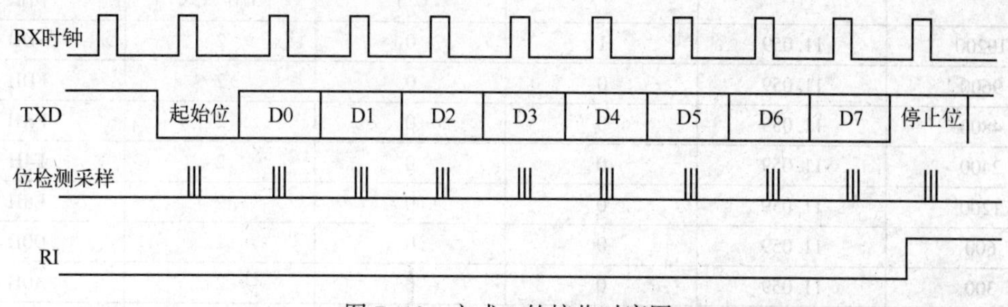


图 7-10　方式 1 的接收时序图

不管中断方式还是查询方式，硬件都不会自动清除 RI 和 TI 中断标志，须由用户用软件清 0。

**2. 波特率**

方式 l 的波特率是可变的，以定时器 T1 作为波特率发生器，其波特率由定时器 T1 的溢出率来确定：

$$方式1的波特率=\frac{2^{SMOD}}{32}\times定时器T1的溢出率$$

其中SMOD为电源控制寄存器PCON的最高位，是串行口波特率的倍增位，当SMOD=1时，串行口波特率加倍。定时器T1的溢出率取决于计数速率和定时器的初值。计数速率与特殊功能寄存器TMOD中的$C/\overline{T}$位的状态有关。当$C/\overline{T}=0$时，T1作为定时器，计数速率$=f_{osc}/12$；当$C/\overline{T}=1$时，T1作为计数器使用，计数速率取决于外部输入脉冲时钟频率。

当定时器T1作波特率发生器使用时，通常选用工作方式2，即8位自动重加载方式，方便为定时器T1赋初值。在方式2下，TL1作为计数器使用，而预置初值存储在TH1中，设计数初值为$X$，则每过$(256-X)$个机器周期，定时器T1就产生一次溢出，此时应禁止T1中断。则计数溢出周期为

$$\frac{12}{f_{osc}}\times(256-X)$$

溢出率为溢出周期的倒数，则波特率为

$$波特率=\frac{2^{SMOD}}{32}\times\frac{f_{osc}}{12\times(256-X)}$$

实际使用时，需要先确定波特率，再根据波特率计算定时器T1的计数初值，然后进行定时器的初始化。根据上述波特率计算公式，得出计数初值的计算公式为

$$X=256-\frac{f_{osc}\times2^{SMOD}}{384\times波特率}$$

选择定时器T1工作在方式2下，是因为方式2具有自动重载入功能，可避免通过程序反复装入初值所引起的定时误差，使波特率更加稳定，也更方便。

表7-4列出了在选择定时器T1作为波特率发生器使用时，各种常用的波特率以及相应的控制位和时间常数。

**表7-4　定时器T1的常用波特率参数表**

| 波特率/(bit/s) | $f_{osc}$/MHz | SMOD | 定时器T1 | | |
|---|---|---|---|---|---|
| | | | $C/\overline{T}$ | 工作方式 | 初值 |
| 19200 | 11.059 | 1 | 0 | 2 | FDH |
| 9600 | 11.059 | 0 | 0 | 2 | FDH |
| 4800 | 11.059 | 0 | 0 | 2 | FAH |
| 2400 | 11.059 | 0 | 0 | 2 | F4H |
| 1200 | 11.059 | 0 | 0 | 2 | E8H |
| 600 | 11.059 | 0 | 0 | 2 | D0H |
| 300 | 11.059 | 0 | 0 | 2 | A0H |
| 150 | 11.059 | 0 | 0 | 2 | 40H |

方式1是10位异步通信方式（有8位数据），主要用于点对点串行通信。

**【例7-2】** 如图7-11所示，甲、乙双机串行通信，甲机的P1口接8个开关，乙机的P1口接8个发光二极管。甲机设置为只发不收的单工方式。要求甲机读入P1口的8个开关的状态后，通过串行口发送到乙机，乙机将接收到的甲机的8个开关的状态数据送入P1口，由P1口的8个发光二极管来显示8个开关的状态。双机晶振频率均采用11.0592MHz。

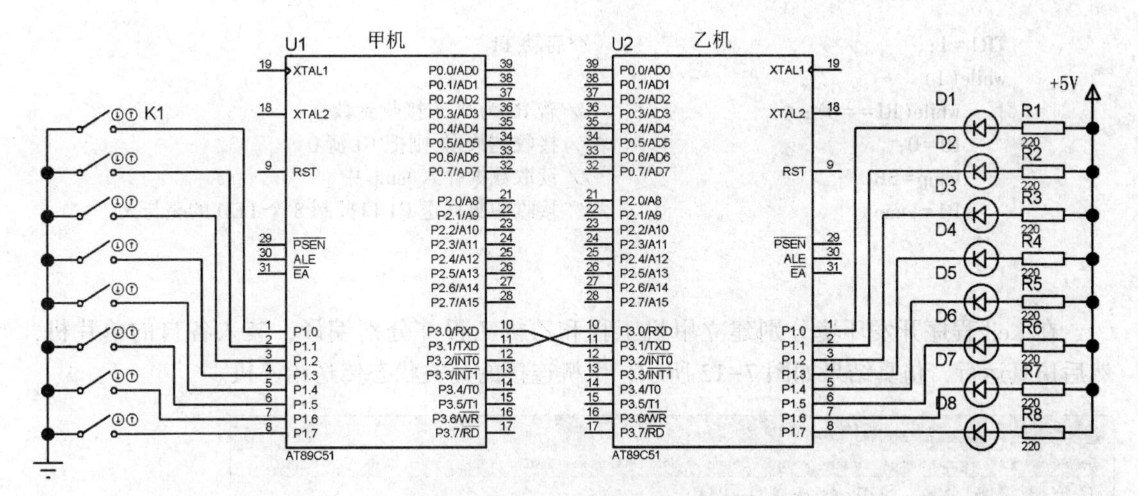


图 7-11　方式 1 双机通信的连接

参考程序如下：

```
/＊甲机串行发送＊/
#include <reg51. h>
#define uchar unsigned char
#define uint unsigned int
void main( )
{    uchar temp=0;
     TMOD=0x20;                    //设置定时器 T1 为方式 2
     TH1=0xFD;                     //波特率为 9600 bit/s
     TL1=0xFD;
     SCON=0x40;                    //方式 1 只发送,不接收
     PCON=0x00;                    //串行口初始化为方式 0
     TR1=1;                        //启动 T1
     P1=0xFF;                      // P1 口为输入
     while(1)
     {    temp=P1;                 //读入 P1 口开关的状态数据
          SBUF=temp;               //数据送串行口发送
          while(TI==0);            //如果 TI=0,未发送完,循环等待
          TI=0;                    //已发送完,再把 TI 清 0
     }
}
/＊乙机串行接收＊/
#include <reg51. h>
#define uchar unsigned char
#define uint unsigned int
void main( )
{    uchar temp=0;
     TMOD=0x20;                    //设置定时器 T1 为方式 2
     TH1=0xFD;                     //波特率为 9600 bit/s
     TL1=0xFD;
SCON = 0x50;                       //设置串行口为方式 1 接收,REN=1
PCON = 0x00;                       //SMOD=0
```

```
    TR1=1;                                  //启动 T1
    while(1)
    {   while(RI==0);                       // 若 RI 为 0,未接收到数据
        RI=0;                               // 接收到数据,则把 RI 清 0
        temp=SBUF;                          // 读取数据存入 temp 中
        P1=temp;                            // 接收的数据送 P1 口控制 8 个 LED 的亮与灭
    }
}
```

在 Keil 程序开发环境分别建立甲机工程和乙机工程并分别编译，装入各自的单片机，然后仿真运行，仿真结果如图 7-12 所示，甲机连接的开关状态传送给乙机。

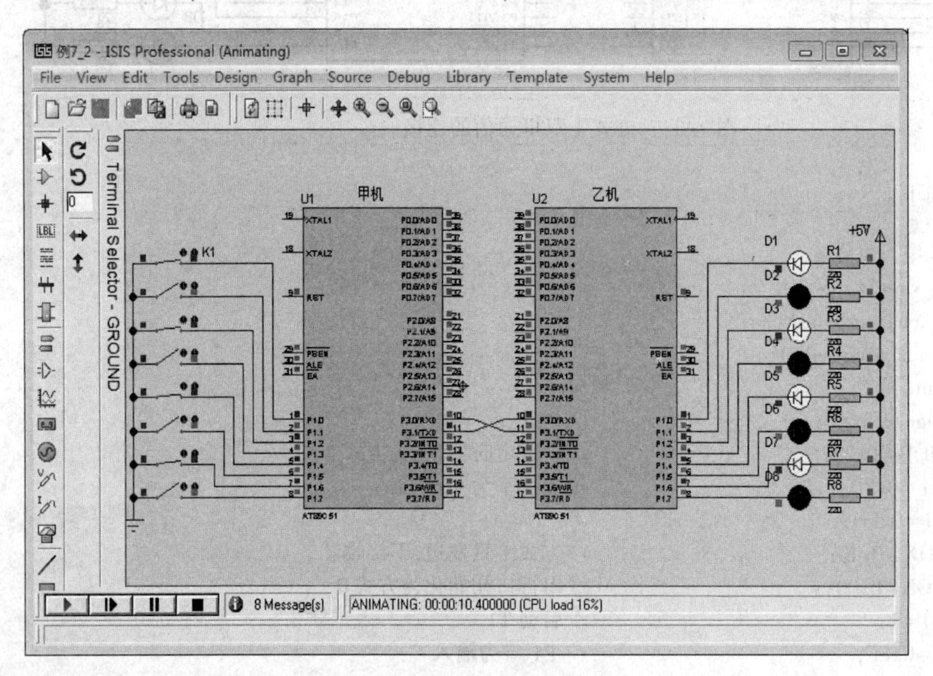


图 7-12　例 7-2 的仿真运行结果

二维码 7-2

## 7.3.3　工作方式 2

工作方式 2 是 11 位为一字符帧的串行异步通信方式，帧格式包括 1 个起始位、9 个数据位和 1 个停止位。在方式 2 下，字符还是 8 个数据位，而第 9 数据位既可做奇偶校验位使用，也可做控制位使用。发送之前应先在串行口控制寄存器 SCON 的 TB8 位中准备好。其波特率与 SMOD 位有关。

**1. 数据发送与接收**

当将第 9 位数据写入 TB8 之后，向 SBUF 写入字符帧的 8 个数据位，启动串行口发送数据，一个字符帧发送完毕后，将 TI 位置 1。方式 2 的数据发送时序如图 7-13 所示。

方式 2 的接收过程与方式 1 基本类似，所不同的是在第 9 位数据上，串行口把接收到的 8 个数据送入 SBUF，而把接收的第 9 数据送到 RB8，方式 2 的数据接收时序如图 7-14 所示。

方式 2 将根据 SM2 的状态和 RB8 的值确定串行口是否会置位中断标志位 RI，见表 7-5。

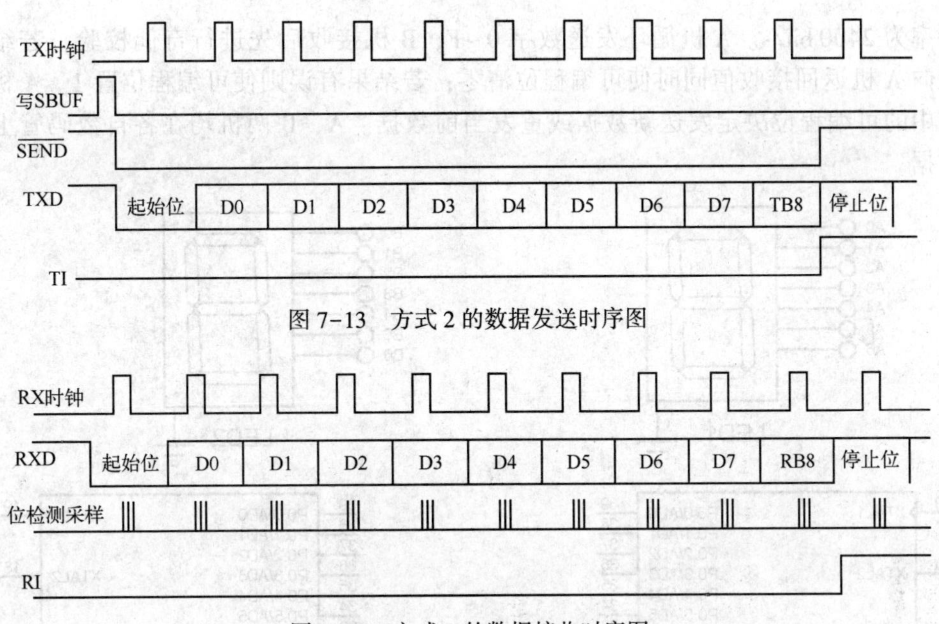


图 7-13　方式 2 的数据发送时序图

图 7-14　方式 2 的数据接收时序图

**表 7-5　串行口方式 2 下 SM2 和 RB8 的关系**

| SM2 | RB8 | 功 能 简 述 |
|---|---|---|
| 1 | 1 | 将接收到的前 8 位数据送 SBUF，并置位 RI 产生中断请求 |
| 1 | 0 | 将接收到的前 8 位数据丢弃 |
| 0 | 1 | 都将前 8 位数据装入 SBUF 中，并置位 RI 产生中断请求 |
| 0 | 0 | 都将前 8 位数据装入 SBUF 中，并置位 RI 产生中断请求 |

如果 SM2=0，则不论第 9 位数据是 0 还是 1，都将前 8 位数据装入 SBUF 中，并产生中断请求。

如果 SM2=1，且接收到的第 9 位数据 RB8=1 时，将接收到的前 8 位数据送 SBUF，并置位 RI 产生中断请求。这表示在多机通信时，接收到的信息为地址帧，此时将 RI 置 1，接收发来的地址帧。

如果 SM2=1，且接收到的第 9 位数据 RB8=0 时，将接收到的前 8 位数据丢弃。这表示接收到的信息为数据帧，但不是发给本机的，此时 RI 不置 1。

利用 SM2 和 RB8 的逻辑关系，可实现多机通信。

**2. 波特率**

方式 2 的波特率是固定的，且有两种，这与电源控制寄存器 PCON 中波特率倍增位 SMOD 的值有关，方式 2 的波特率由下式确定：

$$方式\ 2\ 波特率=\frac{2^{SMOD}}{64}\times f_{osc}$$

当 SMOD=1 时，波特率为晶振频率的 1/32；

当 SMOD=0 时，波特率为晶振频率 1/64。

【**例 7-3**】如图 7-15 所示，A、B 双机串行通信，其晶振频率均为 11.0592 MHz，通信波特率为 2400 bit/s。A 机循环发送数字 0~F，B 机接收后先进行奇偶校验，若结果无误，则向 A 机返回接收值同时使可编程位清零；若结果有误则使可编程位置 1。A 机根据返回值中的可编程位决定发送新数据或重发当前数据。A、B 两机均在各自数码管上显示当前数据。

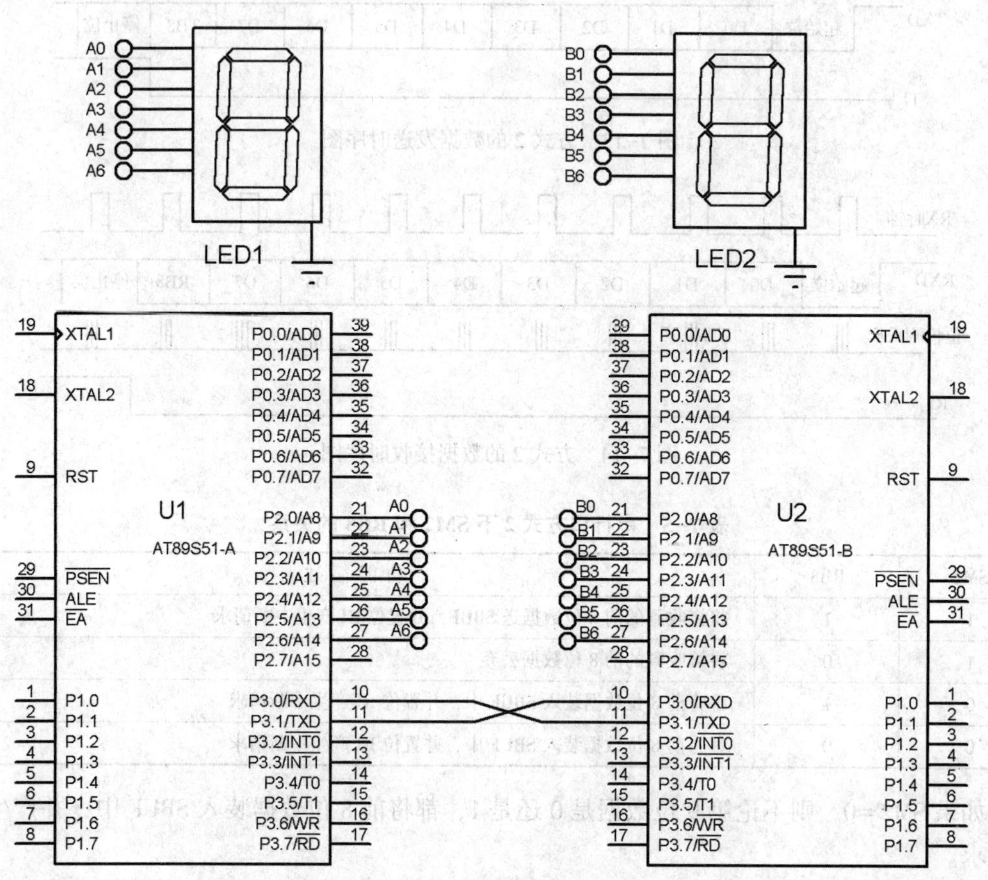


图 7-15　方式 2 双机通信的连接

编程分析：利用方式 2 的可编程位做奇偶校验位的原理是，只要将待测数据送入 ACC 寄存器中即可由硬件求出奇偶校验值 P，发送方作为 TB8 一同发送，接收方再与 RB8 进行比较便可判断收发过程是否有误。

参考程序如下：

```
/ * A 机程序 * /
#include<reg51. h>
#define uchar unsigned char
char code map[ ] = {0x3F,0x06,0x5B,0x4F,0x66,0x6D,0x7D,0x07,0x7F,0x6F};//'0'~'9'
void delay( unsigned int time)
{     unsigned int j = 0;
      for( ;time>0;time--)
      for(j=0;j<125;j++);
}
void main(void)
```

```
{    TMOD = 0x20;                        //T1 定时方式 2
     TH1=TL1=0xF4;
     TR1=1;
     uchar counter=0;                    //定义计数器
     SCON = 0x90;                        //串行口方式 2,SM2=TI=RI=0,允许接收
     while(1){
          ACC = counter;                 //提取奇偶标志位值
          TB8 = P;                       //组装奇偶标志
          SBUF = counter;                //发送数据
          while(TI==0);                  //等待发送完成
          TI = 0;                        //清 TI 标志位
          while(RI==0);                  //等待乙机回答
          RI = 0;
          if(RB8 ==0){                   //判断 RB8=0?
               P2 = map[counter];        //若为 0,则显示已发送值
               if(++counter>9) counter=0; //刷新发送数据
               delay(500);               //调整程序节奏
          }
     }
}
/*B 机程序*/
#include<reg51.h>
#define uchar unsigned char
char code map[]={0x3F,0x06,0x5B,0x4F,0x66,0x6D,0x7D,0x07,0x7F,0x6F};//'0'~'9'
void main(void)
{    TMOD = 0x20;                        //T1 定时方式 2
     TH1=TL1=0xF4;
     TR1=1;
     uchar receive;                      //定义接收器
     PCON = 0x00;
     SCON = 0x90;                        //串行口方式 2,TI 和 RI 清零,允许接收
     while(1)
     {while(RI==1)                       //等待接收完成
          {RI = 0;                       //清 RI 标志位
          receive = SBUF;                //取得接收值
          ACC = receive;                 //提取奇偶标志位
          if (P == RB8) TB8=0;           //将标志位值装入第 9 位
          else TB8 = 1;
          SBUF = receive;                //接收的结果返回主机
          while(TI == 0);                //等待发送结束
          TI = 0;                        //清 TI 标志位
          P2 = map[receive];             //显示接收值
          }
     }
}
```

由于 A 机和 B 机的程序是独立的，需要各自建立自己的工程文件后编译，形成的 hex 文件分别加载到两个单片机中仿真运行，仿真结果如图 7-16 所示。

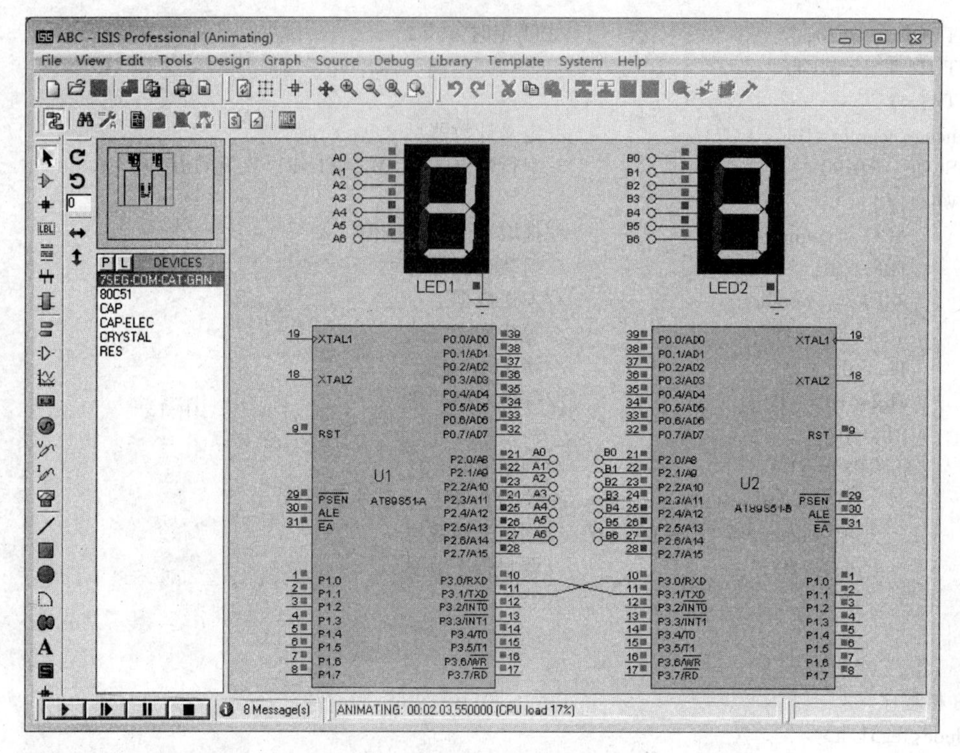


图 7-16　例 7-3 的仿真运行结果

二维码 7-3

## 7.3.4　工作方式 3

方式 3 同样是 11 位为一帧的串行通信方式，其通信过程与方式 2 完全相同，这里不再赘述。所不同的仅在于波特率，方式 2 的波特率只有固定的两种，而方式 3 的波特率可根据需要设定。方式 3 的波特率由下式确定：

$$方式3波特率=\frac{2^{SMOD}}{32}\times定时器T1的溢出率$$

# 7.4　多机通信

单片机的多机通信是指一台主机和多台从机之间的通信，也称主从方式多机通信，其连接如图 7-17 所示。AT89S51/52 单片机串行口方式 2 与方式 3 专门应用于多机通信。主机发送的信息可传送到各个从机或指定的从机，而各从机发送的信息只能被主机接收。各从机应当编址，以便主机能按地址寻找从机。多机通信主要靠主、从机之间正确地设置与判断多级通信控制位 SM2 和发送、接收到的第 9 位数据。

多机通信时，主机向从机发送的信息分为地址和数据两类。以第 9 数据位做区分标志，为 0 时表示数据，为 1 时表示地址。

多机通信之前，需要给各个从机编址，以方便主机寻址。

通信开始，当主机欲与某个从机之间通信时，首先发送一个地址帧，主机发送时，通过设置 TB8 位的状态来表明发送的是地址还是数据，当 TB8 = 1 时，表示地址帧，当 TB8 = 0

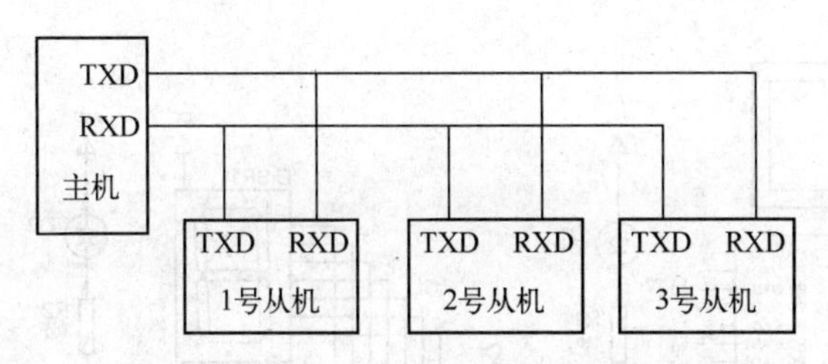

图 7-17 主从方式多机通信连接示意图

时，表示数据帧。而在从机方面，为了接收信息，初始化时应把 SCON 的 SM2 位置 1。由于 SM2=1，此时接收到的第 9 数据位（即为主机发出的 TB8）状态为 1，即 RB8=1，所以各从机都分别将数据送 SBUF，并置位 RI，发出中断请求，通过中断服务程序来判断主机发送的地址与本从机地址是否相符。若相符，则把该从机的 SM2 位清 0，以准备接收其后传送来的数据。其余从机由于地址不符，则仍然保持 SM2=1 状态。

此后主机发送数据帧，使 TB8=0，虽然各从机都能接收到，但只有 SM2=0 的那个被寻址的从机才把数据送接收缓冲器 SBUF。其余各从机皆因 SM2=1 和 RB8=0，表示接收的信息为主机发给其他从机的数据，而将数据舍弃。这就是多机通信中主从机的通信情况。通信只能在主从机之间进行，若进行两个从机之间的通信，则需通过主机做中介才能实现。

综上所述，多机通信的过程可总结如下：

1）全部主、从机均初始化为工作方式 2 或方式 3，置位 SM2=1，允许串行口中断。

2）主机置位 TB8=1，发送要寻址的从机地址。

3）所有从机均接收主机发送的地址，并各自进入中断服务程序，进行地址比较。

4）被寻址的从机确认地址后，置本机 SM2=0，并向主机返回地址供主机核对。如果地址不符合，该从机 SM2 位不变。

5）主机核对无误后，向被寻址的从机发送命令，通知从机是进行数据接收或数据发送。

6）主从机之间进行数据通信。

7）通信结束后，主、从机重置 SM2=1，再进行下一次多机通信。

**【例 7-4】** 如图 7-18 所示的 1+2 主从式串行通信系统，连接在主机上的 K1、K2 键分别为 1 号、2 号从机的激发键，每按 1 次主机向相应的从机顺序发送 1 位 0~F 间的字符（可用虚拟终端 TERMINAL 观察）。命中从机收到地址帧后使相应 LED 状态反转 1 次，收到数据帧后显示在共阳型数码管上。晶振频率为 11.0592 MHz。要求采用串行口通信方式 3，波特率为 9600 bit/s，发送编程采用查询法，接收编程采用中断法。

程序分析：图中 TERMINAL 是 Proteus 提供的用于观察串行数据通信的虚拟仪器，使用时只需将其 TXD 和 RXD 端分别与单片机 RXD 和 TXD 相连（本例中主机无须 RXD，从机无须 TXD）。接线后双击可弹出属性窗口进行参数设置，如图 7-19 所示。

根据题意要求，在设置框内选择波特率为 9600 bit/s、8 位数据位、无奇偶校验等参数。

初始化 T1 为定时方式 2→TMOD=0x20；9600 bit/s 波特率查表 7-4 得 TH1=TL1=0xFD，SMOD=0，因此 PCON=0；串行口方式 3，允许接收→SCON=0xC0。

主机在主函数中以查询方式进行按键检测，并以键值作为发送函数的传递参数，在发送函数中查询 TI 标志位，分两步发送地址帧和数据帧；子机在初始化后进入等待状态，在中

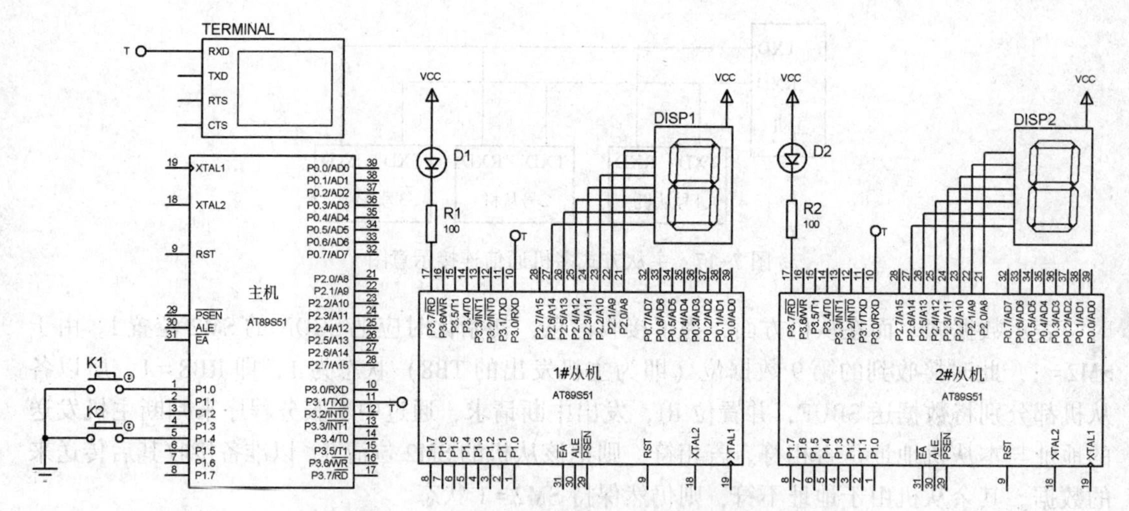


图 7-18 1+2 主从式多机通信系统原理图

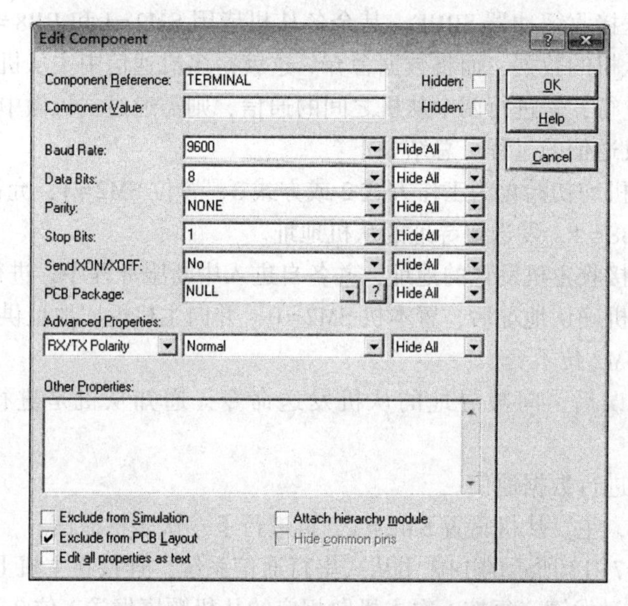


图 7-19 Proteus 虚拟中断参数设置窗口

断接收函数中先对地址帧进行判断，随后将接收的字符转化为数组顺序号，通过查表输出其显示字模。

参考程序如下：

```
/ * 多机通信主机程序 * /
#include <reg51.h>
#define uchar unsigned char
#define NODE1_ADDR 1                              //1 号子机地址
#define NODE2_ADDR 2                              //2 号子机地址
uchar KeyValue=0;                                 //键值
uchar code str[ ]="0123456789ABCDEF";             //字符集
uchar pointer_1=0,pointer_2=0;                    //子机当前发送字符指针
```

```
void delay(uchar time)                      //延时函数
{uchar i,j;
for(i=0;i<130;i++)
    for(j=0;j<time;j++);
}

void proc_key(uchar node_number)            //发送程序
{delay(200);
SCON=0xC0;                                  //串行口方式3、多机通信、禁止接收、中断标志清零
TMOD=0x20;                                  //T1定时方式2
TH1=TL1=0xFD;                               //9600 bit/s
TR1=1;                                      //启动T1
TB8=1;                                      //发送地址帧
SBUF=node_number;
while(TI==0);                               //等待地址帧发送结束
TI=0;                                       //清TI标志
TB8=0;                                      //准备发送数据帧
switch(node_number)                         //切换子机
    {case 1:
        {SBUF=str[pointer_1++];             //1号子机字符帧
        if(pointer_1>=16) pointer_1=0;      //修改发送指针
        break;}
    case 2:
        {SBUF=str[pointer_2++];             //2号子机字符帧
        if(pointer_2>=16) pointer_2=0;      //修改发送指针
        break;}
    default: break;
while(TI==0);                               //等待数据帧发送结束
TI=0;
    }
}

main()
{while(1)
    {P1=0xFF;
    while(P1==0xFF);                        //检测按键
    switch(P1){                             //切换子机
        case 0xFE: proc_key(NODE1_ADDR);break;
        case 0xEF: proc_key(NODE2_ADDR);break;}
    }
}

/* 1号从机程序 */
#include <reg51.h>
#define NODE1_ADDR 1
#define uchar unsigned char
uchar i,j;
sbit P3_7=P3^7;
uchar code table[16]={0xC0,0xF9,0xA4,0xB0,0x99,0x92,0x82,0xF8,
```

```
                    0x80,0x90,0x88,0x83,0xC6,0xA1,0x86,0x8E};
void display(uchar ch)
{if((ch>=48)&&(ch<=57)) P2=table[ch-48];
else if((ch>=65)&&(ch<=70)) P2=table[ch-55];
}

main()
{SCON=0xF0;                         //串行口方式3、多机通信、允许接收、中断标志清零
TMOD=0x20;                          //T1定时方式2
TH1=TL1=0xFD;                       //9600 bit/s
TR1=1;                              //启动T1
ES=1;EA=1;                          //开中断
while(1);
}

void receive(void) interrupt 4
{RI=0;
if(RB8==1){
    if(SBUF==NODE1_ADDR){
        SM2=0;
        P3_7=!P3_7;
    }
    return;
}
display(SBUF);
SM2=1;
}

/* 2号从机程序 */
#include <reg51.h>
#define NODE2_ADDR 2
#define uchar unsigned char
uchar i,j;
sbit P3_7=P3^7;
uchar code table[16]={0xC0,0xF9,0xA4,0xB0,0x99,0x92,0x82,0xF8,
                    0x80,0x90,0x88,0x83,0xC6,0xA1,0x86,0x8E};

void display(uchar ch)
{if((ch>=48)&&(ch<=57)) P2=table[ch-48];
else if((ch>=65)&&(ch<=70)) P2=table[ch-55];
}

main()
{SCON=0xF0;                         //串行口方式3、多机通信、允许接收、中断标志清零
TMOD=0x20;                          //T1定时方式2
TH1=TL1=0xFD;                       //9600 bit/s
TR1=1;                              //启动T1
ES=1;EA=1;                          //开中断
while(1);
```

```
}

void receive(void) interrupt 4
{RI=0;
if(RB8==1)
        {if(SBUF==NODE2_ADDR){
            SM2=0;
            P3_7=! P3_7;}
        return;  }
display(SBUF);
SM2=1;
}
```

例 7-4 的程序运行效果如图 7-20 所示，可以看出主机发送的字符与从机接收的字符完全一致。

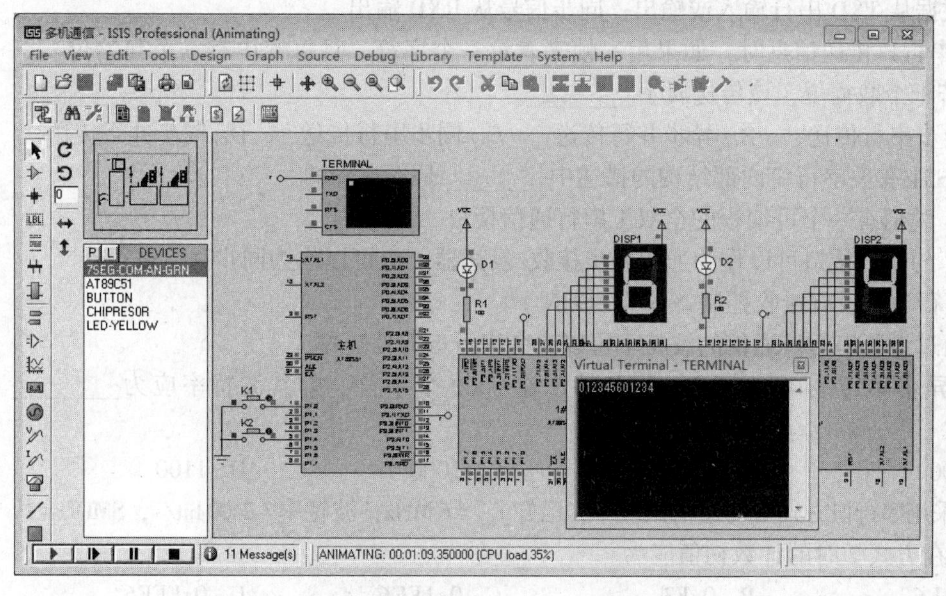


图 7-20　例 7-4 的仿真运行结果

二维码 7-4

## 本章小结

1）串行口通信控制的主要寄存器是 SCON，可以设定 4 种工作方式、接收允许、发送/接收标志、2 个可编程位、1 个多机通信位。

2）方式 0 的数据帧格式是 8 位，没有起始位和停止位，先发送或接收最低位。方式 0 主要用于单片机 I/O 接口的扩展，其中 RXD 作为数据线，TXD 输出同步时钟脉冲。

3）方式 1 的数据帧格式是 10 位，包括 1 个起始位、8 个数据位和 1 个停止位。方式 1 主要用于双机通信。

4）方式 2 和方式 3 的数据帧格式都是 11 位，包括 1 个起始位、8 个数据位、1 个可编程位和 1 个停止位。与方式 1 的区别仅在于波特率，方式 2 和方式 3 可用于多机主从式通信。

## 习题与思考题 7

### 一、单项选择题

1. 从串行口接收缓冲器中将数据读入变量 temp 中的 C51 语句是________。

A. temp = SCON;　　B. temp = TCON;　　C. temp = DPTR;　　D. temp = SBUF;

2. AT89S51 的串行口工作方式中________可用来扩展并行输入/输出口。

A. 工作方式 0　　B. 工作方式 1　　C. 工作方式 2　　D. 工作方式 3

3. AT89S51 用串行口工作方式 0 时________。

A. 数据从 RXD 输入，从 TXD 输出

B. 数据从 RXD 输出，从 TXD 输入

C. 数据从 RXD 串行输入或输出，同步信号从 TXD 输出

D. 数据从 TXD 串行输入或输出，同步信号从 RXD 输出

4. 在用串行口传送信息时，如果用一帧来表示一个字符，且每帧中有一个起始位、一个结束位和若干个数据位，该传送属于________。

A. 异步串行传送　　B. 异步并行传送　　C. 同步串行传送　　D. 同步并行传送

5. AT89S51 有关串行口内部结构的描述中________是不正确的。

A. 51 内部有一个可编程的全双工串行通信接口

B. 51 的串行接口可以作为通用异步接收/发送器，也可以作为同步移位寄存器

C. 串行口中设有接收控制寄存器 SCON

D. 通过设置串行口通信的波特率可以改变串行口通信速率

6. 假设异步串行接口按方式 1 每分钟传输 6000 个字符，则其波特率应为________bit/s。

A. 800　　B. 900　　C. 1000　　D. 1100

7. 在一采用串行口方式 1 的通信系统中，已知 $f_{osc}$ = 6 MHz，波特率 = 2400 bit/s，SMOD = 1，则定时器 T1 在方式 2 时的计数初值应为________。

A. 0xE6　　B. 0xF3　　C. 0x1FE6　　D. 0xFFE6

8. 串行通信速率的指标是波特率，而波特率的单位是________。

A. 字符/秒　　B. 位/秒　　C. 帧/秒　　D. 帧/分

### 二、思考问答题

1. 什么是串行通信？串行通信有哪两种基本类型？

2. 什么是异步串行通信？在串行异步通信中，数据帧的传输格式是什么？含义如何？

3. 什么是波特率？常用的波特率标准是什么？

4. AT89S51 单片机串行通信接口如何初始化设置？

5. 在方式 1 和方式 3 的通信模式下，波特率通过哪个定时器驱动产生？采用何种定时方式？如果要求采用晶振频率为 11.0592 MHz，产生的传送波特率为 2400 bit/s，应该怎样对定时器初始化操作？

6. 多机通信是如何实现的？

# 第 8 章　单片机的系统扩展

## 内容指南

前面几章介绍了单片机片内资源的工作原理与应用。当单片机片内资源不够用时，AT89S51 单片机可以进行外部资源的扩充。本章介绍外部资源的扩充原理，包括存储器、并行 I/O、A-D、D-A 的扩展技术和应用举例。

## 学习目标

- 掌握 51 单片机外部系统总线的构成。
- 了解存储器、并行 I/O、A-D、D-A 的外部扩展原理。
- 了解常用串行芯片的外部扩展技术及其应用。

在单片机应用系统中，经常遇到对系统进行扩展的问题。单片机具有很强的外部扩展和接口功能，主要包括外部总线扩展、存储器扩展、并行输入/输出扩展、串行输入/输出扩展、A-D 和 D-A 接口扩展等。外围扩展及接口芯片大多数是一些常规芯片，扩展电路及扩展方法较为典型，用户很容易通过标准扩展接口电路来构成一个大规模应用系统。

## 8.1　单片机的外部系统总线

单片机内部的各种部件（CPU、ROM、RAM、I/O、中断系统、定时/计数器、串行口等）是通过片内系统总线连接在一起的。所谓系统总线就是连接计算机各功能部件的一组公共信号线。同理，单片机外部扩展也是通过片外系统总线进行的，通过片外系统总线把各扩展部件连接起来，并进行数据、地址和信号的传送，如图 8-1 所示。

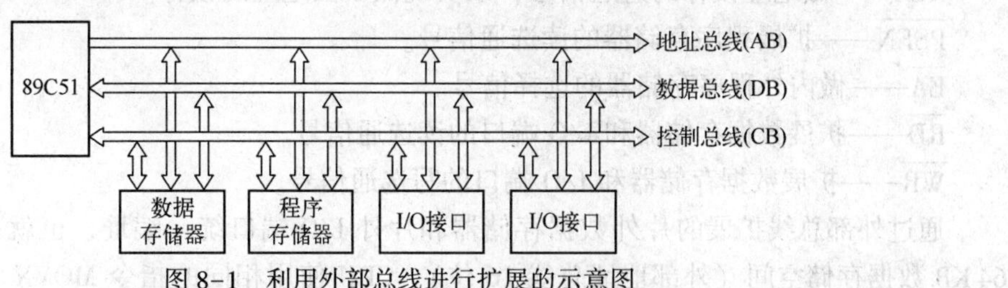


图 8-1　利用外部总线进行扩展的示意图

AT89S51/52 单片机使用的是并行总线结构，按其功能通常把系统总线分为地址总线、数据总线和控制总线三总线。单片机系统扩展是通过三总线结构进行扩展的。AT89S51 单片机可利用 I/O 口的第二功能构造外部三总线，如图 8-2 所示。

（1）地址总线 AB（Address Bus）

在地址总线上传送的是地址信号，用于选择相应的存储单元和 I/O 端口。AT89S51/52

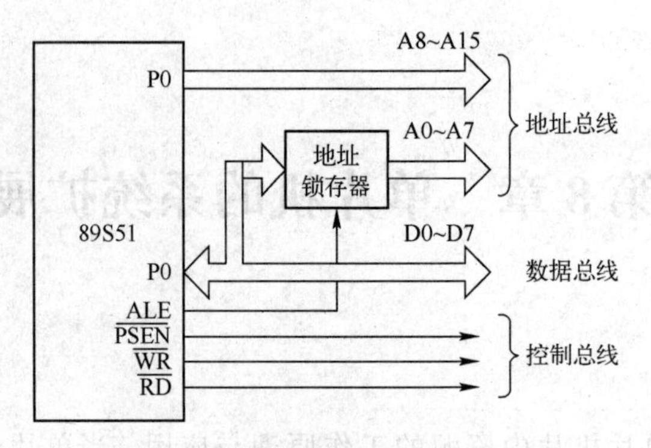

图 8-2　单片机外部三总线的构成

单片机以 P0 口的 8 位口线做低 8 位地址总线，以 P2 口的 8 位口线做高位地址总线。地址总线是单向的，地址信号只能由单片机向外送出。

P0 口线既做地址线使用又做数据线使用，具有双重功能，因此需采用复用技术，对地址和数据进行分离，为此在构造地址总线时要增加一个 8 位锁存器。由锁存器暂存并为系统提供低 8 位地址。通常使用的锁存器有 74LS273 或 74LS373。

如果使用 P2 口的全部 8 位口线，再加上 P0 口提供的低 8 位地址，则形成了完整的 16 位地址总线，使单片机系统的扩展寻址范围达到 64 KB 地址空间单元。

（2）数据总线 DB（Data Bus）

数据总线用于在单片机与存储器之间或单片机与 I/O 端口之间传送数据。单片机系统数据总线的位数与单片机处理数据的字长一致。AT89S51/52 单片机的数据总线由 P0 口提供。数据总线是双向的，可以进行两个方向的数据传送。

P0 口线既做地址线使用又做数据线使用，具有双重功能，采用复用技术，通过地址锁存器对地址和数据信号进行分离，由 P0 口线分时做数据总线使用。

（3）控制总线 CB（Control Bus）

除了地址线和数据线之外，在扩展系统中还需要单片机提供一些控制信号线，以构成扩展系统的控制总线。其中包括：

ALE——做地址锁存的选通信号，以实现低 8 位地址的锁存。

$\overline{PSEN}$——扩展程序存储器的读选通信号。

$\overline{EA}$——做内外程序存储器的选择信号。

$\overline{RD}$——扩展数据存储器和 I/O 端口的读选通信号。

$\overline{WR}$——扩展数据存储器和 I/O 端口的写选通信号。

通过外部总线扩展的片外数据存储器和片外 I/O 端口统一编址，也就是共同占用片外 64 KB 数据存储空间（外部地址总线 16 位），CPU 使用相同的指令 MOVX 访问外部数据存储器和外部 I/O 端口。汇编语言中共有 4 条这类指令，都是采用间接寻址，即以数据指针 DPTR（16 位地址）或 Ri（低 256 地址单元）做间接寻址寄存器，指令如下：

```
MOVX   A, @DPTR       ;     读指令
MOVX   A, @Ri         ;     读指令
MOVX   @DPTR, A       ;     写指令
MOVX   @Ri, A         ;     写指令
```

MOVX 指令读端口的时序如图 8-3 所示，前半周期，P0 送出低 8 位地址，P2 送出高 8 位地址，ALE 的下降沿脉冲用于锁存 P0 低 8 位地址信号；后半周期，P0→8 位数据，P2→高 8 位地址，RD→0 电平，RD 的 0 电平脉冲可用于数据信号的输入缓冲。

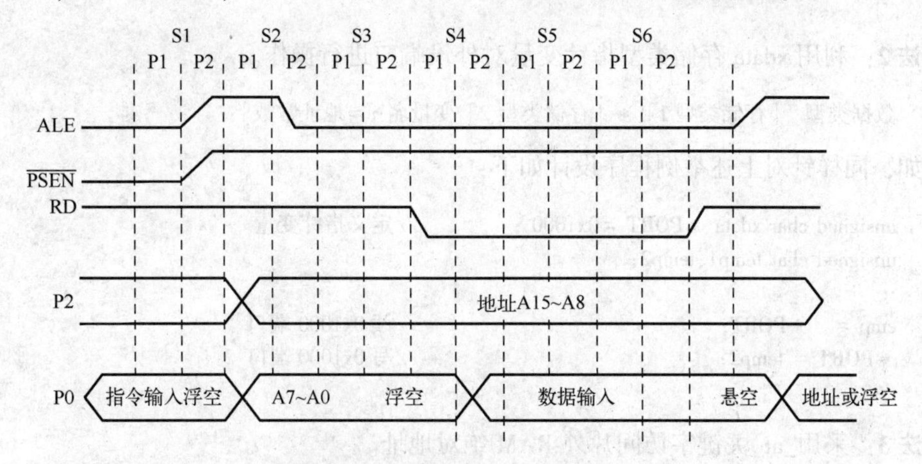


图 8-3　MOVX 指令的读时序

MOVX 指令写端口的时序如图 8-4 所示，前半周期，P0→低 8 位地址，P2→高 8 位地址，ALE→下降沿；后半周期，P0→8 位数据，P2→高 8 位地址，WR→负脉冲。ALE 的下降沿脉冲可用于锁存 P0 低 8 位地址信号，WR 的下降沿脉冲可用于锁存 P0 的 8 位数据信号。

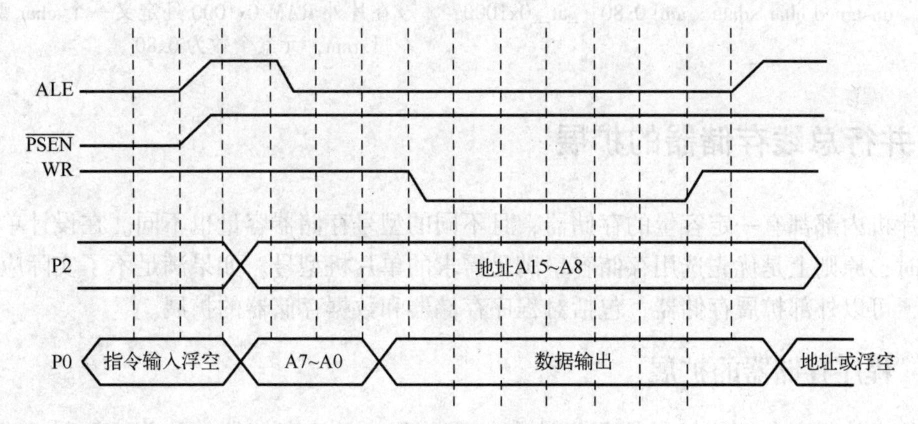


图 8-4　MOVX 指令的写时序

Keil C51 语言可以使用多种方法访问片外端口或片外 RAM 的绝对地址。

**方法 1**：利用宏定义建立变量名与地址常数的关联性。

```
#include <absacc.H>          //含有宏定义的包含语句
#define 变量名 XBYTE［地址常数］//地址定义语句
```

例如，对占用片外 RAM 1000H 的端口进行读写操作：

```
#include <absacc.h>
#define port XBYTE［0x1000］
unsigned char temp1,temp2;
```

```
…
emp1 = port;              //读端口操作
ort = temp2;              //写端口操作
…
```

**方法 2**：利用 xdata 存储类型指针变量对外设端口进行操作。

数据类型 ［存储类型 1］ * ［存储类型 2］ 变量名［=地址常数］；

例如，同样针对上述举例程序设计如下：

```
unsigned char xdata  * PORT = 0x1000 ;        //定义指针变量
unsigned char temp1,temp2;
…
emp =   * PORT;                               //读 0x1000 端口
 * PORT = temp2;                              //写 0x1000 端口
…
```

**方法 3**：采用_at_关键字访问片外 RAM 绝对地址。

使用_at_可对指定存储器空间的绝对地址进行定位，但使用_at_定义的变量只能为全局变量。

数据类型 xdata * 变量名［=地址常数］；

例如

```
unsigned char xdata xram[0x80] _at_ 0x1000;    //在片外 RAM 0x1000 处定义一个 char 型数组变
                                               //量xram，元素个数为 0x80
```

## 8.2 并行总线存储器的扩展

单片机内部都有一定容量的存储器，且不同的型号存储器容量也不同。在设计单片机应用系统时，原则上是优先选用存储容量满足需求的单片机型号。如果满足不了实际应用系统的要求，可以外部扩展存储器，包括对程序存储器和数据存储器的扩展。

### 8.2.1 程序存储器的扩展

单片机的程序存储器扩展使用只读存储器芯片。只读存储器简称为 ROM（Read Only Memory）。ROM 中的信息一旦写入之后就不能随意更改，特别是不能在程序运行过程中写入新的内容，而只能读存储单元内容，故称为只读存储器。在对程序存储器扩展时需要使用的控制信号有：

1）ALE——做地址锁存的选通信号，以实现低 8 位地址的锁存。

由于 P0 口线既做地址线使用又做数据线使用，具有双重功能，因此需要将低 8 位地址总线和数据总线分离，为此在构造地址总线时需要增加一个 8 位锁存器，由 ALE 端输入地址锁存选通信号。

2）$\overline{\text{PSEN}}$——扩展程序存储器的读选通信号。

在访问扩展的外部程序存储器时，需要$\overline{\text{PSEN}}$输出低电平，以实现外部程序存储器单元的读操作。

3）$\overline{EA}$——做内外程序存储器的选择信号。

由于当$\overline{EA}$信号为低电平时，对 ROM 的读操作限定在外部程序存储器，不能访问片内程序存储器；而当$\overline{EA}$信号为高电平时，则对 ROM 的读操作是从内部程序存储器开始的，可延至外部程序存储器。所以当扩展外部程序存储器时，需要提供$\overline{EA}$信号，以便选择程序存储器。

在对系统存储器进行扩展之后，需要解决的问题是如何对存储器进行编址。一般有线选法和译码法寻址。使用系统提供的地址线，通过适当的连接，使得一个编址唯一对应存储器中一个存储单元。直接以系统的高地址位作为存储芯片的片选信号的方法称为线选法，线选法适用于小规模系统的存储器扩展。使用译码器对系统的高位地址进行译码，以其译码输出作为存储芯片的片选信号的方法称为译码法，适用于大容量多芯片存储器扩展。随着集成电路的发展，大容量芯片价格越来越低，一般选择大容量芯片进行存储器扩展，简化扩展电路。

常用 EPROM 扩充外部程序存储器芯片有 27128（16 KB×8）、27256（32 KB×8）和 27512（64 KB×8）等。

（1）芯片 27128 结构

27128 的引脚排列如图 8-5 所示。27128 是 16 KB 只读存储器，单一+5 V 供电，工作电流为 100 mA，维持电流为 40 mA，读出时间最大为 250 ns，28 引脚双列直插式 DIP 封装。各引脚定义如下：

A13 ~ A0——位地址。

D7 ~ D0——数据输出。

$\overline{GE}$——片选信号，低电平有效。

$\overline{OE}$——数据输出允许信号。

$\overline{PGM}$——编程脉冲输入端。

VPP——编程电源。

VCC——+5 V 主电源。

（2）芯片 27256 结构

27256 的引脚排列如图 8-6 所示。27256 是 32 KB 只读存储器，单一+5 V 供电，工作电流为 100 mA，维持电流为 40 mA，读出时间最大为 250 ns，28 引脚双列直插式 DIP 封装。各引脚定义如下：

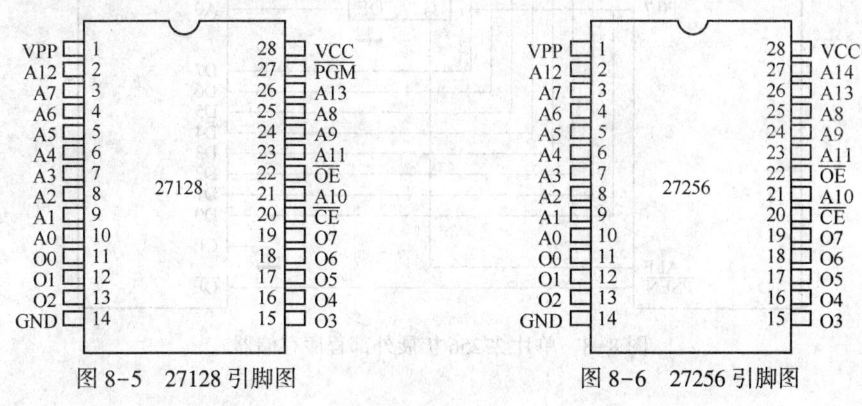


图 8-5　27128 引脚图　　　图 8-6　27256 引脚图

A14 ~ A0——位地址。

D7 ~ D0——数据输出。

$\overline{CE}$——片选信号，低电平有效。

$\overline{OE}$——数据输出允许信号。

$\overline{PGM}$——编程脉冲输入端。

VPP——编程电源。

VCC——+5 V 主电源。

（3）芯片 27512 结构

27512 的引脚排列如图 8-7 所示。27128 是 64 KB 只读存储器，单一+5 V 供电，工作电流为 100 mA，维持电流为 40 mA，读出时间最大为 250 ns，28 引脚双列直插式 DIP 封装。各引脚定义如下：

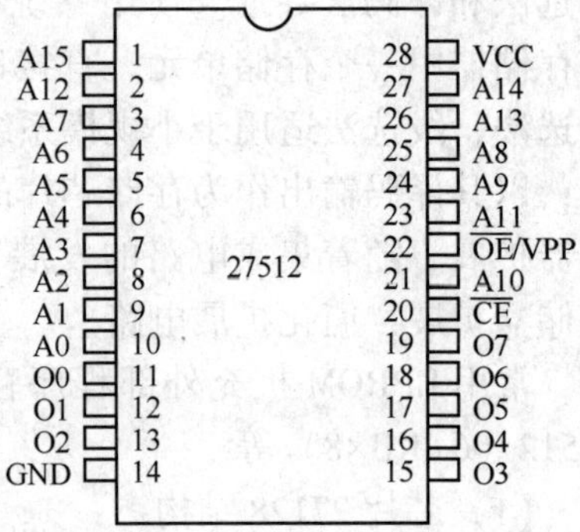

图 8-7　27512 引脚图

A15 ~ A0——位地址。

D7 ~ D0——数据输出。

$\overline{CE}$——片选信号，低电平有效。

$\overline{OE}$——数据输出允许信号。

$\overline{PGM}$——编程脉冲输入端。

VPP——编程电源。

VCC——+5 V 主电源。

使用一片 EPROM 芯片 27256 和地址锁存器扩展外部程序存储器与 AT89S51 单片机的硬件连线如图 8-8 所示。其中 74HC373 为地址锁存器，用于锁存地址信号。

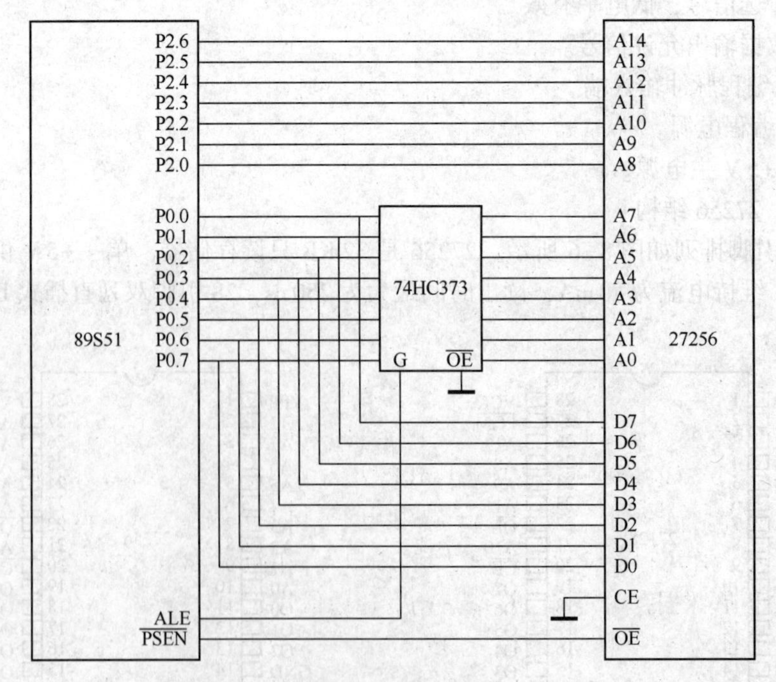


图 8-8　单片 27256 扩展外部程序存储器

前面已经介绍，在进行三总线扩展时，需要使用地址锁存器将 P0 口分时送出的低 8 位地址信号和数据信号进行分离。这里使用常用的锁存器 74HC373。图 8-9 所示为 74HC373 引脚图。图中$\overline{CE}$为使能控制端。当$\overline{CE}$为低电平时，8 路全导通；当$\overline{CE}$为高电平时，输出为高阻态。G 为锁存信号。

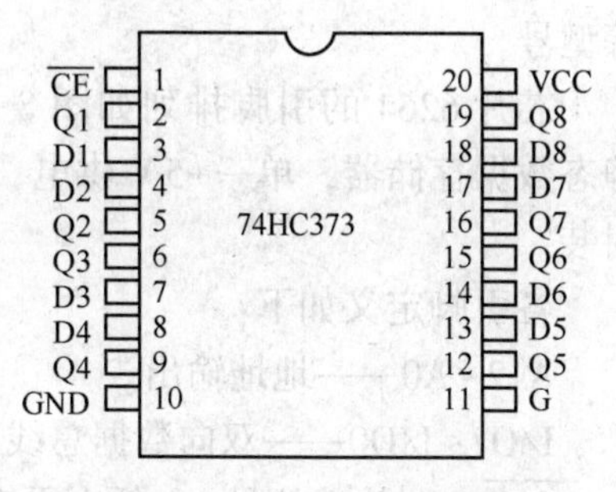

图 8-9　74HC373 引脚图

74HC373 是具有 8 个单独输入端的锁存器，三态驱动总线输出。当允许端 G 是高电平时，锁存器输出将随数据输入端变化；当允许端为低电平时，输出端将被锁存在已经建立起的数据电平上。选通输出控制端可使 8 个输出端与锁存器的 Q 端相同，其芯片功能表见表 8-1。

**表 8-1　74HC373 工作方式**

| 工作方式 | 输入信号 | | | 输出端 |
|---|---|---|---|---|
| | $\overline{CE}$ | G | D | |
| 使能并读寄存器 | L | H | L | L |
| | L | H | H | H |
| 锁存并读寄存器 | L | L | X | $Q_0$ |
| 锁存寄存器并禁止输出 | H | X | X | 高阻 |

74HC373 有 3 种工作状态。当$\overline{CE}$为低电平、G 为高电平时，输出端状态和输入端状态相同，即输出跟随输入；当$\overline{CE}$为低电平、G 由高电平降为低电平时，输入端数据锁入内部寄存器中，内部寄存器的数据与输出端相同；当 G 保持为低电平时，即使输入端数据变化，也不会影响输出端状态，从而实现了锁存功能。当$\overline{CE}$为高电平时，锁存器缓冲三态门封闭，三态门输出高阻态，输入端与输出端隔离，不能输出。

## 8.2.2　数据存储器的扩展

单片机的数据存储器扩展需要使用随机存取的存储器芯片。常用扩展数据存储器的有静态数据存储器、动态数据存储器和 EEPROM。在对程序存储器扩展时需要使用的控制信号有以下 2 个：

1）$\overline{RD}$——扩展数据存储器和 I/O 端口的读选通信号。

在外部数据存储器读周期中，P2 口输出外部 RAM 单元的高 8 位地址，P0 口分时传送低 8 位地址及数据。当地址锁存允许信号 ALE 为高电平时，P0 口输出的地址信息有效，ALE 的下降沿将此地址送入外部地址锁存器，接着 P0 口变为输入方式，读信号$\overline{RD}$有效，选通外部数据存储器，相应存储单元的内容送到 P0 口上，由单片机读入累加器。

2）$\overline{WR}$——扩展数据存储器和 I/O 端口的写选通信号。

外部数据存储器写周期的操作过程与读周期相似，写操作时，在 ALE 下降为低电平后，$\overline{WR}$信号才有效，P0 口上出现的数据写入相应的数据存储器单元。

常用于扩展数据存储器的芯片有 62128（16 KB×8）、62256（32 KB×8）、62512（64 KB×8）

等型号。

芯片 6264 的引脚排列如图 8-10 所示。6264 是 8 KB 静态数据存储器，单一+5 V 供电，28 引脚双列直插式 DIP 封装。

| 引脚名 | 引脚号 | 6264 | 引脚号 | 引脚名 |
|---|---|---|---|---|
| NC | 1 | | 28 | VCC |
| A12 | 2 | | 27 | $\overline{\mathrm{WE}}$ |
| A7 | 3 | | 26 | CE2 |
| A6 | 4 | | 25 | A8 |
| A5 | 5 | | 24 | A9 |
| A4 | 6 | | 23 | A11 |
| A3 | 7 | | 22 | $\overline{\mathrm{OE}}$ |
| A2 | 8 | 6264 | 21 | A10 |
| A1 | 9 | | 20 | $\overline{\mathrm{CE1}}$ |
| A0 | 10 | | 19 | IO7 |
| IO0 | 11 | | 18 | IO6 |
| IO1 | 12 | | 17 | IO5 |
| IO2 | 13 | | 16 | IO4 |
| GND | 14 | | 15 | IO3 |

图 8-10　6264 引脚图

各引脚定义如下：

A12～A0——地址输出。

I/O7～I/O0——双向数据总线。

$\overline{\mathrm{CE1}}$——片选信号 1，低电平有效。

CE2——片选信号 2，高电平有效。

$\overline{\mathrm{OE}}$——数据输出允许信号。

$\overline{\mathrm{WE}}$——写选通信号。

VCC——电源（+5 V）

使用一片数据存储器芯片 6264 扩展外部数据存储器与 AT89S51 单片机的硬件连线如图 8-11所示。

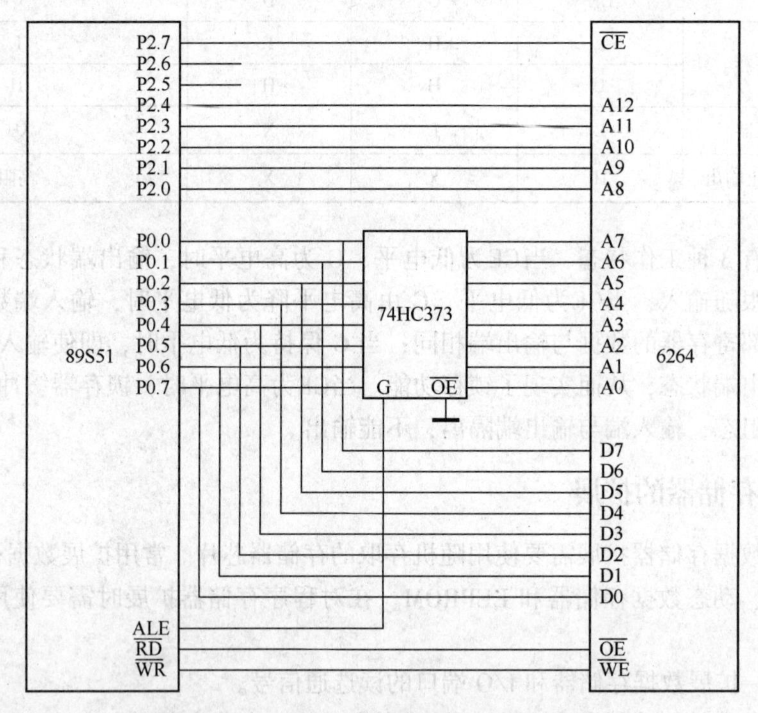


图 8-11　单片 6264 扩展外部数据存储器

图 8-12 为使用程序存储器芯片 27128 和数据存储器芯片 6264 扩展外部存储器与单片机 AT89S51 的连线图。其中 74HC138 为译码器，用于地址译码。

74HC138 译码器是 3-8 线译码器。74HC138 有E1、E2、E3 共 3 个使能端，$\overline{\mathrm{E1}}$、$\overline{\mathrm{E2}}$低电平有效，E3 高电平有效。A、B、C 为译码输入端，可组合成 8 种输出状态。Y0、Y1、Y2、Y3、Y4、Y5、Y6、Y7 为译码输出信号，低电平有效。其引脚如图 8-13 所示，真值表见表 8-2。

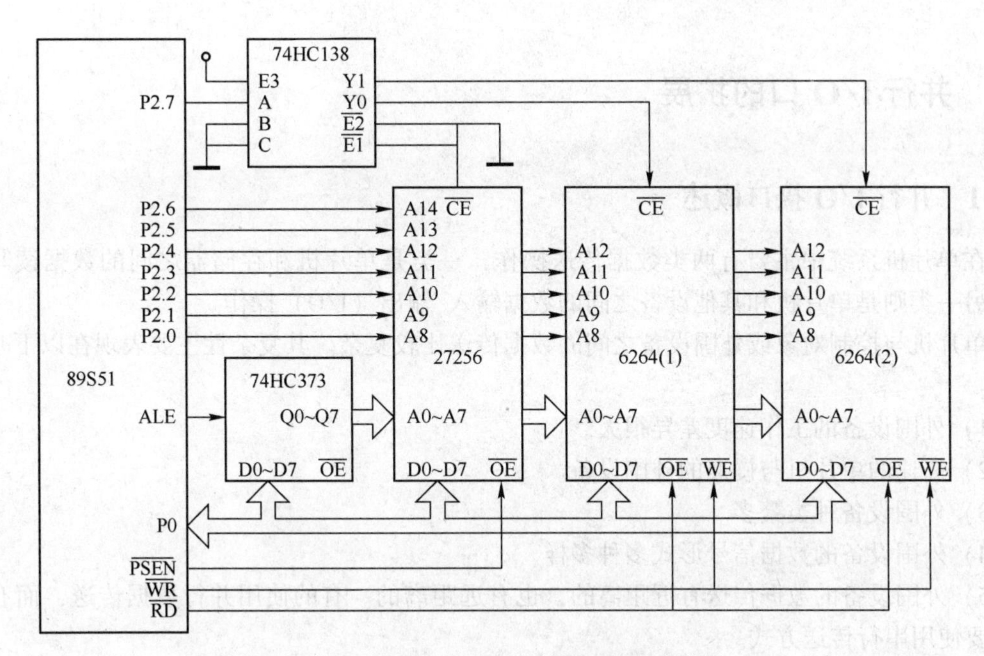


图 8-12　扩展外部程序存储器和数据存储器

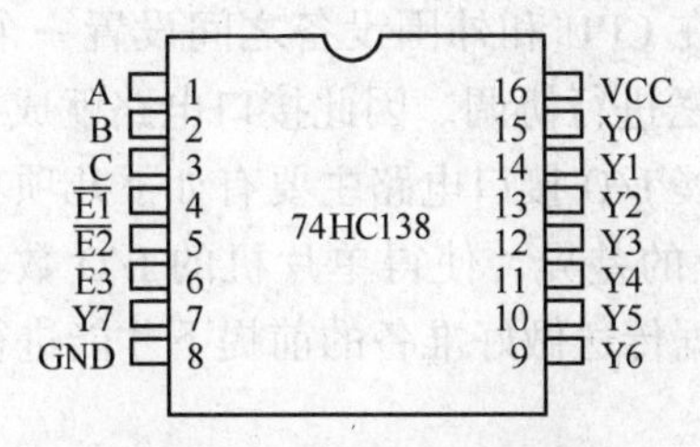


图 8-13　74HC138 引脚图

**表 8-2　译码器 74LS138 的真值表**

| 输入 | | | | | | 输出 | | | | | | | |
|---|---|---|---|---|---|---|---|---|---|---|---|---|---|
| 使能 | | | 选择 | | | Y0 | Y1 | Y2 | Y3 | Y4 | Y5 | Y6 | Y7 |
| E3 | $\overline{E2}$ | $\overline{E1}$ | C | B | A | | | | | | | | |
| 1 | 0 | 0 | 0 | 0 | 0 | 0 | 1 | 1 | 1 | 1 | 1 | 1 | 1 |
| 1 | 0 | 0 | 0 | 0 | 1 | 1 | 0 | 1 | 1 | 1 | 1 | 1 | 1 |
| 1 | 0 | 0 | 0 | 1 | 0 | 1 | 1 | 0 | 1 | 1 | 1 | 1 | 1 |
| 1 | 0 | 0 | 0 | 1 | 1 | 1 | 1 | 1 | 0 | 1 | 1 | 1 | 1 |
| 1 | 0 | 0 | 1 | 0 | 0 | 1 | 1 | 1 | 1 | 0 | 1 | 1 | 1 |
| 1 | 0 | 0 | 1 | 0 | 1 | 1 | 1 | 1 | 1 | 1 | 0 | 1 | 1 |
| 1 | 0 | 0 | 1 | 1 | 0 | 1 | 1 | 1 | 1 | 1 | 1 | 0 | 1 |
| 1 | 0 | 0 | 1 | 1 | 1 | 1 | 1 | 1 | 1 | 1 | 1 | 1 | 0 |

## 8.3 并行I/O口的扩展

### 8.3.1 并行I/O接口概述

在单片机系统中主要有两类数据传送操作，一类是单片机和存储器之间的数据读写操作；另一类则是单片机和其他设备之间的数据输入/输出（I/O）操作。

单片机与控制对象或外围设备之间的数据传送比较复杂。其复杂性主要表现在以下几个方面：

1）外围设备的工作速度差异很大。

2）高速的单片机与慢速的外围设备。

3）外围设备种类繁多。

4）外围设备的数据信号形式多种多样。

5）外围设备的数据传送有近距离的，也有远距离的。有的使用并行数据传送，而有的则需要使用串行传送方式。

正是由于上述原因，使数据的I/O操作变得十分复杂，无法实现外围设备与CPU进行直接的同步数据传送，而必须在CPU和外围设备之间设置一个接口电路，通过接口电路对CPU与外围设备之间的数据传送进行协调。因此接口电路就成了数据I/O操作的核心内容。

在单片机应用系统中，扩展I/O接口电路主要有如下几项功能：

1）速度协调。由于速度上的差异，使得单片机的I/O数据传送只能以异步方式进行。即只能在确认外围设备已为数据传送做好准备的前提下才能进行I/O操作，需要单片机与设备之间传送数据的速度协调。

2）输出数据锁存。在单片机应用系统中，数据输出都是通过系统的数据总线进行的，单片机的工作速度快，数据在数据总线上保留的时间十分短暂，无法满足慢速输出设备的需要。在扩展I/O接口电路中应具有数据锁存器，以保存输出数据直至能为输出设备所接收。因此数据锁存就成为接口电路的一项重要功能。

3）输入数据三态缓冲。数据输入时，输入设备向单片机传送的数据要通过数据总线，但数据总线是系统的公用数据通道，只允许当前时刻正在进行数据传送的数据源使用数据总线，其余数据源都必须与数据总线处于隔离状态，为此要求接口电路能为数据输入提供三态缓冲功能。

4）数据转换。单片机只能输入和输出数字信号，但是有些设备所提供或所需要的并不是数字信号形式。为此，需要使用接口电路进行数据信号的转换，例如，A-D转换和D-A转换等。

因此，接口电路要考虑以下几个方面。

**1. 数据总线隔离技术**

在单片机的I/O口操作中，输入/输出的数据都要通过系统的数据总线进行传送，为了正确地进行数据的I/O口传送，就必须解决数据总线的隔离问题。

数据总线上连接着多个数据源设备和多个数据负载设备。但是在任一时刻，只能进行一个源和一个负载之间的数据传送，当一对源和负载的数据传送正在进行时，要求所有其他不参与的设备在电性能上必须同数据总线隔开。如何使数据传输设备在需要的时候能与数据总线接通，而在不需要的时候又能同数据总线隔开，这就是总线隔离问题。为此，对于输出设备的接口电路，要提供锁存器，当允许接收输出数据时锁存打开，当不允许接收输出数据时锁存关闭。而对于输入设备的接口电路，要使用三态缓冲电路或集电极开路电路。

（1）输出锁存电路

常用的输出锁存芯片有74LS273、74LS373、74LS573、74LS574等。

（2）三态缓冲电路

三态缓冲电路就是具有三态输出的门电路，也称为三态门（TSL）。所谓三态，就是指低电平、高电平和高阻抗三种状态。当三态缓冲器的输出为高或低电平时，就是对数据总线的驱动状态；当三态缓冲器的输出为高阻抗时，就是对总线的隔离状态。在隔离状态下，缓冲器对数据总线不产生影响，犹如缓冲器与总线隔开一般。为此，三态缓冲器的工作状态应是可控制的。

在电路中，由三态控制信号控制缓冲器的输出是驱动状态还是高阻抗状态。当三态控制信号为低电平时，缓冲器输出状态反映输入的数据状态。当三态控制信号为高电平时，缓冲器的输出为高阻抗状态。三态缓冲器的控制逻辑见表8-3。

**表8-3　三态缓冲器的控制逻辑**

| 三态控制信号 | 工作状态 | 数据输入 | 输出端状态 |
|---|---|---|---|
| 1 | 高阻抗 | 0 | 高阻抗 |
| | | 1 | 高阻抗 |
| 0 | 驱动 | 0 | 0 |
| | | 1 | 1 |

对于三态缓冲电路的主要性能要求有：

1）速度快，信号延迟时间短。

2）较高的驱动能力。

3）高阻抗时对数据总线不呈现负载，最多只能带动不大于0.04mA的电流。

**2. I/O编址技术**

在单片机中，对存储器和接口电路的访问都是通过寻址完成的，因此需要对存储器和接口电路进行编址。存储器是对存储单元进行编址，而接口电路则是对其中的端口进行编址。对端口编址是为I/O操作而进行的，也称为I/O编址。常用的I/O编址有独立编址和统一编址两种方式。

（1）独立编址方式

所谓独立编址，就是把I/O和存储器分开进行编址。其优点是I/O地址空间和存储器地址空间相互独立，界限分明；但要专门设置一套I/O指令和控制信号，从而增加了系统的开销。

（2）统一编址方式

统一编址就是把系统中的I/O和存储器统一进行编址。在这种编址方式中，把I/O接口中的寄存器（端口）与存储器中的存储单元同等对待，也称为存储器映像（Memory Mapped）编址方式。采用这种编址方式的计算机只有一个统一的地址空间，该地址空间既供存储器编址使用，也供I/O编址使用。

AT89S51/52单片机使用统一编址方式，在接口电路中的I/O编址也采用16位地址，和存储单元的地址长度一样。

统一编址方式的优点是不需要专门的I/O指令，直接使用存储器指令进行I/O操作，不但简单方便功能强，而且I/O地址范围不受限制。但这种编址方式使存储器地址空间变小，16位端口地址也嫌太长，会使地址译码变得复杂。此外，存储器指令与专用的I/O指令相比，指令长且执行速度慢。

## 8.3.2 简单并行I/O口扩展

在单片机应用系统扩展中，P0口作为低8位地址总线和8位数据总线分时复用。在构成输出口时，这类接口应具有锁存功能；在构成输入口时，若输入数据为常态，应具有三态缓冲功能，若输入数据为暂态，应具有锁存选通功能。

当所需扩展的外部I/O口数量不多时，可以使用常规的逻辑电路、锁存器进行扩展。这一类的外围芯片一般价格较低而且种类较多，常用的如74LS377、74LS245、74LS373、74LS244、74LS273、74LS577和74LS573。

**1. 用74LS244扩展8位并行输入口**

输入扩展是为数据输入的需要而采取的，简单输入扩展只用于解决数据输入的缓冲问题。简单输入扩展实际上就是扩展三态数据缓冲器，其作用是当输入设备被选通时，使数据源能与数据总线直接连通；而当输入设备处于非选通状态时，把数据源与数据总线隔离，缓冲器输出为高阻抗状态。

简单输入接口扩展常用的芯片有74LS244，该芯片内部共有两个4位的三态缓冲器，分别由$\overline{1G}$和$\overline{2G}$控制，方向由A传送到Y。以$\overline{G}$作为选通信号，可以扩展一个8位输入口。在单片机应用系统中，常用74LS244作为地址总线驱动器。图8-14为74LS244芯片的引脚排列，表8-4为74LS244的工作方式。

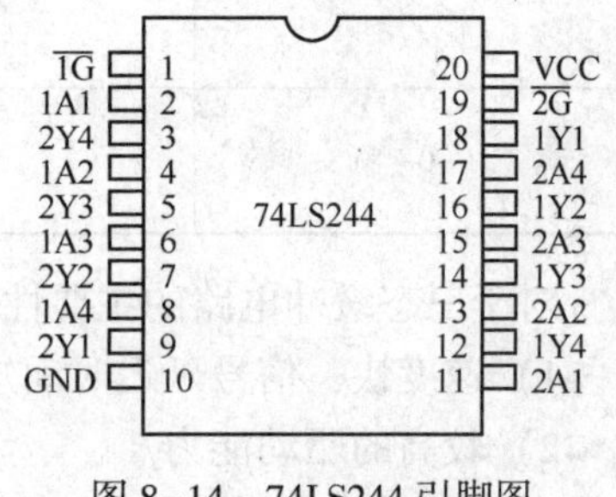

图8-14 74LS244引脚图

表8-4 74LS244工作方式

| 输入 | | | 输出 |
|---|---|---|---|
| $\overline{1G}$ | $\overline{2G}$ | A | Y |
| L | L | L | L |
| L | L | H | H |
| H | H | × | 高阻 |

图8-15为用74LS244通过P0口进行输入扩展的电路连接图。图中三态门由P2.7和$\overline{RD}$相或控制，其端口地址为7FFFH。若将74LS244输入数据读入累加器A中，可以使用以下指令：

```
MOV    DPTR,#7FFFH
MOVX   @DPTR,A
```

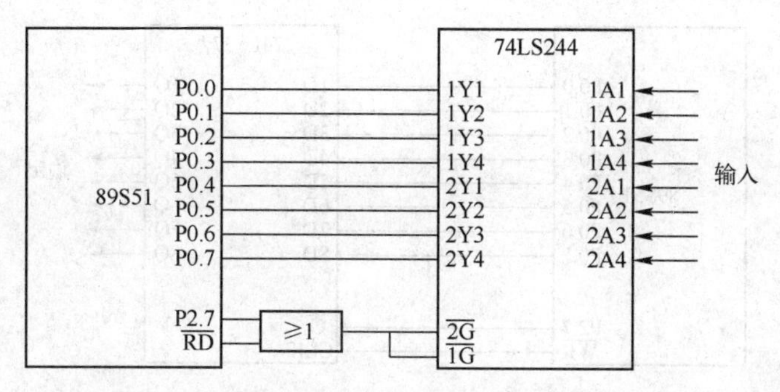

图 8-15　单片机 AT89S51 与 74LS244 接口电路图

**2. 用 74LS377 扩展 8 位并行输出接口**

输出接口的主要功能是进行数据锁存，所以简单输出接口扩展的电路使用锁存器实现。简单输出接口扩展常用芯片有 74LS377，该芯片是一个具有使能控制端的 8D 锁存器，采用双列直插式 20 引脚封装，其信号引脚排列如图 8-16 所示。

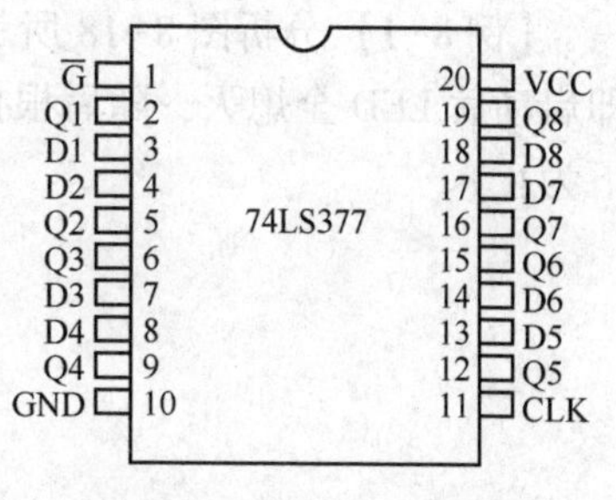

图 8-16　74LS377 引脚图

其引脚定义如下：

8D~1D——8 位数据输入线。

8Q~1Q——8 位数据输出线。

CLK——时钟信号，上升沿数据锁存。

$\overline{G}$——使能控制信号。

VCC——+5 V 电源。

74LS377 是由 D 触发器组成的，当$\overline{G}=0$，D 触发器在上升沿输入数据，即在时钟信号 CLK 由低变高正跳变时，数据进入锁存器；当$\overline{G}=1$ 或 CLK = 0 时，输出端的状态维持不变。74LS377 的功能逻辑真值表见表 8-5。

**表 8-5　74LS377 功能逻辑真值表**

| $\overline{G}$ | CLK | D | Q |
|---|---|---|---|
| 1 | X | X | $Q_0$ |
| 0 | ↑ | 1 | 1 |
| 0 | ↑ | 0 | 0 |
| X | 0 | X | $Q_0$ |

图 8-17 为用 74LS377 通过 P0 口进行输出扩展的电路连接图。在扩展电路中，以 AT89S51 的$\overline{WR}$信号接 CLK。因为在$\overline{WR}$信号由低变高时，数据总线上出现的正是输出的数据，所以$\overline{WR}$接 CLK 正好控制输出数据进入锁存器。74LS377 的$\overline{G}$信号端接 P2.7 口。图中 74LS377 的端口地址为 7FFFH，则使 74LS377 输出数据为 03AH，可以使用以下指令：

```
MOV     DPTR,#7FFFH
MOV     A,#03AH
MOVX    @DPTR,A
```

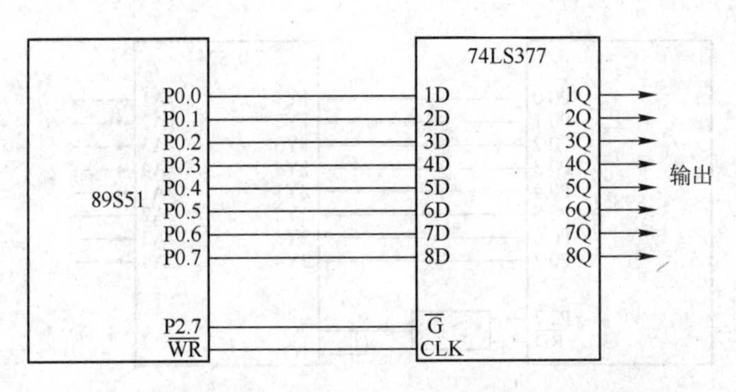


图 8-17　单片机 AT89S51 与 74LS377 接口电路图

**【例 8-1】** 分析图 8-18 所示的端口扩展原理，并根据电路图编程实现键控 LED 的功能，即启动后 LED 全熄灭，随后根据按键动作点亮相应 LED（保持亮灯状态，直至新的按键压下为止）。

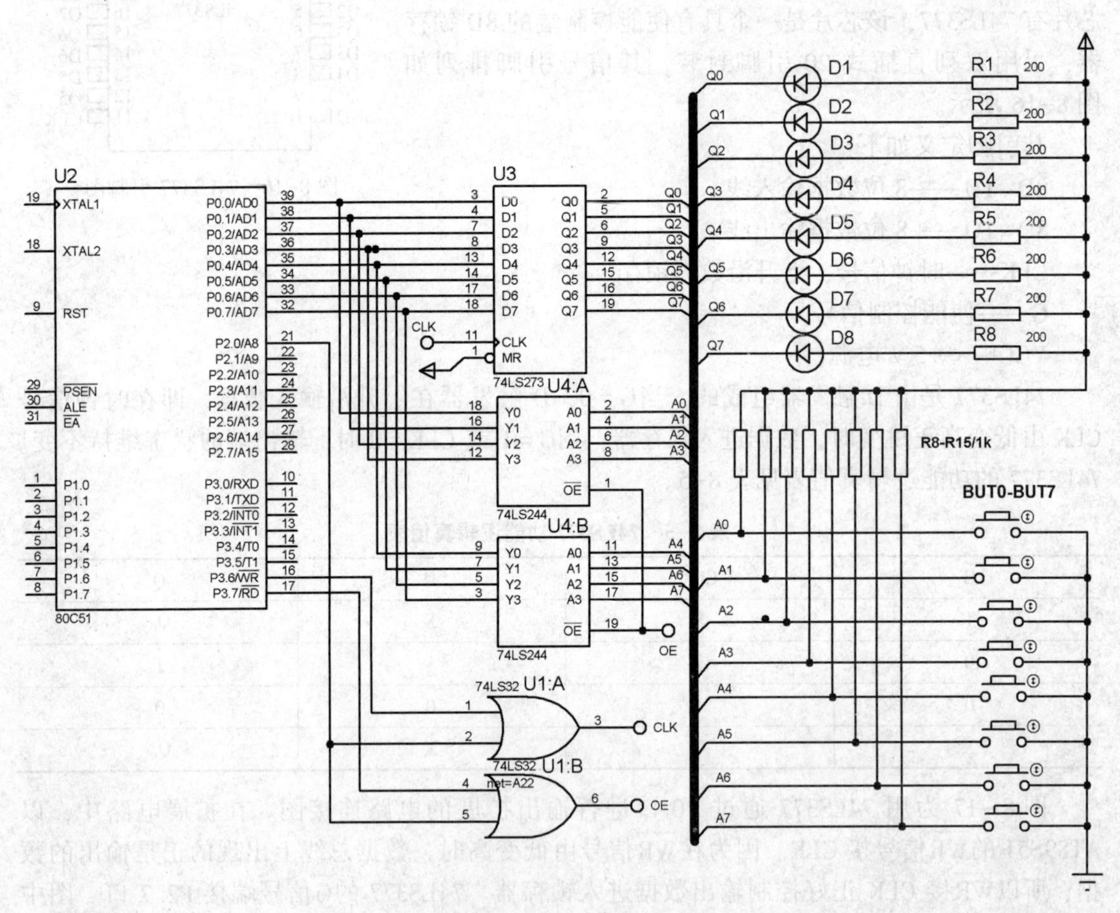


图 8-18　例 8-1 的电路图

电路分析：芯片 74LS273 和 74LS244 的片选均由 P2.0 实现，故访问地址均为 xxxx xxx0 xxxx xxxx（0xFEFF）。读操作时，$\overline{RD}$负脉冲，$\overline{WR}$ = 1，故 U1:B = 负脉冲，U1:A = 1，芯片 74LS244 被选中。写操作时，$\overline{RD}$ = 1，$\overline{WR}$负脉冲，故 U1:B = 1，U1:A = 负脉冲，芯片

74LS273 被选中。程序如下：

```
#include <reg51. h>
unsigned char xdata  * PORT;              //定义端口指针变量
void main( ) {
      unsigned char tmp;
       * PORT = 0xFF;                     //启动后所有灯熄灭
      while(1) {
            tmp =  * PORT;                //从 74244 端口读取数据
            if(tmp! = 0xFF) * PORT = tmp; //若有键动作,键值送 74273
      }
}
```

仿真运行后的结果如图 8-19 所示。

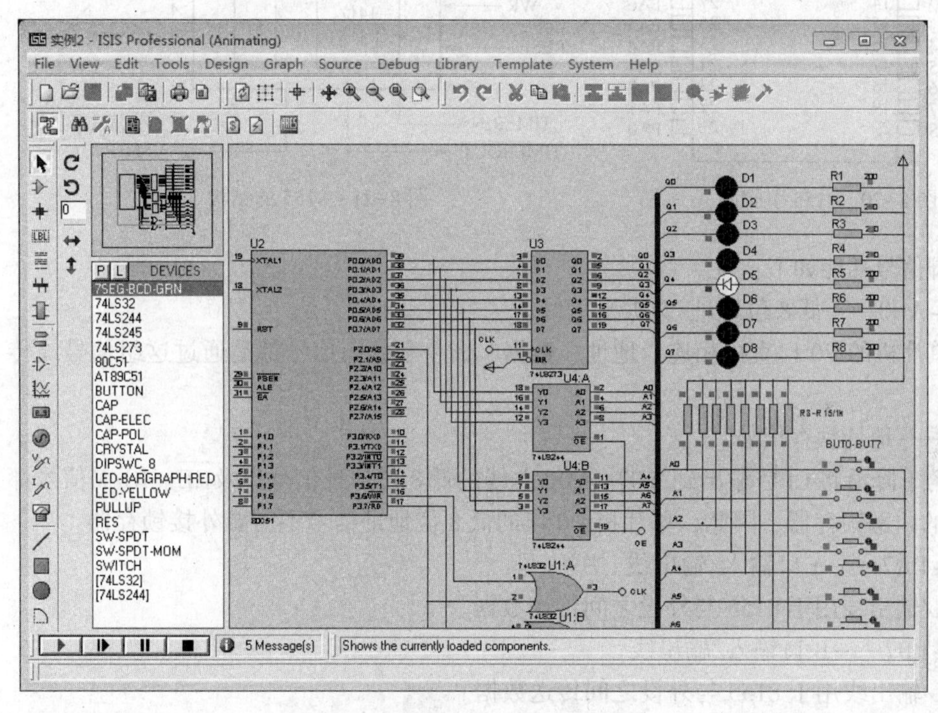

图 8-19　例 8-1 的仿真运行结果　　　　二维码 8-1

## 8.3.3　可编程并行 I/O 口扩展

可编程并行 I/O 接口芯片有 Intel 公司的 8255 和 8155，这类芯片具有可编程的输入和输出和多种工作方式，可以连接不同类型的外设。本节仅以 8155 为例来说明这类芯片的接口方式和编程。8155 具有 3 个可编程 I/O 口，其中 A 口和 B 口为 8 位，C 口为 6 位。A 口、B 口既可以作为基本 I/O 接口，也可以作为选通 I/O 接口；C 口除可以作为基本 I/O 接口之外，还可以用作 A 口、B 口的应答控制联络信号线。此外还有 256 个单元的 RAM 和 1 个 14 位计数结构的定时/计数器。8155 内部还有一个控制寄存器组，用来存储控制命令字。8155 内部自带地址锁存器，可以直接与单片机连接。

**1. 8155 芯片引脚结构**

可编程 I/O 口芯片 8155 芯片为 40 引脚双列直插式封装。其引脚排列如图 8-20 所示，结构如图 8-21 所示。

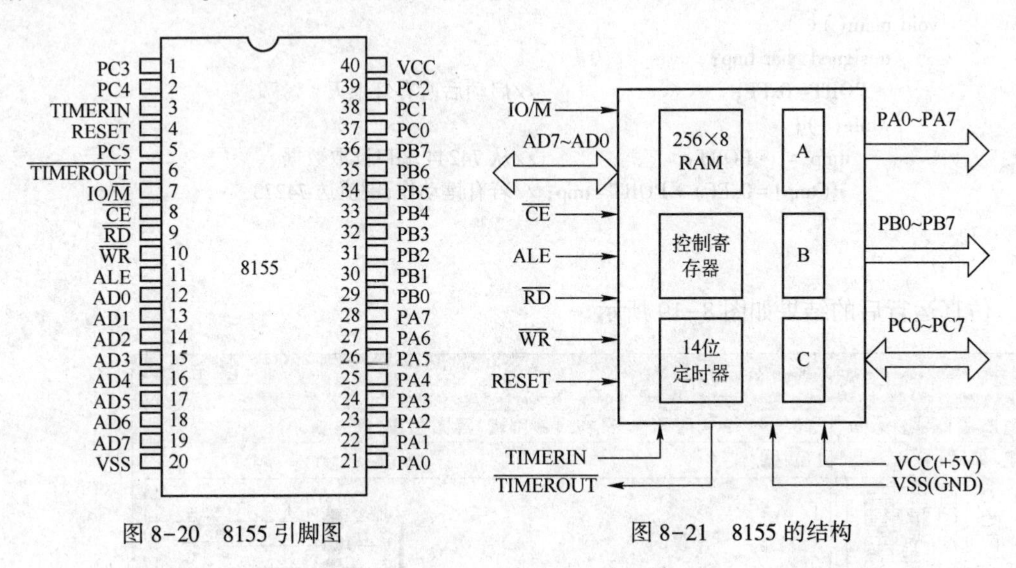


图 8-20　8155 引脚图　　　　图 8-21　8155 的结构

8155 引脚信号功能如下：

1）AD7～AD0——低 8 位地址/数据复用线。

8155 与单片机的 P0 口直接相连，地址、数据、命令和状态信号都是通过这组信号线传输的。

2）ALE——地址锁存信号。

在 ALE 的下降沿将 CPU 输出到 AD7～AD0 总线的低 8 位地址信号以及$\overline{CE}$、IO/$\overline{M}$信号都锁存到 8155 的内部锁存器。因此，单片机 P0 口的低 8 位地址信号不需要外接锁存器。

3）PA0～PA7——A 口输入/输出线。

A 口输入/输出线用于 8155 与外设之间传送数据。

4）PB0～PB7——B 口输入/输出线。

B 口输入/输出线用于 8155 与外设之间传送数据。

5）PC0～PC5——C 口输入/输出线。

C 口输入/输出线既可以用于 8155 与外设之间传送数据，也可以作为 A 口、B 口数据传送的控制联络信号线。

6）$\overline{RD}$——读选通信号。

读选通信号低电平有效。当$\overline{CE}$=0，且$\overline{RD}$=0 时，将 8155 片内数据存储器 RAM 单元或 I/O 口中的内容传送到 AD7～AD0 总线上。

7）$\overline{WR}$——写选通信号。

写选通信号低电平有效，当$\overline{CE}$=0，且$\overline{WR}$=0 时，将 CPU 输出到 AD7～AD0 总线上的信号写入 8155 片内数据存储器 RAM 单元或 I/O 口中。

8）$\overline{CE}$——片选信号。

片选信号低电平有效，当$\overline{CE}$=0 时，选中该芯片。

9）$IO/\overline{M}$——I/O 与 RAM 选择信号。

8155 内部 I/O 口与 RAM 是统一编址的，因此要使用控制信号进行区分。

$IO/\overline{M}=0$，选中 8155 片内 RAM。

$IO/\overline{M}=1$，选中 8155 的 I/O 口。

10）RESET——复位信号；TIMERIN——定时/计数器的输入信号，它是 8155 片内定时/计数器的计数脉冲信号输入端；$\overline{TIMEROUT}$——定时/计数器的输出信号，它是 8155 脉冲或方波的输出端。

**2. 8155 的命令/状态字**

8155 有一个命令/状态字寄存器，实际上这是两个不同的寄存器，分别存储命令字和状态字。8155 的命令字寄存器和状态字寄存器共用同一个地址，对命令字寄存器只能进行写操作不能进行读操作，对状态字寄存器只能进行读操作不能进行写操作，合在一起称为命令/状态字寄存器。

命令字寄存器共 8 位，用于定义端口及定时/计数器的工作方式。对命令字寄存器只能写入，不能读出。命令字寄存器各位定义见表 8-6。其中 0~3 位定义各输出/输入口的工作方式，4~5 位定义 C 口的中断使能或屏蔽，6~7 位定义定时/计数器的工作方式。

**表 8-6　8155 命令字寄存器各位的定义**

| 位序 | 7 | 6 | 5 | 4 | 3 | 2 | 1 | 0 |
|---|---|---|---|---|---|---|---|---|
| 位定义 | TM2 | TM1 | IEB | IEA | PC2 | PC1 | PB | PA |

命令字各位定义如下：

1）PA——A 口工作方式选择位。

PA=0，A 口为输入口。

PA=1，A 口为输出口。

2）PB——B 口工作方式选择位。

PB=0，B 口为输入口。

PB=1，B 口为输出口。

3）PC2、PC1——C 口工作方式选择位。

由 PC2 和 PC1 组合可以定义 4 种工作方式，见表 8-7。

**表 8-7　C 口工作方式选择**

| PC2 | PC1 | 工作方式 |
|---|---|---|
| 0 | 0 | A 口、B 口为基本输入/输出接口，C 口为输入接口 |
| 0 | 1 | A 口、B 口为基本输入/输出接口，C 口为输出接口 |
| 1 | 0 | A 口为选通输入/输出接口，B 口为基本输入/输出接口<br>C 口低 3 位为联络信号，高 3 位输出 |
| 1 | 1 | A 口、B 口都为选通输入/输出接口<br>C 口低 3 位为 A 口联络信号，高 3 位为 B 口联络信号 |

4）IEA——A 口中断允许位。

IEA=0，禁止 A 口中断。

IEA=1，允许 A 口中断。

5）IEB——B 口中断允许位。

IEB=0，禁止 B 口中断。

IEB=1，允许 B 口中断。

6）TM2、TM1——定时/计数器工作方式选择位。

由 TM2 和 TM1 组合可以定义 4 种工作方式，见表 8-8。

**表 8-8 定时/计数器工作方式选择**

| TM2 | TM1 | 工作方式 |
| --- | --- | --- |
| 0 | 0 | 空操作，不影响定时/计数器计数 |
| 0 | 1 | 停止定时/计数器计数 |
| 1 | 0 | 若定时/计数器正在计数，计数长度减为 0 时停止计数 |
| 1 | 1 | 置定时/计数器方式和长度后立即启动计数，若正在计数，溢出后按新的方式和长度计数 |

状态字寄存器也是 8 位寄存器，用于寄存各端口及定时/计数器的工作状态。状态字寄存器只能读出，不能写入。状态字寄存器各位定义见表 8-9。其中 0~5 位为输入/输出口的状态，位 6 为定时/计数器的状态。

**表 8-9 8155 状态字寄存器各位的定义**

| 位序 | 7 | 6 | 5 | 4 | 3 | 2 | 1 | 0 |
| --- | --- | --- | --- | --- | --- | --- | --- | --- |
| 位定义 | × | TIMER | INTE B | B BF | INTR B | INTE A | A BF | INTR A |

1）INTR A——PA 口的中断请求标志。

2）A BF——PA 口缓冲器满/空标志。

3）INTE A——PA 口中断使能标志。

4）INTR B——PB 口的中断请求标志。

5）B BF——PB 口缓冲器满/空标志。

6）INTE B——PB 口中断使能标志。

7）TIMER——定时/计数器中断标志，定时/计数器计数计满时置 1，读出状态字或硬件复位后清 0。

**3. RAM 单元与 I/O 口**

8155 共有 256 个 RAM 单元，加上 6 个可编址的端口，为此 8155 引入了 8 位地址 AD7~AD0。这 6 个可编址的端口是命令/状态字寄存器、PA 口、PB 口、PC 口、定时/计数器低 8 位以及定时/计数器高 8 位，对它们只需使用 AD2~AD0 即可实现编址，见表 8-10。无论是 RAM 还是可编址 I/O 口都使用这 8 位地址进行编址。

**表 8-10 8155 口地址分布**

| AD7~AD0 | | | | | | | | 选中寄存器 |
| --- | --- | --- | --- | --- | --- | --- | --- | --- |
| AD7 | AD6 | AD5 | AD4 | AD3 | AD2 | AD1 | AD0 | |
| × | × | × | × | × | 0 | 0 | 0 | 内部命令/状态字寄存器 |

(续)

| AD7~AD0 | | | | | | | | 选中寄存器 |
|---|---|---|---|---|---|---|---|---|
| AD7 | AD6 | AD5 | AD4 | AD3 | AD2 | AD1 | AD0 | |
| × | × | × | × | × | 0 | 0 | 1 | PA 口寄存器 |
| × | × | × | × | × | 0 | 1 | 0 | PB 口寄存器 |
| × | × | × | × | × | 0 | 1 | 1 | PC 口寄存器 |
| × | × | × | × | × | 1 | 0 | 0 | 定时/计数器低 8 位寄存器 |
| × | × | × | × | × | 1 | 0 | 1 | 定时/计数器高 8 位寄存器 |

当 $IO/\overline{M}=0$ 时，选中 8155 的 RAM，此时 AD7~AD0 输入的是存储器地址，寻址范围为 00H~0FFH。

当 $IO/\overline{M}=1$ 时，选中 8155 的 I/O 口，此时 AD7~AD0 输入的是 I/O 口地址，其地址分布见表 8-10。

**4. I/O 口工作方式**

8155 的 3 个 I/O 接口，分别为 PA、PB 和 PC。其中 PA 口和 PB 口都是 8 位通用输入/输出口，均可工作于基本 I/O 接口方式或选通 I/O 接口方式。PC 口既可作为 I/O 接口线，工作于基本 I/O 接口方式，也可作为 PA 口、PB 口选通工作时的状态联络控制信号线。

当 8155 由命令字寄存器设置为方式 1 和方式 2 时，PA 口、PB 口和 PC 口均工作于基本输入/输出方式。

当 8155 由命令字寄存器设置为方式 3 时，PA 口定义为选通输入/输出方式，由 PC 口低 3 位（PC0~PC2），PC 口其余位作为基本输出线。PB 口定义为基本输入/输出方式。

当 8155 由命令字寄存器设置为方式 4 时，PA 口、PB 口都定义为选通输入/输出方式，由 PC 口作为 PA 口、PB 口的联络控制信号线。其中 PC2~PC0 用于为 PA 口提供联络信号线，PC5~PC3 用于为 PB 口提供联络信号线。

PC 口工作方式及每位的关系见表 8-11。

联络信号共有 3 个，其中：

1）INTR——中断请求信号（输出），高电平有效。

当 8155 的 PA 口或 PB 口缓冲器接收到设备输入的数据或设备从缓冲器取走数据时，中断请求信号 INTR 升高，向单片机的外中断请求信号。

2）BF——缓冲器满状态信号（输出），高电平有效。

3）$\overline{STB}$——选通信号（输入），低电平有效。

数据输入时，$\overline{STB}$是外设送来的选通信号。

数据输出时，$\overline{STB}$是外设送来的应答信号。

**表 8-11　PC 口设置为不同工作方式时的功能**

| 端　口 | 方式 1 | 方式 2 | 方式 3 | 方式 4 |
|---|---|---|---|---|
| PC0 | 输入口 | 输出口 | PA 口中断（A　INTR） | PA 口中断（A　INTR） |
| PC1 | 输入口 | 输出口 | PA 口缓冲器已满（A　BF） | PA 口缓冲器已满（A　BF） |
| PC2 | 输入口 | 输出口 | PA 口选通（A　STB） | PA 口选通（A　STB） |

（续）

| 端　　口 | 方式 1 | 方式 2 | 方式 3 | 方式 4 |
|---|---|---|---|---|
| PC3 | 输入口 | 输出口 | 输出口 | PB 口中断（B　INTR） |
| PC4 | 输入口 | 输出口 | 输出口 | PB 口缓冲器已满（B　BF） |
| PC5 | 输入口 | 输出口 | 输出口 | PB 口选通（B　STB） |

**5. 8155 的定时/计数器**

8155 的定时/计数器是一个 14 位的减法计数器，由两个 8 位寄存器构成，见表 8-12。以其中的低 14 位组成计数器，剩下的两个高位（M2、M1）用于定义定时/计数器输出的信号形式。

**表 8-12　8155 定时/计数器的计数结构**

| 7 | 6 | 5 | 4 | 3 | 2 | 1 | 0 | 7 | 6 | 5 | 4 | 3 | 2 | 1 | 0 |
|---|---|---|---|---|---|---|---|---|---|---|---|---|---|---|---|
| M2 | M1 | T13 | T12 | T11 | T10 | T9 | T8 | T7 | T6 | T5 | T4 | T3 | T2 | T1 | T0 |
| 输出方式 | | 计数器高 6 位 | | | | | | 计数器低 8 位 | | | | | | | |

其中 M2、M1 位定义输出方式见表 8-13。

**表 8-13　8155 定时/计数器输出方式**

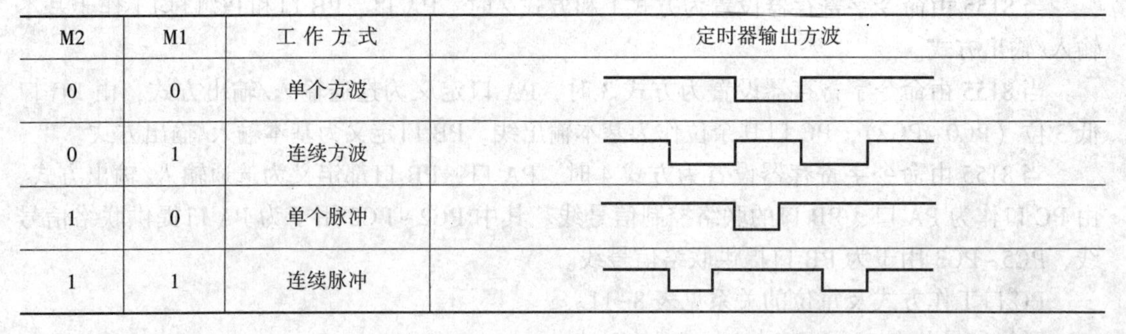

| M2 | M1 | 工 作 方 式 | 定时器输出方波 |
|---|---|---|---|
| 0 | 0 | 单个方波 | |
| 0 | 1 | 连续方波 | |
| 1 | 0 | 单个脉冲 | |
| 1 | 1 | 连续脉冲 | |

8155 的定时/计数器与 AT89S51/52 单片机芯片内部的定时/计数器，在功能上是完全相同的，即同样具有定时和计数两种功能。但是在使用上却与 AT89S51/52 的定时/计数器有许多不同之处，具体表现如下：

1）8155 的定时/计数器是减法计数，而 AT89S51/52 的定时/计数器却是加法计数。因此确定计数初值的方法是不同的。

2）AT89S51/52 的定时/计数器有多种工作方式。而 8155 的定时/计数器则只有一种固定的工作方式，即 14 位计数，通过软件方法进行计数值加载。

3）MCS51 的定时/计数器有两种计数脉冲。当定时工作时，由芯片内部按机器周期提供固定频率的计数脉冲；当计数工作时，从芯片外部引入计数脉冲。但 8155 的定时/计数器，不论是定时工作还是计数工作，都由外部提供计数脉冲，其信号引脚就是 TIMERIN。

4）AT89S51/52 的定时/计数器，计数溢出自动置位 TCON 寄存器的计数溢出标志位 TF，供用户以查询或中断方式使用；但 8155 的定时/计数器，计数溢出时芯片引脚 TIMEROUT 向外部输出一个信号，而且这一信号还有脉冲和方波两种形式，可由用户进行选择，具体由 M2M1 两位定义，见表 8-13。

### 6. 8155 与单片机的连接

8155 与 AT89S51/52 的连接比较简单，因为 8155 的许多信号与 AT89S51/52 兼容，可以直接连接。8155 与 AT89S51 的连接电路如图 8-22 所示。其中，AT89S51 的 P0 口输出低 8 位地址，不需要外加锁存器而直接与 8155 的 AD0~AD7 相连，既作为低 8 位地址总线，又作为数据总线。AD7~AD0 是数据地址复合线，之所以能与 P0 口线直接相连而不需要地址锁存，是由于 8155 内部已有锁存器，可进行地址锁存，因此连接时不需要再加锁存器。

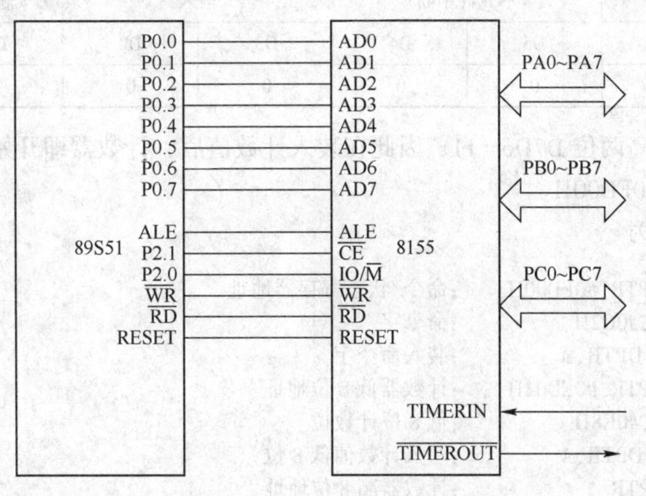


图 8-22　8155 与 AT89S51 的接口电路

由于 $IO/\overline{M}$是 8155 特有的信号，AT89S51/52 中没有相应的信号，因此要设法形成这个信号，提供给 8155 使用。下面以高位地址线直接作为 $IO/\overline{M}$信号线。8155 的$\overline{CE}$接 P2.1 口，$IO/\overline{M}$接 P2.0 口。在这种 $IO/\overline{M}$信号产生方法中，对 8155 需要使用 16 位地址进行编址。这种方法适用于有多片 I/O 扩展及存储器扩展的较大单片机系统中，因此要使用片选信号。

当 P2.1=0 时，选通 8155 芯片。当 P2.0=0 时，选中内部 RAM 单元，假定把没用到的地址位以 1 表示，其地址范围是 0FC00H~0FCFFH；当 P2.0=1 时，选中 I/O 接口，假定把没用到的地址位以 1 表示，端口地址范围是 0FD00H~0FD05H。

I/O 口地址如下：

状态/命令字：0FD00H

PA 口　　　：0FD01H

PB 口　　　：0FD02H

PC 口　　　：0FD03H

定时器低 8 位：0FD04H

定时器高 8 位：0FD05H

如图 8-22 所示的 8155 与 AT89S51 的接口电路中，要求使用 8155 的定时/计数器作为脉冲发生器，$\overline{TIMEROUT}$输出端脉冲的频率为 TIMERIN 输入时钟频率的 1000 分频。此外，假定 PA 口为输入方式，PB 口为输出方式，PC 口为输入方式，禁止中断。请编写初始化程序。

分析：定时/计数器采用产生连续脉冲的工作方式 2，其计数器的最高两位 M2M1=11，计数器的其他 14 位装入计数初值。由于 8155 的计数器是减法计数，所以其计数初值应为十进制数 1000，十六进制数为 03E8H。则计数器高位字节为 0C3H，计数器低位字节为 0E8H。按照要求，PA 口为输入方式，PB 口为输出方式，PC 口为输入方式，禁止中断。8155 的命令字为 0C2H。各位状态如下：

| 计数器 | | B 口 | A 口 | C 口 | | B 口 | A 口 |
|---|---|---|---|---|---|---|---|
| 装入后启动 | | 不允许中断 | | 输入 | | 输出 | 输入 |
| D7 | D6 | D5 | D4 | D3 | D2 | D1 | D0 |
| 1 | 1 | 0 | 0 | 0 | 0 | 1 | 0 |

由于命令字的高两位 D7D6=11，因此在装入计数值后，计数器即开始计数。假定命令/状态寄存器地址为 0FD00H。

则初始化程序为

```
MOV     DPTR,#0FD00H     ;命令/状态寄存器地址
MOV     A,#0C2H          ;命令字
MOVX    @DPTR,A          ;装入命令字
MOV     DPTR,#0FD04H     ;计数器低 8 位地址
MOV     A,#0E8H          ;低 8 位计数位
MOVX    @DPTR,A          ;写入计数值低 8 位
INC     DPTR             ;计数器高 8 位地址
MOV     A,#0C3H          ;高 8 位计数值
MOVX    @DPTR,A          ;写入计数值高 8 位
```

## 8.4 并行输出 A-D 转换器的扩展

在实际应用中，常需要将温度、压力、速度、流量等非电量信号通过各类传感器和变送器变换成相应的模拟电量信号，然后通过 A-D 转换器，转换成相应的数字量送给单片机进行处理。这种实现模拟量转换成数字量的器件称为 A-D 转换器。

由于计算机只能处理数字量，因此计算机系统中凡遇到有模拟量的地方，就要进行模拟量向数字量或数字量向模拟量的转换，也就出现了单片机的模-数和数-模转换的接口。

### 8.4.1 A-D 转换器概述

A-D 转换器（Analog Digital Converter）是一种能把输入模拟电压或电流信息变成与其成正比的数字量信息的电路芯片，A-D 转换器用于实现模拟量到数字量的转换。

A-D 转换器按转换原理可分为计数式 A-D 转换器、双积分式 A-D 转换器、逐次逼近式 A-D 转换器和并行式 A-D 转换器 4 种。

计数式 A-D 转换器结构简单，价格低廉，但转换速度很慢，抗干扰能力差，所以很少采用。双积分式 A-D 转换器抗干扰能力强，转换精度很高，但转换速度较慢，常用于数字式测量仪表中。逐次逼近式 A-D 转换器结构不太复杂，精度高，转换速度中等，计算机中广泛采用其作为接口电路。并行 A-D 转换器的转换速度最高，但因结构复杂而造价较高，故只用于那些转换速度极高的场合，一般较少使用。

A-D 转换器的主要技术指标如下：

1）转换时间与转换速率。A-D 转换器完成一次转换所需要的时间称为转换时间，是指从启动 A-D 转换器开始到获得相应数据所需要的时间（包括稳定时间）。通常，转换速率是转换时间的倒数，即每秒转换的次数。

2）分辨率。A-D 转换器的分辨率表示输出数字量变化一个相邻数码所需输入模拟电压的变化量，习惯上以输出二进制位数或满量程与 $2^n$ 之比（其中 $n$ 为 A-D 转换器的位数）表示。

3）量化误差。A-D 转换器将模拟量转换为数字量，用数字量近似表示模拟量的过程称为量化。量化误差是由于有限数字对模拟数值进行离散取值（量化）而引起的误差。因此，量化误差理论上为一个单位分辨率，即±(1/2) LSB。提高分辩率可减少量化误差。

4）转换精度。A-D 转换器转换精度反映了一个实际 A-D 转换器在量化值上与一个理想 A-D 转换器进行模-数转换的差值，由模拟误差和数字误差组成。模拟误差是比较器、解码网络中电阻值以及基准电压波动等引起的误差；数字误差主要包括丢失码误差和量化误差，丢失码误差属于非固定误差，由器件质量决定。

## 8.4.2 A-D 转换芯片 ADC0809

ADC0809 是典型的 8 通道模拟输入 8 位并行数字输出的逐次逼近式 A-D 转换器，采用 CMOS 工艺，可实现 8 路模拟信号的分时采集，片内有 8 路模拟选通开关，以及相应的通道地址锁存用译码电路。

### 1. ADC0809 的内部逻辑结构

ADC0809 内部逻辑结构如图 8-23 所示。

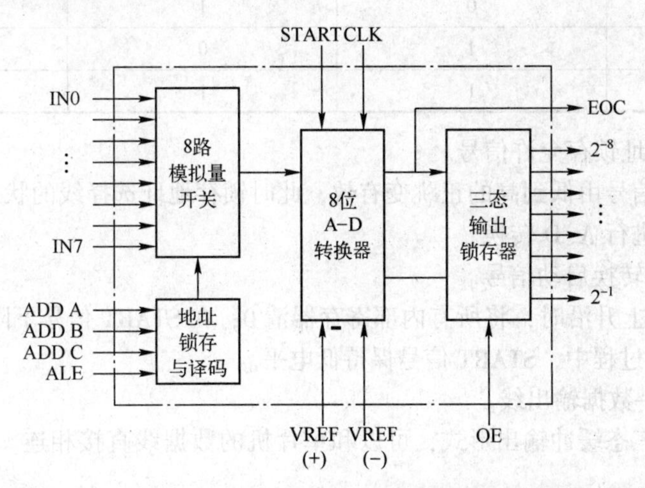


图 8-23 ADC0809 的内部组成结构

图 8-23 中，8 路模拟量开关可选通 8 个模拟通道，允许 8 路模拟量分时输入，共用一个 8 位 A-D 转换器进行转换。地址锁存与译码电路完成对 A、B、C 这 3 个地址位进行锁存和译码，其译码输出用于通道选择。8 位 A-D 转换器是逐次逼近式，由控制与时序电路、逐次逼近寄存器、树状开关以及 256R 电阻阶梯网络等组成。三态输出锁存器用于存储和输出转换得到的数字量。

## 2. ADC0809 的引脚

ADC0809 芯片为 28 引脚双列直插式封装，其引脚排列如图 8-24 所示。

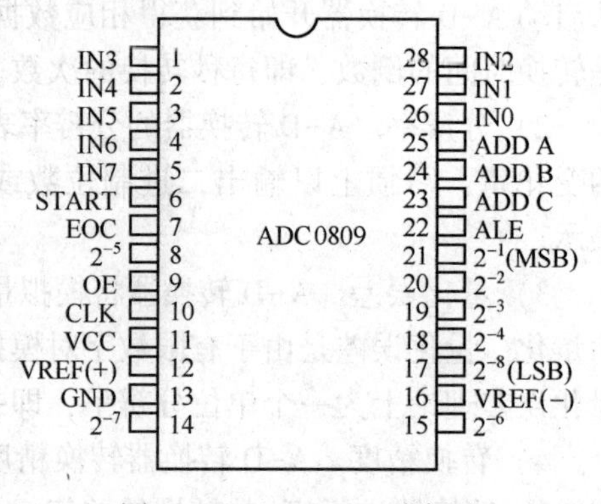

图 8-24 ADC0809 引脚图

对 ADC0809 的主要引脚的功能说明如下：

1）IN7～IN0——8 路模拟量输入通道。

ADC0809 对输入模拟量要求信号单极性，电压范围为 0～VCC，若信号过小还需要进行放大。模拟量输入的值在 A-D 转换过程中不应变化，对变化速度快的模拟量，在输入前应增加采样保持电路。

2）ADD A、ADD B、ADD C——模拟通道地址线。

A 为低位地址，C 为高位地址，用于对模拟通道进行信号选择，其地址状态与通道对应关系见表 8-14。

表 8-14 ADC0809 通道地址选择

| ADD C | ADD B | ADD A | 选择的通道 |
|---|---|---|---|
| 0 | 0 | 0 | IN0 |
| 0 | 0 | 1 | IN1 |
| 0 | 1 | 0 | IN2 |
| 0 | 1 | 1 | IN3 |
| 1 | 0 | 0 | IN4 |
| 1 | 0 | 1 | IN5 |
| 1 | 1 | 0 | IN6 |
| 1 | 1 | 1 | IN7 |

3）ALE——地址锁存允许信号。

地址锁存允许信号由低到高的正跳变有效，此时锁存地址选择线的状态，从而选通相应的模拟通道，以便进行 A-D 转换。

4）START——转换启动信号。

在 START 信号上升沿时，将所有内部寄存器清 0；在 START 信号下降沿时，开始 A-D 转换；在 A-D 转换过程中，START 信号保持低电平。

5）$2^{-8}$～$2^{-1}$——数据输出线。

数据输出线为三态缓冲输出形式，可以和单片机的数据线直接相连。$2^{-8}$为最低位，$2^{-1}$为最高位。

6）OE——输出允许信号。

输出允许信号用于控制三态输出锁存器向单片机输出转换得到的数据。

OE=0，输出数据线呈高电阻。

OE=1，输出转换得到的数据。

输出允许信号可与系统读选通$\overline{RD}$信号相连。

7）CLK——时钟信号输入端。

ADC0809 的内部没有时钟电路，所需时钟信号由外部输入。通常使用频率为 500 kHz 的时钟信号。

8）EOC——转换结束状态信号。

EOC=0，正在进行转换。

EOC=1，转换结束。

该状态信号既可作为查询的状态标志，又可以作为中断请求信号使用。

9）VCC——+5 V 电源。

10）VREF（+）、VREF（-）——基准参考电压。

参考电压用来与输入的模拟信号进行比较，作为逐次逼近的基准。其典型值为+5 V，VREF（+）=+5 V，VREF(-)=0 V。

**3. ADC0809 的工作时序**

ADC0809 的工作时序如图 8-25 所示，由图可知：通道选通数据 ADDA、ADDB、ADDC、地址锁存信号 ALE 和模拟信号 IN 出现后，START 启动信号正脉冲到来时可启动A-D 转换；A-D 转换启动后，EOC 自动从高电平变为低电平；A-D 转换期间 EOC 始终保持低电平，转换结束后 EOC 自动从低电平变为高电平；EOC 为高电平后，若使 OE 为高电平，转换结果便可锁存到 D0~D7 上，CPU 读取转换数据后，再使 OE 变为低电平，一次转换过程结束。

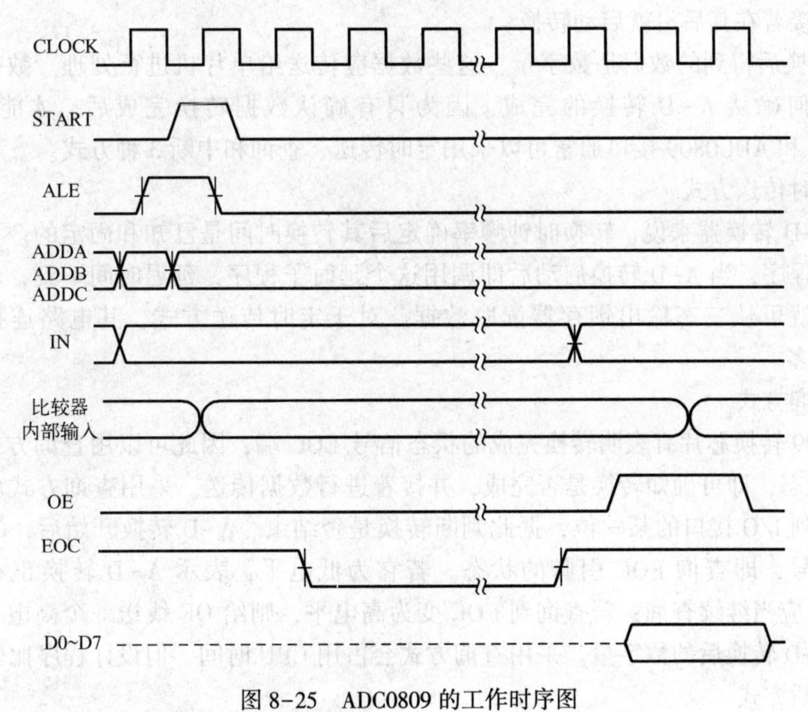


图 8-25　ADC0809 的工作时序图

## 8.4.3　单片机与 ADC0809 接口

根据 ADC0809 的信号引脚和工作时序，其与单片机的接口电路有多种，如图 8-26 所示的电路便是其中之一，分析如下：

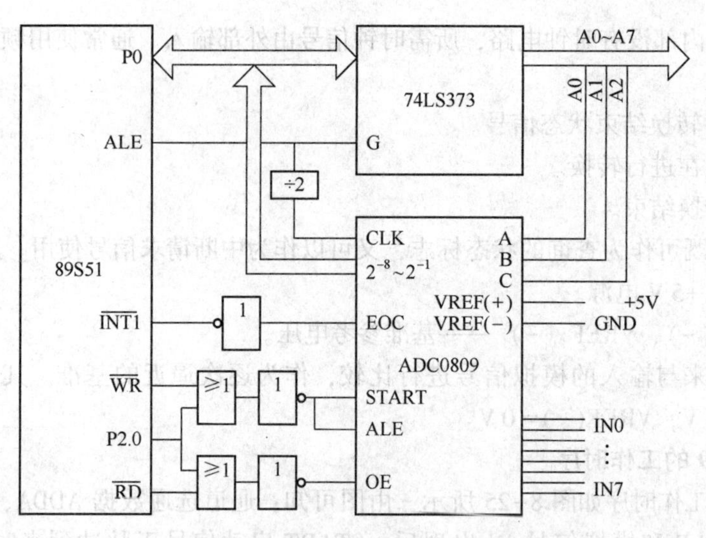


图 8-26　ADC0809 与 AT89S51 的接口电路

A、B、C 分别接地址锁存器提供的低 3 位地址 A0、A1、A2，只要把 3 位地址写入 ADC0809 中的地址锁存器，就实现了模拟通道的选择。图中将 ALE 信号与 START 信号连接在一起，同时$\overline{\text{WR}}$引脚与 P2.0（A8）相或做选通信号，这样连接使得在信号的前沿写入地址信号，紧接着在其后沿就启动转换。

A-D 转换后得到的数据是数字量，这些数据应传送给单片机进行处理。数据传送的关键问题是如何确认 A-D 转换的完成，因为只有确认数据转换完成后，才能进行传送。AT89S51/52 和 ADC0809 接口通常可以采用定时传送、查询和中断 3 种方式。

（1）定时传送方式

对于 A-D 转换器来说，转换时钟频率确定后其转换时间是已知和固定的。可据此设计一个延时子程序，当 A-D 转换启动后即调用这个延时子程序，延迟时间一到，转换已经完成了，接着就可从三态输出锁存器读取数据。对于定时传送方式，其电路连接简单，但 CPU 费时较多。

（2）查询方式

ADC0809 转换芯片有表明转换完成的状态信号 EOC 端，因此可以用查询方式，软件测试 EOC 的状态，即可确知转换是否完成，并接着进行数据传送。采用查询方式就是将转换结束信号接到 I/O 接口的某一位，据此判断转换是否结束。A-D 转换开始后，CPU 就查询转换结束信号，即查询 EOC 引脚的状态。若它为低电平，表示 A-D 转换正在进行，则 AT89S51/52 应当继续查询；若查询到 EOC 变为高电平，则给 OE 线送一个高电平，以便从线上提取 A-D 转换后的数字量。采用查询方式会占用 CPU 时间，但设计程序比较简单。

（3）中断方式

中断方式即把表明转换完成的状态信号 EOC 作为中断请求信号，以中断方式进行数据传送。采用中断方式传送数据时，将转换结束信号接到单片机的中断申请端，当转换结束时申请中断，CPU 响应中断后，通过执行中断服务程序，使 OE 引脚变高电平，以提取 A-D 转换后的数字量。中断方式在 A-D 转换过程中不占用 CPU 的时间，且实时性强。

不管使用上述哪种方式，只要一旦确认转换完成，即可通过指令进行数据传送。首先送出口地址并以$\overline{\text{RD}}$选通信号，当$\overline{\text{RD}}$信号有效时，$\overline{\text{OE}}$信号即有效，把转换数据送上数据总线，供单片机接收。

【**例 8-2**】分析图 8-27 所示的 ADC0809 接口电路，并根据电路图编程实现将 IN7 通道输入的模拟量信号进行转换，转换结果以十六进制数显示，图中的两位数码管显示器采用带 BCD 译码驱动的数码管。

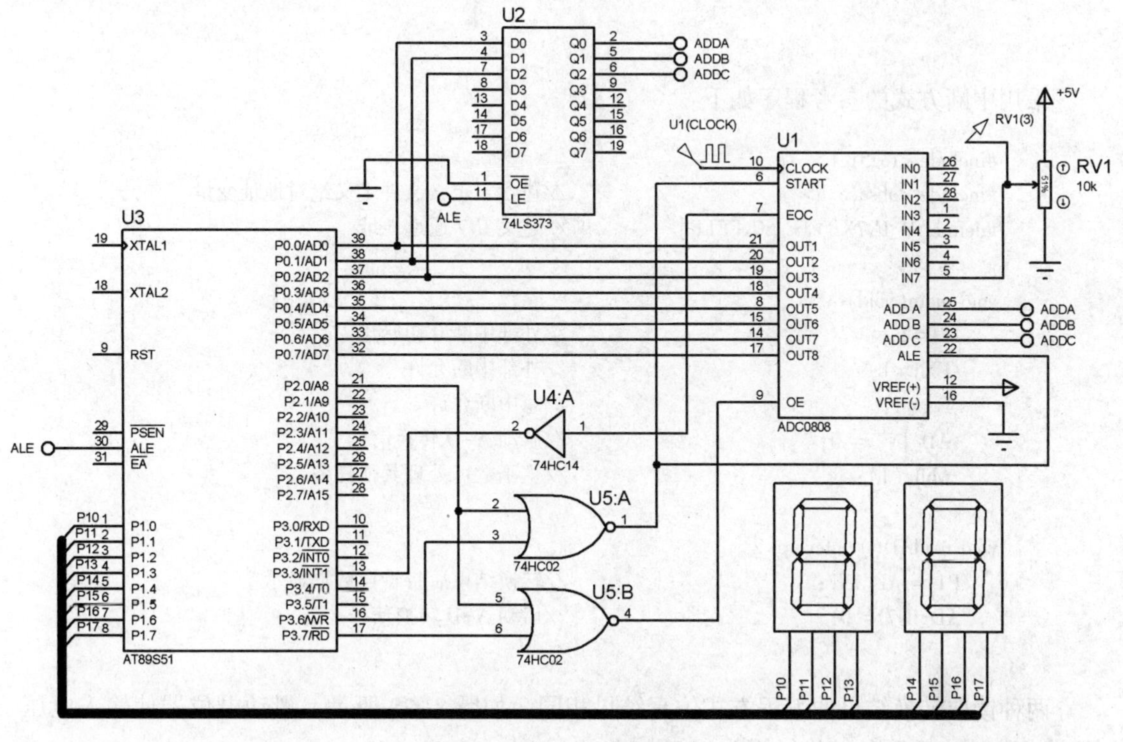


图 8-27　例 8-2 的电路图

分析：根据电路图可知，ADC0809 采用总线连接方式，此时 P2 口输出的是高 8 位地址总线，低 8 位地址总线低 3 位 A0、A1、A2 做通道选择信号；模拟输入信号 0~5 V 来自电位器中心抽头，因此基准电压接 5 V；写信号$\overline{\text{WR}}$和 P2.0 也就是 A8 或非以后作为通道地址锁存和转换器启动的控制信号，因此模拟通道 IN0 的地址为 11111110 11111000B（0xFEF8），IN7 通道的地址为 11111110 11111111B（0xFEFF），只要执行写入通道地址的命令就可以启动 A-D 转换（至于写入什么数都可以）。同样的道理，只要执行读取通道地址的命令就可以将转换结果读取到总线上；转换结束信号 EOC 经反相器连接到 P3.3，因此既可以查询方式查询 P3.3 以判断转换结束，也可以中断方式读取转换结果，因 P3.3 就是外部中断源/INT1，当然也可以延时等待转换结束。图中的转换时钟来自于 Proteus 虚拟仿真时钟，需要将时钟频率设为 500 kHz。下面分别采用查询方式和中断方式来编程。

采用查询方式的参考程序如下：

```
#include <reg51.h>
#include <absacc.h>                         //包含宏定义文件定义绝对地址变量
#defineAD_IN7XBYTE [0xFEFF]                 //定义 IN7 通道地址
sbit ad_busy=P3^3;                          //定义输入口查询变量
```

```
void main( void)
{ while( 1)
    { AD_IN7 = 0;                    //启动 A-D 转换信号
      while( ad_busy = = 1) ;        //等待 A-D 转换结束
      P1 = AD_IN7;                   //转换结束后将转换数据显示
    }
}
```

采用中断方式的参考程序如下:

```
#include <reg51. h>
#include <absacc. h>                //包含宏定义文件定义绝对地址变量
#defineAD_IN7XBYTE [ 0xFEFF]        //定义 IN7 通道地址

void main( void)
{   IT1=1;                          //外部中断 0 初始化
    EX1=1;                          //外部中断允许
    EA=1;                           //总中断允许
    AD_IN7 = 0;                     //启动 A-D 转换信号
    while( 1) ;                     //主函数可处理其他任务
}
void readAD( ) interrupt 2
{   P1 = AD_IN7;                    //转换结束后将转换数据显示
    AD_IN7 = 0;                     //启动 A-D 转换信号
}
```

两种读取转换结果的编程方式仿真结果相同，如图 8-28 所示，滑动电位器使输入电压从 0 V 到 5 V，看到的转换结果为 00H ~ FFH。

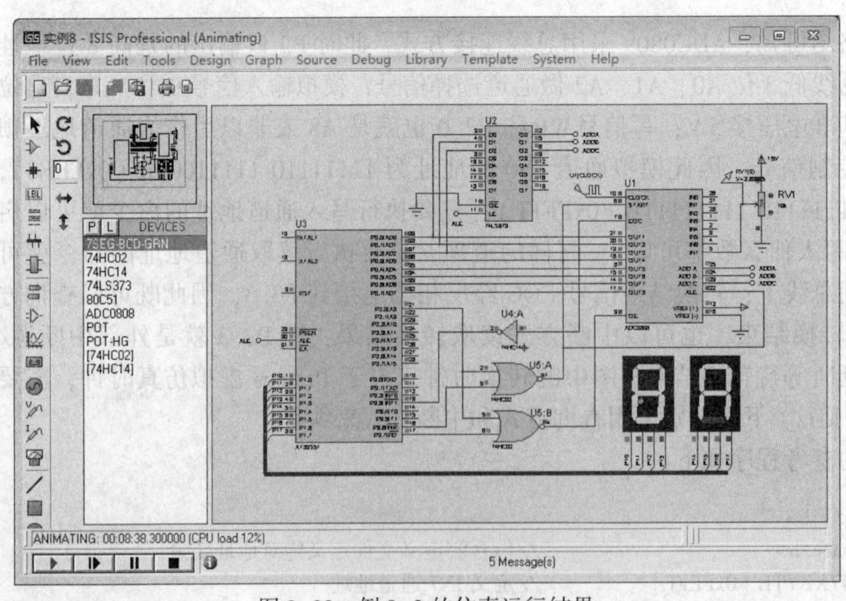


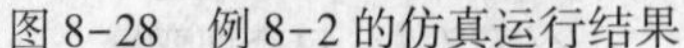
图 8-28　例 8-2 的仿真运行结果

二维码 8-2

## 8.5 并行输入 D-A 转换器的扩展

### 8.5.1 D-A 转换器概述

D-A 转换器（Digital Analog Conver）是一种能把数字量转换成模拟量的电子器件。在单片机测控系统中经常采用的是 D-A 转换器的集成电路芯片，称为 D-A 接口芯片或 DAC 芯片。

D-A 转换器输入的是数字量，经转换后输出的是模拟量。有关 D-A 转换器的技术性能指标很多，例如，绝对精度、相对精度、线性度、输出电压范围、温度系数、输入数字代码种类（二进制或 BCD 码）等。

D-A 转换接口技术的主要内容是合理选择 D-A 转换器和其他有关器件，实现与单片机的正确连接以及编制转换程序。

D-A 转换器的主要性能指标如下：

1）分辨率。分辨率是指 D-A 转换器能分辨的最小输出模拟增量。输入数字量发生单位数码变化时，即 LSB（最低有效位）产生一次变化时，所对应的输出模拟量的变化量。因此数字量位数越多，分辨率也就越高，即转换器对输入量变化的敏感程度也就越高。使用时，应根据分辨率的需要来选定转换器的位数。

2）建立时间。建立时间是描述 D-A 转换速度快慢的一个参数，指从输入数字量变化到输出达到终值误差±(1/2)LSB（最低有效位）时所需要的时间。通常以建立时间来表明转换速度。转换器的输出形式为电流时建立时间较短。而输出形式为电压时，由于建立时间还要加上运算放大器的延迟时间，因此建立时间要长一点。但总的来说，D-A 转换速度远高于 A-D 转换，例如，快速的 D-A 转换器的建立时间可达 1 μs。

3）接口形式。D-A 转换器与单片机接口方便与否，主要取决于转换器本身是否带数据锁存器。总的来说有两类 D-A 转换器，一类是不带锁存器的，另一类是带锁存器的。对于不带锁存器的 D-A 转换器，为了保存来自单片机的转换数据，接口时要另加锁存器，因此这类转换器必须接在口线上；而带锁存器的 D-A 转换器，可以把它看作是个输出口，因此可直接在数据总线上，而不需要另加锁存器。

4）转换精度（Conversion Accuracy）。转换精度指满量程时 D-A 转换器的实际模拟输出量与理论值的接近程度，与 D-A 转换芯片的结构和接口配置电路有关。通常，D-A 转换器的转换精度为分辨率的一半。

5）失调误差。失调误差指输入数字量为零时，模拟输出量与理想输出量的偏差。偏差值的大小一般用 LSB 的份数或用偏差值表示。

### 8.5.2 D-A 转换器芯片 DAC0832

DAC0832 是与微处理器完全兼容的，具有 8 位分辨率的 D-A 转换集成芯片，以其价廉、接口简单、转换控制容易等优点，在单片机应用系统中得到了广泛的应用。

DAC0832 是一个 8 位并行输入 D-A 转换器，采用单电源供电（+5～+15 V），参考电压为-10~+10 V。

**1. DAC0832 的内部结构**

DAC0832 的内部结构框图如图 8-29 所示，它由 8 位输入锁存器、8 位 DAC 寄存器、8 位 D-A 转换电路及输出控制逻辑电路构成。

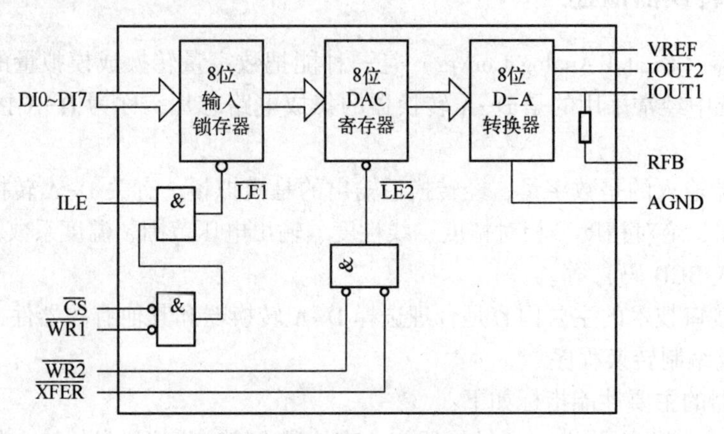


图 8-29 DAC0832 的内部结构

DAC0832 主要由输入寄存器、DAC 寄存器和 D-A 转换器构成。使用时数据输入可以采用两级锁存（双锁存）形式，或单级锁存（一级锁存，一级直通）形式，或直接输入（两级直通）形式。

此外，由 3 个与门电路组成寄存器输出控制逻辑电路，该逻辑电路的功能是进行数据锁存控制。8 位输入寄存器用于存储 CPU 送来的数字量，使输入的数字量得到缓冲和锁存，由$\overline{LE1}$控制。8 位 DAC 寄存器用于存储待转换的数字量，由$\overline{LE1}$控制。8 位 D-A 转换电路由 T 型电阻网络和电子开关组成，电子开关受 8 位 DAC 寄存器输出控制。当$\overline{LE}$=0 时，数据锁存在输入寄存器中，不随数据总线上的数据变化而变化；当$\overline{LE}$=1 时，输入寄存器的输出跟随输入变化而变化。

当$\overline{LE1}$=0 时，数据锁存在输入寄存器中，不随数据总线上的数据变化而变化；当$\overline{LE1}$=1 时，输入寄存器的输出跟随输入变化而变化。ILE 为高电平，$\overline{CS}$与$\overline{WR1}$同时为低电平时，使得$\overline{LE1}$=1，当$\overline{WR1}$变高时，8 位输入寄存器便将输入数据锁存。

$\overline{XFER1}$与$\overline{WR2}$同时为低，使得$\overline{LE2}$=1，8 位 DAC 寄存器的输出跟随寄存器的输入变化而变化。$\overline{WR2}$的上升沿将输入寄存器的信息锁存在 DAC 寄存器中。

D-A 转换电路是一个 R-2RT 型电阻网络，实现 8 位数据的转换。

**2. DAC0832 的引脚**

DAC0832 转换器芯片为双列直插式封装 20 引脚，其引脚排列如图 8-30 所示。

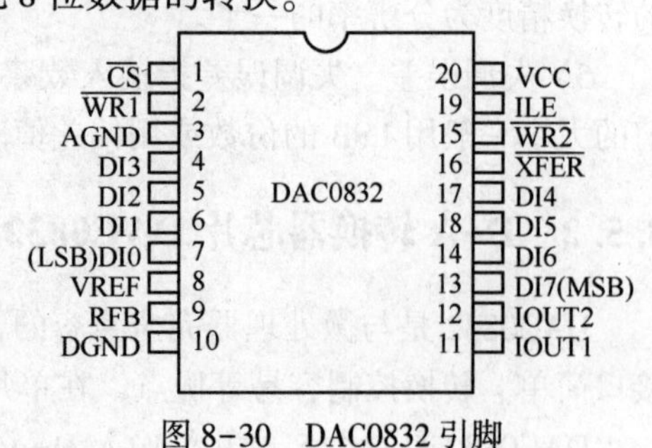


图 8-30 DAC0832 引脚

对各引脚信号说明如下：

1）DI7~DI0——转换数据输入，DI7 为最高位，DI0 为最低位。

2）$\overline{CS}$——输入寄存器选择信号，低电平有效，

$\overline{\mathrm{CS}}$信号与 ILE 信号结合，可对$\overline{\mathrm{WR1}}$是否起作用进行控制。

3）ILE——数据输入锁存允许信号，高电平有效。

4）$\overline{\mathrm{WR1}}$——写信号 1。输入低电平有效，用于将单片机数据总线送来的数据锁存于输入寄存器中，$\overline{\mathrm{WR1}}$有效时，$\overline{\mathrm{CS}}$和 ILE 必须同时有效。该信号与 ILE 信号共同控制输入寄存器是数据输入方式还是数据锁存方式：

当 ILE=1 和$\overline{\mathrm{WR1}}$=0 时，为输入寄存器数据输入方式。

当 ILE=1 和$\overline{\mathrm{WR1}}$=1 时，为输入寄存器数据锁存方式。

5）$\overline{\mathrm{WR2}}$——写信号 2。输入低电平有效，用于将输入寄存器中的数据传送到 DAC 寄存器中，并锁存起来。当$\overline{\mathrm{WR2}}$有效时，$\overline{\mathrm{XFER}}$也必须同时有效。

6）$\overline{\mathrm{XFER}}$——数据传送控制信号，低电平有效。用于控制$\overline{\mathrm{WR2}}$，选通 DAC 寄存器。

$\overline{\mathrm{WR2}}$信号与/XFER 信号合在一起控制 DAC 寄存器是数据直通方式还是数据锁存方式：

当$\overline{\mathrm{WR2}}$=0 和$\overline{\mathrm{XFER}}$=0 时，为 DAC 寄存器数据直通方式。

当$\overline{\mathrm{WR2}}$=1 和$\overline{\mathrm{XFER}}$=0 时，为 DAC 寄存器数据锁存方式。

7）IOUT1——DAC 电流输出 1，当数字量为全 1 时，输出电流最大；当数字量为全 0 时，输出电流最小。

8）IOUT2——DAC 电流输出 2，D-A 转换器的特性之一是 IOUT1 和 IOUT2 之和是一常数。

9）RFB——反馈电阻。即外接运算放大器的反馈电阻，电阻已固化在芯片中。因为 DAC0832 是电流输出型 D-A 转换器，为了得到电压的转换输出，使用时需要在两个电流输出端接运算放大器，RFB 即为运算放大器的反馈电阻，为 DAC 提供电压输出。

10）VREF——基准电压输入。通过它将外加高精度电压源与内部电阻网络相连接，该电压可正可负，范围为-10~+10 V。DGND——数字地；AGND——模拟信号地；VCC——数字电路电源。

### 8.5.3 DAC0832 的接口方式与应用

单片机与 DAC0832 的接口有直通方式、单缓冲方式和双缓冲方式 3 种接口方式。

（1）直通方式

直通方式不能直接与系统的数据总线连接，需与具有锁存输出的并行口连接。此时可使用 AT89S51/52 单片机的任何一个并行输出口给 DAC0832 发送数据，无须选通，因此应将 DAC0832 的 8 位输入锁存器和 8 位 DAC 锁存器的选通控制引脚按相应逻辑直接接地或高电平，无须控制。

**【例 8-3】**根据图 8-31 所示的 DAC0832 接口电路，编程实现由 DAC0832 输出一路正弦波的功能。

分析：此图的接口方式为非总线方式，即直通方式，ILE 引脚接高电平 VCC，$\overline{\mathrm{CS}}$、$\overline{\mathrm{XFER}}$、$\overline{\mathrm{WR1}}$和$\overline{\mathrm{WR2}}$全部接地。外接运算放大器 OPAMP 将 DAC0832 输出的电流 IOUT1 转换为电压。8 位数据由 P2 口提供，只要控制 P2 口按照正弦波函数的规律给 DAC0832 发送数据，即可输出正弦波形。

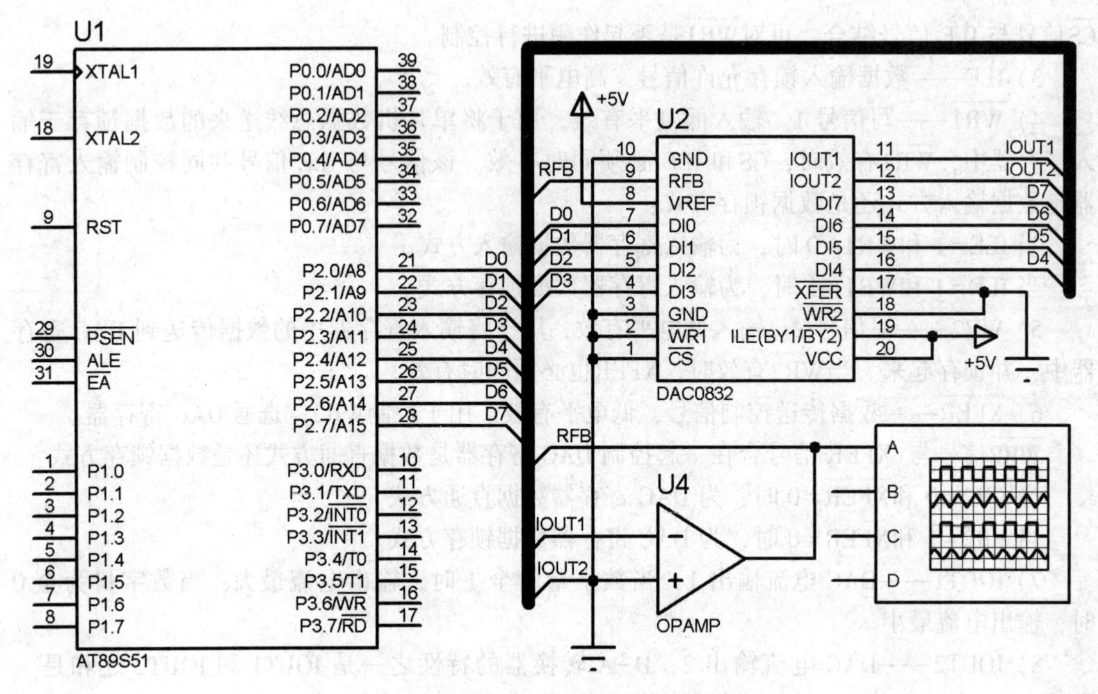


图 8-31　DAC0832 直通方式的接口电路

参考程序如下：

```
#include<reg51. h>
#include <math. h>
#define PI 3. 1415
unsigned int num;
void main( )
{while (1)
    {  for (num = 0 ; num < 360 ; num++)
       P2= 127 +127 * sin((float)num / 180 * PI);
    }
}
```

程序代码中包含了 Keil C51 提供的数学运算头文件 math. h，将一个周期的正弦波分成 360°，通过正弦函数运算得到 P2 口的输出值。由于该图输出的是单极性正弦波，也就是 0° 时的输出值应是二分之一的最大输出值，因此需要平移一个数据 127。

该程序运行的仿真结果如图 8-32 所示，图中的数字示波器是 Proteus 仿真软件提供的虚拟仪器，用于观察波形。

(2) 单缓冲方式

在实际应用中，如果只有一路模拟量输出，或虽有多路模拟量但并不要求输出同步的情况，可采用单缓冲方式。在这种方式下，使 DAC0832 的两个输入寄存器中有一个处于直通方式，而另一个处于受控的锁存方式。

**【例 8-4】** 根据图 8-33 所示的 DAC0832 接口电路，编程实现一路三角波发生器的功能。

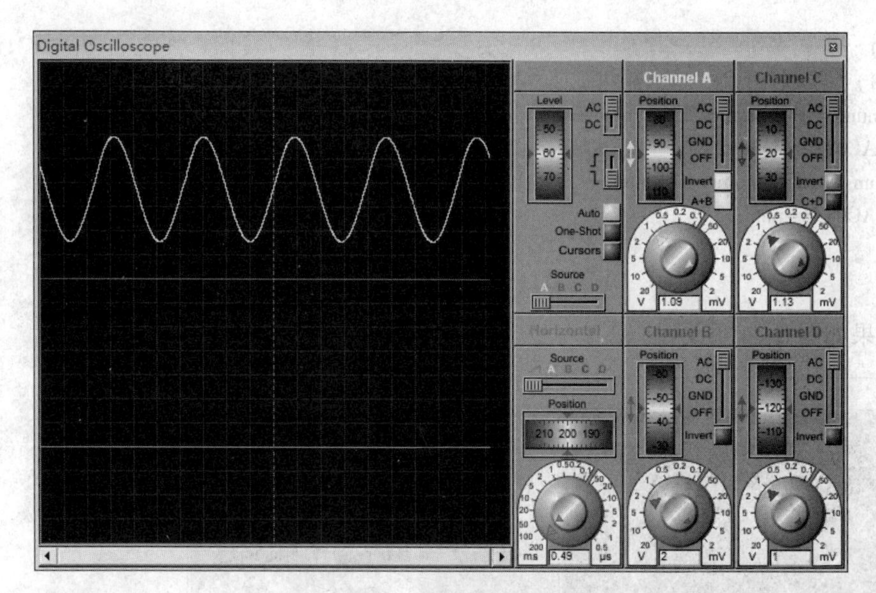

图 8-32　例 8-3 的仿真运行结果　　　　二维码 8-3

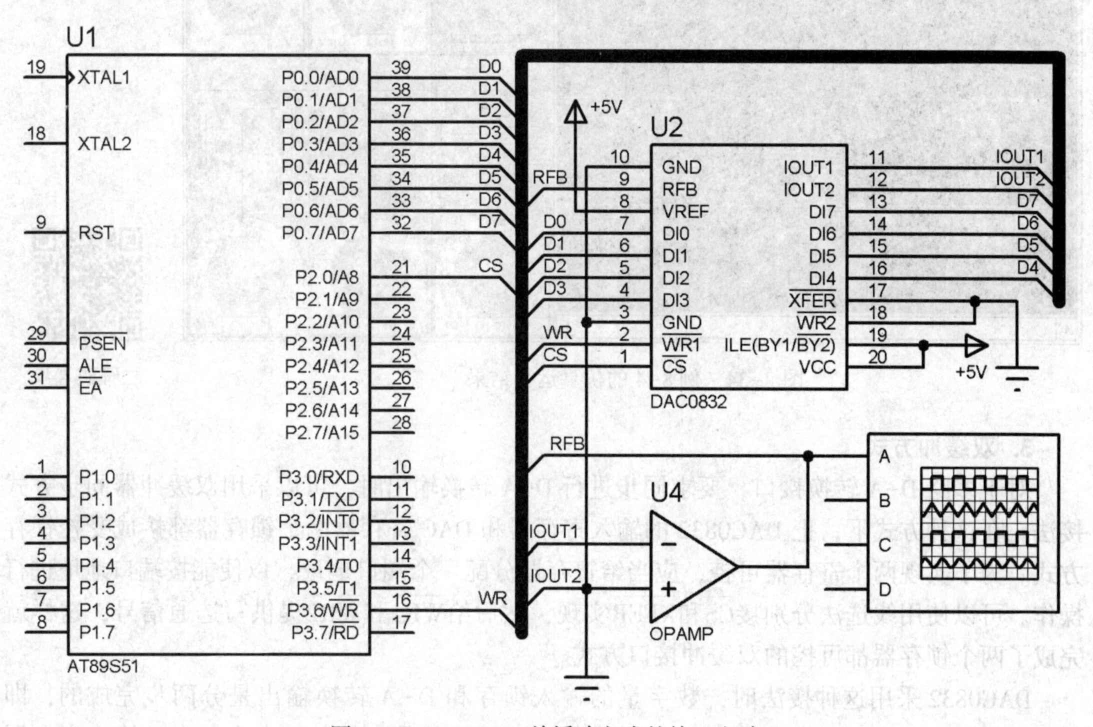


图 8-33　DAC0832 单缓冲方式的接口电路

分析：执行写端口指令时 WR=0；端口地址必须是 P2.0（即 A0）=0；因此端口地址可用 1111 1110 …（**0xFEFF**）。参考程序如下：

```
#include<absacc.h>
#define DAC0832 XBYTE[0xFEFF]                     //设置 DAC0832 的访问地址

unsigned char num;
```

```
void main()
{   while (1)
    {for (num = 0 ; num < 255 ; num++)              //上升段波形
         DAC0832=num;
     for (num = 255 ; num > 0 ; num--)              //下降段波形
         DAC0832=num;                               //DAC0832 转换输出
    }
}
```

本例的仿真结果如图 8-34 所示。

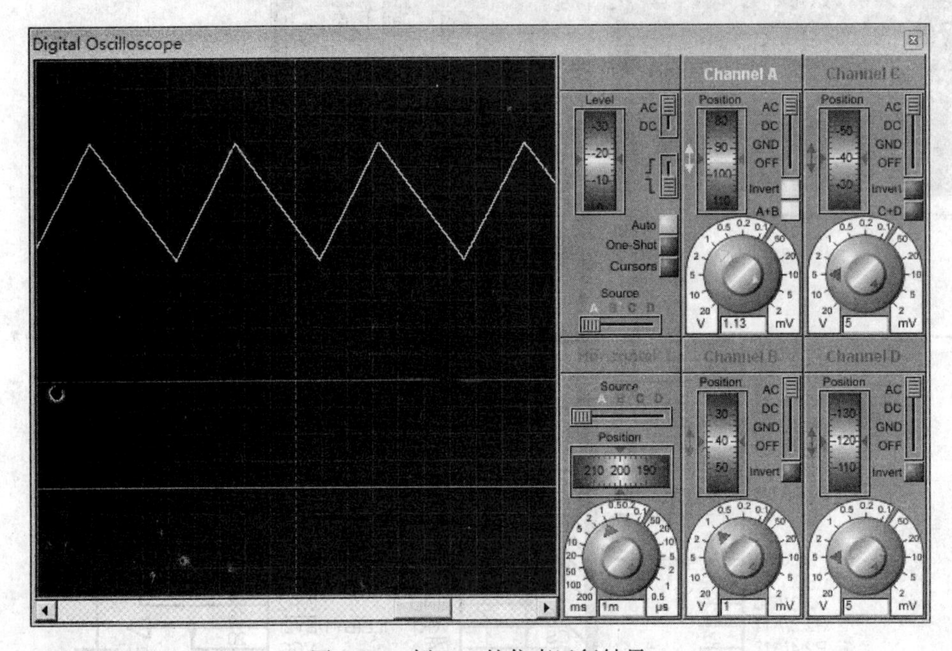

图 8-34　例 8-4 的仿真运行结果

二维码 8-4

**3. 双缓冲方式**

对于多路 D-A 转换接口，要求同步进行 D-A 转换输出时，可以采用双缓冲器同步方式接法。在这种方式下，把 DAC0832 的输入寄存器和 DAC 寄存器两个锁存器都接成受控锁存方式。为了实现两个寄存器可控，应当给寄存器分配一个端口地址，以便能按端口地址进行操作。可以使用线选法分别接 $\overline{CS}$ 和 $\overline{XFER}$ 实现，然后给 $\overline{WR1}$ 和 $\overline{WR2}$ 提供写选通信号，这样就完成了两个锁存器都可控的双缓冲接口方式。

DAC0832 采用这种接法时，数字量的输入锁存和 D-A 转换输出是分两步完成的，即 CPU 的数据总线分时地向各路 D-A 转换器输入要转换的数字量并锁存在各自的输入寄存器中，然后 CPU 对所有的 D-A 转换器发出控制信号，使各个 D-A 转换器输入寄存器中的数据送入 DAC 寄存器，实现同步转换输出。

**【例 8-5】** 图 8-35 所示的电路是两片 DAC0832 双缓冲接口电路，P2.0 和 P2.1 分别与两路 DAC0832 的 $\overline{CS}$ 端相连，用于控制两路数据的输入锁存，P2.4 与两路转换器的 $\overline{XFER}$ 相连，$\overline{WR}$ 与 $\overline{WR1}$ 和 $\overline{WR2}$ 相连，同时控制两路数据的 DAC 寄存器。要求编程实现两路锯齿波同步发生的功能。

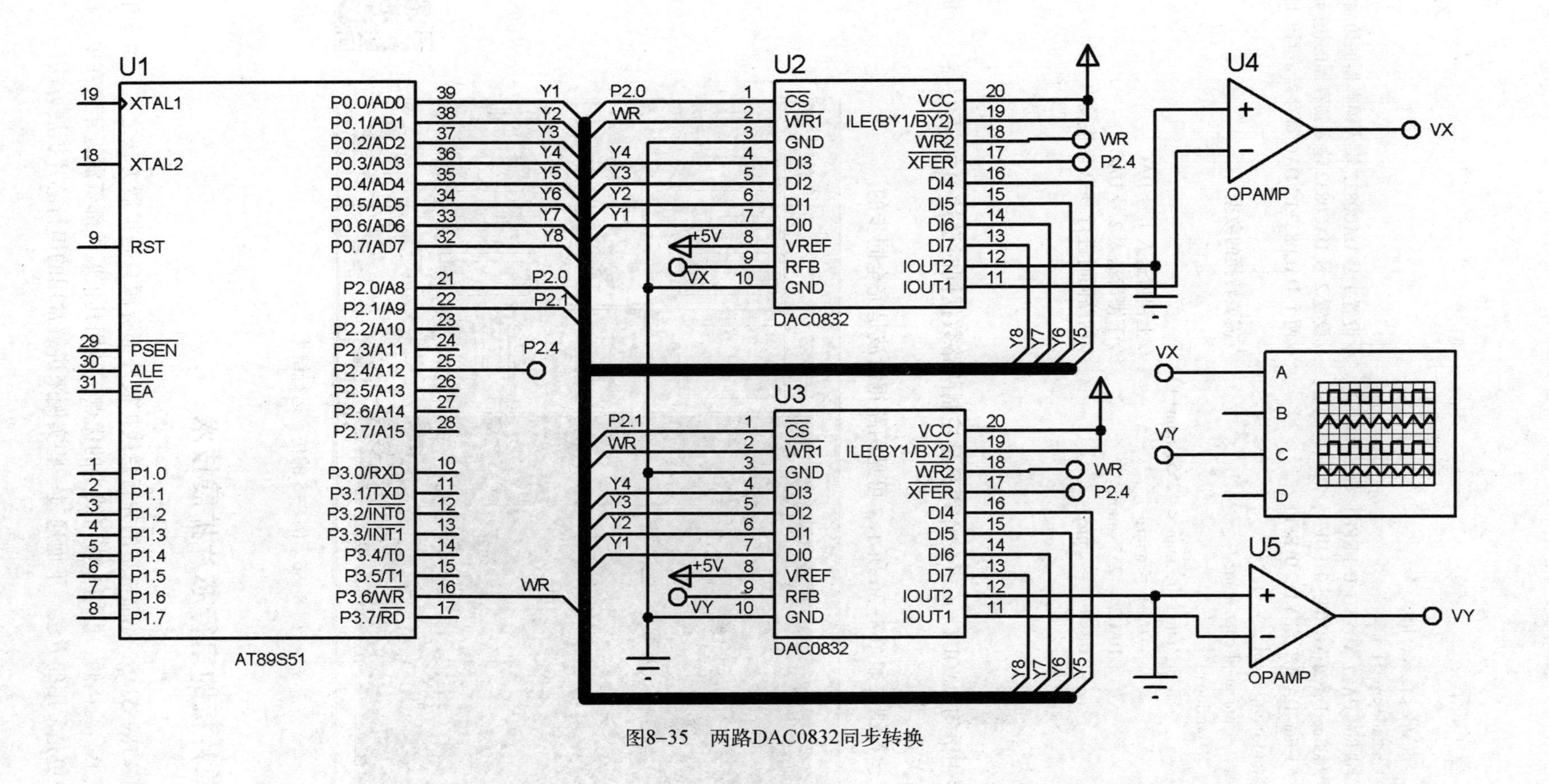

图8-35　两路DAC0832同步转换

参考程序如下：

```
#include<absacc.h>
#include<reg51.h>
#define DAC1 XBYTE[0xFEFF]          //设置 1 号 DAC0832 输入锁存器的访问地址
#define DAC2 XBYTE[0xFDFF]          //设置 2 号 DAC0832 输入锁存器的访问地址
#define DAOUT XBYTE[0xEFFF]         //两个 DAC0832 的 DAC 寄存器访问地址
void main (void)
{    unsigned char num;             //需要转换的数据
   while(1)
      {for(num =0; num <=255; num++)
         {DAC1 = num;               //上锯齿送入 1 号 DAC
         DAC2 = 255-num;            //下锯齿送入 2 号 DAC
         DAOUT = num;               //两路同时进行 D-A 转换输出
         }
      }
}
```

程序中语句 DAOUT=num 的作用只是控制两路数据同时送达 DAC 寄存器，与传输什么数据没有关系。

仿真运行结果如图 8-36 所示，可见两路锯齿波是完全同步的。

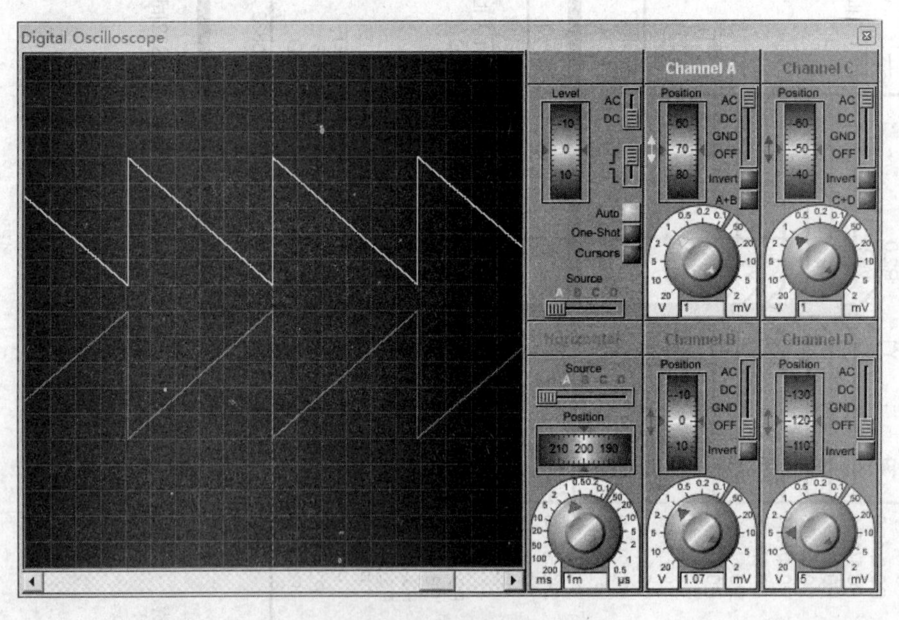


图 8-36　例 8-5 的仿真运行结果

二维码 8-5

## 8.6　单片机的串行芯片扩展技术

利用 AT89S51/52 外部构造的并行总线扩展外部资源只是扩展方法之一。由于串行芯片具有体积小、功耗低、占用 I/O 口线少的优点，利用其扩展外部资源近年来在单片机应用系统设计中更是常用的方法。下面通过一些实例来讲解常用的串行芯片扩展方法。

## 8.6.1 串行存储芯片的扩展

常用的串行存储芯片有 $I^2C$ 总线的 24CXX 系列和 SPI 总线的 93CXX 系列。下面以 24C02 为例介绍 AT89S51 单片机与串行存储芯片的接口与编程。

**1. AT24C02 芯片简介**

（1）封装及引脚

AT24C02 是美国 Atmel 公司的电可擦除存储芯片，其封装形式有双列直插（DIP）8 引脚式和贴片 8 引脚式两种，无论何种封装，其引脚功能都是一样的。AT24C02 的 DIP 形式引脚如图 8-37 所示，引脚功能见表 8-15。

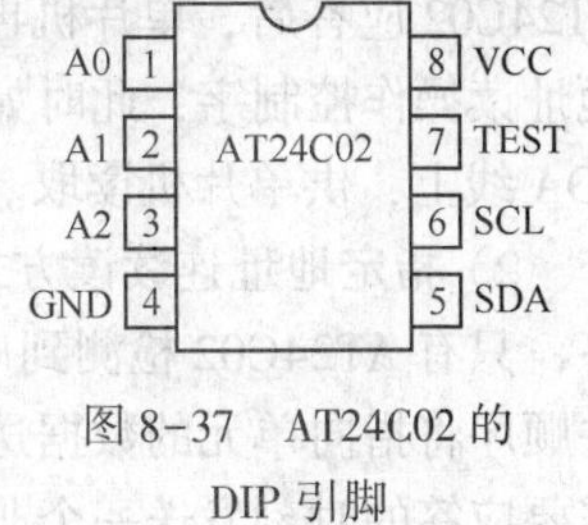


图 8-37 AT24C02 的 DIP 引脚

**表 8-15 AT24C02 引脚功能表**

| 引　脚 | 名　称 | 功　能 |
| --- | --- | --- |
| 1~3 | A0、A1、A2 | 可编程地址输入端 |
| 4 | GND | 电源地 |
| 5 | SDA | 串行数据输入/输出端 |
| 6 | SCL | 串行时钟输入端 |
| 7 | TEST | 硬件写保护控制引脚，当 TEST=0 时，正常进行读/写操作<br>当 TEST=1 时，对部分存储区域只能读，不能写（写保护） |
| 8 | VCC | +5 V 电源 |

（2）存储结构与寻址

AT24C02 存储容量为 256 B，分为 32 页，每页 8 B，有两种寻址方式，即芯片寻址和片内子地址寻址。

1）芯片寻址。AT24C02 芯片地址固定为 1 010，它是 $I^2C$ 总线器件的特征编码，其地址控制字的格式为 1 010 A2A1A0 R/W＊。A2A1A0 引脚接高、低电平后得到确定的 3 位编码，与 1 010 形成 7 位编码，即为该器件的地址码。由于 A2A1A0 共有 8 种组合，故系统最多可外接 8 片 AT24C02，R/W＊是对芯片的读/写控制位。

2）片内子地址寻址。在确定 AT24C02 芯片的 7 位地址码后，片内的存储空间可用 1 B 的地址码进行寻址，寻址范围为 00H~FFH，即可对片内的 256 个单元进行读/写操作。

**2. AT24C02 的读写操作**

（1）写操作

AT24C02 有两种写入方式，即字节写入与页写入。

1）字节写入方式。单片机（主器件）先发送启动信号和 1 B 的控制字，从器件发出应答信号后，单片机再发送 1 B 的存储单元子地址（AT24C02 内部单元的地址码），单片机收到 AT24C02 应答后，再发送 8 位数据和 1 位终止信号。

2）页写入方式。单片机先发送启动信号和 1 B 控制字，再发送 1 B 存储器起始单元地址，上述几个字节都得到 AT24C02 应答后，就可发送最多 1 页的数据，并顺序存储在已指定的起始地址开始的相继单元，最后以终止信号结束。

(2) 读操作

AT24C02 读操作也有两种方式，即指定地址读和指定地址连续读。

1）指定地址读方式。单片机发送启动信号后，先发送含有芯片地址的写操作控制字，AT24C02 应答后，单片机再发送 1 B 的指定单元地址，AT24C02 应答后再发送 1 个含有芯片地址读操作控制字，此时如 AT24C02 应答，被访问单元的数据就会按 SCL 信号同步出现在 SDA 线上，供单片机读取。

2）指定地址连续读方式。指定地址连续读方式是单片机收到每个字节数据后要做出应答，只有 AT24C02 检测到应答信号后，其内部的地址寄存器就自动加 1 指向下一个单元，并顺序将指向单元的数据送到 SDA 线上。当需要结束读操作时，单片机接收到数据后，在需要应答的时刻发送一个非应答信号，接着再发送一个终止信号即可。

**【例 8-6】** 电路如图 8-38 所示，单片机通过 P1.0 和 P1.1 模拟 $I^2C$ 总线的 SDA 和 SCK，扩展两片 AT24C02（U2 和 U3），编程实现向 U3 的 00H～FFH 字节单元中分别写入 00H～FFH 的数据。

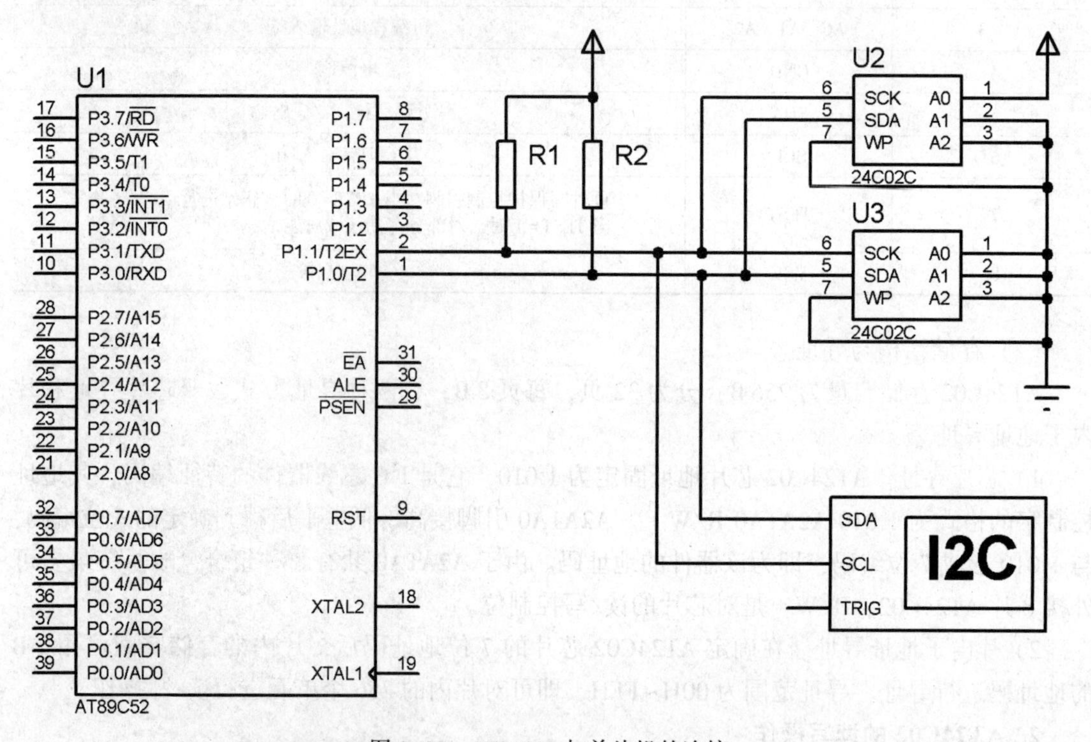


图 8-38　AT24C02 与单片机的连接

由于 Proteus 元件库中没有 AT24C02，可在 Proteus 中“关键字”对话框元件查找栏中输入“24C02”，就会在左侧的元件列表中显示出来，选择通用的 24C02 仿真元件即可。本例中 U3 的地址为 0。参考程序如下：

```
# include <reg52. h>
# include <intrins. h>
# define uchar unsigned char
# define DELAY5US _nop_( );_nop_( );_nop_( );_nop_( );_nop_( );
```

```
sbit   VSDA=P1^0;                    //P1.0 口模拟数据口 SDA
sbit   VSCL=P1^1;                    //P1.1 口模拟时钟口 SCK
uchar idata    SLAW;                 //被控器写地址

void delayMoreThan5ms(void)
{   unsigned int i;
    for (i=0;i<1000;i++)
    {
        DELAY5US
    }
}

void STA(void)                       //启动 I2C 总线函数
{   VSDA=1;
    VSCL=1;
    DELAY5US                         //延时 5 μs,根据晶振频率调整空操作个数
    VSDA=0;
    DELAY5US
    VSCL=0;
}

void STOP(void)                      //停止 I2C 总线函数
{   VSDA=0;
    VSCL=1;
    DELAY5US
    VSDA=1;
    VSCL=1;
    DELAY5US                         //新的发送开始前总线空闲时间
}

void MACK(void)                      //发送应答位函数
{
    VSDA=0;                          //拉低 SDA 线,发送应答位
    VSCL=1;                          //发送时钟信号
    DELAY5US
    VSCL=0;
}

void MNACK(void)                     //发送非应答位函数
{   VSDA=1;                          //发送非应答位
    VSCL=1;
    DELAY5US
    VSCL=0;                          //自己修改应该将 SCL 拉低再改变 SDA
}
```

```
void CACK(void)                     //应答位检查函数
{   VSDA=1;                         //应答位检查
    VSCL=1;                         //发送时钟信号
    F0=0;
    if(VSDA==1)
      F0=1;
    VSCL=0;
}

void WRBYT(uchar idata *p)          //发送一个字节数据函数,函数入口 p 为发送缓冲区地址
{   uchar idata n=8;                //向 VSDA 上发送一个数据字节,共 8 位
    uchar idata temp;
    temp=*p;
    while(n--)
    {   if((temp&0x80)==0x80)       //若要发送的数据最高位为 1,则发送 1
        {
            VSDA=1;                 //传送位 1
            VSCL=1;
            DELAY5US
            VSCL=0;
        }
        else
        {
            VSDA=0;                 //否则传送位 0
            VSCL=1;
            DELAY5US
            VSCL=0;
        }
        temp=temp<<1;               //数据左移一位,或_crol_(*p,1)
    }
}

void RDBYT(uchar idata *p)          //接收一个字节数据函数,函数入口 p 为接收缓冲区地址
{
    uchar idata n=8;                //从 VSDA 线上读取一个数据字节,共 8 位
    uchar idata temp=0;
    while(n--)
    {
        VSDA=1;                     //P0 口作为输入时先写 1
        VSCL=1;
        temp=temp<<1;               //左移 1 位,或_crol_(temp,1)
        if(VSDA==1)
            temp=temp|0x01;         //若接收到的位为 1,则数据最后一位置 1
        else
            temp=temp&0xFE;         //否则最后一位置 0
        VSCL=0;                     //结束时钟
```

```
    }
    *p=temp;
  }
uchar ch,*p;
unsigned   int i;
void main(void)
{   SLAW=0xA0;                          //地址字节(写)
    for(i=0;i<=255;i++)
    {
      STA();
          p=&SLAW;
      WRBYT(p);
          CACK();
      if(F0==1)
      {
        LED=0;
        while(1);
      }
      ch=i;                             //字节地址 i
      p=&ch;
      WRBYT(p);
          CACK();
      if(F0==1)
      {
        LED=0;
        while(1);
      }
      WRBYT(p);
      CACK();
      STOP();
      delayMoreThan5ms();
    }
  while(1);
}
```

程序运行的结果可通过仿真调试器 $I^2C$ Debug 看出。Proteus 提供的 $I^2C$ 调试器是调试 $I^2C$ 系统的得力工具，使用 $I^2C$ 调试器的观测窗口可观察 $I^2C$ 总线上的数据流，查看 $I^2C$ 总线发送的数据，也可作为从器件向 $I^2C$ 总线发送数据。

在原理电路中添加 $I^2C$ 调试器具体操作：先单击左侧工具箱中的虚拟仪器图标，此时在预览窗口中显示出各种虚拟仪器选项，单击“I2C DEBUGGER”项，并在原理图编辑窗口单击鼠标左键，就会出现 $I^2C$ 调试器符号，然后把 $I^2C$ 调试器的“SDA”端和“SCL”端分别连接在 $I^2C$ 总线的“SDA”和“SCL”线上即可。

仿真运行时，用鼠标右击 $I^2C$ 调试器符号，出现下拉菜单，单击“I2C Debug”选项，即可出现 $I^2C$ 调试器的观测窗口，如图 8-39 所示。从观测窗口上可看到出现在 $I^2C$ 总线上的数据流，它把每一步都标得清清楚楚，如第 1 行的 S A0 A F5 A F5 A P 表示的意思是，启

动 $I^2C$ 总线，发送数据 A0（U3 的地址），芯片应答，发送数据的写入地址 F5，芯片应答，发送写入的数据 F5，芯片应答，结束。

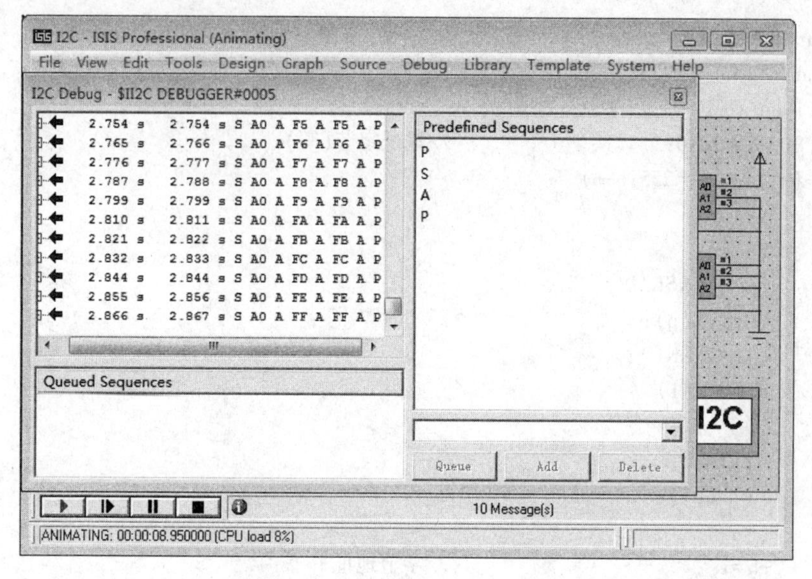


图 8-39　例 8-6 的仿真运行结果

### 8.6.2　串行 A-D 转换芯片的扩展

常用的串行 A-D 转换芯片有 8 位的 TLC549，12 位的 MAX124X、TLC2543 等。下面以 TLC549 为例介绍 AT89S51 与串行 A-D 的接口与编程。

TLC549 是美国 TI 推出的一种低价位、高性能的 8 位 A-D 转换器，它以 8 位开关电容逐次逼近方法实现 A-D 转换，其转换速度小于 17 μs，最大转换速率为 40 kHz，内部系统时钟的典型值为 4 MHz，电源为 3~6 V。它能方便地采用 SPI 串行接口方式与各种单片机连接，构成廉价的测控应用系统。

**1. TLC549 的引脚及功能**

TLC549 采用 8 引脚封装，其引脚图如图 8-40 所示。

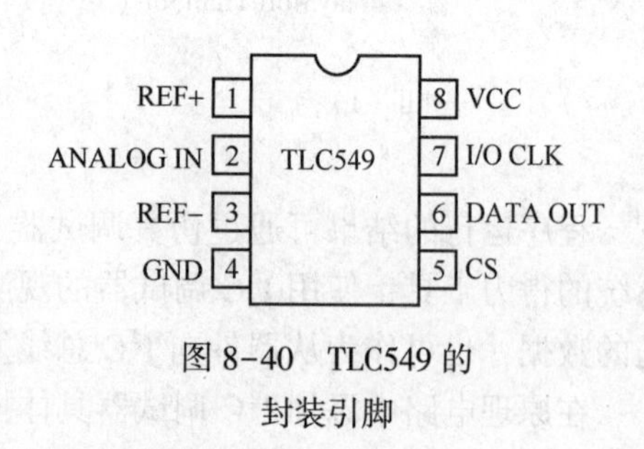


图 8-40　TLC549 的封装引脚

引脚功能如下：

1）REF+：正基准电压输入端，2.5 V≤REF+≤VCC+0.1 V。

2）REF-：负基准电压输入端，-0.1 V≤REF-≤2.5 V，且(REF+)-(REF-)≥1 V。

3）VCC：电源，3 V≤VCC≤6 V。

4）GND：地。

5）CS＊：片选端。

6）DATA OUT：转换结果数据串行输出端，与 TTL 电平兼容，输出时高位在前。

7）ANALOG IN：模拟信号输入端，0≤ANALOGIN≤VCC，当 ANALOGIN≥REF+电压

时，转换结果为全“1”（0xFF），当 ANALOGIN ≤ REF－电压时，转换结果为全“0”（0x00）。

8）I/O CLOCK：外接输入/输出时钟输入端，同于同步芯片的输入/输出操作，无须与芯片内部系统时钟同步。

**2. TLC549 的工作时序**

TLC549 的工作时序如图 8-41 所示。从图可知：

1）串行数据中高位 A7 先输出，最后输出低位 A0。

2）在每一次 I/O CLOCK 高电平期间，DATA OUT 线上数据产生有效输出，每出现一次 I/O CLOCK，DATA OUT 线就输出 1 位数据。一个周期出现 8 次 I/O CLOCK 信号并对应 8 位数据输出。

3）在$\overline{CS}$变为低电平后，最高有效位（A7）自动置于 DATA OUT 总线。其余 7 位（A6～A0）在前 7 个 I/O CLOCK 下降沿由时钟同步输出。B7～B0 以同样方式跟在其后。

4）$t_{su}$为在片选信号$\overline{CS}$变低后，I/O CLOCK 开始正跳变的最小时间间隔（1.4 μs）。

5）$t_{en}$是从$\overline{CS}$变低到 DATA OUT 线上输出数据的最小时间（1.2 μs）。

6）只要 I/O CLOCK 变高就可读取 DATA OUT 线上数据。

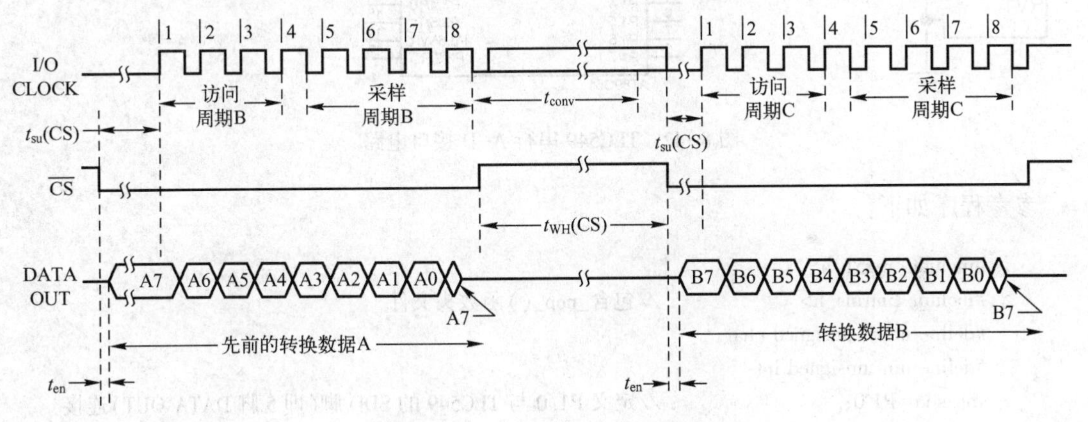


图 8-41　TLC549 的工作时序

7）只有在$\overline{CS}$端为低时，TLC549 才工作。

8）TLC549 的 A-D 转换电路没有启动控制端，只要读取前一次数据后马上就可以开始新的 A-D 转换。转换完成后进入保持状态。TLC549 每次转换所需要的时间是 17 μs，它开始于 变为低电平后 I/O CLOCK 的第 8 个下降沿，没有转换完成标志信号。

当$\overline{CS}$变为低电平后，TLC549 芯片被选中，同时前次转换结果的最高有效位 MSB（A7）自 DATA OUT 端输出，接着要求从 I/O CLOCK 端输入 8 个外部时钟信号，前 7 个 I/O CLOCK 信号的作用，是配合 TLC549 输出前次转换结果的 A6～A0 位，并为本次转换做准备：在第 4 个 I/O CLOCK 信号由高至低的跳变之后，片内采样/保持电路对输入模拟量采样开始，第 8 个 I/O CLOCK 信号的下降沿使片内采样/保持电路进入保持状态并启动 A-D 开始转换。转换时间为 36 个时钟周期，最大为 17 μs。

直到 A-D 转换完成前的这段时间内，TLC549 的控制逻辑要求：或者$\overline{CS}$保持高电平，或者 I/O CLOCK 时钟端保持 36 个系统时钟周期低电平。

由此可见，在 TLC549 的 I/O CLOCK 端输入 8 个外部时钟信号期间需要完成以下工作：读入前次 A-D 转换结果；对本次转换的输入模拟信号采样并保持；启动本次转换开始。

**【例 8-7】** 如图 8-42 所示，单片机控制串行 8 位 A-D 转换器 TLC549 进行 A-D 转换，转换结果以十六进制数形式显示在两位数码管上。

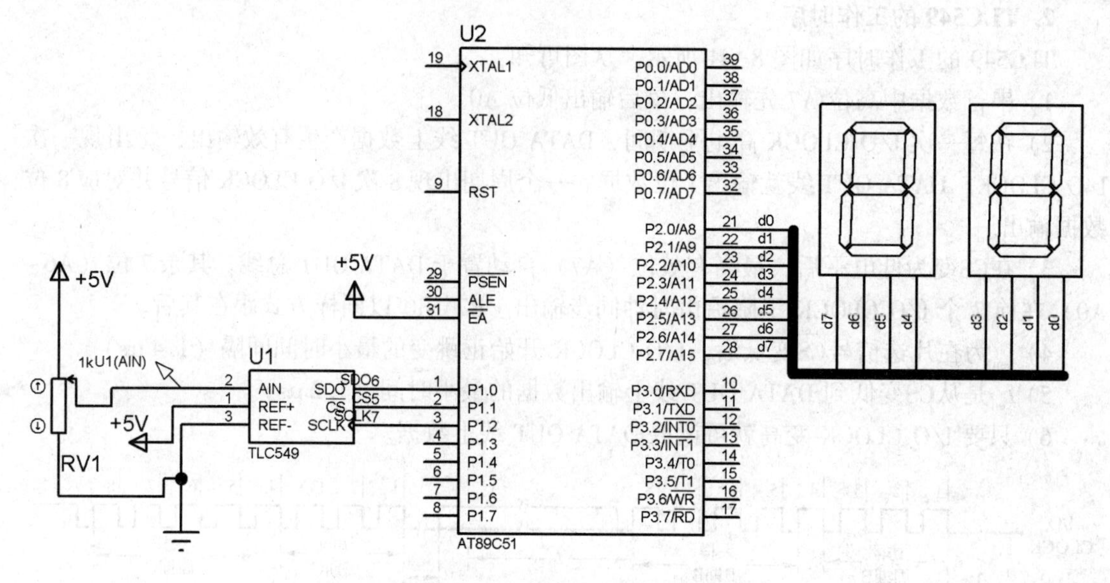


图 8-42　TLC549 串行 A-D 接口电路

参考程序如下：

```
#include<reg51.h>
#include<intrins.h>                //包含_nop_()函数头文件
#define uchar unsigned char
#define uint unsigned int
sbit sdo=P1^0;                     //定义 P1.0 与 TLC549 的 SDO 脚(即 5 脚 DATA OUT)连接
sbit cs=P1^1;                      //定义 P1.1 与 TLC549 的CS脚连接
sbit sclk=P1^2;                    //定义 P1.2 与 TLC549 的 SCLK 脚(即 7 脚 I/O CLOCK)连接
void delayms(uint j)               //延时函数
{  uchar i=250;
   for(;j>0;j--)
   { while(--i);
         i=249;
         while(--i);
         i=250;
   }
}
void delay18us(void)
{   _nop_();_nop_();_nop_();_nop_();_nop_();_nop_();
    _nop_();_nop_();_nop_();_nop_();_nop_();_nop_();
    _nop_();_nop_();_nop_();_nop_(); _nop_();_nop_();
}
uchar convert(void)
```

```
{   uchar i,temp;
    cs=0;
    delay18us();
    for(i=0;i<8;i++)
    {
        if(sdo==1)temp=temp|0x01;
        if(i<7)temp=temp<<1;
        sclk=1;
        _nop_(); _nop_(); _nop_();_nop_();
        sclk=0;
        _nop_(); _nop_();
    }
    cs=1;
    return(temp);
}
void main()
{   uchar result;
    P2=0;
    cs=1;
    sclk=0;
    sdo=1;
    while(1)
    {
        result=convert();
        P2=result;              //转换结果从 P2 口输出
        delayms(1000);
    }
}
```

仿真结果如图 8-43 所示，由电位计 RV1 提供给 TLC549 模拟量输入，通过调节 RV1 上的“+”“-”端，改变输入电压值，转换结果随之改变，图中是模拟电压为 2.5 V 的转换结果。

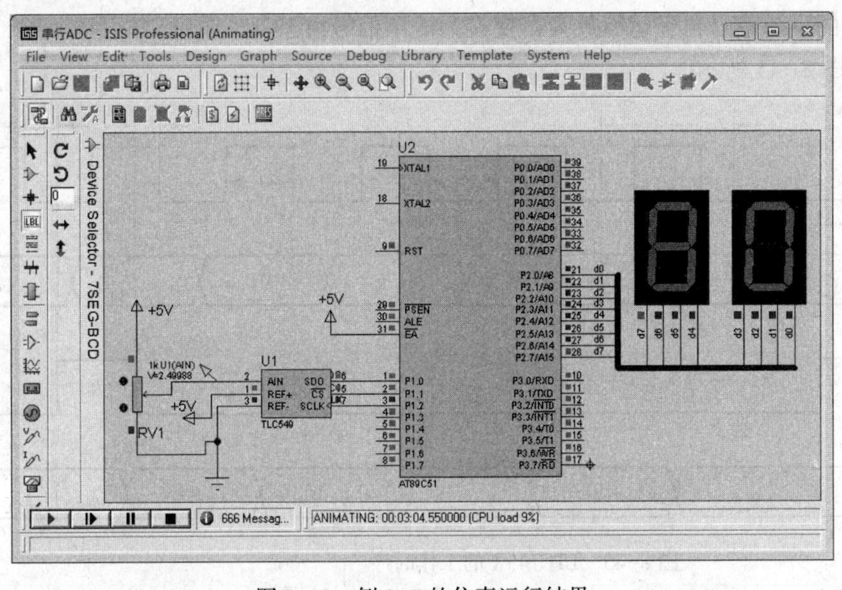


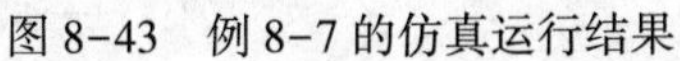
图 8-43　例 8-7 的仿真运行结果

二维码 8-7

## 8.6.3 串行 D-A 转换芯片的扩展

常用的串行 D-A 转换芯片有 8 位的 MAX517、10 位的 TLC5615 和 12 位的 LTC145X 等。下面以 LTC145X 为例介绍 AT89S51 与串行 D-A 的接口与编程。

TC145X 是美国 LINEAR 公司的一种单通道 12 位串行 D-A 转换器，包含 3 种具体型号，即 LTC1451/LTC1452/LTC1453L。其具有低功耗（≤400 μA）、高精度（12 位）、宽电压（2.7~5.25 V）、体积小（8 引脚）、接口简单（3 线）和 Rail-to-Rail（轨至轨）特性（其内部运算放大器的最大输出电压可以达到电源电压 VCC）。

LTC145X 的外部引脚和内部结构如图 8-44 所示。

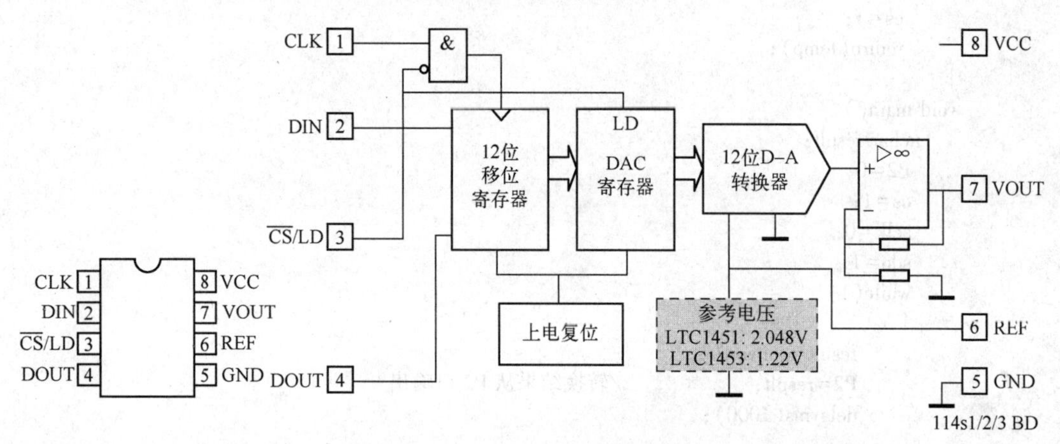


图 8-44　LTC145X 外部引脚与内部结构

该芯片由 12 位移位寄存器、DAC 寄存器、D-A 转换器和运算放大器组成。串行输入信号在 CLK 移位时钟脉冲和 $\overline{CS}$/LD 片选信号的配合下由 DIN 送入移位寄存器中，同时也经由 DOUT 作为级联输出。待 12 位串行数据到齐后，以并行方式通过 DAC 寄存器进入 D-A 转换器。D-A 转换形成的电流信号再经运算放大器变换为电压信号由 VOUT 输出。

其工作时序如图 8-45 所示。

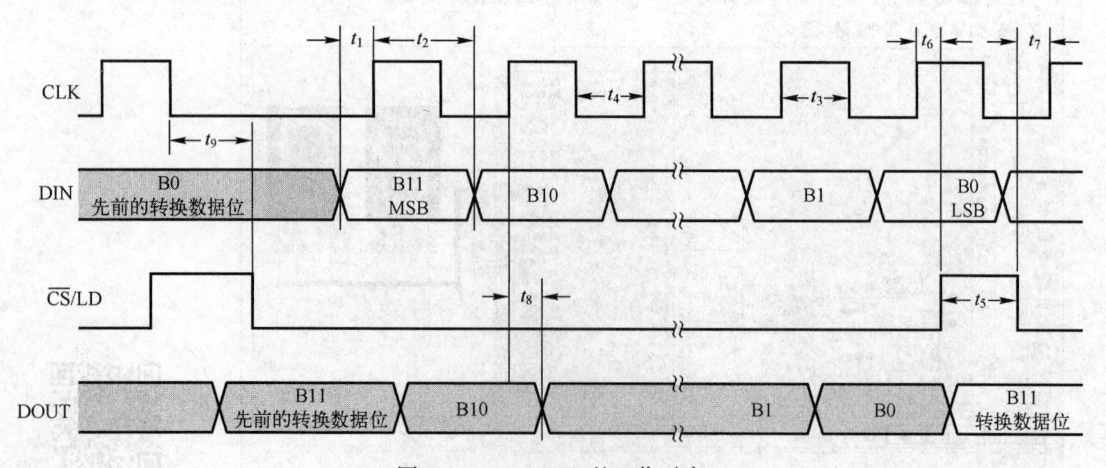


图 8-45　LTC145X 的工作时序

由此可知，一次完整 D-A 转换过程的时序如下：

1）使$\overline{CS}$/LD 信号拉低。

2）DIN 端出现 1 bit 数据（高位在先）。

3）CLK 端发 1 正脉冲，上升沿时将数据写入移位寄存器。

4）上两步重复 12 次，可将 12 位数据串入 LTC145X。

5）D-A 转换后使$\overline{CS}$/LD 信号拉高，为下一轮转换做准备。

**【例 8-8】** 如图 8-46 所示电路，用 AT89S51 单片机控制 LTC1451 D-A 转换器，使其具有正弦波信号发生功能，并通过虚拟示波器检查波形效果。

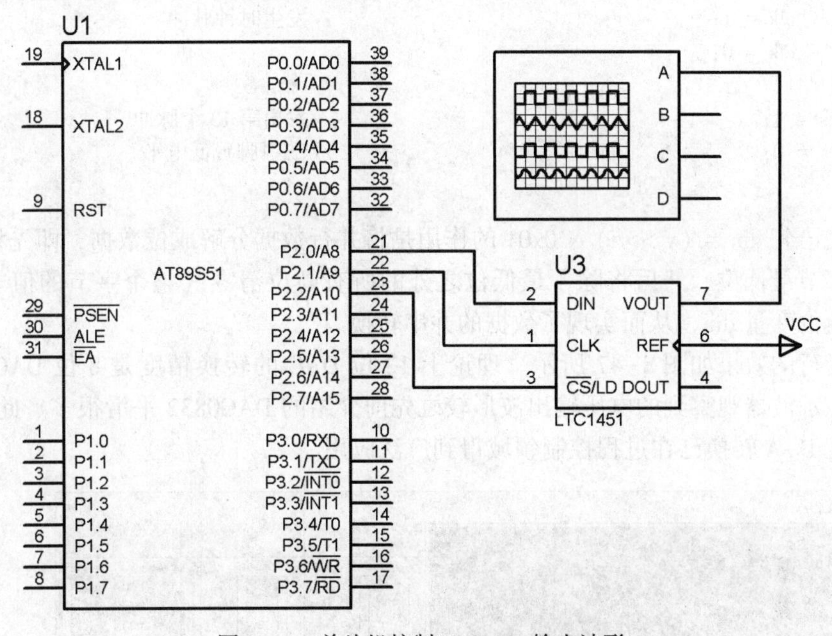


图 8-46　单片机控制 LTC1451 输出波形

编程分析：先使$\overline{CS}$/LD 引脚发一个正脉冲，然后依次在 CLK 和 DIN 引脚上发送 12 个移位脉冲和位数据，此后再由$\overline{CS}$/LD 发一个正脉冲，本轮 DA 转换便完成了。

参考程序如下：

```
#include <REG51. H>
#include <math. h>
sbit din = P2^0;                                   //定义芯片引脚变量
sbit clk = P2^1;
sbit cs = P2^2;
#define  PI 3. 1415
void da( unsigned int value) ;

void main( )
{      unsigned int num, value;
        while (1) {
        for (num = 0 ; num < 360 ; num++) {          //产生正弦波形
              value = 2047 + 2047 * sin( (float) num / 180 * PI) ;
              da( value) ;
```

```
        }
    }
}

void da(unsigned int v){                    //D-A 转换
    char i = 11;
    cs = 1;
    cs = 0;                                 //CS引脚置高电平
    for ( ; i >= 0 ; i--) {
        din = (v >> i) & 0x01;              //分解并行数据,串行送入 DIN 引脚
        clk = 1;                            //发生时钟脉冲
        clk = 0;
    }
    cs = 1;                                 //发出第 13 个脉冲
    cs = 0;                                 //CS引脚置低电平
}
```

程序中语句 din = (v >> i) & 0x01 的作用是将并行数据分解成位数据，即先将有效位数据右移至字节最低位，然后将除了最低位之外的所有高位清零（整个字节的值非 0 即 1），结果赋值给位变量 din，从而实现了数据的并串转换。

程序运行的效果如图 8-47 所示。理论上 12 位 DAC 的转换精度是 8 位 DAC 的 16 倍，因而由虚拟示波器观察到的电压输出波形较之先前介绍的 DAC0832 平滑很多。此款 DAC 实现的高精度 D-A 转换已在过程控制领域得到广泛应用。

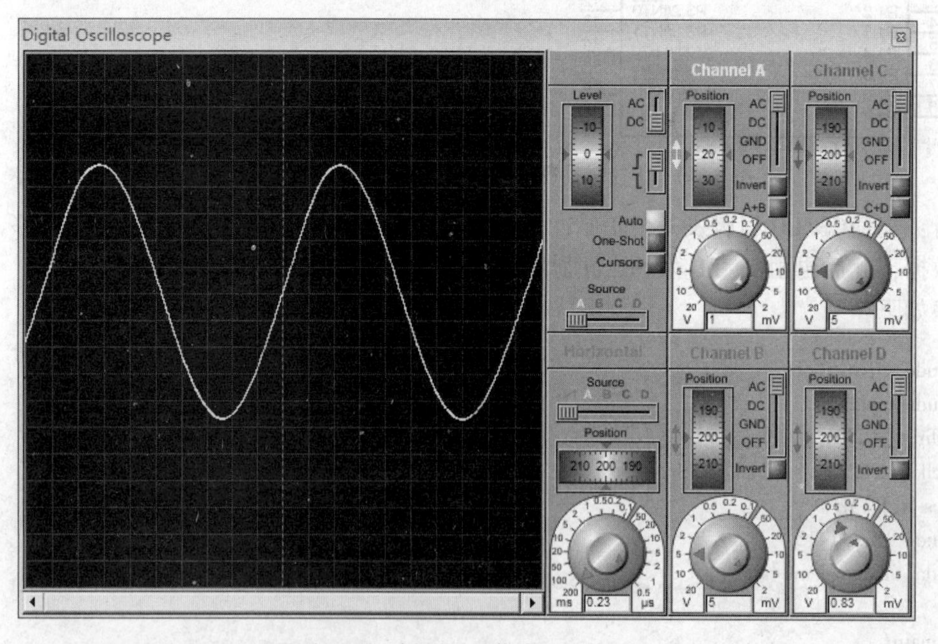


图 8-47　例 8-8 的仿真运行结果

二维码 8-8

## 8.6.4　串行日历时钟芯片的扩展

DS1302 是美国 DALLAS 公司推出的一种高性能、低功耗、带有 RAM 的实时日历时钟芯

片，采用串行方式与单片机通信。

DS1302 可对年、月、日、星期、时、分、秒进行实时计时，并具有闰年补偿功能；内部有一个大小为 31 B 的 RAM 存储区，可用于存储临时性数据；采用三线接口与 MCU 进行同步通信；具有宽电压工作的特点。

DS1302 外部引脚和内部结构如图 8-48 所示。

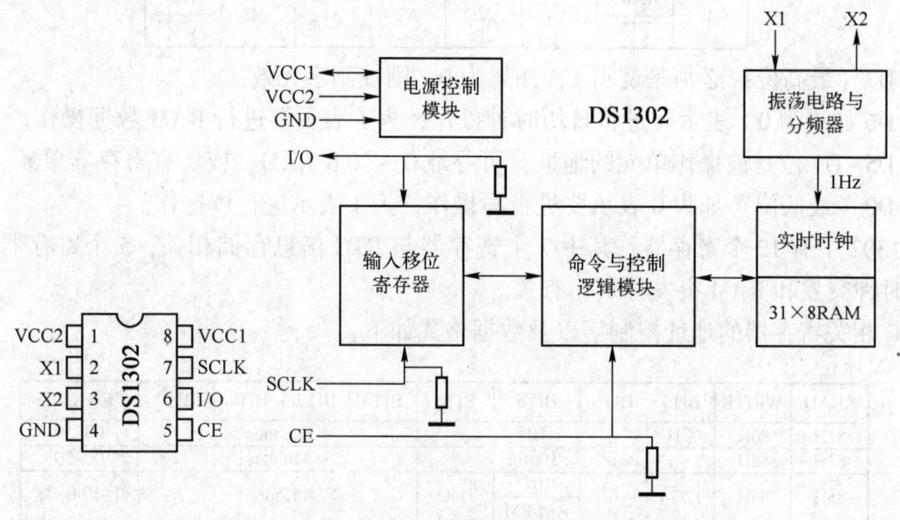


图 8-48　DS1302 外部引脚和内部结构

可以看出，DS1302 采用双电源供电，电源控制模块可实现 VCC1 和 VCC2 的供电与充电切换；X1 和 X2 是内部振荡源引脚，与外部标准晶振元件（32.768 kHz）一起为实时时钟模块 RTC（REAL TIME CLOCK）提供 1Hz 时基信号；RTC 和 RAM 中的数据经输入移位寄存器 ISR 后实现双向串行传送；SCLK 负责提供串行移位时钟脉冲。

DS1302 的单字节读写操作时序如图 8-49 所示。

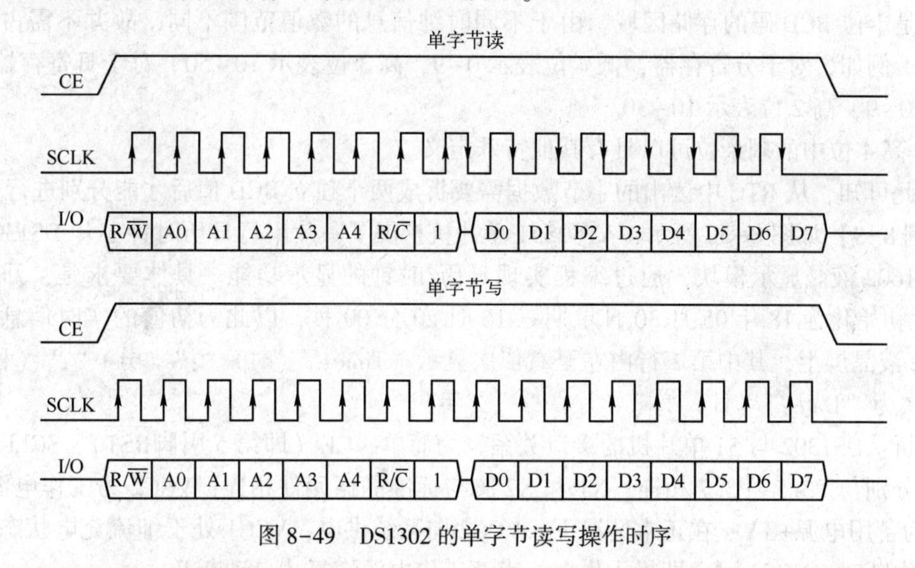


图 8-49　DS1302 的单字节读写操作时序

根据时序要求，只有当复位引脚 CE 为高电平时，才允许对 DS1302 进行数据或命令传送；对 DS1302 的读写操作都是由命令字节引导的，其后才是传送的数据字节；移位脉冲的上升沿对应于命令和数据字节写操作的信号使能，而移位脉冲的下降沿则对应于数据字节读操作的信号使能。每次仅写入或者读出 1 B 数据的操作，需要 16 个时钟脉冲与之配合。

命令字节由 8 位组成，格式为

| 7 | 6 | 5 | 4 | 3 | 2 | 1 | 0 |
|---|---|---|---|---|---|---|---|
| 1 | RAM/$\overline{CK}$ | A4 | A3 | A2 | A1 | A0 | RD/$\overline{WR}$ |

1）D7（最高位）必须是逻辑 1，如果为 0，则控制字无效。

2）D6 如果为 0，表示要进行日历时钟操作，为 1 表示要进行 RAM 数据操作。

3）D5~D1 位是被操作单元的地址，可寻址 0 ~30 B RAM，或所有寄存器单元。

4）D0（最低位）如为 0 表示要进行写操作，为 1 表示进行读操作。

DS1302 中有 12 个寄存器，其中 7 个寄存器与 RTC 信息存储相关，5 个寄存器与控制、充电、时钟突发和 RAM 突发等工作有关。

RTC 相关寄存器的地址控制字以及数据格式如下：

RTC

| READ | WRITE | BIT7 | BIT6 | BIT5 | BIT4 | BIT3 | BIT2 | BIT1 | BIT0 | RANGE |
|---|---|---|---|---|---|---|---|---|---|---|
| 81H | 80H | CH | 10s | | | Seconds | | | | 00~59 |
| 83H | 82H | | 10min | | | Minutes | | | | 00~59 |
| 85H | 84H | 12/$\overline{24}$ | 0 | 10/$\overline{AM/PM}$ | Hour | Hour | | | | 1~12/0~23 |
| 87H | 86H | 0 | 0 | 10Date | | Date | | | | 1~31 |
| 89H | 88H | 0 | 0 | 0 | 10 Month | Month | | | | 1~12 |
| 8BH | 8AH | 0 | 0 | 0 | 0 | 0 | Day | | | 1~7 |
| 8DH | 8CH | 10Year | | | | Year | | | | 00~99 |

1）读、写 RTC 的指令代码是不同的，例如，对于秒钟寄存器，读指令代码为 0x81，而写指令代码为 0x80，其他以此类推。

2）RTC 寄存器中的数据采用压缩 BCD 码形式存储，低 4 位是个位 BCD 码的存储区域，高 4 位是十位 BCD 码的存储区域。由于不同时钟信息的数值范围不同，故并不需占用全部高 4 位。例如，对于分寄存器，低 4 位表示 0~9，高 3 位表示 10~50。对于日寄存器，低 4 位表示 0~9，高 2 位表示 10~30。

3）高 4 位中的剩余位可以具有其他特殊定义。

由此可知，从 RTC 中读出的字节数据需要拆成两个独立 BCD 值后才能分别进行显示。

**【例 8-9】** 如图 8-50 所示，AT89S51 单片机扩展了一片串行日历时钟芯片 DS1302 和一个 LCD1602 液晶显示模块，通过编程实现日历/时钟的显示功能。具体要求是，开机时使 DS1302 初始化为 18 年 05 月 30 日星期三 16 时 20 分 00 秒，以此为初值的实时信息显示在 LM1602 液晶屏上，其中第 1 行由左至右依次显示“Time：”（时）“：”（分）“：”（秒），第 2 行依次为“Date：”（日）“-”（月）“-”（年）。

分析：DS1302 与 51 单片机的接口关系较为简单，CE（即第 5 引脚$\overline{RST}$）、SCLK 和 I/O 三引脚分别与 P3. 5~P3. 7 相连；X1 和 X2 脚与标准晶振元件相连；VCC2 为工作电源+5 V，VCC1 为备用电源+3 V。在正常情况下，VCC2 向系统供电，VCC1 处于细流充电状态。当工作电源中断时，VCC1 可立即投入供电，直至工作电源恢复才自动断开。

单字节读、写 DS1302 的时序差异仅在于移位脉冲使能时刻不同，前者为下降沿，而后

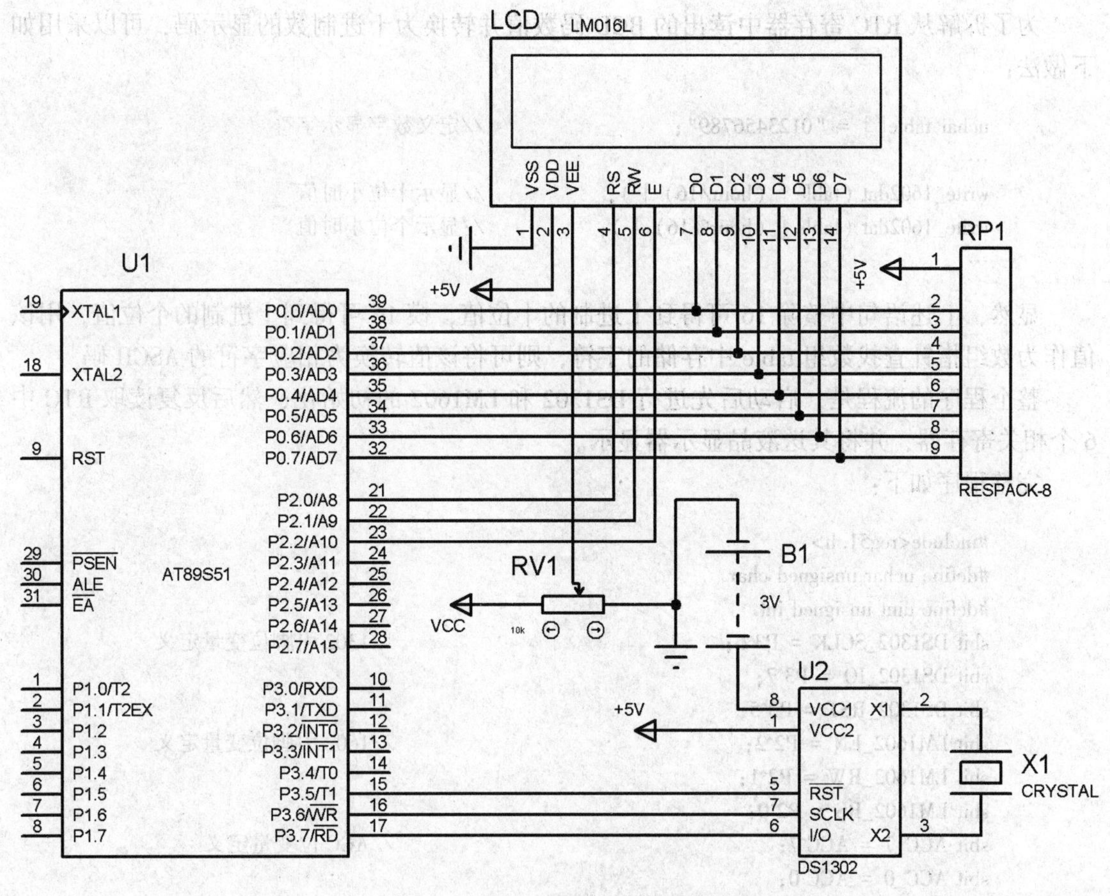


图 8-50　DS1302 实时日历时钟

者为上升沿。为此可采取如下程序段进行读写操作。

写操作：

```
for (i=8;i>0;i--)                    //ACC 装有待发字节数据
{   DS1302_IO = ACC_0;               //ACC 的最低位串行输出
    ACC >>= 1;                       //右移 1 位
    DS1302_SCLK = 0;                 //时钟线拉低
    DS1302_SCLK = 1;                 //时钟线拉高
}
```

读操作：

```
for (i=8; i>0; i-- )
{   ACC_7 = DS1302_IO;          //位数据移入 ACC 的最高位
    ACC >>= 1;                  //右移 1 位
    DS1302_SCLK = 1;            //时钟线拉高
    DS1302_SCLK = 0;            //时钟线拉低
}
```

上述程序段中，利用软件方式生成了所需要的移位脉冲，利用 ACC 累加器的位寻址功能，将字节数据分解成位数据（写操作），或将位数据组装成字节数据（读操作）。

为了拆解从 RTC 寄存器中读出的 BCD 码数值并转换为十进制数的显示码，可以采用如下做法：

```
uchar table[] = "0123456789";                    //定义数字显示字符
…
write_1602dat (table [ (hour/16) ] );            //显示十位小时值
write_1602dat (table [ (hour%16) ] );            //显示个位小时值
…
```

显然，上述语句中整除 16 可得到十进制的十位值，模 16 可得到十进制的个位值，用该值作为数组指针查找数组 table 中存储的字符，则可将该值转换为相应字符的 ASCII 码。

整个程序的流程是，启动后先进行 DS1302 和 LM1602 的初始化，然后反复读取 RTC 中 6 个相关寄存器，并将其送液晶显示器显示。

完整程序如下：

```
#include<reg51.h>
#define uchar unsigned char
#define uint unsigned int
sbit DS1302_SCLK = P3^6;                              //1302 引脚位变量定义
sbit DS1302_IO = P3^7;
sbit DS1302_RST = P3^5;
sbit LM1602_EN = P2^2;                                //1602 引脚位变量定义
sbit LM1602_RW = P2^1;
sbit LM1602_RS = P2^0;
sbit ACC_7 = ACC^7;                                   //ACC 位变量定义
sbit ACC_0 = ACC^0;
uchar second,minute,hour,week,day,month,year;
uchar table[]="0123456789";                           //定义数字显示字符
uchar table1[]="Time:  ";
uchar table2[]="Date:";
uchar t1302[]={0x30,0x5,0x18,0x03,0x16,0x20,0x00};    //1302 初值:年,月,日,星期,时,分,秒

void delay(uint x){                                   //延时函数
    uint i;
    for(i=x;i>0;i--);
}

uchar read_ds1302(uchar addr){                        //DS1302 读数据函数
    uchar i;
    DS1302_RST=0;
    DS1302_RST=1;                                     //开放 1302 使能
    ACC = addr;                                       //ACC 中装入待发地址
    for(i=8;i>0;i--){
        DS1302_IO = ACC_0;                            //最低位数据由端口输出
        ACC >>= 1;                                    //整体右移 1 位
        DS1302_SCLK = 0;                              //时钟线拉低
        DS1302_SCLK = 1;                              //时钟线拉高
    }
```

```
    for (i=8; i>0; i--) {
        ACC_7=DS1302_IO;                        //位数据移入最高位
        ACC >>= 1;                              //整体右移 1 位
        DS1302_SCLK = 1;                        //时钟线拉高
        DS1302_SCLK = 0;                        //时钟线拉低
    }
    DS1302_RST=0;                               //关闭 1302 使能
    return(ACC);
}

void write_ds1302(uchar addr, uchar dat) {      //DS1302 写数据函数
    uchar i;
    DS1302_RST=0;
    DS1302_RST=1;
    ACC = addr;                                 //ACC 中装入待发地址
    for(i=8;i>0;i--) {                          //发送地址
        DS1302_IO = ACC_0;                      //最低位数据由端口输出
        ACC >>= 1;                              //整体右移 1 位
        DS1302_SCLK = 0;                        //时钟线拉低
        DS1302_SCLK = 1;                        //时钟线拉高
    }
    ACC = dat;                                  //ACC 中装入待发数据
    for(i=8;i>0;i--) {
        DS1302_IO = ACC_0;                      //最低位数据由端口输出
        ACC >>= 1;                              //整体右移 1 位
        DS1302_SCLK = 0;                        //时钟线拉低
        DS1302_SCLK = 1;                        //时钟线拉高
    }
    DS1302_RST=0;                               //关闭 1302 使能
}

void read_1302time() {                          //读取 DS1302 信息
    second = read_ds1302(0x81);                 //读秒寄存器
    minute = read_ds1302(0x83);                 //读分寄存器
    hour = read_ds1302(0x85);                   //读时寄存器
    //week = read_ds1302(0x8B);                 //读星期寄存器
    month = read_ds1302(0x89);                  //读月寄存器
    day = read_ds1302(0x87);                    //读日寄存器
    year = read_ds1302(0x8D);                   //读年寄存器

}

void write_1602com(uchar com) {                 //LM1602 写指令函数
    P0 = com;                                   //送出指令
    LM1602_RS=0; LM1602_RW=0; LM1602_EN=1;      //写指令时序
    delay(100);
    LM1602_EN=0;
}
```

```
void write_1602dat(uchar dat){                              //LM1602 读数据函数
    P0 = dat;                                               //送出数据
    LM1602_RS=1; LM1602_RW=0; LM1602_EN=1;                  //写数据时序
    delay(100);
    LM1602_EN=0;
}

void init_1302(){                                           //DS1302 的初始化
    write_ds1302(0x8E,0x00);                                //开写保护寄存器
    write_ds1302(0x8C,t1302[0]);                            //年
    write_ds1302(0x88,t1302[1]);                            //月
    write_ds1302(0x86,t1302[2]);                            //日
    write_ds1302(0x8A,t1302[3]);                            //星期
    write_ds1302(0x84,t1302[4]);                            //时
    write_ds1302(0x82,t1302[5]);                            //分
    write_ds1302(0x80,t1302[6]);                            //秒
    write_ds1302(0x8E,0x80);                                //锁写保护寄存器
}

void init_1602(){                                           //1602 初始化
    write_1602com(0x38);                                    //设置 16×2 显示,5×7 点阵
    write_1602com(0x0C);                                    //开显示,但不显示光标
    write_1602com(0x06);                                    //地址加 1,写数据时光标右移 1 位
}

void display1602(void){                                     //1602 显示函数
    uchar i;
    write_1602com(0x80);                                    //第 1 行信息
    for(i=0;i<6;i++) write_1602dat(table1[i]);              //显示字符"Time:"
    write_1602dat(table[(hour/16)]);                        //显示时、分、秒信息
    write_1602dat(table[(hour%16)]);
    write_1602dat(':');
    write_1602dat(table[minute/16]);
    write_1602dat(table[minute%16]);
    write_1602dat(':');
    write_1602dat(table[second/16]);
    write_1602dat(table[second%16]);

    write_1602com(0x80+0x40);                               //第 2 行信息
    for(i=0;i<6;i++) write_1602dat(table2[i]);              //显示字符"Date:"
    write_1602dat(table[day/16]);                           //显示日、月、年信息
    write_1602dat(table[day%16]);
    write_1602dat('-');
    write_1602dat(table[month/16]);
    write_1602dat(table[month%16]);
    write_1602dat('-');
    write_1602dat(table[(year/16)]);
    write_1602dat(table[(year%16)]);
}
```

```
int main(void){
    init_1302();                                    //初始化 1302
    init_1602();                                    //初始化 1602
    while (1){
        read_1302time();                            //读 1302 日历时钟信息
        display1602();                              //显示日历时钟信息
    }
}
```

仿真运行结果如图 8-51 所示。仿真运行表明，DS1302 仿真控件已被初始化为指定内容，并以此作为计量初值开始工作；液晶显示结果与控件仿真结果相同，表明程序编写正确。

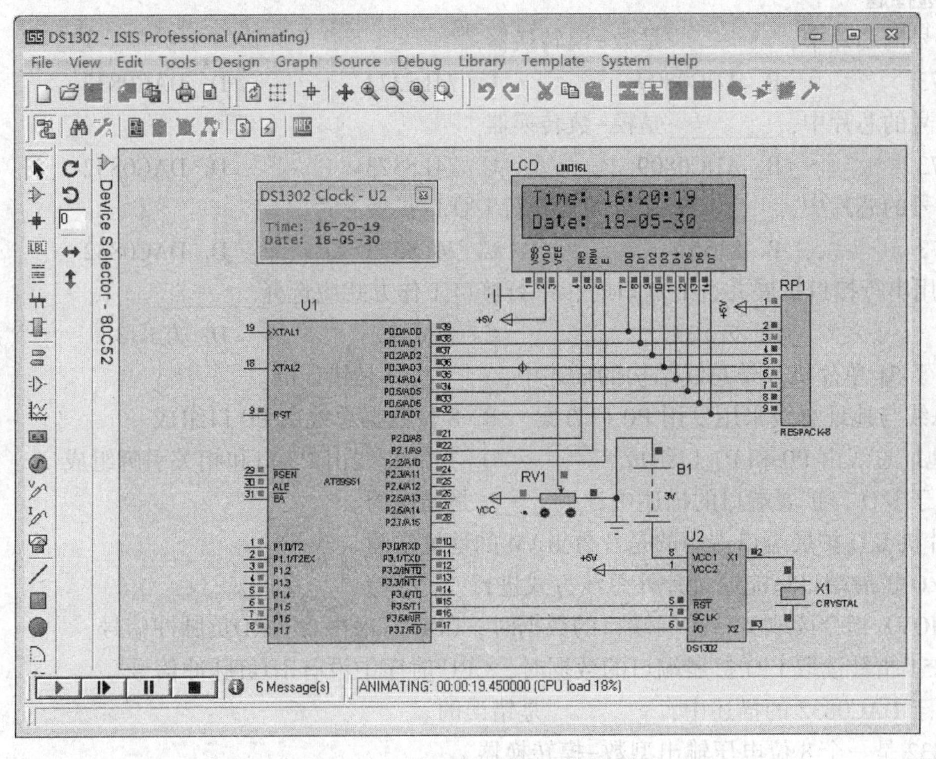


图 8-51　例 8-9 的仿真运行结果

二维码 8-9

## 本章小结

总线是一组传送信息的公共通道，包括地址总线、数据总线和控制总线。51 单片机可构造外部总线从而进行系统扩展。

P0 口具有分时输出地址和数据的功能，需要在 P0 口外加一个地址锁存器，将地址信息的低 8 位锁存输出。常用地址锁存芯片为 74LS373。

通过并行总线扩展的片外 RAM 和 I/O 端口的地址统一编址，由 P2 口输出高 8 位地址，

P0 口输出低 8 位地址。访问总线方式外设地址的 3 种方法是 MOVX 指令、宏定义和指针变量。

ADC0809 是采用逐次逼近式原理的 8 位 A-D 转换器，其内置有 8 路模拟量切换开关，输出具有三态锁存功能。DAC0832 是 8 位电流输出型的 D-A 转换器，转换的工作原理是利用电子开关使 T 型电阻网络产生与输入数字量成正比的电流 IOUT1，再利用外接反相运算放大器转换成电压 VOUT，具有直通、单缓冲和双缓冲 3 种工作方式。

串行芯片是单片机应用系统设计常用的扩展芯片，常用的有 $E^2$PROM、A-D、D-A、RTC 和单总线温度传感器。

## 习题与思考题 8

**一、单项选择题**

1. 下列型号的芯片中，________是数-模转换器。

A. 74LS273　　B. ADC0809　　C. 74LS373　　D. DAC0832

2. 下列型号的芯片中，________是模-数转换器。

A. 74LS273　　B. ADC0809　　C. 74LS373　　D. DAC0832

3. 下列型号的芯片中，________是可编程并行 I/O 口扩展芯片。

A. 74LS273　　B. 8155A　　C. 74LS373　　D. DAC0832

4. 80C51 用串行接口扩展并行 I/O 口时，串行接口工作方式应选择________。

A. 方式 0　　B. 方式 1　　C. 方式 2　　D. 方式 3

5. 下列关于 51 单片机片外总线结构的描述中，________是错误的。

A. 数据总线与地址总线采用复用 P0 口方案　　B. 8 位数据总线由 P0 口组成

C. 16 位地址总线由 P0 和 P1 口组成　　D. 控制总线由 P3 口和相关引脚组成

6. 下列关于 I/O 口扩展端口的描述中，________是错误的。

A. 51 单片机 I/O 扩展端口占用的是片外 RAM 的地址空间

B. 访问 I/O 扩展端口只能通过片外总线方式进行

C. 使用 MOVX 指令读取 I/O 扩展端口的数据时，CPU 时序中含有 $\overline{RD}$ 负脉冲信号

D. 使用 C51 指针读取 I/O 扩展端口的数据时，CPU 时序中没有 $\overline{RD}$ 负脉冲信号

7. 下列关于 DAC0832 的描述中，________是错误的。

A. DAC0832 是一个 8 位电压输出型数-模转换器

B. 它由一个 8 位输入锁存器、一个 8 位 DAC 寄存器和一个 8 位 D-A 转换器组成

C. 它的数-模转换结果取决于芯片参考电压 VREF、待转换数字量和内部电阻网络

D. DAC0832 可以选择直通、单缓冲和双缓冲 3 种工作方式

8. DAC0832 的 5 个外部控制引脚决定了其工作方式，当采用 LE = VCC，$\overline{CS}=\overline{WR1}=\overline{WR2}=\overline{XFER}$ 并接 GND 时，其工作方式是________。

A. 直通方式　　B. 单缓冲方式　　C. 双缓冲方式　　D. 错误接线状态

9. DAC0832 与反向运算放大器组合后可将数字量直接转换为电压量输出。若参考电压为 5 V，则数字量变化一个 LSB 时，输出电压的变化量约为________。

A. −100 mV　　B. −50 mV　　C. −30 mV　　D. −20 mV

10. ADC0809 芯片是 $m$ 路模拟输入的 $n$ 位 A-D 转换器，$m$ 和 $n$ 是________。

A. 8，8　　B. 8，9　　C. 8，16　　D. 1，8

11. 若 ADC0809 的 ADDA、ADDB 和 ADDC 引脚分别接 GND、VCC 和 VCC 时，选中的多路模拟量是第________通道。

A. 0　　B. 3　　C. 5　　D. 7

二、思考问答题

1. 什么是系统总线？包括哪些总线？

2. AT89S51 单片机如何构造外部系统总线？

3. 访问外部地址的软件方法有哪些？

4. 并行 DAC0832 和单片机的接口方式有哪几种？

5. 单片机控制 DAC0832 如何产生三角波、锯齿波、正弦波？

6. ADC0809 模-数转换器如何与 AT89S51 单片机连接，如何控制转换？

7. 为什么串行芯片在单片机应用系统中更常用？

8. 常用的串行扩展芯片有哪些？

# 第 9 章　单片机应用系统的设计与开发

## 内容指南

本章主要介绍单片机应用系统的一般组成结构、设计步骤以及应用系统设计应考虑的问题，同时介绍目前流行的单片机在线仿真开发工具及如何利用仿真开发工具对单片机应用系统进行开发调试，以及单片机应用系统的抗干扰和可靠性设计。

## 学习目标

- 了解单片机应用系统的一般组成结构。
- 了解单片机应用系统的设计步骤和应考虑的问题。
- 了解单片机应用系统的在线仿真与调试工具。
- 了解单片机应用系统的抗干扰与可靠性设计措施。

## 9.1　单片机应用系统的一般组成结构

一个完整的单片机测控系统是由单片机最小系统、前向通道、后向通道、人机交互通道和相互通道组成，如图 9-1 所示。

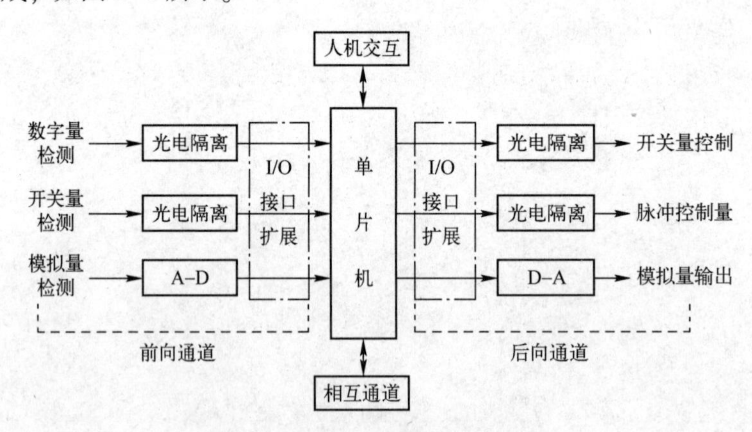


图 9-1　单片机应用系统组成框图

1）单片机最小系统：由单片机芯片、复位电路和时钟电路的外接元件构成，AT89S51 单片机的最小系统如图 9-2 所示。

AT89S51 片内有 4 KB 闪烁存储器，128 B RAM 和 4 个并行 I/O（或称 32 位 I/O），其本身就是一个数字量输入/输出的最小应用系统。在构建 AT89S51 最小应用系统时，AT89S51 只需要外接时钟电路和复位电路即可，它只能完成单片机的一些基本操作和控制，例如，无须端口驱动/隔离/扩展的开关量输入/输出功能等。

2）前向通道：也称为输入通道，是单片机实现外部信息输入的通道，主要是各种开关量、数字量输入或模拟量输入。对于开关量和数字量输入，通常要加光电隔离以增强单片机系统的抗干扰能力；对于模拟量检测，模拟信号进入 A-D 之前通常要进行信号调理（放大、滤波、隔离、量程调整）以适应所选 A-D 的输入范围。有些型号的单片机内部包含 A-D，就可利用内部的 A-D 转换器。

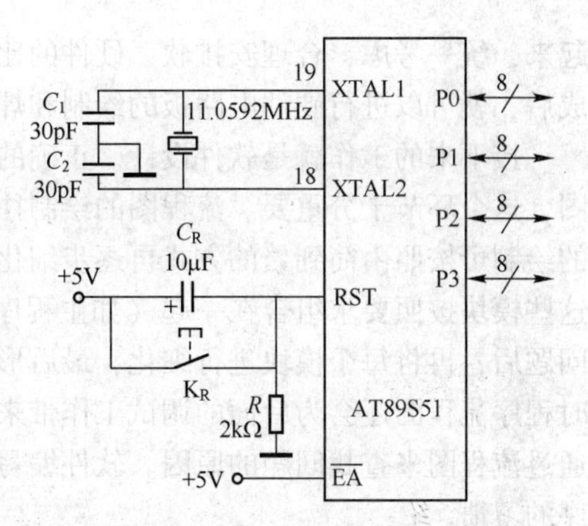

图 9-2　AT89S51 单片机最小系统

3）后向通道：也称为输出通道，是单片机实现外部信息输出的通道，包括数字量、开关量控制信号的输出和模拟量信号（常用于伺服控制）的输出。后向通道包含 D-A 转换电路、输出驱动电路等，在干扰严重的应用场合，开关量也要考虑光电隔离。有些型号的单片机内部包含 D-A，就可利用内部的 D-A 转换器。

4）人机交互通道：是对应用系统进行干预或了解系统运行状态所设置的通道，主要有键盘、显示器等人机交互设备及接口电路。

5）相互通道：是解决计算机系统之间信息交换目的而建立的数据传输通道，通常为标准的串行接口方式。

## 9.2　单片机应用系统的设计步骤

单片机应用系统是指以单片机为核心，配以一定的外围设备和软件，能实现用户所要求的测控功能的系统。

设计单片机应用系统之前，首先需要经过深入细致的需求分析，周密而科学的方案论证。一个单片机应用系统设计，一般可分为 4 个阶段。

**1. 明确任务、需求分析及拟定设计方案阶段**

明确系统所要完成的任务十分重要，它是系统设计工作的基础、系统设计方案正确性的保证。

需求分析的内容主要包括被测控参数的形式（电量、非电量、模拟量、数字量等）、被测控参数的范围、性能指标、系统功能、工作环境、显示、报警、打印要求等。

拟定设计方案是根据任务的需求分析，先确定大致方向和准备采用的手段。注意，在进行设计方案确定的时候，简单的方法往往可以解决大问题，切忌“将简单的问题复杂化”。

**2. 硬件和软件设计阶段**

根据拟定的设计方案，设计出相应的系统硬件电路。硬件设计的前提是必须能够完成系统的要求和保证可靠性。在硬件设计时，如果能够将硬件电路设计与软件设计结合起来考虑效果会更好。因为当有些问题在硬件电路中无法完成时，可直接由软件来完成（如某些软件滤波、校准功能等）；当软件编写程序很麻烦的时候，通过稍稍改动硬件电路（或尽可能不改动）可能会使软件变得十分简单。另外在一些要求系统实时性强、响应速度快的场合，则往往必须用硬件代替软件来完成某些功能。所以在硬件设计时，最好能与软件的设计结合起来，统一考虑，合理安排软、硬件的比例，使系统具有最佳的性价比。当硬件电路设计完成后，就可以进行硬件电路板的绘制和焊接工作了。

接下来的工作就是软件设计。正确的编程方法就是根据需求分析，先绘制出软件的流程图，这个环节十分重要。流程图的绘制往往不能一次成功，通常需要进行多次修改。流程图的绘制可按照由简到繁的方式再逐步细化，先绘制系统大体上需要执行的程序模块，然后将这些模块按照要求组合在一起（如主程序、子程序以及中断服务子程序等），在大方向没有问题后，再将每个模块进行细化，最后形成软件流程图。这样程序的编写速度就会很快，同时程序流程图还会为后面的调试工作带来很多方便，如程序调试中某个模块不正常，就可以通过流程图来查找问题的原因。软件编写者一定要克服不绘制流程图直接在计算机上编写程序的习惯。

设计者在上述的软硬件设计完成后，可先使用单片机的 EDA 软件仿真开发工具 Proteus，进行单片机系统的仿真设计。使用软件仿真开发工具 Proteus 完成的单片机系统设计与用户样机在硬件上无任何联系，这是一种完全用软件手段来对单片机硬件电路和软件进行设计、开发与仿真调试的开发工具。如果先在软件仿真工具的环境下进行设计并调试通过，虽然还不能完全说明实际系统完全通过，至少在逻辑上是行得通的。在软件仿真通过后，再进行软硬件设计与实现，可大大减少设计上所走的弯路。这也是目前流行的一种开发方法。

**3. 硬件与软件联合调试阶段**

上述的软硬件设计完成之后，下一步就是软硬件的联合调试。这要通过硬件仿真开发工具来进行，具体的调试方法和过程将在本章的后面进行介绍。

所有软件和硬件电路全部调试通过，并不意味着单片机系统的设计成功，还需要通过实际运行来调整系统的运行状态。例如，运行系统中的 A-D 转换结果是否正确，如果不正确，是否要调零和调整基准电压等。

**4. 资料与文档整理编制阶段**

系统调试通过，就进入资料与文件整理编制阶段。

资料与文件包括任务描述、设计的指导思想及设计方案论证、性能测定及现场试用报告与说明、使用指南、软件资料（流程图、子程序使用说明、地址分配、程序清单）、硬件资料（电路原理图、元件布置图及接线图、接插件引脚图、线路板图、注意事项）。

文件不仅是设计工作的结果，而且是以后使用、维修以及进一步再设计的依据。因此，要精心编写，描述清楚，使数据及资料齐全。

## 9.3 应用系统设计应考虑的问题

### 9.3.1 硬件设计应考虑的问题

在硬件设计时，应重点考虑以下问题。

**1. 尽可能采用功能强的芯片**

1）单片机选型。单片机的集成度越来越高，许多外围部件都已集成在芯片内，有的单片机本身就是一个系统，这可省去许多外围部件的扩展工作，使设计工作简化。第 1 章已介绍较为流行的各种单片机，根据需求，选择合适机型。例如，目前市场上较为流行的美国Cygnal公司的C8051F020 8位单片机，片内集成有8通道A-D、两路D-A、两路电压比较器，内置温度传感器、定时器、可编程数字交叉开关和64个通用I/O口、电源监测、看门狗、多种类型的串行总线（两个UART、SPI）等。用1片C8051F020单片机就构成一个应用系统。如果系统需要较大的I/O驱动能力和较强的抗干扰能力，可考虑选用AVR单片机。

2）优先选片内有闪存的产品。例如，使用Atmel公司的AT89S5x系列产品，Philips公司的89C58（内有32 KB的闪烁存储器）等，可省去片外扩展程序存储器的工作，减少芯片数量，缩小系统体积。

3）RAM容量的考虑。多数单片机片内的RAM单元有限，当需增强数据处理功能时，往往会觉得不足，这就要求系统配置外部RAM，如6264、62256芯片等。如处理的数据量大，需更大的数据存储器空间，可采用数据存储器芯片DS12887，其容量为256 KB，内有锂电池保护，保存数据可达10年以上。

4）对I/O端口留有余地。在样机研制出来现场试用时，往往会发现一些被忽视的问题，而这些问题是不能单靠软件措施来解决的。如有新的信号需要采集，就必须增加输入检测端；有些物理量需要控制，就必须增加输出端。如果在硬件设计之初多设计留有一些I/O端口，这些问题就会迎刃而解。

5）预留A-D和D-A通道。与上述I/O端口同样原因，留出一些A-D和D-A通道将来可能会解决大问题。

**2. 以软代硬**

在原则上，只要软件能做到且能满足性能要求，就不用硬件。硬件多不但增加成本，而且系统故障率也会提高。以软带硬的实质是以时间换空间，软件执行过程需要消耗时间，因此带来的问题就是实时性下降。在实时性要求不高的场合，以软代硬是很合算的。

**3. 工艺设计**

工艺设计包括机箱、面板、配线、接插件等，须考虑到安装、调试、维修方便。另外，硬件抗干扰措施（将在本章后面介绍）也须在硬件设计时一并考虑进去。

### 9.3.2 软件设计应考虑的问题

在软件设计时，应考虑以下问题。

**1. 总体规划**

软件所要完成的任务已在总体设计时规定，在具体软件设计时，要结合硬件结构，进一步明确软件所承担的每一个任务细节，确定具体实施的方法，合理分配资源。

**2. 程序设计技术**

合理的软件结构是设计一个性能优良的单片机应用系统软件的基础。在程序设计中，应培养结构化程序设计风格，各功能程序实行模块化、子程序化。一般有以下两种设计方法：

1）模块程序设计。模块程序设计是单片机应用中常用的一种程序设计技术。它是把一个较长的程序分解为若干个功能相对独立的较小的程序模块，各个程序模块分别设计、编程和调试，最后由各个调试好的模块组成一个大的程序。其优点是单个功能明确的程序模块的设计和调试比较方便，容易完成，一个模块可以为多个程序所共享。缺点是各个模块的连接有时有一定难度。

2）自顶向下的程序设计。自顶向下程序设计时，先从主程序开始设计，从属程序或子程序用符号来代替。主程序编好后再编制各从属程序和子程序，最后完成整个系统软件的设计。其优点是比较符合人们的日常思维，设计、调试和连接同时按一个线索进行，程序错误可以较早地发现。缺点是上一级的程序错误将对整个程序产生影响，一处修改可能引起对整个程序的全面修改。

**3. 程序设计**

在选择好软件结构和所采用的程序设计技术后，便可着手进行程序设计，将设计任务转化为具体的程序。

1）建立数学模型。根据设计任务，描述出各输入变量和各输出变量之间的数学关系，此过程即为建立数学模型。数学模型随系统任务的不同而不同，其正确度是系统性能好坏的决定性因素之一。

2）绘制程序流程图。通常在编写程序之前先绘制程序流程图，以提高软件设计的总体效率。程序流程图以简明直观的方式对任务进行描述，并很容易由此编写出程序，故对初学者来说尤为适用。

在设计过程中，先画出简单的功能性流程图（粗框图），然后对功能流程图进行细化和具体化，对存储器、寄存器、标志位等工作单元做具体的分配和说明，将功能流程图中每一个粗框的操作转变为具体的存储器单元、工作寄存器或I/O口的操作，从而给出详细的程序流程图（细框图）。

3）程序的编制。在完成程序流程图设计以后，便可以编写程序。程序设计语言对程序设计的影响较大。汇编语言是最为常用的单片机程序语言，用汇编语言编写程序代码精简，直接面向硬件电路进行设计，速度快，但进行大量数据运算时，编写难度将大大增加，不易阅读和调试。在有大量数据运算时可采用C语言（如MCS-51的C51）或PL/M语言。

在编写程序时，应注意系统硬件资源的合理分配与使用、子程序的入/出口参数的设置与传递，采用合理的数据结构、控制算法，以满足系统要求的精度。在存储空间分配时，应将使用频率最高的数据缓冲器设在内部RAM；标志应设置在片内RAM位操作区（20H~2FH）中；指定用户堆栈区，栈区的大小应留有余量；余下部分作为数据缓冲区。

在编写程序过程中，根据流程图逐条用符号指令来描述，即得汇编语言源程序。应按MCS-51汇编语言的标准符号和格式书写，在完成系统功能的同时应注意保证设计的可靠性，如数字滤波、软件陷阱、保护等。必要时可做若干功能性注释，提高程序的可读性。

**4. 软件装配**

各程序模块编辑之后，需进行汇编或编译、调试，当满足设计要求后，将各程序模块按照软件结构设计的要求连接起来，即为软件装配，从而完成软件设计。在软件装配时，应注意软件接口。

## 9.4 单片机应用系统的仿真开发与调试

当一个单片机应用系统（用户样机）完成了硬件和软件设计，全部元器件安装完毕后，在用户样机的程序存储器中放入编写好的应用程序，系统即可运行。但应用程序运行一次性成功几乎是不可能的，多少会存在一些软件、硬件上的错误，需借助单片机的仿真开发工具进行调试，发现错误并加以改正。

AT89S51 单片机只是一个芯片，既没有键盘，又没有显示器，无法进行软件的开发（如编辑、汇编、编译、调试程序等），必须借助某种开发工具（也称为仿真开发系统）所提供的开发手段来进行。

## 9.4.1 仿真开发系统的种类与基本功能

“仿真”就是利用仿真开发工具提供的可控手段来模仿单片机系统真实运行的情况。在单片机系统调试中，仿真应用的范围主要集中在对程序的仿真上。例如，在单片机的开发过程中，程序的设计是最为重要的但也是难度最大的。一种最简单和原始的开发流程是编写程序→烧写芯片→验证功能，这种方法对于简单的小系统是可行的，但在较大的程序中使用这种方法则是行不通的。

仿真的种类主要分为两大类：软件仿真和硬件仿真。

1）软件仿真。软件仿真主要是使用软件来模拟单片机运行，因此具有仿真与硬件无关的优点，不需搭建硬件电路就可以对程序进行验证，特别适合于偏重算法的程序。缺点是无法完全仿真与硬件相关的部分，最终还要通过硬件仿真来完成最终的设计。

2）硬件仿真。使用附加的硬件来替代用户系统的单片机并完成单片机全部或大部分的功能，就可对程序的运行进行控制。例如，单步、全速、断点等，在程序的运行中，在设置断点处查看某寄存器、存储器单元内容。硬件仿真是开发过程中所必须的过程，人们把实现硬件仿真功能的开发工具称为仿真器。

仿真开发工具应具有如下最基本的功能：

1）用户程序的输入与修改。

2）程序运行、调试（单步运行、设置断点运行）、排错、状态查询等功能。

3）用户样机硬件电路的诊断与检查。

4）有较全的开发软件。用户可用汇编语言或 C 语言编制应用程序；由开发系统编译链接生成目标文件、可执行文件。配有反汇编软件，能将目标程序转换成汇编语言程序；有丰富的子程序或库函数可供用户选择调用。

5）将调试正确的程序写入程序存储器中。

## 9.4.2 仿真开发系统简介

目前使用较多的仿真开发系统大致分为如下两类。

**1. 通用机仿真开发系统**

通用机仿真开发系统是目前使用最多的一类开发装置。这是一种通过 PC 的并行口、串行口或 USB 口，外加在线仿真器的仿真开发系统，如图 9-3 所示。

图 9-4 为在线仿真器与 PC 以及用户样机的实际连接图。在线仿真器一侧与 PC 的 USB 口（或并行口、串行口）相连。在调试程序时，在线仿真器另一侧的仿真插头插入用户样机空出的单片机插座上，来对样机上的单片机进行“仿真”。从仿真插头向在线仿真器看去，看到的就是一个“单片机”。这个“单片机”是用来“代替”用户样机上的单片机。但是这个“单片机”片内程序的运行是由 PC 软件控制的。由于在线仿真器有 PC 及其仿真开

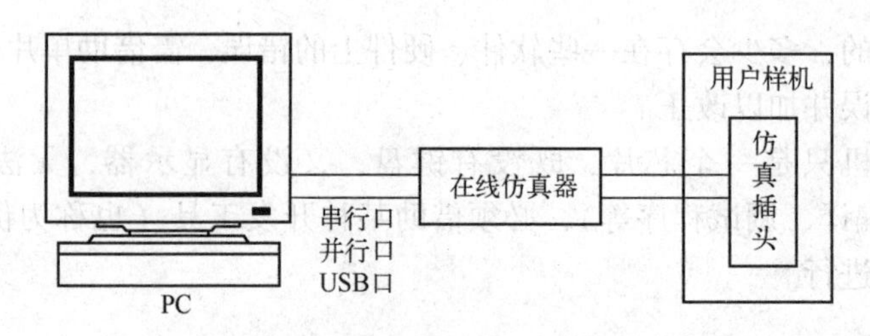

图 9-3　通用机仿真开发系统

发软件的强大支持，可在 PC 的屏幕上观察用户程序的运行情况，可采用单步、设断点等手段逐条跟踪用户程序并进行修改和调试，查找软、硬件故障。

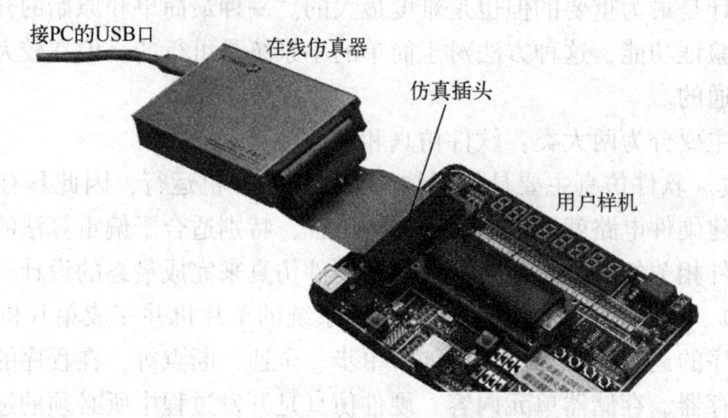

图 9-4　在线仿真器与用户样机的连接

在线仿真器除了“出借”单片机外，还“出借”存储器，即仿真 RAM。也就是说，在用户样机调试期间，仿真器把开发系统的一部分存储器“变换”成为用户样机的存储器。这部分存储器与用户样机的程序存储器具有相同的存储空间，用来存储待调试的用户程序。

当仿真器与 PC 联机后，用户可利用 PC 上的仿真开发软件，在 PC 上编辑、修改源程序，然后通过交叉汇编软件将其汇编成机器代码，传送到在线仿真器的仿真 RAM 中。这时用户可用单步、断点、跟踪、全速等方式运行用户程序，系统状态实时地显示在屏幕上。待程序调试通过后，再使用仿真开发系统提供的编程器或专用编程器，把调试完毕的程序写入单片机的 Flash 存储器或外扩的 EPROM 中。

随着集成电路芯片技术的发展，很多单片机生产厂商在芯片内部增加了仿真功能，即内嵌仿真功能的单片机芯片，仿真调试一般通过 JTAG 接口进行控制。为了降低成本和增加可靠性，内嵌的仿真部分一般功能比较简单。

为满足工业现场调试的需要，还有一种独立型仿真器。该类仿真器采用模块化结构，配有不同外设，如外存板、打印机、键盘/显示器等，用户可根据需要选用。在工业现场，往往没有 PC 的支持，这时使用独立型仿真器也可进行仿真调试工作，只不过要输入机器码，稍显麻烦一些。

**2. 单片机系统虚拟仿真开发工具 Proteus**

单片机虚拟仿真开发工具是一种完全用软件手段对单片机应用系统进行仿真开发，它与用户样机在硬件上无任何联系，通常这种系统是由 PC 上安装仿真开发工具软件构成，可进行系统的虚拟设计与仿真调试。

Proteus 软件是英国 Lab Center Electronics 开发的虚拟仿真软件，为各种实际的单片机系统开发提供了功能强大的 EDA 工具，已有近 20 年的历史。它除了具有和其他 EDA 工具一样的原理编辑、印制电路板自动或人工布线及电路仿真功能外，最大特色是用户可对单片机连同所有外围接口、电子器件以及外部的测试仪器一起仿真。可直接在基于单片机原理图的虚拟模型上进行编程，并实现源代码级的实时调试。Proteus 软件具有如下特点：

1）能够对模拟电路、数字电路进行仿真。

2）除了仿真 51 系列单片机外，Proteus 软件还可仿真 68000 系列、AVR 系列、PIC12-18 系列、Z80 系列、HC11 等其他各系列单片机。

3）具有硬件仿真开发系统中的全速、单步、设置断点等调试功能，同时可观察各个变量、寄存器等的当前状态。

4）提供各种单片机与丰富的外围接口芯片、存储器芯片组成的系统仿真、RS-232 动态仿真、$I^2C$ 调试器、SPI 调试器、键盘和 LCD 系统仿真的功能。

5）提供丰富的虚拟仪器，如示波器、逻辑分析仪、信号发生器等。利用虚拟仪器在仿真过程中可以测量系统外围电路的特性，设计者可充分利用 Proteus 软件提供的虚拟仪器，来进行系统的软件仿真测试与调试。

总之，Proteus 软件是一款功能强大的单片机软件仿真开发工具。

在使用 Proteus 对 51 内核单片机进行仿真开发时，编译调试环境可选用 Keil uVision 4 软件。该软件支持众多不同公司的 MCS-51 架构的芯片，集编辑、编译和程序仿真等于一体，同时还支持汇编和 C 语言的程序设计，界面友好易学，在调试程序、软件仿真方面有强大的功能。

用仿真开发工具软件 Proteus 调试不需任何硬件在线仿真器，也不需要用户硬件样机，直接可以在 PC 上开发和调试单片机软件。调试完毕的软件可以将机器代码固化，一般能直接投入运行。

尽管 Proteus 仿真开发软件具有开发效率高，不需要附加任何硬件开发装置成本。但是软件模拟器是使用纯软件来仿真，对实时性还不能完全准确地模拟，不能进行用户样机硬件部分的诊断与实时在线仿真。因此在系统开发中，一般是先用 Proteus 设计出系统的硬件电路，编写程序，再在 Proteus 环境下仿真调试通过。然后依照仿真的结果，完成实际的硬件设计，并将仿真通过的程序用烧录器写入程序存储器中，再安装到用户样机硬件板上观察运行结果，如有问题，再连接硬件仿真器去分析、调试。

### 9.4.3 用户样机的仿真调试

本节介绍如何使用仿真开发工具进行汇编语言源程序编写、调试以及与用户样机硬件联调工作。

**1. 用户样机的程序调试**

用户源程序调试过程如图 9-5 所示，分为以下 4 个步骤：

1）输入用户源程序。用户使用编辑软件 WS，按照汇编语言源程序要求的格式、语法规定，把源程序输入 PC 中，并保存在磁盘上。

2）在 PC 上，利用汇编程序对用户源程序进行汇编，直至语法错误全部纠正为止。如无语法错误，则进入下一个步骤。

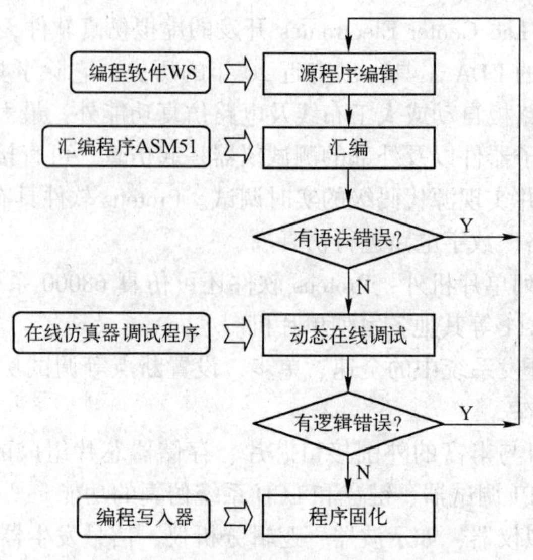

图 9-5　用户样机软件设计、调试的过程

3）动态在线调试。这一步对用户的源程序进行调试。上述的步骤 1、步骤 2 是一个纯粹的软件运行过程，这一步必须要有在线仿真器配合，才能对用户源程序进行调试。用户程序中分为与用户样机硬件无关以及与用户样机紧密相关的程序。

对于与用户样机硬件无关的程序（如计算程序），虽无语法错误，但可能存在逻辑错误，使计算结果不正确，此时必须借助于在线仿真器的动态在线调试手段，如单步运行、设置断点等，发现逻辑错误，然后返回到步骤 1 修改，直至逻辑错误纠正为止。

对于与用户样机硬件紧密相关的程序段（如接口驱动程序），一定要先把在线仿真器的仿真插头插入用户样机的单片机插座中，进行在线仿真调试，利用仿真开发系统提供的单步、设置断点等调试手段，来进行系统的调试。部分程序段运行有可能不正常，可能是软件逻辑上有问题，也可能是硬件有故障，必须通过仿真工具提供的调试手段，把硬件故障排除后，再与硬件配合，对用户程序进行动态在线调试。对于软件的逻辑错误，则返回到第一步进行修改，直至逻辑错误消除为止。在调试这类程序时，硬件调试与软件调试是不能完全分开的。许多硬件错误是通过软件的调试而发现和纠正的。

4）将调试完毕的用户程序通过编程写入器（也称烧写器），固化在程序存储器中。

**2. 用户样机的硬件调试**

用户样机全部焊接完毕后，就可对样机的硬件进行调试。首先进行静态调试，目的是排除明显的硬件故障，然后进行在线仿真与动态调试。

（1）静态调试

静态调试工作分两步：

第一步是在用户样机加电前，根据硬件设计图，用万用表等工具，仔细检查样机线路是否连接正确，并核对元器件型号、规格和安装是否符合要求，应特别注意电源系统的检查，防止电源的短路和极性错误，并重点检查系统总线（地址总线、数据总线和控制总线）是否存在相互之间短路或与其他信号线短路。

第二步是加电后检查各芯片插座上有关引脚的电位，测量各点电平是否正常，尤其应注意 AT89S51 插座的各点电位，若有高压，与在线仿真器联机调试时，将会损坏在线仿真器。具体步骤如下：

1）电源检查。当用户样机板连接或焊接完成之后，先不插主要元器件，通上电源。通常用+5V 直流电源（这是 TTL 电源），用万用表电压档测试各元器件插座上相应电源引脚电压数值是否正确，极性是否符合。如有错误，要及时检查、排除，以使每个电源引脚的数值都符合要求。

2）各元器件电源检查。断开电源，按正确的元器件方向插上元器件。最好是分别插入，分别通电，逐一检查每个元器件上的电源是否正确，直到最后全部插上元器件。通电后，每个元器件上电源值应正确无误。

3）检查相应芯片的逻辑关系。通常采用静态电平检查法，即在一个芯片信号输入端加入一个相应电平，检查输出电平是否正确。单片机系统多为数字逻辑电路，使用电平检查法可首先检查出逻辑设计是否正确，选用的元器件是否符合要求，逻辑关系是否匹配，元器件连接关系是否符合要求等。

（2）在线仿真与动态调试

用户样机中的硬件故障（如各个部件内部存在的故障和部件之间连接的逻辑错误）主要是靠联机在线仿真来排除的。

在断电情况下，除单片机外，插上所有的元器件，并把在线仿真器的仿真插头插入样机上 AT89S51 的插座，然后分别打开用户样机和仿真器电源后便可开始联机在线仿真调试。

前面已介绍，硬件调试和软件调试是不能完全分开的，许多硬件错误是在软件调试中发现和被纠正的。所以，在之前介绍的有关用户样机软件调试的动态在线调试中，即包括联机仿真、硬件在线动态调试以及硬件故障的排除。

下面介绍在仿真开发机上如何利用简单调试程序检查用户样机。

利用仿真开发系统对用户样机进行硬件检查，常常按其功能及 I/O 通道分别编写相应简短的实验程序，来检查各部分功能及逻辑是否正确，下面简单介绍。

1）检查各地址译码输出。通常，地址译码输出是一个低电平有效信号。因此在选到某一个芯片时（无论是内存还是外设），其片选信号用示波器检查应该是一个负脉冲信号。由于使用的时钟频率不同，其负脉冲的宽度和频率也有所不同。注意，在使用示波器测量用户样机板的某些信号时，要将示波器电源插头上的地线断开，这是由于示波器测量探头一端连到外壳，在有些电源系统中，保护地和电源地是连在一起的，有时会将电源插座插反，将交流 220V 直接引到测量端，而将用户样机板全部烧毁，并且会殃及在线仿真器。

例如，一片 6116 存储芯片地址为 2000～27FFH，则可在开发系统上执行循环读 2000H 单元的内容到 A 累加器中。

程序执行后，应该从 6116 存储器芯片的片选端看到等间隔的一串负脉冲，说明该芯片片选信号连接是正确的，即使不插入该存储器芯片，只测量插座相应片选引脚也会有上述结果。用同样的方法，可将各内存及外设接口芯片的片选信号逐一进行检查。如出现不正确的现象，就要检查片选线连线是否正确，有无接触不良或错线、断线问题。

2）检查 RAM 存储器。检查 RAM 存储器时可编写程序，对 RAM 存储器进行写入，然后再读出，将写入和读出的数据进行比较，发现错误，立即停止。

3）检查 I/O 扩展接口。对可编程接口芯片，如 82C55，首先要对该接口芯片进行初始化，再对其I/O端口进行I/O操作。初始化要按设计要求进行，这个初始化程序调试好后就可作为正式编程的相应内容。初始化后，可对其端口进行读/写。对开关量I/O，在样机上利用钮子开关和发光二极管模拟，也可接上驱动板检查。在一般情况下，用户样机先调试，驱动板单独进行调试，这样故障排除更方便些。

如用自动程序检查端口状态不易观察时，可用开发系统的单步功能，单步执行程序，检查内部寄存器的有关内容或外部相应信号状态，并确定开关量输入/输出通道连接是否正确。

对于锁存器和缓冲器，可直接对其端口进行读/写，不存在初始化的问题。

通过介绍的调试用户样机过程，读者可体会到离开仿真开发系统就根本不可能进行用户样机的调试，而调试的关键步骤——动态在线仿真调试，又完全依赖于开发系统中的在线仿真器。所以，开发系统性能主要取决于在线仿真器的性能，在线仿真器提供的仿真开发手段，直接影响设计者的设计、调试工作的效率。所以，对设计者来说，在了解开发系统的种类和性能之后，选择一个性价比高的仿真开发系统，并能够熟练地使用它来调试用户样机是十分重要的。

## 9.5 单片机应用系统的抗干扰与可靠性设计

随着单片机应用系统在测控领域的广泛应用，单片机系统的可靠性越来越受到人们的关注。可靠性是由多种因素决定的，其中的抗干扰性能的好坏是影响可靠性的重要因素。

一般把影响单片机测控系统正常工作的信号称为噪声，又称为干扰。在系统中，出现干扰，就会影响指令的正常执行，造成控制事故或控制失灵；会在测量通道中产生干扰，使测量产生误差。

本节介绍单片机应用系统设计中的抗干扰设计及提高可靠性的一些方法和措施。

### 9.5.1 AT89S51片内看门狗定时器的使用

当AT89S51系统受到干扰可能会失控，会引起程序“跑飞”或使程序陷入“死循环”，系统将完全瘫痪。如果操作人员在场，可按下人工复位按钮，强制系统复位。但操作人员不可能一直监视着系统，即使监视着系统，也往往是在引起不良后果之后才进行人工复位。能否不要人来监视，使系统摆脱“死循环”，重新执行正常的程序呢？这可采用“看门狗”(Watchdog，WDT）技术来解决这一问题。

“看门狗”是使用一个WDT计数器来不断计数，监视程序的运行。当WDT计数器运行后，如程序正常运行，程序会定期地把WDT计数器清0，以保证不溢出。如程序没有正常运行（比如受干扰进入死循环)，则WDT计数器就会溢出。AT89S51片内集成的“看门狗”WDT包含一个14位计数器和看门狗定时器复位寄存器（WDTRST）。当程序“跑飞”或陷入“死循环”时，也就不能定时地把WDT计数器清0，计数器值计满溢出时，将在AT89S51的RST引脚上输出一个正脉冲使单片机复位，在系统的复位入口0000H处安排一条跳向出错处理程序段的指令或重新从头执行程序，而使程序摆脱“跑飞”或“死循环”。

使用看门狗时，用户只要向寄存器WDTRST（地址为A6H）先写1EH，紧接着写入E1H，WDT计数器便启动计数。实际应用中，为防止WDT计数器启动后产生不必要的溢出，应在执行程序的过程中，用户不断地复位WDTRST，即向WDTRST寄存器写入数据1EH和E1H。

在程序编写中，一般把复位 WDTRST 的这两条指令设计为一个子程序，只要在程序的正常运行中，不断调用该子程序，把计数器清 0，使其不溢出即可。

## 9.5.2 软件滤波

对实时数据采集系统，为了消除传感器通道中的干扰信号，常采用硬件滤波器先滤除干扰信号，再进行 A-D 转换；也可采用先 A-D 转换，再对 A-D 转换后的数字量进行软件滤波消除干扰。下面介绍几种软件滤波的方法。

**1. 算术平均滤波法**

对一点数据连续取 $n$ 个值进行采样，然后求算术平均。这种方法一般适用于具有随机干扰的信号的滤波。这种信号的特点是有一个平均值，信号在某一数值范围附近上下波动。这种滤波法，当 $n$ 值较大时，信号的平滑度高，但灵敏度低；当 $n$ 值较小时，平滑度低，但灵敏度高。应视具体情况选取 $n$ 值，既要节约时间，又要滤波效果好。对于一般流量测量，通常取经验值 $n=12$；若为压力测量，则取经验值 $n=4$。在一般情况下，经验值 $n$ 取 3~5 次平均即可。

**2. 滑动平均滤波法**

算术平均滤波法，每计算一次数据需要测量 $n$ 次。对于测量速度较慢或要求数据计算速度较快的实时控制系统来说，该法无效。滑动平均滤波法只需测量一次，就能得到当前算术平均值。

滑动平均滤波法把 $n$ 个采样值看成一个队列，队列的长度为 $n$，每进行一次采样，就把最新的采样值放入队尾，而扔掉原来队首的一个采样值，这样在队列中始终有 $n$ 个“最新”采样值。对队列中的 $n$ 个采样值进行平均，就可以得到新的滤波值。

滑动平均滤波法对周期性干扰有良好的抑制作用，平滑度高，灵敏度低；但对偶然出现的脉冲性干扰的抑制作用差，不易消除由此引起的采样值的偏差，因此不适用于脉冲干扰比较严重的场合。通常，观察不同 $n$ 值下滑动平均的输出响应，据此选取 $n$ 值，以便既少占用时间，又能达到最好的滤波效果，其工程经验值可参考表 9-1。

**表 9-1　$n$ 的工程经验值**

| 参　数 | 温　度 | 压　力 | 流　量 | 液　位 |
| --- | --- | --- | --- | --- |
| $n$ 值 | 1~4 | 4 | 12 | 4~12 |

**3. 中位值滤波法**

中位值滤波法是对某一被测参数接连采样 $n$ 次（一般 $n$ 取奇数），然后把 $n$ 次采样值按大小排列，取中间值为本次采样值。这能有效地克服因偶然因素引起的波动干扰，对温度、液位等变化缓慢的被测参数能收到良好的滤波效果，但对流量、速度等快速变化的参数一般不宜采用本法。

中位值滤波法的实质是，首先把 $n$ 个采样值从小到大或从大到小进行排序，然后取中间值。$n$ 个数据按大小顺序排队的具体做法是采用“冒泡法”进行比较，直到最大数沉底为止，然后重新进行比较，把次大值放到 $n-1$ 位，以此类推，则可将 $n$ 个数按从小到大顺序排列。

**4. 去极值平均值滤波法**

前面介绍的算术平均与滑动平均滤波法，在脉冲干扰比较严重的场合，则干扰将会

“平均”到结果中，故前述两种平均值法不易消除由于脉冲干扰而引起的误差。这时可采用去极值平均值滤波法。

去极值平均值滤波法的思想是，连续采样 $n$ 次后累加求和，同时找出其中的最大值与最小值，再从累加和中减去最大值和最小值，按 $n-2$ 个采样值求平均，即可得到有效采样值。这种方法类似于体育比赛中的去掉最高、最低分，再求平均分的评分办法。

为使去极值平均值滤波算法简单，$n-2$ 应为 2、4、6、8 或 16，故 $n$ 常取 4、6、8、10 或 18。具体做法有两种：对于快变参数，先连续采样 $n$ 次，然后再处理，但要在 RAM 中开辟 $n$ 个数据的暂存区；对慢变参数，可边采样边处理，而不必在 RAM 中开辟数据暂存区。实践中，为加快测量速度，一般 $n$ 取 4。

### 9.5.3 开关量输入/输出软件抗干扰设计

如果干扰只作用在系统的 I/O 通道上，可用如下方法减小或消除干扰。

**1. 开关量输入软件抗干扰措施**

干扰信号多呈毛刺状，作用时间短。利用该特点，在采集某一状态信号时，可多次重复采集，直到连续两次或多次采集结果完全一致时才可视为有效。若相邻的检测内容不一致，或多次检测结果不一致，则是伪输入信号，此时可停止采集，给出报警信号。由于状态信号主要来自各类开关型状态传感器，对这些信号采集不能用多次平均方法，必须绝对一致才行。

在满足实时性前提下，如果在各次采集状态信号间增加一段延时，效果会更好，以对抗较宽时间范围的干扰。延时时间在 10~100 μs。每次采集的最高次数限制和连续相同次数均可按实际情况适当调整。

**2. 开关量输出软件抗干扰措施**

输出信号中，很多是驱动各种警报装置、各种电磁装置的状态驱动信号。抗干扰的有效输出方法是，重复输出同一个数据，只要有可能，重复周期应尽量短。外设收到一个被干扰的错误信息后，还来不及做出有效的反应，一个正确的输出信息又到来了，可及时防止错误动作的产生。

在执行输出功能时，应将有关输出芯片的状态也一并重复设置。例如，82C55 芯片常用来扩展输入/输出功能，很多外设通过它们获得单片机的控制信息。这类芯片均应进行初始化编程，已明确各端口的功能。由于干扰的作用，有可能无意中将芯片的编程方式改变。为了确保输出功能正确实现，输出功能模块在执行具体的数据输出之前，应先执行对芯片的初始化编程指令，再输出有关数据。

### 9.5.4 过程通道干扰的抑制措施

在工业现场的数据采集或实时控制中，过程通道是系统输入、输出与单片机之间进行信息传输的路径，模拟量的输入/输出、开关量输入/输出是必不可少的。这些通道的输入/输出信号线和控制线多，且长度往往达几百米或几千米，因此不可避免地将干扰引入单片机系统。消除或减弱过程通道的干扰主要采用光电隔离技术。

**1. 光电隔离的基本配置**

采用光耦合器可以将单片机与前向、后向以及其他部分切断电路的联系，能有效地防止干扰从过程通道进入单片机。其原理如图 9-6 所示。

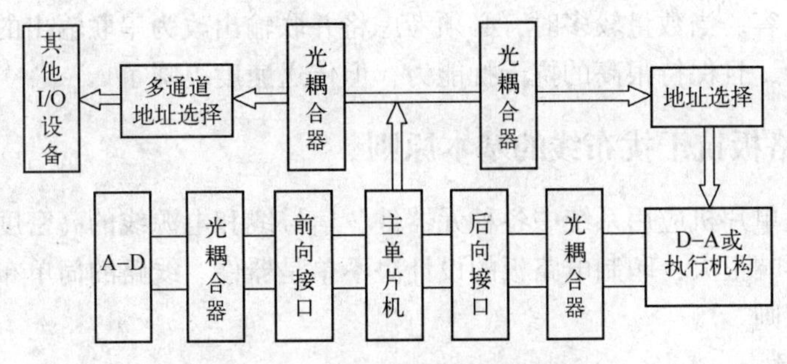


图 9-6　光耦合隔离的基本配置

光电耦合的主要优点是能有效抑制尖峰脉冲以及各种噪声干扰，从而使过程通道上的信噪比大大提高。

**2. 光电隔离的实现**

1）数据总线的隔离。对单片机数据总线进行隔离是一种十分理想的方法，全部 I/O 端口均被隔离。但由于在 CPU 数据总线上是高速（μS 级）双向传输，就要求频率响应为 MHz 级的隔离器件，而这种器件目前价格较高。因此，这种方法采用不多。

通常采用下列方法将 ADC、DAC 与单片机之间的电气联系切断。

2）对 A-D、D-A 进行模拟隔离。对 A-D、D-A 变换前后的模拟信号进行隔离，是常用的一种方法。通常采用隔离放大器对模拟量进行隔离，但所用的隔离型放大器必须满足 A-D、D-A 变换的精度和线性要求。例如，如果对 12 位 A-D、D-A 变换器进行隔离，其隔离放大器要达到 13 位，甚至 14 位精度，如此高精度的隔离放大器，价格昂贵。

3）在 I/O 与 A-D、D-A 之间进行数字隔离。这种方案最经济，也称为数字隔离。A-D 变换时，先将模拟量变为数字量，对数字量进行隔离，然后再送入单片机。D-A 变换时，先将数字量进行隔离，然后进行 D-A 变换。这种方法的优点是方便、可靠、廉价，不影响 A-D、D-A 的精度和线性度；缺点是速度不高。如果用廉价的光隔离器件，最大转换速度为每秒 3000~5000 点，这对于一般工业测控对象（如温度、湿度、压力等）已能满足要求。

图 9-7 所示是实现数字隔离的一个例子。该例将输出的数字量经锁存器锁存后，驱动光隔离器，经光电隔离之后的数字量被送到 D-A 变换器。但要注意的是，现场电源 F +5 V、现场地 FGND 和系统电源 S +5 V 及系统地 SGND，必须分别由两个隔离电源供电。

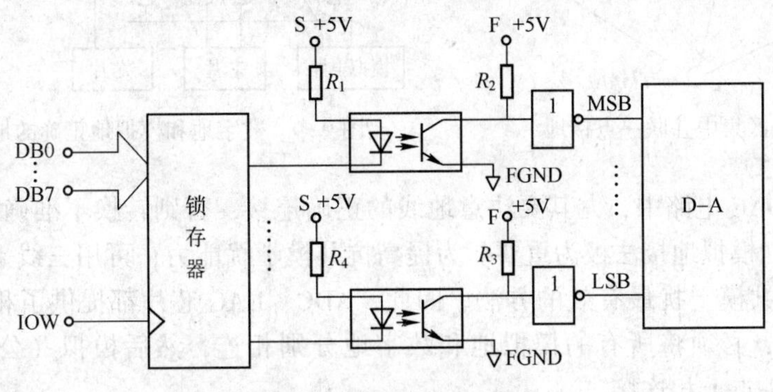


图 9-7　数字隔离原理图

还应指出的是，光隔离器件的数量不能太多，由于光隔离器件的发光二极管与受光晶体管之间存在分布电容。当数量较多时，必须考虑将并联输出改为串联输出的方式，这样可使光电器件大大减少，且保持很高的抗干扰能力，但传送速度下降了。

### 9.5.5 印制电路板抗干扰布线的基本原则

印制电路板是单片机应用系统中各种元器件、信号线和电源线的高密度集合体。布线好坏对抗干扰能力影响很大，印制电路板的设计决不单是器件、线路的简单布局安排，还必须符合抗干扰布线原则。

**1. 地线的布置**

在单片机测控系统中，地线的布置是否合理，将决定电路板的抗干扰能力。

1）地线宽度。加粗地线能降低导线电阻，它能通过3倍于印制电路板上的允许电流。如有可能，地线宽度应在2~3 mm以上，元件引脚上的接地线应该在1.5 mm左右。

2）接地线构成闭环路。在设计逻辑电路的印制电路板时，其地线构成闭环路能明显地提高抗噪声能力。闭环形状能显著地缩短线路的环路，降低线路阻抗，从而减少干扰。但要注意环路所包围的面积越小越好。

3）地线应尽量宽。最好使用大面积敷铜，这对接地问题有相当大的改善。在布线工作的最后，用地线将电路板没有走线的地方铺满，有助于增强电路的抗干扰能力。

4）分区集中并联一点接地。当同一印制电路板上有多个不同功能的电路时，可将同一功能单元的元器件集中于一点接地，自成独立回路。这就可使地线电流不会流到其他功能单元的回路中，避免对其他单元的干扰。与此同时，还应将各功能单元的接地块与主机的电源地相连接，如图9-8所示。这种接法称为“分区集中并联一点接地”。为了减小线路阻抗，地线和电源线要采用大面积汇流排。

5）数字地和模拟地的接地原则。数字地通常有很大的噪声而且电平的跳跃会造成很大的电流尖峰。所有的模拟公共导线（地）应该与数字公共导线（地）分开走线，然后只是一点汇在一起，且地线应尽量加粗，如图9-9所示。

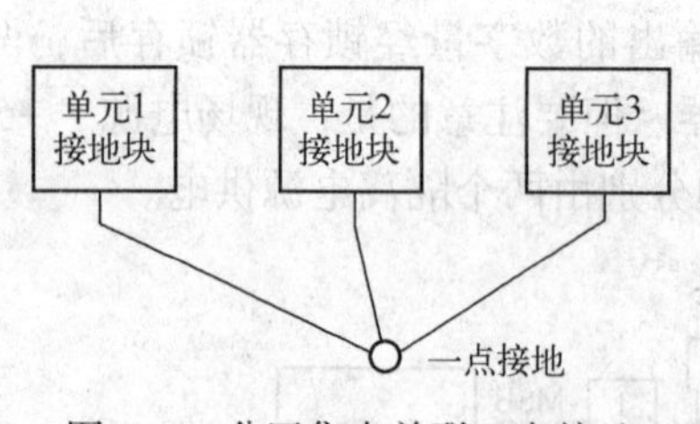

图9-8 分区集中并联一点接地

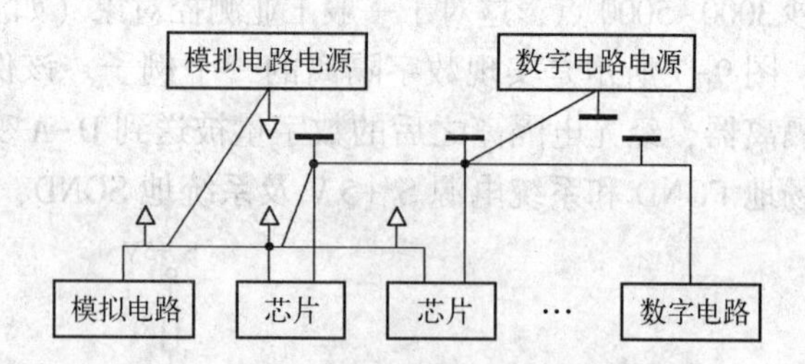

图9-9 数字地和模拟地正确的地线连接

在ADC和DAC电路中，尤其要注意地线的正确连接，否则转换不准确。在采集0~50 mV微小信号时，模拟地接法极为重要。为提高抗共模干扰能力，可用三线采样双层屏蔽浮地技术，这是抗共模干扰最有效的方法。因此，ADC、DAC芯片都提供了相应独立的模拟地和数字地引脚，必须将所有的模拟地和数字地分别相连，然后模拟（公共）地与数字（公共）地仅在一点上相连接。

6）一点接地与多点接地原则。在一般情况下，低频（1 MHz以下）电路应一点接地，如图 9-10 所示。高频（10 MHz 以上）电路应多点就近接地。因为，在低频电路中，布线和元件间的电感较小，而接地电路形成的环路，对干扰的影响却很大，因此应一点接地；对于高频电路，地线上具有电感，因为增加了地线阻抗，同时各地线之间产生了电感耦合。当频率甚高时，特别是当地线长度等于 1/4 波长的奇数倍时，地线阻抗就会变得很高，这时地线变成了天线，可以向外辐射噪声信号。

单片机测控系统的工作频率大多较低，对它起作用的干扰频率也大都在 1 MHz 以下，故宜采用一点接地。在 1 MHz ~ 100 MHz 之间，如用一点接地，其地线长度不得超过波长的 1/20，否则应该多点接地。

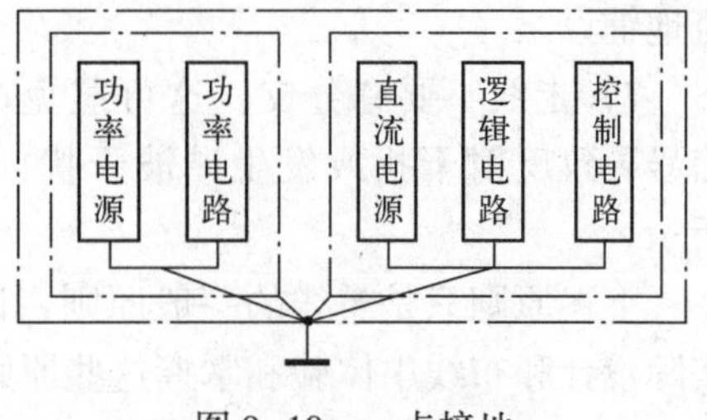

图 9-10　一点接地

**2. 电源线的布置**

电源线除了要根据电流的大小，尽量加粗导体宽度外，采取使电源线、地线的走向与数据传递的方向一致，将有助于增强抗噪声能力。

**3. 去耦电容的配置**

印制电路板上装有多片集成电路，而当其中有些元件耗电很多时，地线上会出现很大的电位差。抑制的方法是在各个集成器件的电源线和地线间分别接入去耦电容，以缩短开关电流的流通途径，降低电阻降压。这是印制电路板设计的一项常规做法。

1）电源去耦。在印制电路板的电源输入端跨接退耦电容，应为一个 10 ~ 100 μF 的大容量电解电容（如体积允许，电容量大一些更好）和一个 0.01 ~ 0.1 μF 的瓷片电容。干扰可分解成高频干扰和低频干扰两部分，并接大电容为去掉低频干扰成分，并接小电容为去掉高频干扰部分。低频去耦电容用铝或钽电解电容，高频去耦电容采用自身电感小的云母或瓷片电容。

2）集成芯片去耦。每个集成芯片都应安置一个 0.01 μF 的瓷片去耦电容，去耦电容必须安装在本集成芯片的 VCC 和 GND 线之间，否则失去了抗干扰作用。如遇到印制电路板空隙小装不下时，可每 4 ~ 10 个芯片安置一个 1 ~ 10 μF 高频阻抗特别小的钽电容器。对抗噪声能力弱，关断电流大的器件和 ROM、RAM 存储器，应在芯片的电源线 VCC 和地线（GND）间接入去耦的瓷片电容。

**4. 其他布线原则**

1）导线应当尽量做宽。数据线的宽度应尽可能宽，以减小阻抗，数据线的宽度应不小于 0.3 mm，如果采用 0.46 ~ 0.5 mm 则更为理想。

如果印制电路板上逻辑电路工作速度低于 TTL 的速度，导线条形状无特别要求；若工作速度较高使用高速逻辑器件，做导线的铜箔在 90°转弯处的导线阻抗不连续，可导致反射干扰的发生，所以宜采用图 9-11 中右侧的形状，把弯成 90°的导线改成 45°，有助于减少反射干扰的发生。

2）不要在印制电路板中留下无用的空白铜箔层，因为它们可充当发射天线或接收天线，可把它们就近接地。

3）双面布线的印制电路板，应使双面的线条垂直交叉，以减少磁场耦合，有利于抑制干扰。

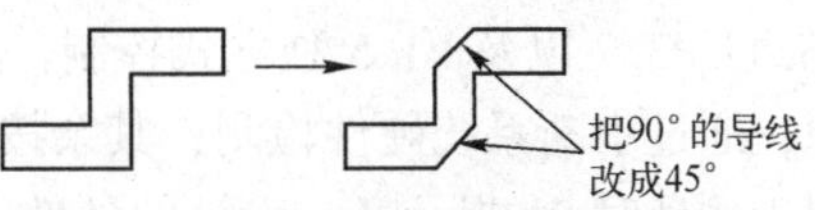

图 9-11　90°转弯处的导线改成 45°

4）导线间距离要尽量加大。对于信号回路，印制铜箔条的相互距离要有足够的尺寸，而且这个距离要随信号频率的升高而加大，尤其是频率极高或脉冲前言十分陡峭的情况更要注意，只有这样才降低导线之间分布电容的影响。

5）高电压或大电流线路对其他线路更容易形成干扰，低电平或小电流信号线路容易受到感应干扰，布线时使两者尽量相互远离，避免平行铺设，采用屏蔽等措施。

6）所有线路尽量沿直流地铺设，避免沿交流地铺设。

7）走线不要有分支，这可避免在传输高频信号导致反射干扰或发生谐波干扰，如图 9-12 所示。

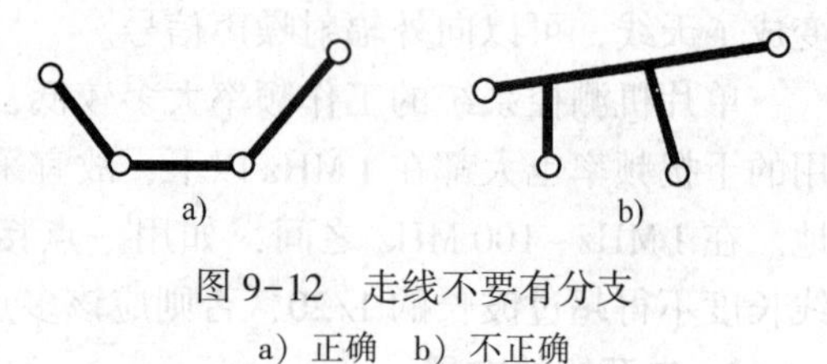

图 9-12 走线不要有分支
a）正确 b）不正确

上述原则只是布线的一般原则，设计者需在实际设计和布线中体验和掌握这些原则。

## 9.6 单片机应用系统设计实例——智能交通灯控制器

在城市智能交通系统（ITS）中，路口信号灯控制子系统是现代城市交通监控指挥系统中的重要组成部分。研制一种稳定、高效的灯控系统模块，能够挂接于各种智能交通控制系统中作为下位机，根据上位机的控制要求或命令，方便灵活地控制交通灯，无疑是很有意义的。传统的交通信号灯控制系统电路复杂、体积大、成本高，采用单片机作为控制器不仅可以简化电路结构、降低成本、减小体积，而且控制能力强、配置灵活、易于扩展，能够根据上位机的交通流量监测适时修改通行参数。

**1. 系统方案设计**

对于十字路口交通信号灯来说，应该有东西南北共 4 组信号灯，且每组信号灯都应该有红黄绿 3 种颜色，因此需控制 12 个信号灯，但由于同一方向的两组信号灯的显示情况是相同的，所以只要控制两组（每组 6 个）就行了，也就是相同方向的两组信号灯采用并联驱动。因此，使用单片机的 6 位 I/O 口即可控制 6 个信号灯，通过编写程序，按交通灯的变换规律实现对 LED 灯的状态转换控制。其次，每个方向上应有两组数码管显示器来显示灯的状态时间，同样这两组数码管显示器也可并联驱动，也就是只控制 2 组，每组 2 位。此外，应设置一组按键用来调整两个方向的通行和禁行时间（这里用了 4 个按钮来实现，分别是方向、加键、减键、确认键），还可通过按键灵活设置夜间通行模式、东西通行模式、南北通行模式等个性化设置（这里用了 4 个按钮实现个性化设置）。

**2. 系统硬件设计**

这里采用 AT89S51 单片机做控制器，P2.1、P2.2、P2.3 口用来控制东西向绿、黄、红 3 个信号灯，P2.4、P2.5、P2.6 口用来控制南北向绿、黄、红 3 个信号灯；东西向数码管和南北向数码管共 4 位采用动态显示，数码管段引脚由 P0 口经 74HC245 缓冲器驱动，数码管位引脚分别由 P1.0、P1.1、P1.2、P1.3 经 74HC07 缓冲器驱动控制；8 个按键分别由 P3.1~P3.7 以及 P1.5 独立式控制，其中东西通行模式和南北通行模式键作为两个外部中断源，通过中断系统硬件检测，其余按键采用查询方式检测；此外 P3.0 还连接了一个蜂鸣器用于倒计时 5s 提示音。设计的硬件电路原理图如图 9-13 所示。

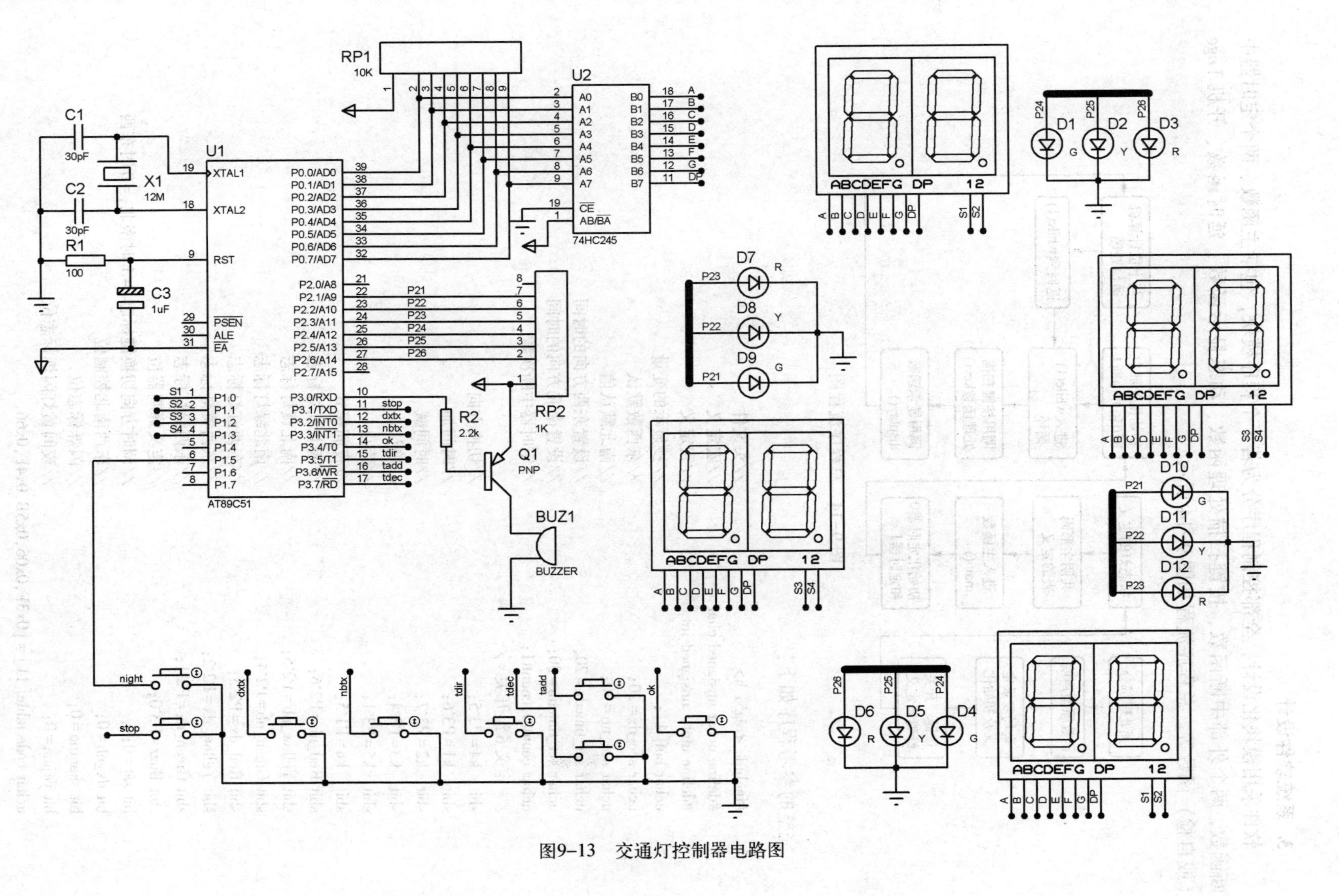


图9-13 交通灯控制器电路图

**3. 系统软件设计**

软件采用模块化设计，全部控制程序分为若干个程序模块，包括主函数、两个定时器中断函数、两个外部中断函数、按键扫描处理函数、动态显示函数、延时函数、开机 Logo（或自检）函数等。总程序流程如图 9-14 所示。

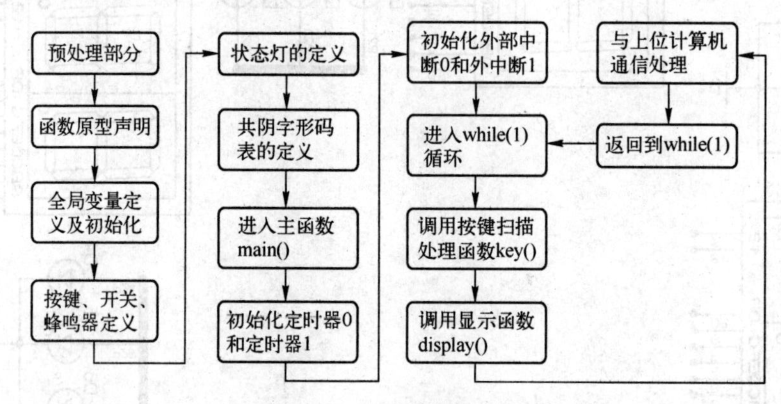


图 9-14　总程序流程图

完整的参考程序如下：

```
#include <reg51.h>                         //头文件
#define uchar unsigned char                //宏定义
#define uint   unsigned int                //宏定义
uchar buf[4];                              //秒显示的变量
uchar sec_dx=20;                           //东西数默认
uchar sec_nb=30;                           //南北默认值
uchar set_timedx=20;                       //设置东西方向的时间
uchar set_timenb=30;                       //设置南北方向的时间
uchar countt0,countt1;                     //定时器中断次数
/*定义6组开关*/
sbit   k4=P3^5;                            //切换方向
sbit   k1=P3^6;                            //时间加
sbit   k2=P3^7;                            //时间减
sbit   k3=P3^4;                            //确认
sbit   k5=P3^1;                            //禁止
sbit   k6=P1^5;                            //夜间模式
sbit Red_nb=P2^6;                          //南北红灯标志
sbit Yellow_nb=P2^5;                       //南北黄灯标志
sbit Green_nb=P2^4;                        //南北绿灯标志
sbit Red_dx=P2^3;                          //东西红灯标志
sbit Yellow_dx=P2^2;                       //东西黄灯标志
sbit Green_dx=P2^1;                        //东西绿灯标志
sbit Buzz=P3^0;                            //定义蜂鸣器位
bit set=0;                                 //调时方向切换键标志,=1时南北,=0时东西
bit dx_nb=0;                               //东西南北控制位
bit shanruo=0;                             //闪烁标志位
bit yejian=0;                              //夜间黄灯闪烁标志位
uchar code table[11]={0x3F,0x06,0x5B,0x4F,0x66,
```

```
0x6D,0x7D,0x07,0x7F,0x6F,0x00};          //0~9,null 共阴字形码表

/*函数的声明部分*/
void delay(int ms);                       //延时子函数
void key();                               //按键扫描处理子函数
void display();                           //显示子函数
void logo();                              //开机 Logo 函数

/*主函数*/
void main()
{   TMOD=0x11;                            //定时器设置
    TH1=0x3C;
    TL1=0xB0;
    TH0=0x3C;                             //定时器 0 置初值 0.05 s
    TL0=0xB0;
    EA=1;                                 //开总中断
    ET0=1;                                //定时器 0 中断开启
    ET1=1;                                //定时器 1 中断开启
    TR0=1;                                //启动定时 0
    TR1=0;                                //关闭定时 1
    EX0=1;                                //开外部中断 0
    EX1=1;                                //开外部中断 1
    logo();                               //开机 Logo 或自检
    P2=0xC3;                              //开始默认状态,东西绿灯,南北黄灯
    sec_nb=sec_dx+5;                      //默认南北通行时间比东西多 5 s
    while(1)                              //主循环
    {   key();                            //调用按键扫描程序
        display();                        //调用显示程序
    }
}

/*按键扫描处理函数*/
void key(void)                            //按键扫描子程序
{
    if(k1!=1)                             //当 k1(时间加)按下时
    {
        display();                        //调用显示,用于延时消抖
        if(k1!=1)                         //如果确定按下
        {
            TR0=0;                        //关定时器
            shanruo=0;                    //闪烁标志位关
            P2=0x00;                      //灭显示
            TR1=0;                        //启动定时 1
            if(set==0)                    //设置键按下
                set_timedx++;             //南北加 1 s
            else
                set_timenb++;             //东西加 1 s
            if(set_timenb==100)
                set_timenb=1;
```

```
                if(set_timedx==100)
                    set_timedx=1;           //加到 100 置 1
                sec_nb=set_timenb ;         //设置的数值赋给东西南北
                sec_dx=set_timedx;
                do
                {
                    display();              //调用显示,用于延时
                }
                while(k1!=1);               //等待按键释放
            }
        }

        if(k2!=1)                           //当 k2(时间减)按键按下时
        {
            display();                      //调用显示,用于延时消抖
            if(k2!=1)                       //如果确定按下
            {
                TR0=0;                      //关定时器 0
                shanruo=0;                  //闪烁标志位关
                P2=0x00;                    //灭显示
                TR1=0;                      //关定时器 1
                if(set==0)
                    set_timedx--;           //南北减 1 s
                else
                    set_timenb--;           //东西减 1 s
                if(set_timenb==0)
                    set_timenb=99;
                if(    set_timedx==0 )
                    set_timedx=99;          //减到 1 重置 99
                sec_nb=set_timenb ;         //设置的数值赋给东西南北
                sec_dx=set_timedx;
                do
                {
                    display();              //调用显示,用于延时
                }
                while(k2!=1);               //等待按键释放
            }
        }

        if(k3!=1)                           //当 k3(确认)键按下时
        {
            display();                      //调用显示,用于延时消抖
            if(k3!=1)                       //如果确定按下
            {
                TR0=1;                      //启动定时器 0
                sec_nb=set_timenb;          //从中断恢复,仍显示设置过的数值
                sec_dx=set_timedx;          //显示设置过的时间
                TR1=0;                      //关定时器 1
                if(set==0)                  //时间倒时到 0 时
```

```
        {
            P2=0x00;              //灭显示
            Green_dx=1;           //东西绿灯亮
            Red_nb=1;             //南北红灯亮
            sec_nb=sec_dx+5;      //回到初值
        }
        else
        {
            P2=0x00;              //南北绿灯,东西红灯
            Green_nb=1;
            Red_dx=1;
            sec_dx=sec_nb+5;
        }
    }
}

if(k4!=1)                         //当 k4(切换)键按下
{
    display();                    //调用显示,用于延时消抖
    if(k4!=1)                     //如果确定按下
    {
        TR0=0;                    //关定时器 0
        set=! set;                //取反 set 标志位,以切换调节方向
        TR1=0;                    //关定时器 1
        dx_nb=set;
        do
        {
            display();            //调用显示,用于延时
        }
        while(k4!=1);             //等待按键释放
    }
}

if(k5!=1)                         //当 k5(禁止)键按下时
{
    display();                    //调用显示,用于延时消抖
    if(k5!=1)                     //如果确定按下
    {
        TR0=0;                    //关定时器
        P2=0x00;                  //灭显示
        Red_dx=1;
        Red_nb=1;                 //全部置红灯
        TR1=0;
        sec_dx=00;                //4 个方向的时间都为 00
        sec_nb=00;
        do
        {
            display();            //调用显示,用于延时
        }
```

```
            while(k5!=1);                    //等待按键释放
        }
    }
    if(k6!=1)                                //当 k6(夜间模式)按下
    {
        display();                           //调用显示,用于延时消抖
        if(k6!=1)                            //如果确定按下
        {
            TR0=0;                           //关定时器
            P2=0x00;
            TR1=1;
            sec_dx=00;                       //4 个方向的时间都为 00
            sec_nb=00;
            do
            {
                display();                   //调用显示,用于延时
            }
            while(k6!=1);                    //等待按键释放
        }
    }
}
/*显示函数*/
void display(void)                           //显示子程序
{
    buf[3]=sec_nb/10;                        //第 1 位 东西秒十位
    buf[0]=sec_nb%10;                        //第 2 位 东西秒个位
    buf[1]=sec_dx/10;                        //第 3 位 南北秒十位
    buf[2]=sec_dx%10;                        //第 4 位 南北秒个位
    P1=0xFF;                                 //初始灯为灭的
    P0=0x00;                                 //灭显示
    P1=0xFE;                                 //片选 LED1
    P0=table[buf[1]];                        //送东西时间十位的数码管编码
    delay(1);                                //延时
    P1=0xFF;                                 //关显示
    P0=0x00;                                 //灭显示
    P1=0xFD;                                 //片选 LED2
    P0=table[buf[2]];                        //送东西时间个位的数码管编码
    delay(1);                                //延时
    P1=0xFF;                                 //关显示
    P0=0x00;                                 //关显示
    P1=0xFB;                                 //片选 LED3
    P0=table[buf[3]];                        //送南北时间十位的数码管编码
    delay(1);                                //延时
    P1=0xFF;                                 //关显示
    P0=0x00;                                 //关显示
    P1=0xF7;                                 //片选 LED4
    P0=table[buf[0]];                        //送南北时间个位的数码管编码
    delay(1);                                //延时
}
```

```
/*定时器0中断函数*/
void time0(void) interrupt 1 using 1
{
    TH0=0x3C;                          //重赋初值
    TL0=0xB0;
    TR0=1;                             //重新启动定时器
    countt0++;                         //软件计数加1
    if(countt0==10)                    //加到10也就是0.5 s
    {
        if((sec_nb<=5)&&(dx_nb==0)&&(shanruo==1))      //东西黄灯闪
        {
            Green_dx=0;
            Yellow_dx=0;
            Buzz=0;                    //蜂鸣器开
        }
        if((sec_dx<=5)&&(dx_nb==1)&&(shanruo==1))      //南北黄灯闪
        {
            Green_nb=0;
            Yellow_nb=0;
            Buzz=0;                    //蜂鸣器开
        }
    }

    if(countt0==20)                    //定时器中断次数=20时即1 s
    {   countt0=0;                     //清零计数器
        sec_dx--;                      //东西时间减1
        sec_nb--;                      //南北时间减1

        if((sec_nb<=5)&&(dx_nb==0)&&(shanruo==1))      //东西黄灯闪
        {
            Green_dx=0;
            Yellow_dx=1;
            Buzz=1;                    //蜂鸣器关
        }
        if((sec_dx<=5)&&(dx_nb==1)&&(shanruo==1))      //南北黄灯闪
        {
            Green_nb=0;
            Yellow_nb=1;
            Buzz=1;                    //蜂鸣器关
        }
        if(sec_dx==0&&sec_nb==5)   //当东西倒计时到0时重置5 s,用于黄灯闪烁时间
        {
            sec_dx=5;
            shanruo=1;
        }
        if(sec_nb==0&&sec_dx==5)   //当南北倒计时到0时重置5 s,用于黄灯闪烁时间
        {
            sec_nb=5;
            shanruo=1;
```

```
        }
        if(dx_nb==0&&sec_nb==0)      //当黄灯闪烁时间倒计时到0时
        {
            Buzz=1;                  //蜂鸣器关
            P2=0x00;                 //重置东西南北方向的红绿灯
            Green_nb=1;
            Red_dx=1;
            dx_nb=! dx_nb;
            shanruo=0;
            sec_nb=set_timenb;       //重赋南北方向的起始值
            sec_dx=set_timenb+5;     //重赋东西方向的起始值
        }
        if(dx_nb==1&&sec_dx==0)      //当黄灯闪烁时间到
        {
            P2=0x00;                 //重置东西南北的红绿灯状态
            Green_dx=1;              //东西绿灯亮
            Red_nb=1;                //南北红灯亮
            dx_nb=! dx_nb;           //取反
            shanruo=0;               //闪烁
            sec_dx=set_timedx;       //重赋东西方向的起始值
            sec_nb=set_timedx+5;     //重赋南北方向的起始值
        }
    }
}
/*定时器1中断函数*/
void time1(void) interrupt 3
{
    TH1=0x3C;                        //重赋初值
    TL1=0xB0;
    countt1++;                       //软件计数加1
    if(countt1==10)                  //定时器中断次数=10时(即0.5 s)
    {
        Yellow_nb=0;                 //南北黄灯灭
        Yellow_dx=0;                 //东西黄灯灭
    }
    if(countt1==20)                  //定时器中断次数=20时(即1 s时)
    {   countt1=0;                   //清零计数器
        Yellow_nb=1;                 //南北黄灯亮
        Yellow_dx=1;                 //东西黄灯亮
    }
}

/*外部中断0中断函数*/
void int0(void) interrupt 0 using 1  //只允许东西通行
{
    TR0=0;                           //关定时器0
    TR1=0;                           //关定时器1
    P2=0x00;                         //灭显示
    Green_dx=1;                      //东西方向置绿灯
```

```
        Red_nb=1;                          //南北方向为红灯
        sec_dx=00;                         //4 个方向的时间都为 00
        sec_nb=00;
    }

    /*外部中断 1 中断函数*/
    void int1(void) interrupt 2 using 1    //只允许南北通行
    {
        TR0=0;                             //关定时器 0
        TR1=0;                             //关定时器 1
        P2=0x00;                           //灭显示
        Green_nb=1;                        //置南北方向为绿灯
        Red_dx=1;                          //东西方向为红灯
        sec_nb=00;                         //4 个方向的时间都为 00
        sec_dx=00;
    }
    /*开机 Logo 或自检函数*/
    void logo()                            //开机的 Logo   "----"
    {   uchar n;
        for(n=0;n<100;n++)                 //循环显示 100 次
        {
            P0=0x40;                       //送形"-"
            P1=0xFE;                       //第 1 位显示
            delay(1);                      //延时
            P1=0xFD;                       //第 2 位显示
            delay(1);                      //延时
            P1=0xFB;                       //第 3 位显示
            delay(1);                      //延时
            P1=0xF7;                       //第 4 位显示
            delay(1);                      //延时
            P1 = 0xFF;                     //灭显示
        }
    }
    /*延时函数*/
    void delay(int ms)                     //延时子程序
    {
        uint j,k;
        for(j=0;j<ms;j++)                  //延时 ms
            for(k=0;k<124;k++);            //大约 1 ms 的延时
    }
```

**4. 仿真结果分析**

程序在 Keil uVision 环境编写调试，编译链接产生可执行的 hex 文件，下载到 Proteus 电路图的 AT89S51 单片机中仿真运行，即可验证设计的正确性。图 9-15 为自动模式下的仿真运行结果图。

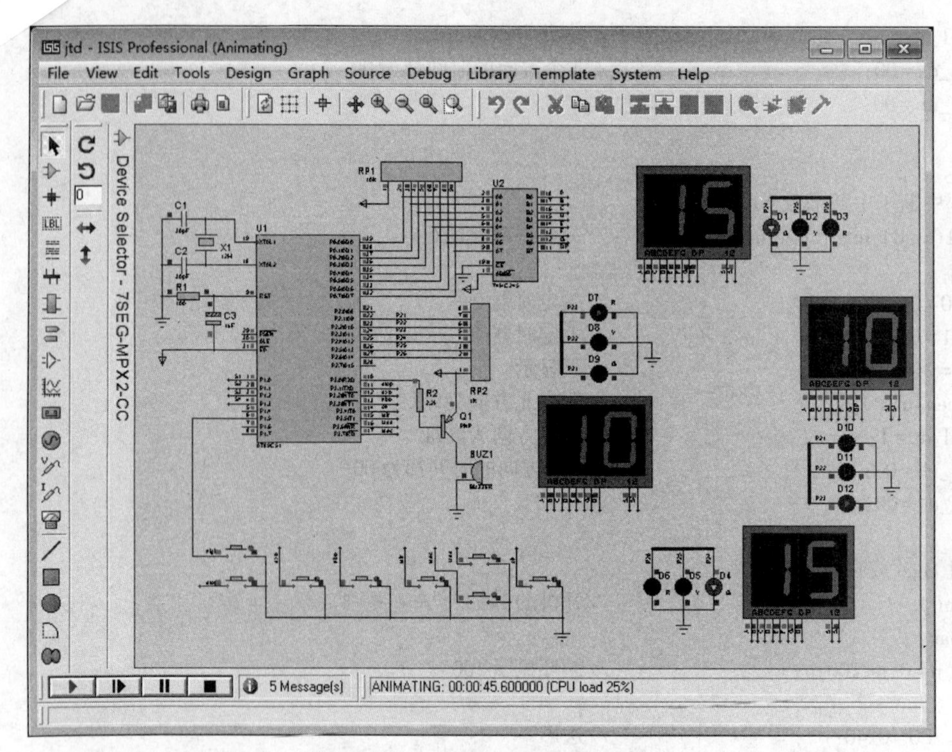


图 9-15 自动模式下的仿真结果

二维码 9-1

## 本章小结

单片机本身无开发能力，必须借助开发工具进行开发。单片机应用系统的典型组成包括单片机最小应用系统、前向通道、后向通道、人机交互通道和相互通道等。

单片机应用系统的研制过程包括总体设计、硬件设计、软件设计和仿真调试等几个阶段。研制单片机应用系统的特点是“软硬兼施”，硬件设计和软件设计必须综合考虑，才能组成高性价比的产品。

串行扩展单元具有体积小、占用单片机引脚少、性能和功能全面等特点，是外围接口器件的发展方向。

## 习题与思考题 9

1. 单片机应用系统的一般结构是怎样的？
2. 单片机应用系统的设计步骤是什么？
3. 单片机应用系统设计应考虑哪些问题？
4. 单片机应用系统调试内容包括哪些？
5. 单片机抗干扰的硬件措施有哪些？
6. 单片机抗干扰的软件措施有哪些？

# 附　录

## 附录 A　AT89S51/52 指令表

| 类别 | 指令格式 | | 指令功能 | 字节 | 周期 |
|---|---|---|---|---|---|
| 数据传送类指令 | MOV | A，Rn | Rn 内容传送到 A | 1 | 1 |
| | MOV | A，direct | 直接地址内容传送到 A | 2 | 1 |
| | MOV | A，@Ri | 间接 RAM 单元内容送 A | 1 | 1 |
| | MOV | A，#data | 立即数送到 A | 2 | 1 |
| | MOV | Rn，A | A 内容送到 Rn | 1 | 1 |
| | MOV | Rn，direct | 直接地址内容传送到 Rn | 2 | 2 |
| | MOV | Rn，#data | 立即数传送到 Rn | 2 | 1 |
| | MOV | direct，A | A 传送到直接地址 | 2 | 1 |
| | MOV | direct，Rn | Rn 传送到直接地址 | 2 | 2 |
| | MOV | direct2，direct1 | 直接地址传送到直接地址 | 3 | 2 |
| | MOV | direct，@Ri | 间接 RAM 内容传送到直接地址 | 2 | 2 |
| | MOV | direct，#data | 立即数传送到直接地址 | 3 | 2 |
| | MOV | @Ri，A | A 内容送间接 RAM 单元 | 1 | 1 |
| | MOV | @Ri，direct | 直接地址传送到间接 RAM | 2 | 2 |
| | MOV | @Ri，#data | 立即数传送到间接 RAM | 2 | 1 |
| | MOVC | A，@A+DPTR | 代码字节送 A（DPTR 为基址） | 1 | 2 |
| | MOVC | A，@A+PC | 代码字节送 A（PC 为基址） | 1 | 2 |
| | MOVX | A，@Ri | 外部 RAM（8 地址）内容传送到 A | 1 | 2 |
| | MOVX | A，@DPTR | 外部 RAM（16 地址）内容传送到 A | 1 | 2 |
| | MOV | DPTR，#data16 | 16 位常数加载到数据指针 | 1 | 2 |
| | MOVX | @Ri，A | A 内容传送到外部 RAM（8 地址） | 1 | 2 |
| | MOVX | @DPTR，A | A 内容传送到外部 RAM（16 地址） | 1 | 2 |
| | PUSH | direct | 直接地址压入堆栈 | 2 | 2 |
| | POP | direct | 直接地址弹出堆栈 | 2 | 2 |
| | XCH | A，Rn | Rn 内容和 A 交换 | 1 | 1 |
| | XCH | A，direct | 直接地址和 A 交换 | 2 | 1 |
| | XCH | A，@Ri | 间接 RAM 内容 A 交换 | 1 | 1 |
| | XCHD | A，@Ri | 间接 RAM 内容和 A 交换低 4 位字节 | 1 | 1 |

（续）

| 类别 | 指令格式 | | 指令功能 | 字节 | 周期 |
|---|---|---|---|---|---|
| 算术运算类指令 | INC | A | A 加 1 | 1 | 1 |
| | INC | Rn | Rn 加 1 | 1 | 1 |
| | INC | direct | 直接地址加 1 | 2 | 1 |
| | INC | @ Ri | 间接 RAM 加 1 | 1 | 1 |
| | INC | DPTR | 数据指针加 1 | 1 | 2 |
| | DEC | A | A 减 1 | 1 | 1 |
| | DEC | Rn | Rn 减 1 | 1 | 1 |
| | DEC | direct | 直接地址减 1 | 2 | 1 |
| | DEC | @ Ri | 间接 RAM 减 1 | 1 | 1 |
| | MUL | AB | A 和 B 相乘 | 1 | 4 |
| | DIV | AB | A 除以 B | 1 | 4 |
| | DA | A | A 十进制调整 | 1 | 1 |
| | ADD | A，Rn | Rn 与 A 求和 | 1 | 1 |
| | ADD | A，direct | 直接地址与 A 求和 | 2 | 1 |
| | ADD | A，@ Ri | 间接 RAM 与 A 求和 | 1 | 1 |
| | ADD | A，#data | 立即数与 A 求和 | 2 | 1 |
| | ADDC | A，Rn | Rn 与 A 求和（带进位） | 1 | 1 |
| | ADDC | A，direct | 直接地址与 A 求和（带进位） | 2 | 1 |
| | ADDC | A，@ Ri | 间接 RAM 与 A 求和（带进位） | 1 | 1 |
| | ADDC | A，#data | 立即数与 A 求和（带进位） | 2 | 1 |
| | SUBB | A，Rn | A 减去 Rn（带借位） | 1 | 1 |
| | SUBB | A，direct | A 减去直接地址（带借位） | 2 | 1 |
| | SUBB | A，@ Ri | A 减去间接 RAM（带借位） | 1 | 1 |
| | SUBB | A，#data | A 减去立即数（带借位） | 2 | 1 |
| 逻辑运算类指令 | ANL | A，Rn | Rn “与” 到 A | 1 | 1 |
| | ANL | A，direct | 直接地址 “与” 到 A | 2 | 1 |
| | ANL | A，@ Ri | 间接 RAM “与” 到 A | 1 | 1 |
| | ANL | A，#data | 立即数 “与” 到 A | 2 | 1 |
| | ANL | direct，A | A “与” 到直接地址 | 2 | 1 |
| | ANL | direct，#data | 立即数 “与” 到直接地址 | 3 | 2 |
| | ORL | A，Rn | Rn “或” 到 A | 1 | 2 |
| | ORL | A，direct | 直接地址 “或” 到 A | 2 | 1 |
| | ORL | A，@ Ri | 间接 RAM “或” 到 A | 1 | 1 |
| | ORL | A，#data | 立即数 “或” 到 A | 2 | 1 |
| | ORL | direct，A | A “或” 到直接地址 | 2 | 1 |
| | ORL | direct，#data | 立即数 “或” 到直接地址 | 3 | 2 |

（续）

| 类别 | 指令格式 | | 指令功能 | 字节 | 周期 |
|---|---|---|---|---|---|
| 逻辑运算类指令 | XRL | A，Rn | Rn“异或”到 A | 1 | 2 |
| | XRL | A，direct | 直接地址“异或”到 A | 2 | 1 |
| | XRL | A，@Ri | 间接 RAM“异或”到 A | 1 | 1 |
| | XRL | A，#data | 立即数“异或”到 A | 2 | 1 |
| | XRL | direct，A | A“异或”到直接地址 | 2 | 1 |
| | XRL | direct，#data | 立即数“异或”到直接地址 | 3 | 2 |
| | CLR | A | A 清零 | 1 | 2 |
| | CPL | A | A 求反 | 1 | 1 |
| | RL | A | A 循环左移 | 1 | 1 |
| | RLC | A | 带进位 A 循环左移 | 1 | 1 |
| | RR | A | A 循环右移 | 1 | 1 |
| | RRC | A | 带进位 A 循环右移 | 1 | 1 |
| | SWAP | A | A 高、低 4 位交换 | 1 | 1 |
| 控制转移类指令 | JMP | @A+DPTR | 相对 DPTR 的无条件间接转移 | 1 | 2 |
| | JZ | rel | A 为 0 则转移 | 2 | 2 |
| | JNZ | rel | A 为 1 则转移 | 2 | 2 |
| | CJNE | A，direct，rel | 比较直接地址和 A，不相等转移 | 3 | 2 |
| | CJNE | A，#data，rel | 比较立即数和 A，不相等转移 | 3 | 2 |
| | CJNE | Rn，#data，rel | 比较 Rn 和立即数，不相等转移 | 3 | 2 |
| | CJNE | @Ri，#data，rel | 比较立即数和间接 RAM，不相等转移 | 3 | 2 |
| | DJNZ | Rn，rel | Rn 减 1，不为 0 则转移 | 2 | 2 |
| | DJNZ | direct，rel | 直接地址减 1，不为 0 则转移 | 3 | 2 |
| | NOP | | 空操作，用于短暂延时 | 1 | 1 |
| | ACALL | add11 | 绝对调用子程序 | 2 | 2 |
| | LCALL | add16 | 长调用子程序 | 3 | 2 |
| | RET | | 从子程序返回 | 1 | 2 |
| | RETI | | 从中断服务子程序返回 | 1 | 2 |
| | AJMP | add11 | 无条件绝对转移 | 2 | 2 |
| | LJMP | add16 | 无条件长转移 | 3 | 2 |
| | SJMP | rel | 无条件相对转移 | 2 | 2 |
| 位操作类指令 | CLR | C | 清进位位 | 1 | 1 |
| | CLR | bit | 清直接寻址位 | 2 | 1 |
| | SETB | C | 置位进位位 | 1 | 1 |
| | SETB | bit | 置位直接寻址位 | 2 | 1 |
| | CPL | C | 取反进位位 | 1 | 1 |
| | CPL | bit | 取反直接寻址位 | 2 | 1 |

（续）

| 类别 | 指令格式 | | 指令功能 | 字节 | 周期 |
|---|---|---|---|---|---|
| 位操作类指令 | ANL | C，bit | 直接寻址位“与”到进位位 | 2 | 2 |
| | ANL | C，/bit | 直接寻址位的反码“与”到进位位 | 2 | 2 |
| | ORL | C，bit | 直接寻址位“或”到进位位 | 2 | 2 |
| | ORL | C，/bit | 直接寻址位的反码“或”到进位位 | 2 | 2 |
| | MOV | C，bit | 直接寻址位传送到进位位 | 2 | 1 |
| | MOV | bit，C | 进位位传送到直接寻址 | 2 | 2 |
| | JC | rel | 如果进位位为 1 则转移 | 2 | 2 |
| | JNC | rel | 如果进位位为 0 则转移 | 2 | 2 |
| | JB | bit，rel | 如果直接寻址位为 1 则转移 | 3 | 2 |
| | JNB | bit，rel | 如果直接寻址位为 0 则转移 | 3 | 2 |
| | JBC | bit，rel | 直接寻址位为 1 则转移并清除该位 | 3 | 2 |

# 附录 B　ANSI C 与 C51 的关键字

| 关 键 字 | 用　途 | 说　明 |
|---|---|---|
| auto | 存储种类说明 | 用以说明局部变量，默认值为此 |
| break | 程序语句 | 退出最内层循环 |
| case | 程序语句 | switch 语句中的选择项 |
| char | 数据类型说明 | 单字节整型数或字符型数据 |
| const | 存储类型说明 | 在程序执行过程中不可更改的常量值 |
| continue | 程序语句 | 转向下一次循环 |
| default | 程序语句 | switch 语句中的失败选择项 |
| do | 程序语句 | 构成 do...while 循环结构 |
| double | 数据类型说明 | 双精度浮点数 |
| else | 程序语句 | 构成 if...else 选择结构 |
| enum | 数据类型说明 | 枚举 |
| extern | 存储种类说明 | 在其他程序模块中说明了的全局变量 |
| flost | 数据类型说明 | 单精度浮点数 |
| for | 程序语句 | 构成 for 循环结构 |
| goto | 程序语句 | 构成 goto 转移结构 |

（续）

| 关 键 字 | 用 途 | 说 明 |
| --- | --- | --- |
| if | 程序语句 | 构成 if...else 选择结构 |
| int | 数据类型说明 | 基本整型数 |
| long | 数据类型说明 | 长整型数 |
| register | 存储种类说明 | 使用 CPU 内部寄存的变量 |
| return | 程序语句 | 函数返回 |
| short | 数据类型说明 | 短整型数 |
| signed | 数据类型说明 | 有符号数，二进制数据的最高位为符号位 |
| sizeof | 运算符 | 计算表达式或数据类型的字节数 |
| static | 存储种类说明 | 静态变量 |
| struct | 数据类型说明 | 结构类型数据 |
| swith | 程序语句 | 构成 switch 选择结构 |
| typedef | 数据类型说明 | 重新进行数据类型定义 |
| union | 数据类型说明 | 联合类型数据 |
| unsigned | 数据类型说明 | 无符号数数据 |
| void | 数据类型说明 | 无类型数据 |
| volatile | 数据类型说明 | 该变量在程序执行中可被隐含地改变 |
| while | 程序语句 | 构成 while 和 do...while 循环结构 |
| bit | 位标量声明 | 声明一个位标量或位类型的函数 |
| sbit | 位标量声明 | 声明一个可位寻址变量 |
| sfr | 特殊功能寄存器声明 | 声明一个特殊功能寄存器 |
| sfr16 | 特殊功能寄存器声明 | 声明一个 16 位的特殊功能寄存器 |
| data | 存储器类型说明 | 直接寻址的内部数据存储器 |
| bdata | 存储器类型说明 | 可位寻址的内部数据存储器 |
| idata | 存储器类型说明 | 间接寻址的内部数据存储器 |
| pdata | 存储器类型说明 | 分页寻址的外部数据存储器 |
| xdata | 存储器类型说明 | 外部数据存储器 |
| code | 存储器类型说明 | 程序存储器 |
| interrupt | 中断函数说明 | 定义一个中断函数 |
| reentrant | 再入函数说明 | 定义一个再入函数 |
| using | 寄存器组定义 | 定义芯片的工作寄存器 |

# 附录 C　常用逻辑符号对照表

| 名　称 | 国标符号 | 曾用符号 | 国外常用符号 |
| --- | --- | --- | --- |
| 与门 | & | | |
| 或门 | ≥1 | + | |
| 非门 | 1 | | |
| 与非门 | & | | |
| 或非门 | ≥1 | + | |
| 异或门 | =1 | ⊕ | |
| 同或门 | = | ⊙ | |
| 集电极开路与非门 | & ◇ | | |
| 三态门 | 1 EN ▽ | | |
| 施密特与门 | & ⎍ | ⎍ | ⎍ |
| 电阻 | | | |
| 滑动电阻 | | | |
| 二极管 | | | |
| 发光二极管 | | | |

| 名　称 | 国标符号 | 曾用符号 | 国外常用符号 |
| --- | --- | --- | --- |
| 基本 *RS* 触发器 | S R | S Q R $\overline{Q}$ | S Q R $\overline{Q}$ |
| 同步 *RS* 触发器 | 1S C1 1R | S Q CP R $\overline{Q}$ | S Q CK R $\overline{Q}$ |
| 正边沿 *D* 触发器 | S 1D C1 R | D Q CP $\overline{Q}$ | D $S_D$ Q CK $R_D$ $\overline{Q}$ |
| 负边沿 *JK* 触发器 | S 1J C1 1K R | J Q CP K $\overline{Q}$ | J $S_D$ Q CK K $R_D$ $\overline{Q}$ |
| 全加器 | Σ CI CO | FA | FA |
| 半加器 | Σ CO | HA | HA |
| 传输门 | TG | TG | |
| 极性电容或电解电容 | + | | |
| 电源 | | | |
| 双向二极管 | | | |
| 变压器 | | | |

# 参 考 文 献

[1] 林立，张俊亮．单片机原理及应用［M］.3版．北京：电子工业出版社，2014.
[2] 张毅刚．单片机原理及应用［M］. 北京：高等教育出版社，2012.
[3] 张毅刚．单片机原理及接口技术（C51编程）［M］. 北京：人民邮电出版社，2011.
[4] Atmel Corporation. 8-bit Microcontroller with 4K Bytes In-System Programmable Flash AT89S51［N］.2008.
[5] Atmel Corporation. 8-bit Microcontroller with 8K Bytes In-System Programmable Flash AT89S52［N］.2008.
[6] 彭伟．单片机C语言程序设计实训100例［M］.2版．北京：电子工业出版社，2012.
[7] 皮大能，党楠．单片机原理与应用［M］，西安：西北工业大学出版社，2015.
[8] 张志良．80C51单片机仿真设计实例教程［M］. 北京：清华大学出版社，2016.
[9] 李泉溪．单片机原理与应用实例仿真［M］. 北京：北京航空航天大学出版社，2009.